全国职业院校建筑类专业教材

QUANGUO ZHIYE YUANXIAO

安装工程识图

JIANZHULEI ZHUANYE JIAOCAI

曾平◎主编

中国劳动社会保障出版社

简介

本教材主要内容包括安装工程识图基础知识、建筑及结构施工图识读、管道施工图识读、电气施工图识读、施工图识读实例五个部分。

本教材由曾平（北京财贸职业学院）任主编，杨兆香参加编写。

图书在版编目（CIP）数据

安装工程识图 / 曾平主编 . -- 北京 : 中国劳动社会保障出版社，2024
全国职业院校建筑类专业教材
ISBN 978-7-5167-5991-2

Ⅰ. ①安…　Ⅱ. ①曾…　Ⅲ. ①建筑安装 - 建筑制图 - 识图 - 职业教育 - 教材　Ⅳ. ①TU204.21

中国国家版本馆 CIP 数据核字（2024）第 044341 号

中国劳动社会保障出版社出版发行
（北京市惠新东街 1 号　邮政编码：100029）
*
三河市华骏印务包装有限公司印刷装订　　新华书店经销
787 毫米 ×1092 毫米　8 开本　27 印张　704 千字
2024 年 4 月第 1 版　　2024 年 4 月第 1 次印刷
定价：54.00 元

营销中心电话：400-606-6496
出版社网址：http://www.class.com.cn
http://jg.class.com.cn

近年来，我国建筑行业进入了新的发展阶段。基于对当前建筑行业技能型人才需求及职业院校教学实际的调研分析，我们组织开发了这套全国职业院校建筑类专业教材，分为“建筑施工”“建筑设备安装”“建筑装饰”和“工程造价”四个专业方向。教材的编审人员由教学经验丰富、实践能力强的一线骨干教师和来自企业的设计、施工人员组成。

在本次教材开发工作中，我们主要做了以下几方面工作：

第一，突出教材的实用性。在“适用、实用、够用”的原则下，根据建筑行业相关企业的工作实际和相关院校的教学需要安排教材结构和内容，设计了大量来源于生产、生活实际的案例、例题、练习题和技能训练，引导学生运用所学知识分析和解决实际问题，教材体系合理、完善，贴近岗位实际与教学实际。

第二，突出教材的先进性。根据当前建筑行业对岗位知识与技能的实际需求设计教学内容，贯彻新标准。例如，在相关教材中全面贯彻《混凝土结构施工图平面整体表示方法制图规则和构造详图（现浇混凝土框架、剪力墙、梁、板）》（22G101—1）和《建设用砂》（GB/T 14684—2022）等最新图集和国家标准，《建筑 CAD》以新版的 AutoCAD 软件作为教学软件载体等。此外，新材料、新设备、新技术、新工艺在相关教材中也得到了体现。

第三，突出教材的易用性。充分保证教材的印刷质量，全部主教材均采用双色或四色印刷，图表丰富，营造出更加直观的认知环境；设置了“想一想”和“知识拓展”等栏目，引导学生自主学习；教材配套开发了习题册参考答案和电子课件，可登录技工教育网（http://jg.class.com.cn）在相应的书目下载。

本套教材在编写过程中，得到了智能制造与智能装备类技工教育和职业培训教学指导委员会及一批职业院校的大力支持，教材的编审人员做了大量的工作，在此，我们表示诚挚的谢意！同时，恳切希望用书单位和广大读者对教材提出宝贵意见和建议。

编者

绪 论

《安装工程识图》是建筑设备安装专业的一门专业基础课。在设备安装过程中，识读安装施工图是个关键的环节。作为从事安装施工的人员，必须具有一定的识图能力，才能充分理解设计意图，科学、合理地制定施工方案，进行安装施工。

一、课程的主要内容

本课程主要分为安装工程识图基础知识、建筑及结构施工图识读、管道施工图识读、电气施工图识读、施工图识读实例五个部分。课程主要介绍制图标准，常用绘图工具、仪器和用品的使用，几何作图的知识；介绍投影基本知识，点、直线、平面的投影特性，常用管件的投影图、轴测图的画法；介绍建筑施工图、结构施工图、管道施工图、电气施工图等专业施工图的识读；并以实际工程为例，介绍识图的基本理论、国家标准及施工图的阅读方法。

二、课程的任务和目的

通过理论教学，结合必要的实践环节，让建筑设备安装专业的学生熟悉投影基本知识及常见建筑形体、管道系统的作图方法，熟悉施工图的绘制方法及有关的国家制图标准，掌握建筑施工图、结构施工图、管道施工图、电气施工图等的图示种类、图示特点及识读方法，重点突出对管道施工图、电气施工图识读的系统训练，以便更好地进行设备安装施工。

三、学习该课程的方法及要求

安装工程识图是一门介绍建筑及设备图样的形成原理，培养绘图技能，提高空间思维能力及识图能力的科学。它是一门专业性很强的专业基础课，既有理论又有实践。安装工程识图要求学生能够准确掌握绘图工具的使用，掌握正投影的基本原理及作图方法；能够正确地识读房屋建筑及设备施工图。为了更好地掌握绘图、读图的方法，在学习过程中，要有明确的学习目标，有刻苦钻研的学习态度，在学习中应理论联系实际，不仅要认真钻研理论，还必须结合制图的实践，在理论的指导下多绘图、多读图。学习时应该做到：课前认真预习，课上认真听讲，课后及时复习并多做练习，有意识地培养空间想象力，培养认真负责的工作作风和一丝不苟的学习态度，平时多注意观察周围的建筑物及建筑物内的各种设备，积累一定的感性认识，培养自学能力，并阅读一些与本课程相关的参考书，以拓展知识面。

第一章 安装工程识图基础知识

学习目标

1. 熟悉投影的原理及投影图。
2. 掌握管道投影图的绘制方法。
3. 了解剖面图的概念，熟悉剖面图的绘制方法。
4. 掌握管道轴测图的绘制方法。

第一节 常用制图工具

安装工程图样一般是借助制图工具和仪器绘制的。了解它们的使用方法，正确选择及使用制图工具和仪器是绘制工程图样时保证制图质量和效率的前提。

一、制图工具

在绘图时，最常用的绘图工具有图板、丁字尺、三角板、曲线板、模板、比例尺、绘图笔、擦图片等。

1. 图板

图板用来铺放和固定图纸，如图 1–1 所示。图板板面要求软硬合适、光滑、平整。通常用胶合板做成板面，并在四周镶硬木条，使板面质地轻软、有弹性、光滑且无节。图板的边端平整、角边垂直。画图时，丁字尺尺头定位面紧靠图板的左边上下滑动，左边为工作边（短边）。

2. 丁字尺

丁字尺是用来配合图板画水平直线的工具，如图 1–2 所示。丁字尺一般用有机玻璃等制成，由尺头和尺身两部分组成。尺身的工作边上标有刻度，且必须保证工作边光滑、平整、无缺口。尺头与尺身固定成 90° 角，如图 1–3 所示。使用丁字尺画水平线时，以左手推动丁字尺上下移动到需要画线的位置后，改变手的姿势，让左手压住尺身，右手执笔从左到右画水平线。丁字尺用后应悬挂放置，以防弯曲或不慎折断。

图 1–1 图板

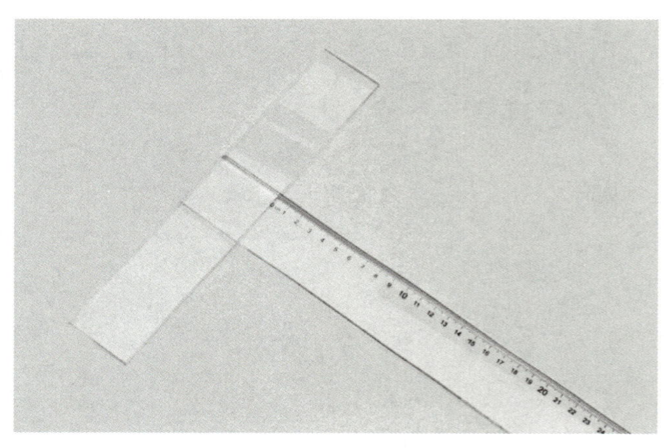

图 1–2 丁字尺

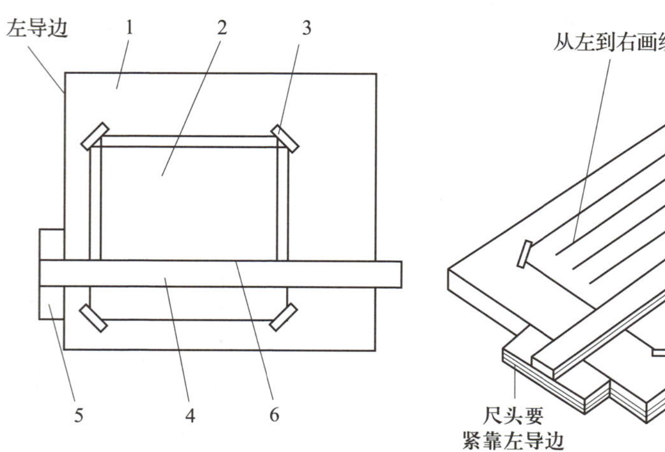

1—图板；2—图纸；3—胶带纸；4—尺身；5—尺头；6—工作边。

图 1–3 图板、丁字尺的使用

3. 三角板

三角板由一块 45°的等腰直角三角形三角板和一块 30°（60°）的直角三角形三角板组成，如图 1-4a 所示，它一般用有机玻璃制成。三角板的刻度应清晰，尺身光滑、无缺口。它与丁字尺、直尺配合使用时，可画垂直线、与水平线成 15°角及其倍数的斜线，如图 1-4b 所示。

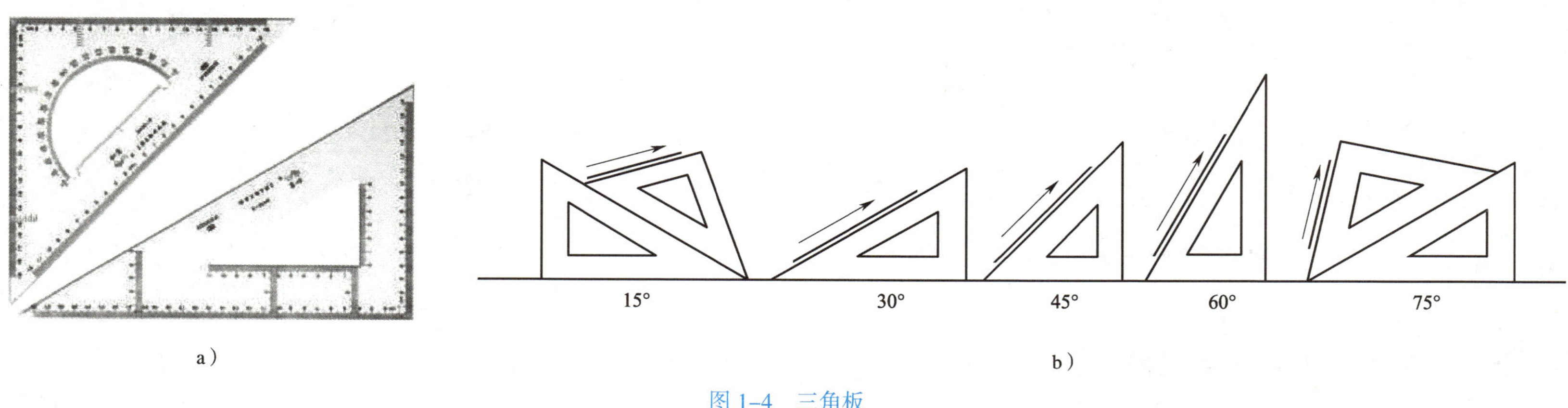

a） b）

图 1-4 三角板

a）实物图 b）使用方法

4. 曲线板

曲线板是用来绘制非圆弧曲线的工具，如图 1-5 所示。曲线板的种类很多，曲率大小各不相同，有单块的，也有多块成套的。使用曲线板时，先徒手将所求曲线上各点轻轻地依次连成光滑的细线，然后从曲率大的地方着手，在曲线板上选择曲率变化与该段曲线基本相同的一段进行描画。一般所描的一段曲线最少应有三个以上的点与曲线板的曲线重合。为保证连接光滑，后一段所描的曲线应有一小段与前一段所描的曲线重叠，后面再留一小段待下次描绘，具体用法如图 1-5b 所示。

a）

① ② ③

④ ⑤

b）

图 1-5 曲线板

a）实物图 b）使用方法

5. 模板

在工程制图中，为了提高绘图的速度和质量，把图样上常用的符号、图例、比例等刻在透明的板上，制成模板。在模板上刻有可用于画出不同比例的孔，只要用笔在孔内画一周，图例就画出来了。模板分为建筑模板（见图 1–6）、电工模板（见图 1–7）等。

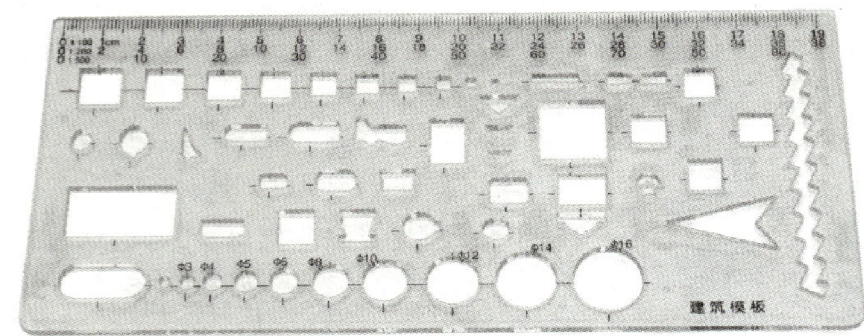
图 1–6　建筑模板

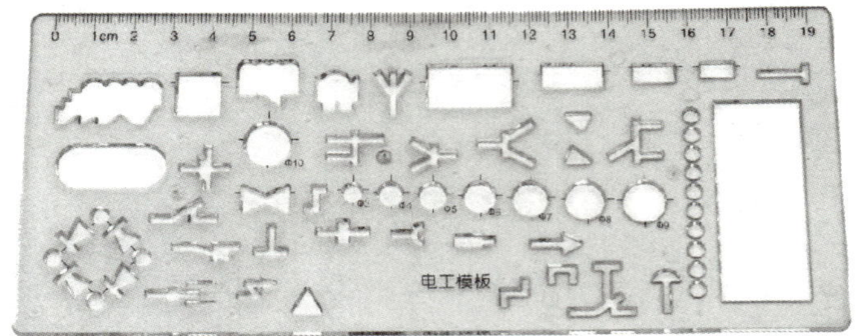
图 1–7　电工模板

6. 比例尺

比例尺是绘图时用来缩小线段长度的尺子，如图 1–8 所示。比例尺通常做成三棱柱状，又称三棱尺，尺的棱面上有六种不同的比例刻度（1 : 100、1 : 200、1 : 300、1 : 400、1 : 500 和 1 : 600），可根据不同需要选用。比例尺只能用来量取尺寸，不可用作直尺来画直线。

比例尺上的刻度一般以米（m）为单位。当使用比例尺上某一刻度时，可以不用计算，直接按照尺面所刻的数值，用分规截取长度。若比例尺的比例与图样比例不相同，可采用换算方法求得，如图 1–9 所示。

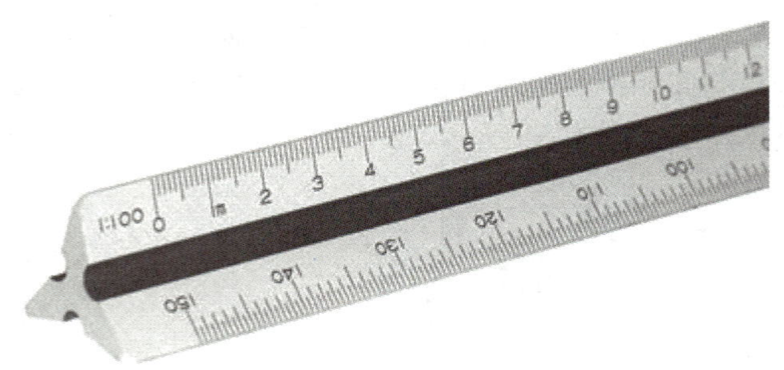
图 1–8　比例尺

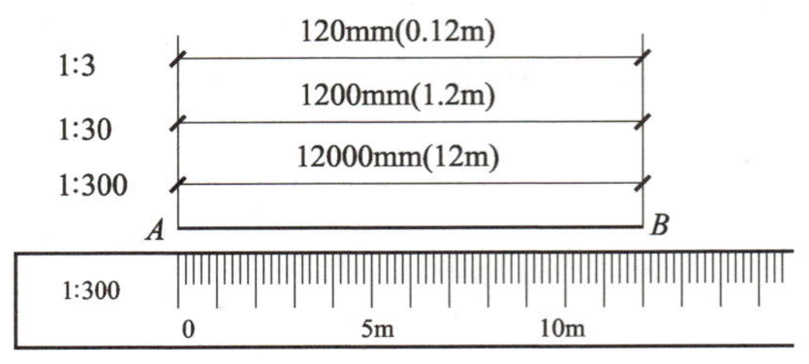

图 1–9　比例换算

7. 绘图铅笔

绘图铅笔用标号表示铅芯的软硬程度，如图 1–10 所示。标号中 H 表示硬，且字母前数字越大，表示铅芯越硬；B 表示软，且字母前数字越大，表示铅芯越软；HB 为中等硬度。绘图时，通常用 H 或 2H 的铅笔打底稿，用 B 或 HB 的铅笔描深，用 HB 的铅笔书写文字等。

图 1–10　绘图铅笔

铅笔应从没有标志的一端开始使用，可削成锥状（见图 1–11a），用于打底稿、加深细线及写字；也可削成四棱状（见图 1–11b），用于加深粗线。

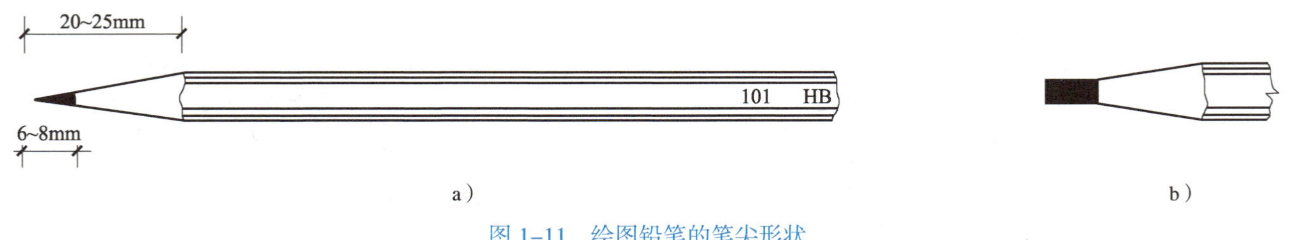

图 1–11　绘图铅笔的笔尖形状

a）锥状　b）四棱状

8. 绘图墨水笔

绘图墨水笔又称针管笔，如图 1–12 所示，它具有存碳素墨水的笔胆，其笔头用细不锈钢管制成。绘图墨水笔具有普通自来水笔的特点，不需要经常加墨水，笔尖的口径有多种规格，每支绘图墨水笔只能画出一种宽度的线型。画图时，笔尖可倾斜 10° ~ 15°，且不能重压笔尖。当绘图墨水笔长期不用时，应清洗干净针管中残留的墨水。

9. 擦图片

擦图片是用来修改图样错误的工具。它一般是用透明塑料或不锈钢制成的薄片，上面刻有不同形状的模孔，如图 1–13 所示。使用时，应使画错的线在图片上适当的小孔内露出，再用橡皮擦拭，以免影响邻近的线条。

图 1–12 绘图墨水笔

图 1–13 擦图片

二、制图仪器

1. 圆规

圆规是用来画圆和画圆弧的绘图仪器，如图 1–14a 所示。常用的圆规包括钢针插脚、铅芯插脚、鸭嘴插脚、接长杆等。使用时，先调整钢针插脚，使针尖稍长于铅芯或直线笔的笔尖，取好半径，对准圆心，并使圆规略向旋转方向倾斜，按顺时针方向画圆弧或从右下角开始画圆，一次完成，如图 1–14b 所示。圆规上铅芯型号应比画同类直线时所用的铅芯软一号，以保证图线深浅一致。

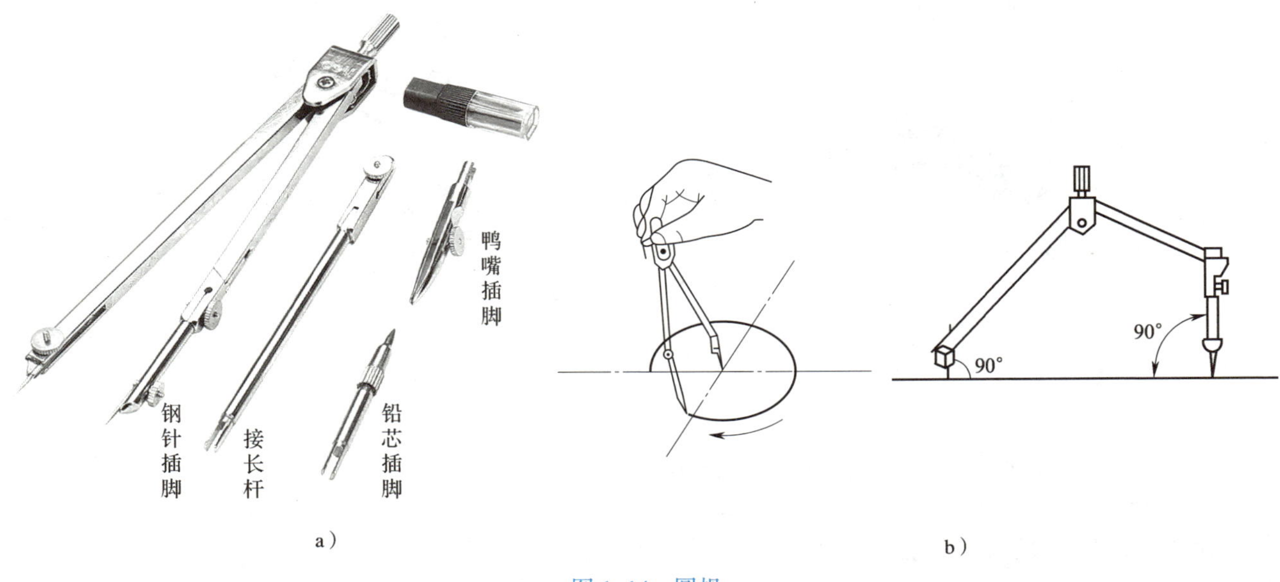

图 1–14 圆规

a）实物图 b）使用方法

2. 分规

分规是用于等分线段和量取尺寸的仪器，如图 1–15 所示，其两腿端部均装有固定的钢针，使用时应先使分规两腿的针尖靠拢后平齐。用分规等分线段时一般采用试分法。

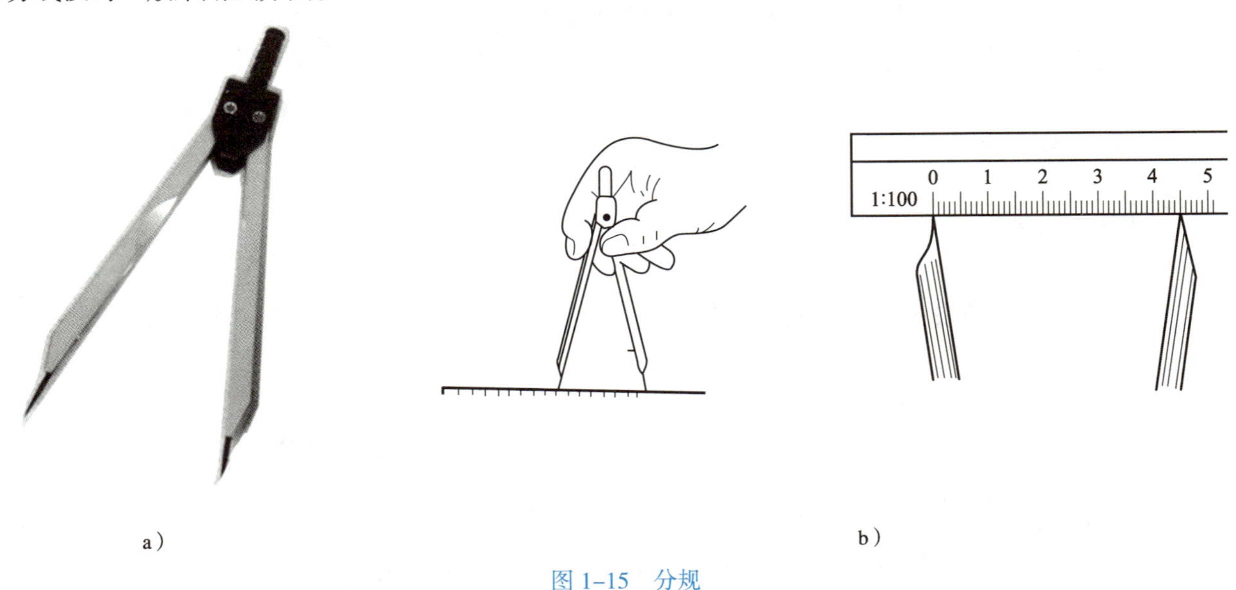

图 1–15 分规

a）实物图 b）使用方法

第二节 投影的基本知识

掌握正投影的基本原理及作图方法是培养学生绘图和识图能力的基础。本节主要介绍投影的基本概念，点、直线、平面的正投影，及三视图形成和投影规律等基本知识。

一、投影的基本概念

在日常生活中，经常可以看到物体在灯光或阳光照射下出现影子，这就是投影现象，如图 1–16 所示。影子在一定条件下能反映物体的外形和大小，而且随着光线和物体相互关系的改变，影子的大小和形状也会发生改变。

物体的影子只能反映物体底部的轮廓，而上部的轮廓则被黑影所代替。因此，影子是不能反映物体空间形状的。假设光线能够透过物体将物体上所有轮廓线都反映在投影平面上，这样的影子就能够反映物体原有的空间形状，人们把这种图形称为物体的投影图。在平面上绘制出物体的投影图，以表示其形状和大小的方法称为投影法。

如图 1–17 所示，对一个物体进行投影，要有投射的光线和承受影子的平面，通常称投射的光线为投射线，承受影子的平面为投影面，在该平面上得到的图形称为投影或投影图。

图 1–16 物体的影子

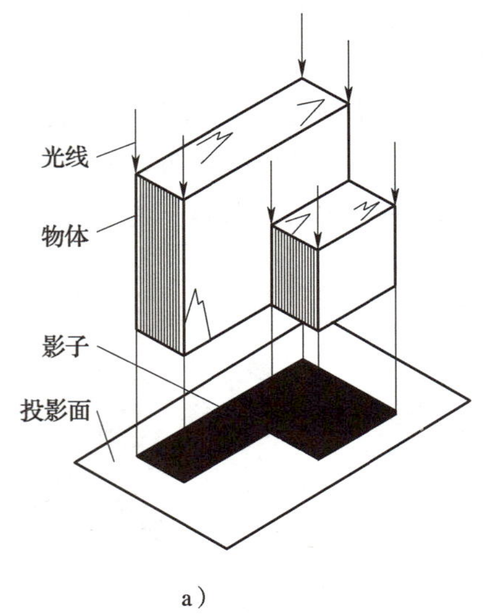

a）

投射线
物体
投影
投影面
A
a
H

b）

图 1–17 影子与投影

a）影子 b）投影

产生投影必须具备三个条件，即投射线、投影面和被投影的物体（或几何元素），这三个条件称为投影三要素。

由于投射线的不同，物体的投影也不同。投射线从一点出发对物体进行投射，这种投影方法称为中心投影法，如图 1–18a 所示。把一本书放在灯光下，灯光向地面进行投射时书所产生的投影即是此种投影法得到的投影。中心投影法多用于绘制建筑透视图。

如果光源距离无限大，则投射线相互平行，如图 1–18b 所示，此时书产生的投影与实物大小相同，这种投影方法称为平行投影法。在平行投影中，如果投射线垂直于投影面，则物体在投影面上所得到的投影称为正投影，这种投影方法称为正投影法。物体的正投影就是将通过物体各顶点的平行投射线与投影面的交点连接起来所得到的图形。

正投影法就是人们平时经常说的“正对着”物体去看而投影的方法。正投影法的基本特点如下：

1. 被投影的物体在观察者与投影面之间。
2. 投射线相互平行，且垂直于投影面。
3. 投影不受观察者与物体及物体与投影面之间距离的影响。

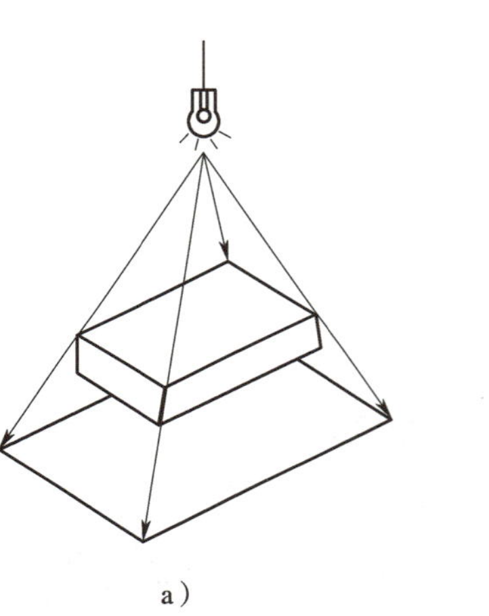

a）

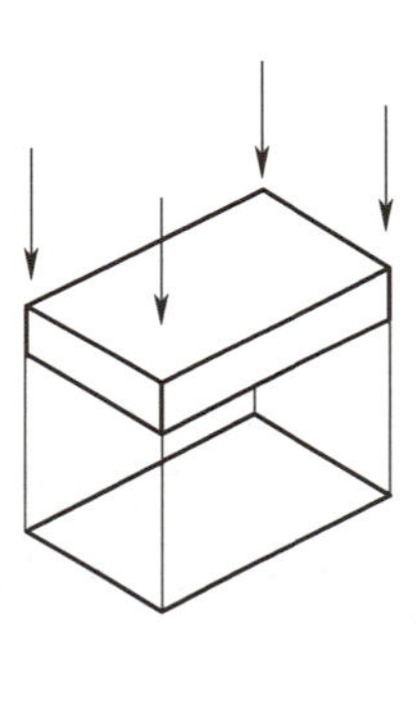

b）

图 1–18 投影的概念

a）中心投影法 b）平行投影法

二、点、直线、平面的正投影

点、直线、平面是最基本的几何元素，学习投影方法要从了解点、直线、平面的正投影特性开始。

1. 点、直线、平面的正投影特性

（1）类似性

点的正投影仍然是一个点，直线的正投影仍然是一条直线，平面的正投影仍然保留其空间几何形状，这种性质称为正投影的类似性，如图 1–19 所示。

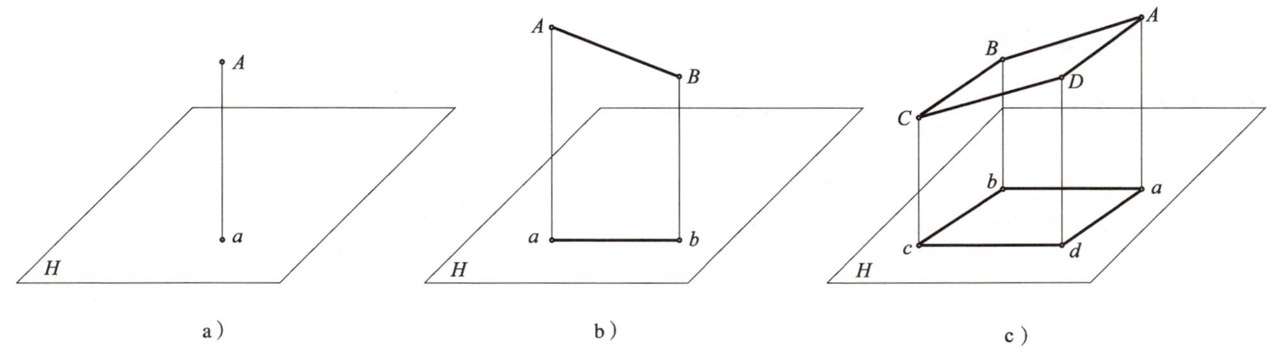

图 1–19　正投影的类似性

（2）全等性

当空间直线、平面平行于投影面时，其正投影分别反映实长和实形，这种性质称为正投影的全等性，如图 1–20 所示。

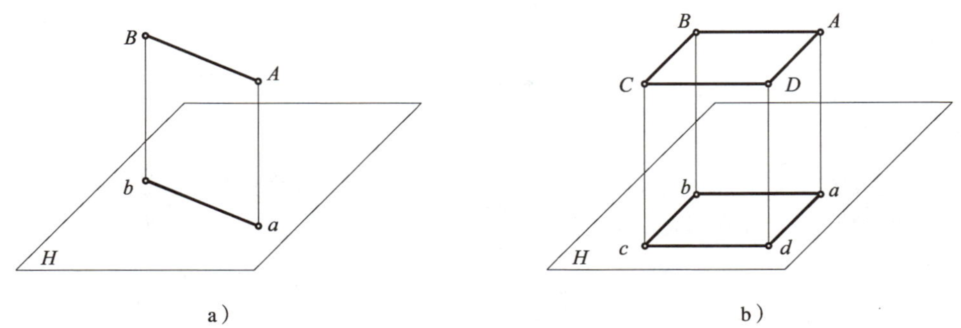

图 1–20　正投影的全等性

（3）积聚性

当空间直线、平面垂直于投影面时，在该投影面上的正投影分别成为一个点和一条直线，这种性质称为正投影的积聚性，如图 1–21 所示。

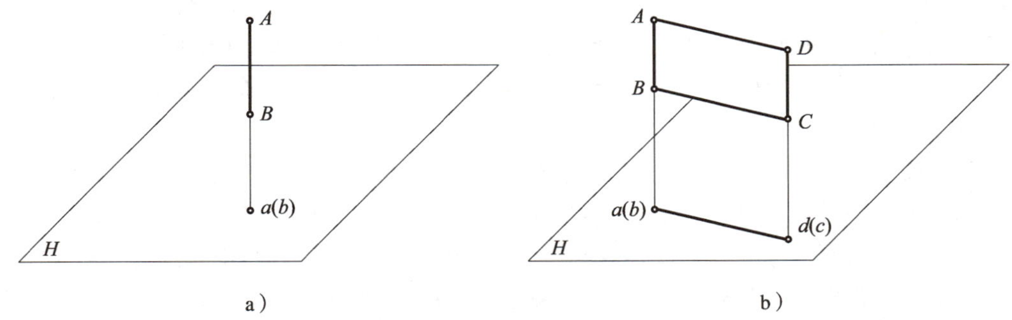

图 1–21　正投影的积聚性

（4）重合性

当两个或两个以上的点、直线、平面具有同一投影时，称为重合，这种性质称为正投影的重合性，如图 1–22 所示。

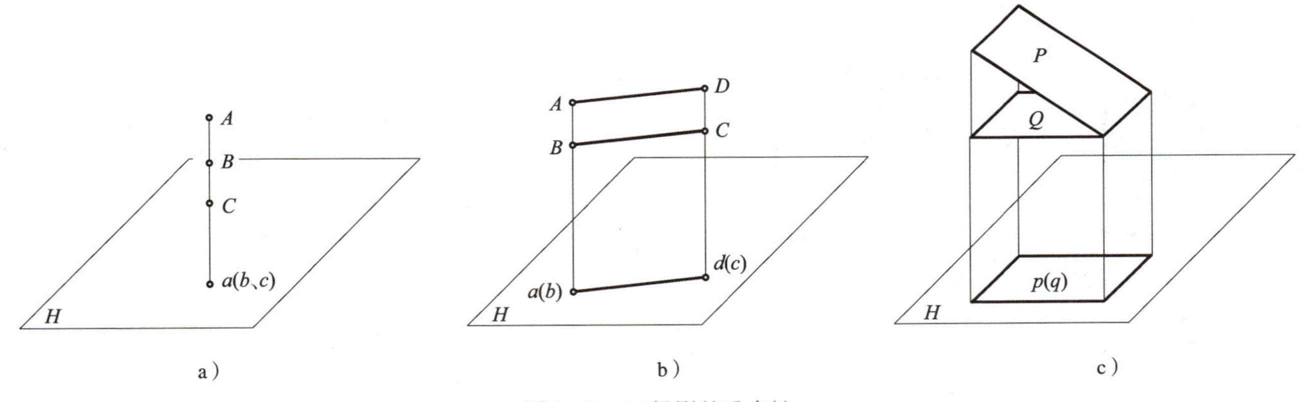

图 1–22　正投影的重合性

2. 点、直线、平面的投影规律

（1）点的正投影

对于一个点，无论从哪一个方向进行投射，所得到的投影仍然是一个点。

（2）直线的正投影

当直线平行于投影面时，它的投影是直线，且反映实长。当直线垂直于投影面时，它的投影是一个点。当直线倾斜于投影面时，它的投影是缩短了的直线。直线上某一点的投影必定在这条直线的投影上。

（3）平面的正投影

当平面平行于投影面时，它的投影反映平面的真实形状，即大小和形状不改变。当平面垂直于投影面时，它的投影是一条直线。当平面倾斜于投影面时，它的投影是缩小了的平面图形。

三、三视图的形成和投影规律

存在于空间的物体都有长、宽、高三个向度，把握了这三个向度，就可以完整、无误地表达物体的真实形状。

1. 物体的长、宽、高

为了方便做投影图，对物体长、宽、高三个方向统一规定如下：当物体的正面确定以后，其左右方向的尺寸称为长度，前后方向的尺寸称为宽度，上下方向的尺寸称为高度，如图 1–23 所示。

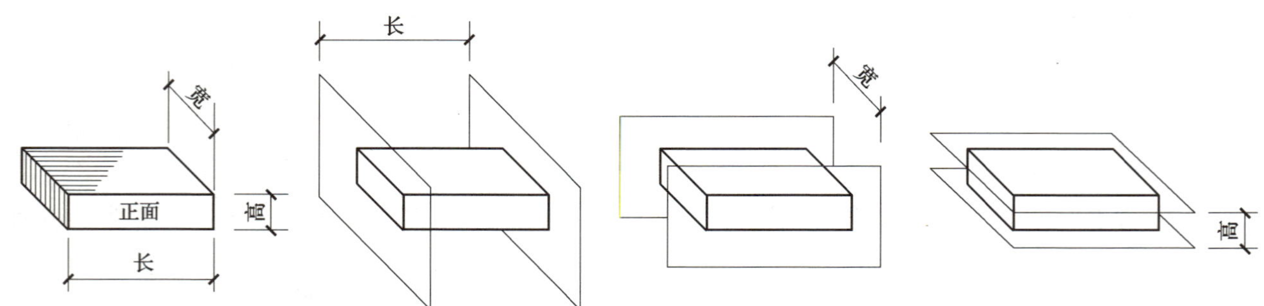

图 1–23　物体的长、宽、高

2. 三投影面体系

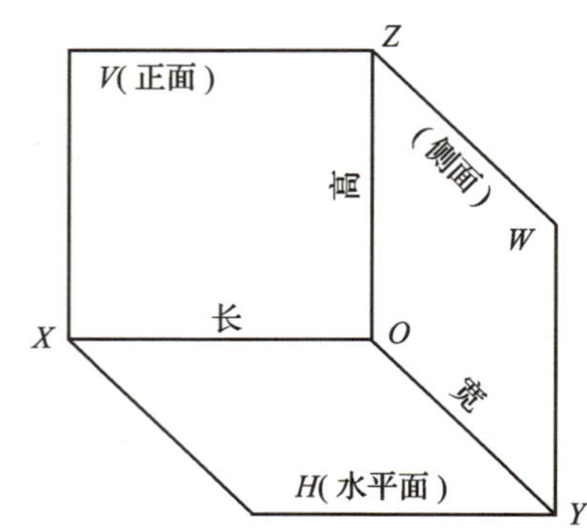

图 1–24　三投影面体系

三投影面体系由三个相互垂直的投影面组成，如图 1–24 所示。三个投影面分别为：正立投影面，简称正面，用 V 表示；水平投影面，简称水平面，用 H 表示；侧立投影面，简称侧面，用 W 表示。

相互垂直的投影面之间的交线称为投影轴。V 面与 H 面的交线称为 OX 轴，简称 X 轴，代表长度方向；H 面与 W 面的交线称为 OY 轴，简称 Y 轴，代表宽度方向；V 面与 W 面的交线称为 OZ 轴，简称 Z 轴，代表高度方向。

三根坐标轴相互垂直，其交点 O 称为原点。

3. 三面正投影图

将物体放置在三投影面体系中，平行投射线由上向下垂直于 H 面，在 H 面上产生的投影称为水平投影（水平投影图）；平行投射线由前向后垂直于 V 面，在 V 面上产生的投影称为正面投影（正面投影图）；平行投射线由左向右垂直于 W 面，在 W 面上产生的投影称为侧面投影（侧面投影图），如图 1–25a 所示。

正面投影图又称主视图，在管道工程图中称为立面图；水平投影图又称俯视图，在管道工程图中称为平面图；侧面投影图又称左（右）视图，在管道工程图中称为侧面图。

为了把处于空间位置的三个投影面在同一个平面上表示出来，使平面图能够表示空间概念，国家标准规定：V 面保持不动，H 面绕 OX 轴向下翻转 90°，W 面绕 OZ 轴向右翻转 90°（见图 1–25b），则三投影面展开成为一个平面（见图 1–25c）。

三个投影面展开后，原 OX、OZ 轴的位置不变，原 OY 轴则分为两条，在 H 面上的用 OY_H 表示，它与 OZ 轴成一条直线；在 W 面上的用 OY_W 表示，它与 OX 轴成一条直线（见图 1–25c）。投影面展开后，在同一平面上的水平投影图、正面投影图和侧面投影图组成的投影图称为三面正投影图（见图 1–25c）。在实际绘制三面正投影图时，投影面的大小与物体的投影图无关，不必画出投影面的范围，这样三面正投影图更为清晰，如图 1–25d 所示。

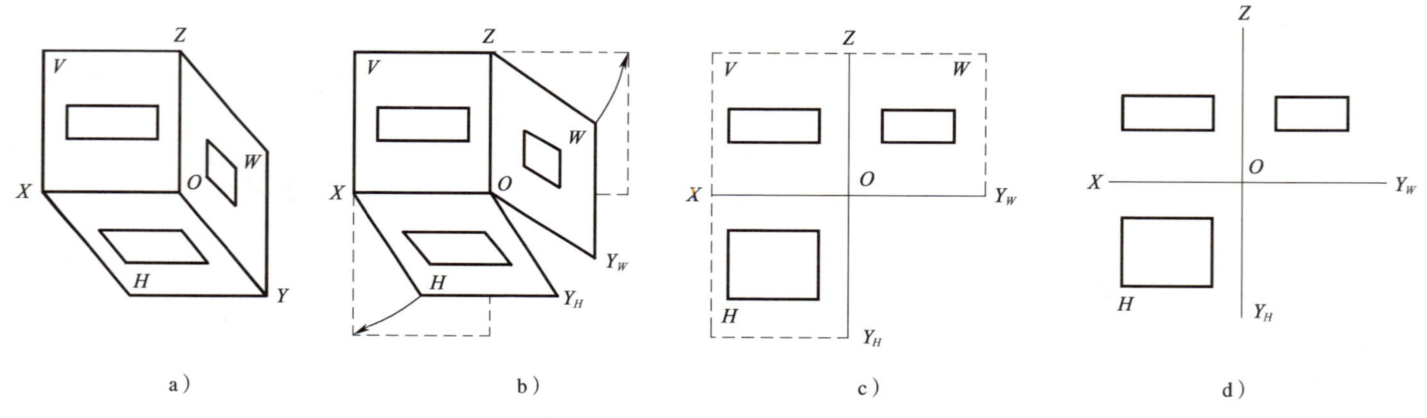

图 1–25　三面正投影图的形成过程

4. 三面正投影图的投影规律

每个正投影图只能反映物体长、宽、高中两个方向的尺度，每两个图之间有一个尺寸相同，三个投影图之间保持相互对应的关系，即“三等关系”，概括为“长对正，高平齐，宽相等”。其意义分别是：

长对正——立面图与平面图长对正。

高平齐——立面图与侧面图高平齐。

宽相等——平面图与侧面图宽相等。

三面正投影图的位置关系、“三等”关系如图 1–26 所示。

5. 三面正投影图的画法

画物体的三面正投影图时，一般先画最能反映物体特征的投影图，然后根据投影关系完成其他投影图，其具体步骤如图 1–27 所示。

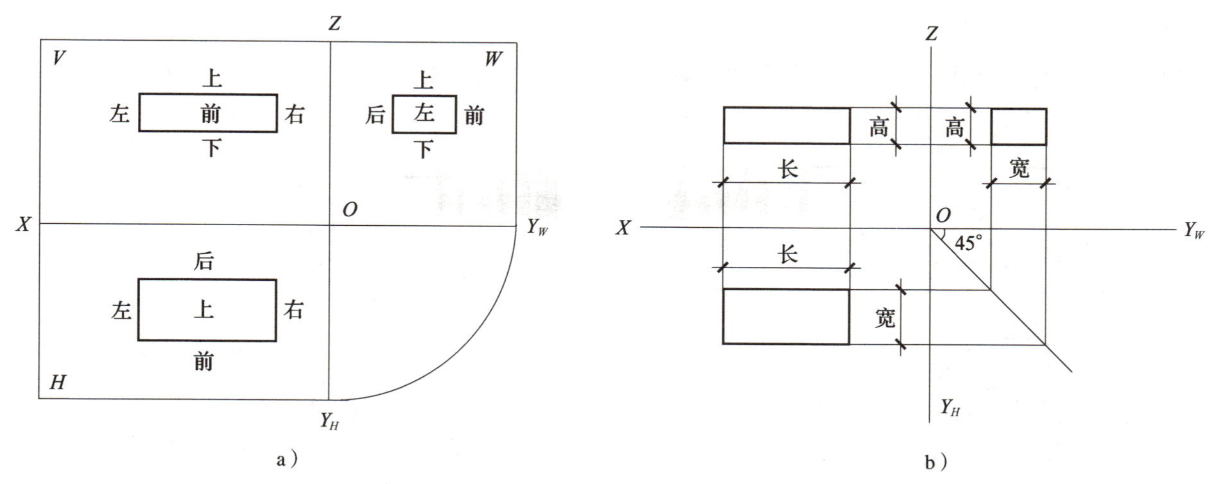

图 1–26　三面正投影图的位置关系

a）位置和方位关系　b）“三等”关系

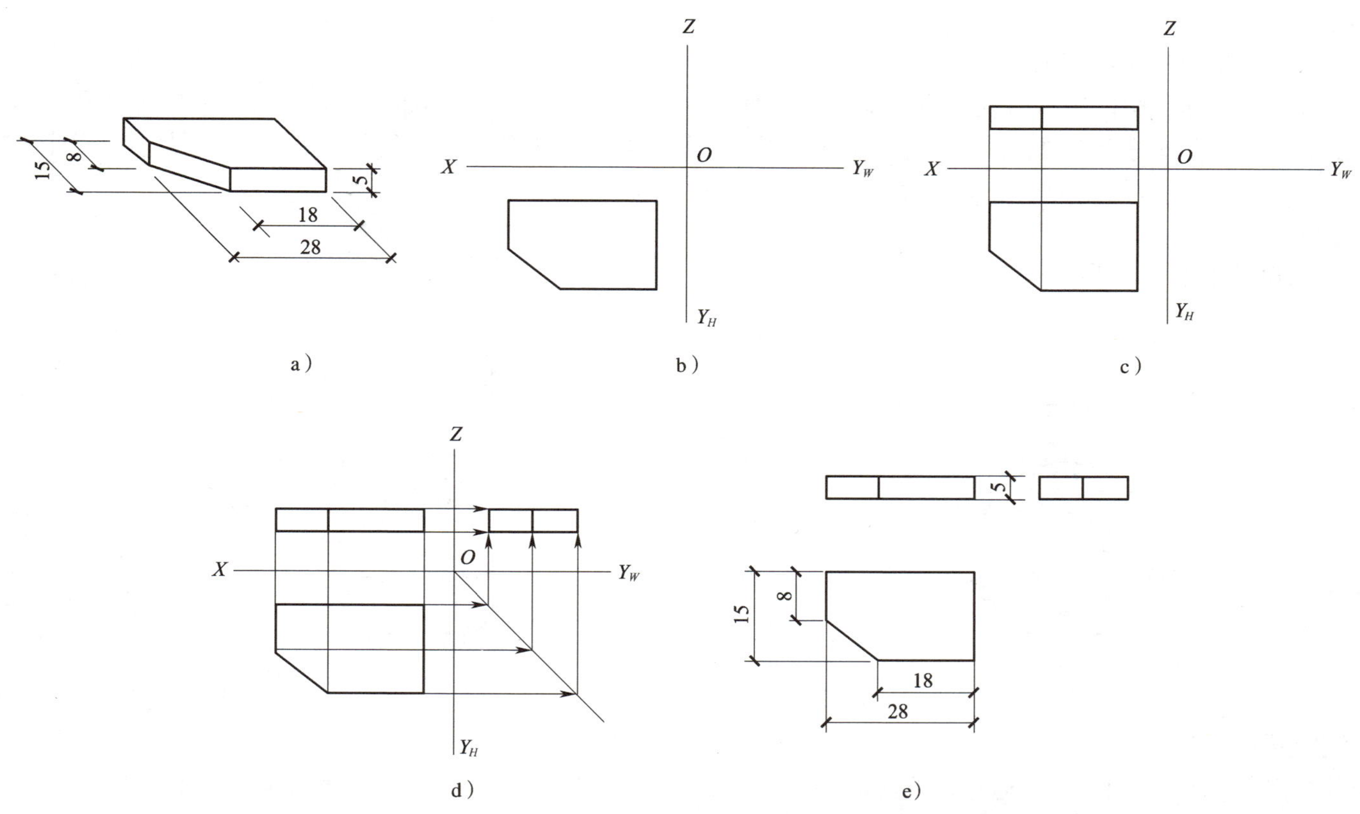

图 1–27　三面正投影图的画法和步骤

a）已知物体的直观图及各部分尺寸　b）画投影轴及物体的水平投影　c）根据水平投影及物体的高作其正面投影

d）根据水平投影和正面投影作其侧面投影　e）擦去作图线，整理、描深并标注尺寸

第三节　管道三视图的画法

一般建筑物或建筑构件，暖通、给排水工程中的设备及零件的形状虽然复杂多样，但都可以看成是由一些基本形体所组成的。同样，设备工程中的复杂管线也可以看成是由各种管件所组成的。本节主要介绍常用管件的三视图及管道图的画法。

一、常用管件的三视图

1. 短管的三视图

图 1–28 所示为短管及短管的三视图。短管的两个端面是两个大小相等的同心圆，内、外表面都是光滑的曲面，并垂直于两个端面。在主视图与俯视图中，短管的内径都是看不见的，图样上对于看不见的轮廓线用虚线表示，有时图中的虚线可省略不画；当虚线正好与实线重合时，将它画成实线。当俯视图与主视图相同时，可以省略俯视图。

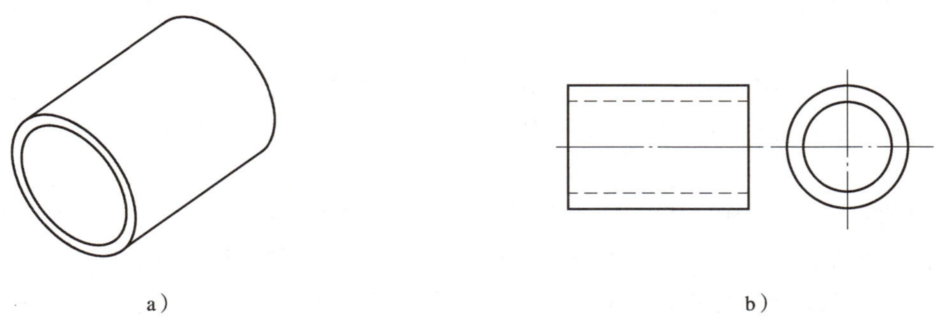

图 1–28　短管及短管的三视图

2. 大小头管件的三视图

同心大小头管件是内、外表面光滑的空心圆锥台，两个端面是大小不等的同心圆，它的三视图如图 1–29 所示。

偏心大小头管件的三视图如图 1–30 所示。

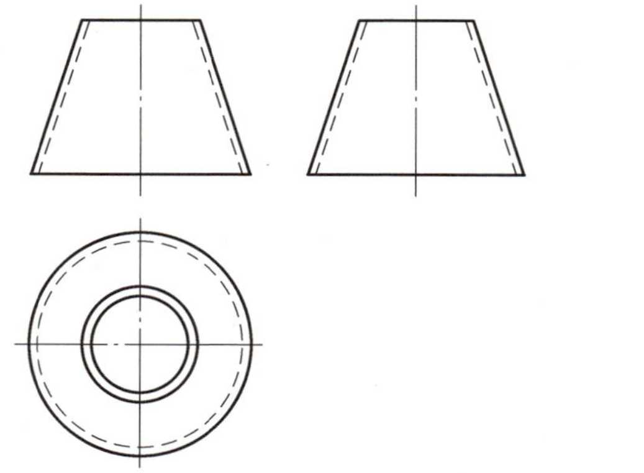

图 1–29 同心大小头管件的三视图

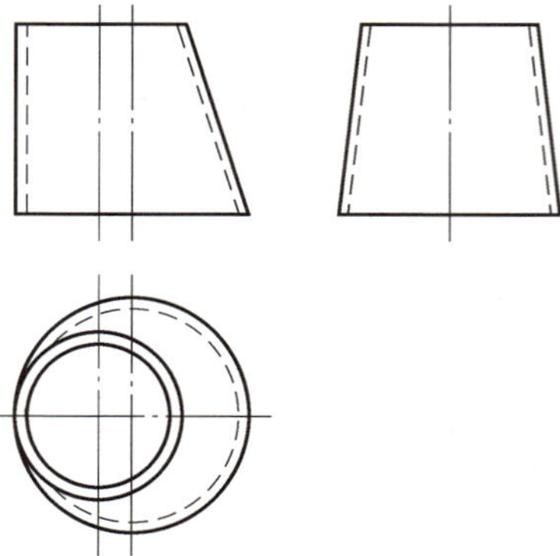

图 1–30 偏心大小头管件的三视图

3. 法兰的三视图

平焊法兰的三视图如图 1–31 所示。

管件大部分是曲面体，所以经常出现视图与视图之间的图样完全相同的情况。例如，短管的主视图与俯视图、同心大小头管件和法兰的主视图与左视图完全相同。在这种情况下，可以省去其中的一个视图，如短管的俯视图、同心大小头管件和法兰的左视图。

4. 弯头的三视图

90° 弯头的三视图如图 1–32 所示。

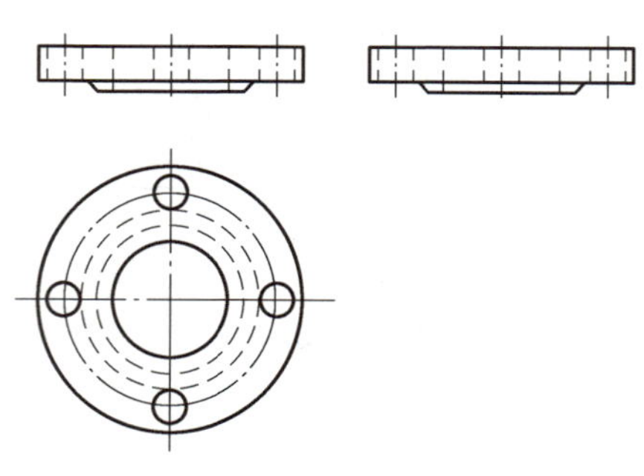

图 1–31 平焊法兰的三视图

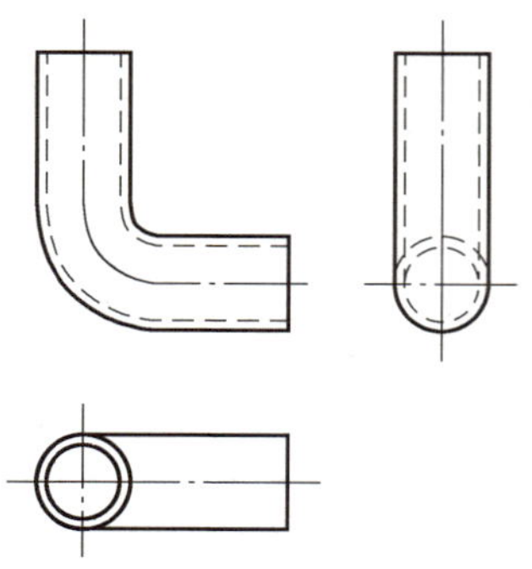

图 1–32 90° 弯头的三视图

5. 三通的三视图

三通有多种形式，常用的有等径三通和异径三通。如图 1–33 和图 1–34 所示分别为等径三通和异径三通的三视图。

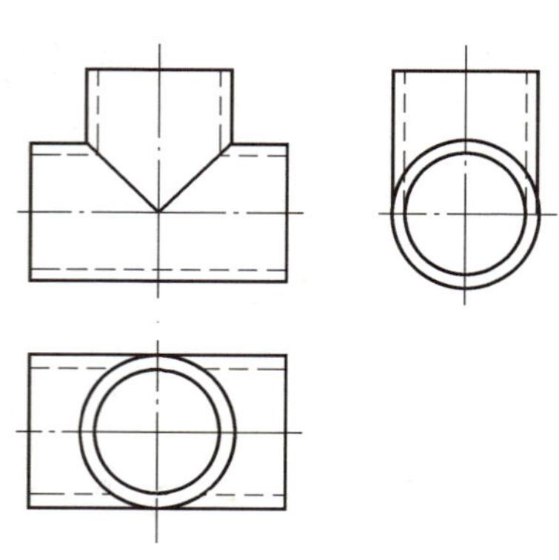

图 1–33 等径三通的三视图

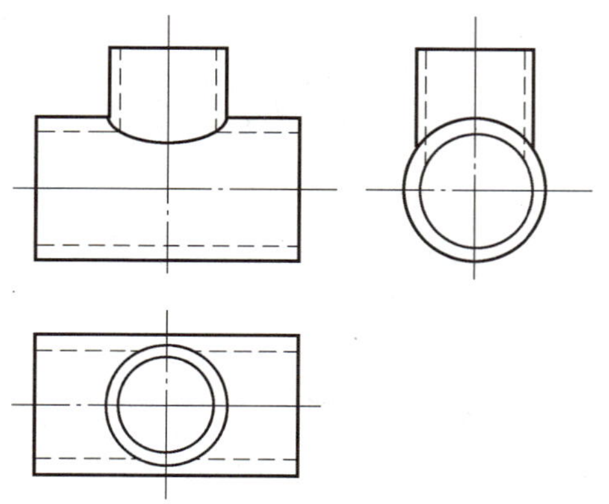

图 1–34 异径三通的三视图

二、管道单线图和双线图

在实际施工中，要安装的管线往往很长，而且很多。反映在图样上的线条纵横交错，密集繁多，不易分清。为了在图样上能够完整表示这些代表管子和管件的线条，势必要把每根管子画得很细、很小。这样，管壁厚度就很难再用虚线和实线表示清楚。因此，在图形中允许仅用两根线条表示管子和管件的形状。这种省去管壁厚度，将管子和管件用两根线条表示的方法通常称为双线绘制法，由它画成的图样称为双线图。

由于管道的截面尺寸比长度尺寸小得多，所以在小比例的施工图中往往把空心的管子看成一条线的投影，这种用单根粗实线表示管子和管件的方法称为单线绘制法，由它画成的图样称为单线图。

1. 管子的单线图和双线图

图 1–28b 所示为短管的三视图，在主视图中虚线表示管子的内壁；在左视图的两个同心圆中，直径小的那个圆表示管子的内壁。

图 1–35 所示为同一短管的双线图，图中用于表示管子壁厚的虚线和实线都已经省略不画了。

图 1–36 所示为短管的单线图，根据投影原理，它的平面投影应积聚成一个小圆点，但为了便于识别，通常在小圆点外加画一个小圆，即画成一个带圆心的圆。而在有些施工图中，短管的平面投影仅画成一个小圆，小圆的圆心并不加点。

图 1–35　短管的双线图　　　图 1–36　短管的单线图

2. 管件的单线图和双线图

（1）弯头的单线图和双线图

图 1–32 所示为 90° 弯头的三视图，在三个视图里所有管内壁都已按规定画出。图 1–37 所示为同一弯头的双线图。在双线图里，不仅表示管子壁厚的虚线可以不画，而且弯头投影所产生的虚线部分也可以省略不画，如图 1–38 所示。这两种双线图的画法虽然在图形上有所不同，但意义完全相同。

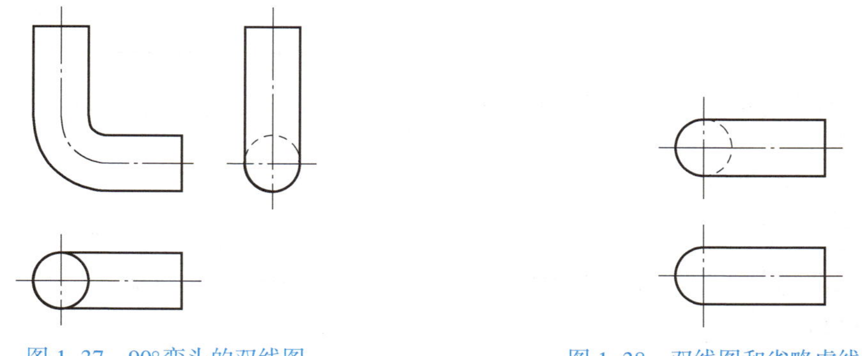

图 1–37　90° 弯头的双线图　　　图 1–38　双线图和省略虚线的画法

图 1–39 所示为同一弯头的单线图。在平面图上先看到立管的断口，后看到横管。画图时，与管子的单线图表示方法相同，对于立管断口的投影不画成一个小圆点，而画成一个有圆心的小圆，横管画到小圆边上。在左视图上，先看到立管，横管的断口在背面看不到，这时横管应画成小圆，立管画到小圆的圆心。在单线图中，管子画到小圆的圆心，也可以把小圆稍微断开些来画，如图 1–40 所示。这两种单线图的画法虽然在图形上有所不同，但意义完全相同。

图 1–39　90° 弯头的单线图　　　图 1–40　不断开和断开的画法

图 1–41 所示为 45° 弯头的单线图。45° 弯头的画法与 90° 弯头的画法很相似，但在画小圆时，90° 弯头应画成整个小圆，而 45° 弯头只需画成半个小圆。空心的半个圆与半个圆上加一条细实线的画法在意义上完全相同，如图 1–42 所示。

图 1–41　45° 弯头的单线图　　　图 1–42　空心的半个圆和半个圆加一条细实线的画法

（2）三通的单线图和双线图

图 1–43 所示为等径正三通的双线图，两管的交接线呈 V 字形。三通的双线图与其三视图（见图 1–33）相比，只需把表示壁厚的虚线和实线省略不画，仅画外形图即可。

等径斜三通的双线图如图 1–44 所示。

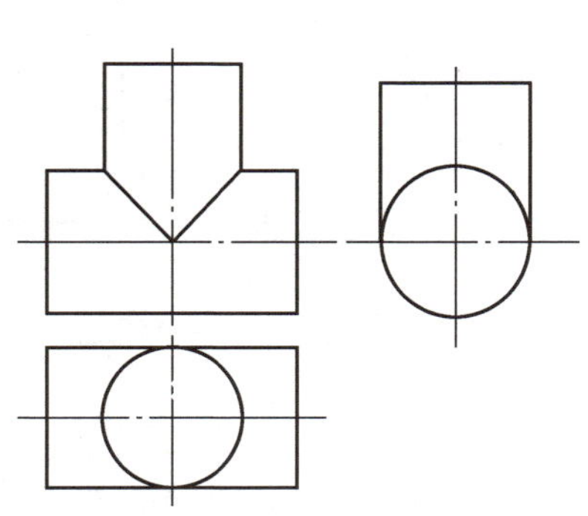

图 1–43　等径正三通的双线图

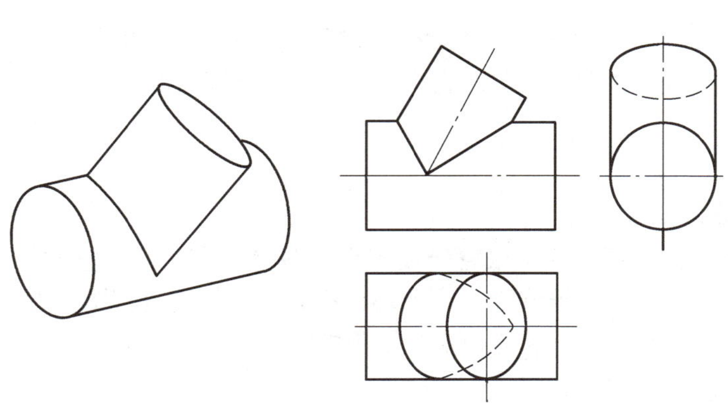

图 1–44　等径斜三通的双线图

图 1–45 所示为异径正三通的双线图，两管的交接线为弧线。异径正三通的双线图与其三视图（见图 1–34）相比，只需把表示壁厚的虚线和实线省略不画，仅画外形图即可。

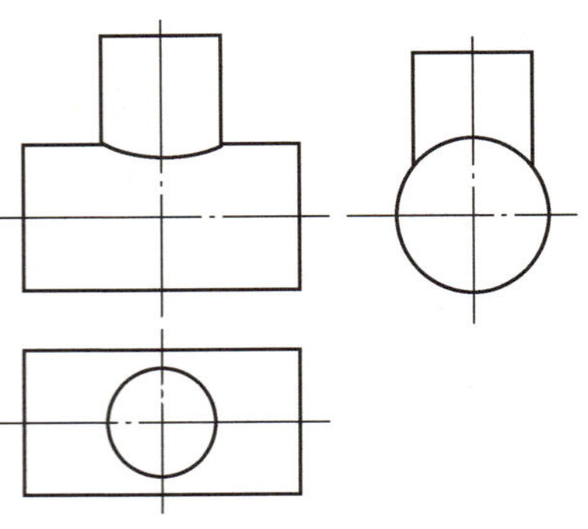

图 1–45　异径正三通的双线图

图 1–46a 所示为三通的单线图。在平面图上先看到立管的断口，所以把立管画成一个带圆心的小圆，横管画到小圆边上。在左视图上先看到横管的断口，所以把横管画成一个带圆心的小圆，立管画在小圆两边。在右视图上先看到立管，横管的断口在背面故看不到，这时横管画成小圆，立管通过小圆的圆心。还有一种表示形式就是把小圆与直线稍微断开，如图 1–46b 所示，这两种画法意义相同。

在单线图里，不论是等径三通还是异径三通，其立面图的表示形式都是相同的，如图 1–47 所示。

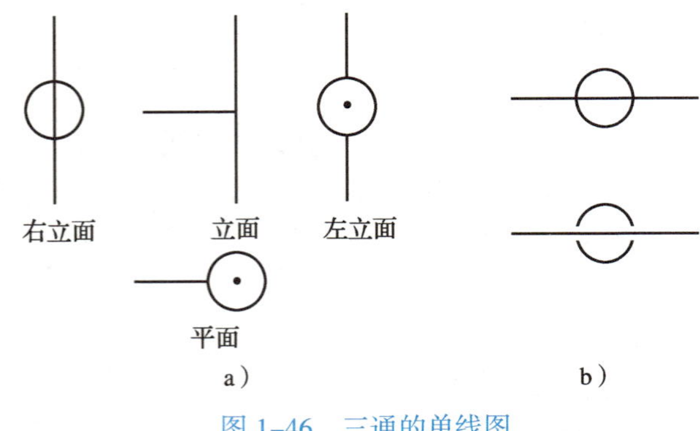

图 1–46　三通的单线图

a）三通的单线绘制法　b）两种相同含义的画法

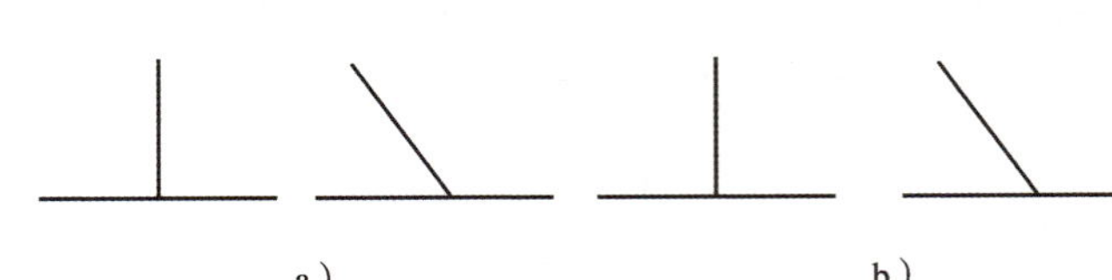

图 1–47　三通在单线图里立面的表示形式

a）等径　b）异径

（3）四通的双线图和单线图

图 1–48 所示为等径正四通的双线图和单线图。在等径四通的双线图中，其交接线呈 X 形直线。等径四通和异径四通的单线图在图样的表示形式上相同，如图 1–49 所示。

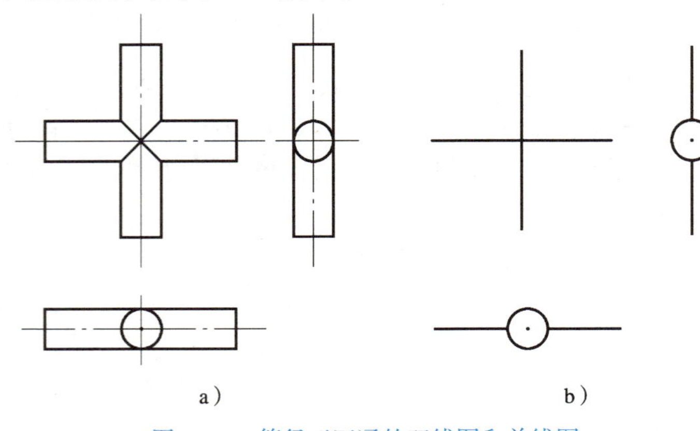

图 1–48　等径正四通的双线图和单线图

a）双线图　b）单线图

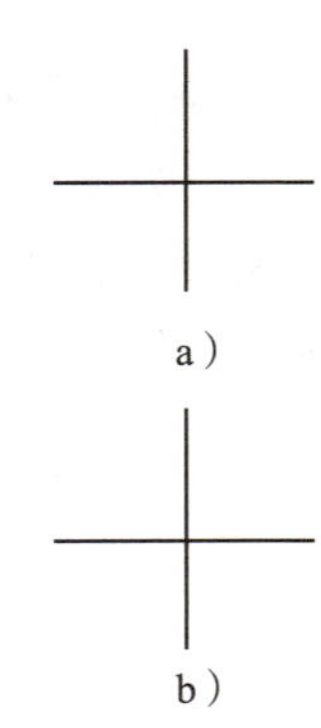

图 1–49　等径、异径四通的单线图

a）等径　b）异径

（4）大小头管件的双线图和单线图

图 1–50 所示为同心大小头管件的双线图和单线图。

图 1–51 所示为偏心大小头管件的双线图和单线图。

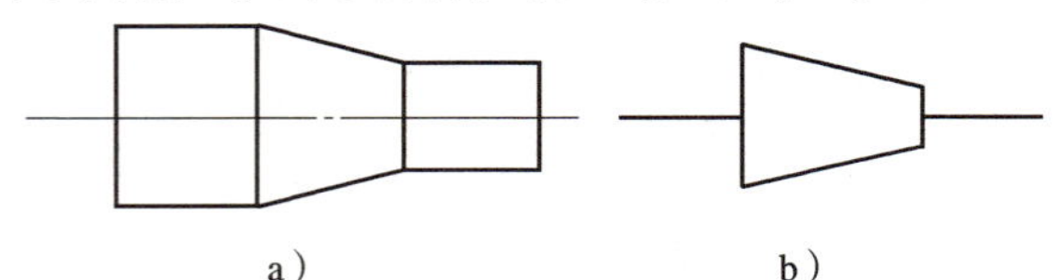

图 1–50　同心大小头管件的双线图和单线图

a）双线图　b）单线图

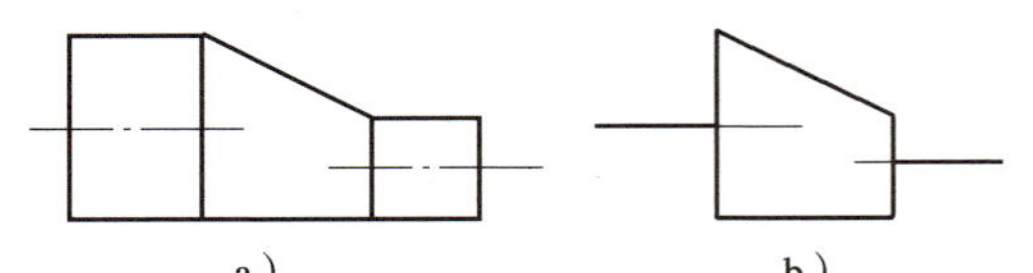

图 1–51　偏心大小头管件的双线图和单线图

a）双线图　b）单线图

第四节　管线的重叠与交叉

在实际工程中，由于系统中的管线、设备较为复杂，所以在图样中经常出现管线重叠、交叉的现象。那么，用什么方法才能把这些管线表示清楚呢？

一、管线的重叠

1. 管线重叠的形式

长短相等、直径相同的两根管线或多根管线叠合在一起，它们的投影也就完全重合，反映在投影面上的投影好像是一根管线，这种现象称为管线的重叠。图 1–52 所示为四根成排支管的双线图和单线图，在平面图上看到的却是一根弯管的投影。

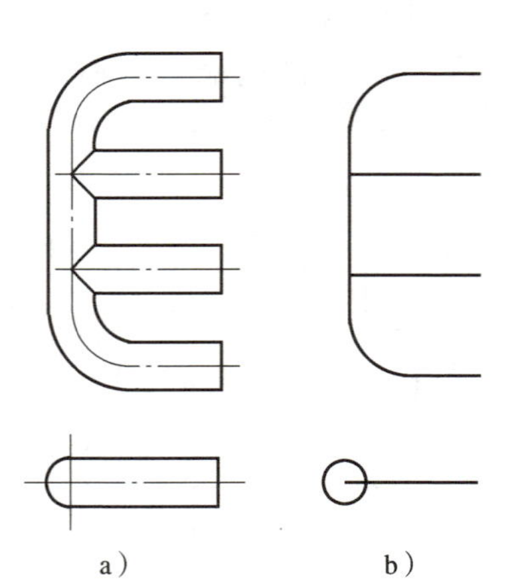

图 1–52　成排支管的双线图和单线图

a）双线图　b）单线图

2. 两根管线重叠的表示方法

为了把管线表示清楚及便于识读，对重叠管线的表示方法做了以下规定：当投影中出现两根管子重叠时，假想前（上）面的一根管线已经截去一段（用折断符号表示），这样便显露出后（下）面一根管线，用这样的方法就能把两根或多根重叠管线表示清楚。这种表示管线的方法称为折断显露法。

图 1–53 所示为两根重叠直管的平面图，断开的管线处于高处，中间显露的管线处于低处。如果该图为立面图，那么断开的管线在前，中间显露的管线在后。

图 1–54 所示为弯管和直管重叠的平面图，当弯管高于直管时，它的平面图如图 1–54a 所示。画图时使弯管和直管稍微断开 3 ~ 4 mm，以区别弯管和直管不是在同一标高上。当直管高于弯管时，一般用折断符号将直管断开，显露出弯管，它的平面图如图 1–54b 所示。

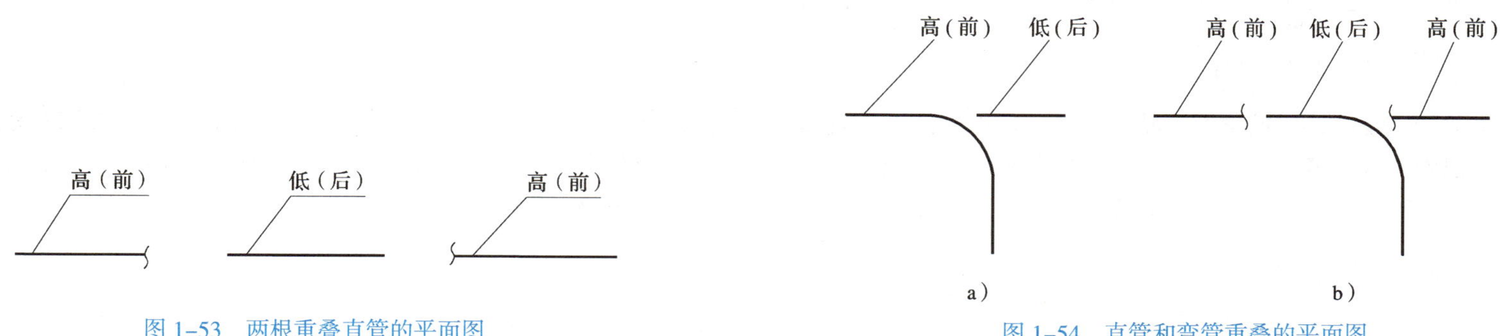

图 1–53　两根重叠直管的平面图

图 1–54　直管和弯管重叠的平面图

3. 多根管线重叠的表示方法

图 1–55 所示为四根管径相同、长短相等、由高到低排列的管线的平面图和立面图。如果只看平面图，不看管线的编号，就很容易认为是一根管线。但对照立面图就能知道是四根管线。四根管线的编号由高到低分别为 1、2、3、4。如果在平面图中用折断显露法表示四根管线重叠，如图 1–56 所示，那么就可以清楚地看到：1 号管最高，2 号管次高，3 号管次低，4 号管最低。

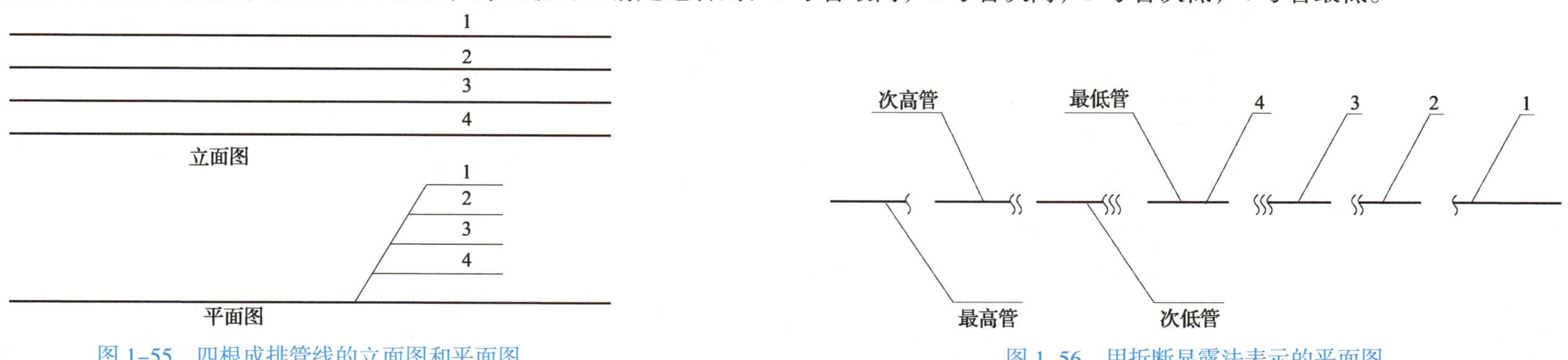

图 1–55　四根成排管线的立面图和平面图

图 1–56　用折断显露法表示的平面图

在单线图中，折断符号的画法和识读也有一定的规定，只有与折断符号相对应的才能理解为原来的管线是相连通的。在用折断符号表示时，一般折断符号如果用一曲（呈 S 形状）表示，那么管线的另一端相对应的也必定是一曲；如果用二曲表示，那么另一端相对应的也必定是二曲；依此类推，不能混淆。

二、管线的交叉

1. 两根管线交叉

在图样中经常出现交叉的管线，这是管线投影相交所致的。如果两根管线的投影交叉，那么高的管线不论是用单线表示，还是用双线表示，它都显示完整，低的管线在单线图中要断开表示（见图 1–57a），在双线图中要用虚线表示，如图 1–57b 所示。

在单线图和双线图同时存在的平面图中，如果双线的管高于单线的管，那么单线管的投影在与双线管投影相交的部分用虚线表示，如图 1–57c 所示。如果单线的管高于双线的管，就不存在虚线，如图 1–57d 所示。

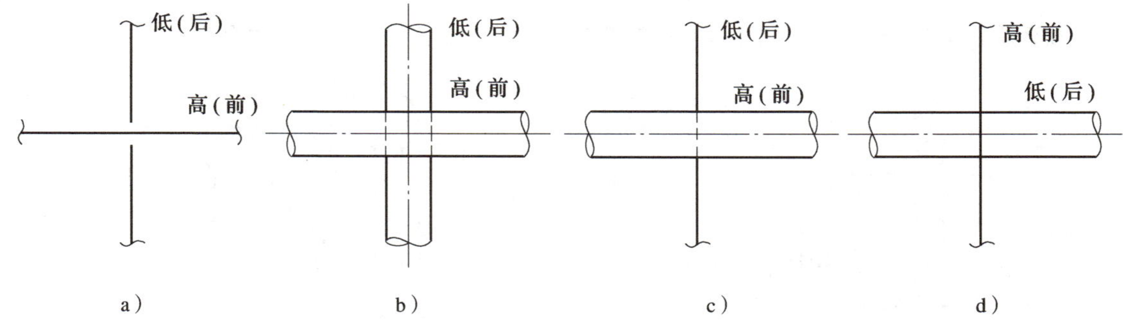

图 1–57　两根管线交叉

如果图 1–57 是立面图，那么在平面图中高的管成为前面的管，低的管成为后面的管。图 1–57 中两根管线投影交叉角为 90°，当两根管线以任意角度交叉时，上述画法同样适用。

2. 多根管线交叉

图 1–58 所示为 a、b、c、d 四根管线投影相交所组成的平面图。当图中单线表示的管线与双线表示的管线投影相交时，如果单线管高于双线管，那么单线管显示完整，并画成粗实线，可见 a 管高于 d 管；如果双线管高于单线管，那么单线管被双线管遮挡的部分应用虚线表示，也就是 d 管高于 b 管和 c 管。又由于 b 管与 c 管交叉时 b 管断开，据此可知：c 管既低于 a 管，又低于 d 管，但高于 b 管。也就是说，a 管为最高管，d 管为次高管，c 管为次低管，b 管为最低管。如果图 1–58 是立面图，那么 a 管为最前管，d 管为次前管，c 管为次后管，b 管为最后管。

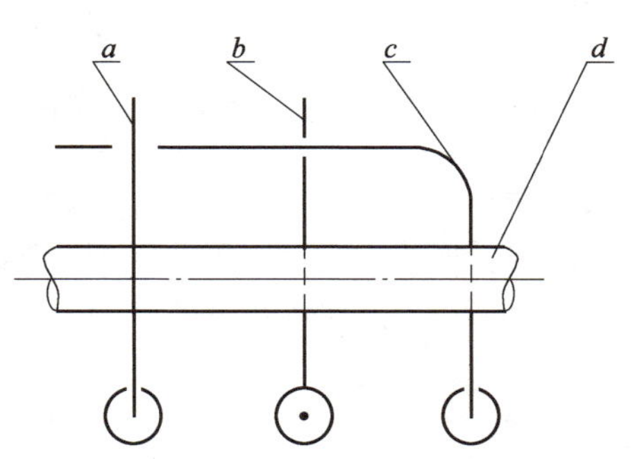

图 1–58　四根管线交叉

第五节 管道的剖面图

在管道施工图中，看不见的管子、管件、阀门、机械设备、仪表、电气设备等均要用虚线表示。当管线、机械设备比较密集或者比较复杂时，视图上的虚线就很多，从而使视图表达的管线和设备内外层次不清，甚至根本无法表达其意图，从而增加了读图和画图的困难，也不便于标注尺寸。那么如何解决这个矛盾呢？在长期的实践中，人们创造出剖视的方法。

一、剖面图的基本概念

为了清楚地反映管线的真实形状及管件、阀件的内部或被遮盖部分的结构形式，设想用一个假想平面，在需要表达清楚的部位剖切开，并把处于观察者与剖切平面之间的部分移去，再把留下的部分重新进行投影，所得到的图形称为剖面图。但应注意，剖切是假想的，只有画剖面图时才假想切开并移走一部分，画其他投影时要将未剖切的完整形体画出，如图 1–59 所示。

二、剖面图的画法要求及标注

画剖面图时，一般使剖切平面平行于基本投影面，并且通过形体上孔、洞、槽的对称轴线，这样可使截断面在一个投影中反映实形，在另外两个投影中积聚成一条线，人们用这条线表示剖切位置，称为剖切位置线，简称剖切线。国家标准《房屋建筑制图统一标准》（GB/T 50001—2017）规定的剖切线是用不穿越图形的两段短粗线表示剖切位置，长度为 6 ～ 10 mm；在端部用与剖切线垂直的短粗线表示投影方向，长度为 4 ～ 6 mm，如图 1–60 所示。

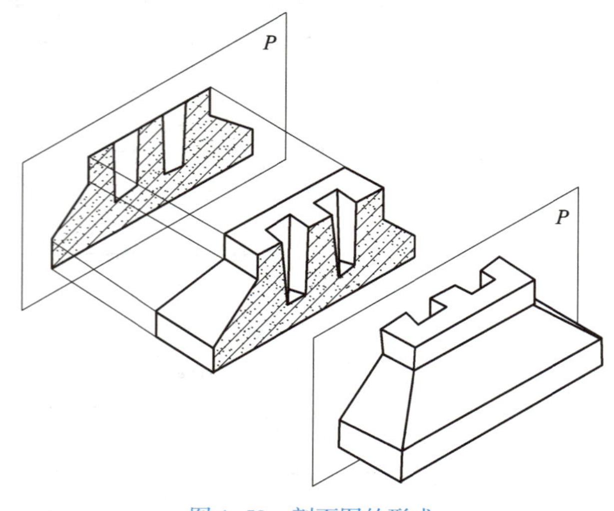

图 1–59 剖面图的形成

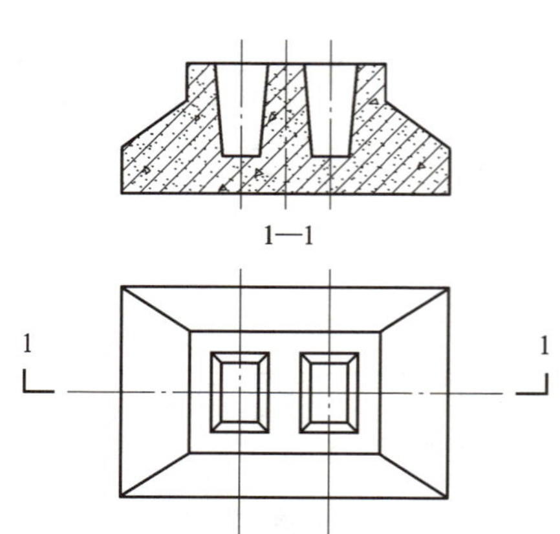

图 1–60 剖切线的表示方法

剖面图中的剖切符号宜采用阿拉伯数字编号，按顺序由左至右、由下至上连续编排，并应注写在剖视方向线的端部。需要转折的剖切线应在转角的外侧加注与该符号相同的编号。

凡被剖切的轮廓都应用粗实线画出，沿投影方向看到的部分，其轮廓一般用中实线画出，看不见的部分不画，剖面图中一般不画虚线。为了将剖到部分和未剖到部分区分开，使图面清晰，应在截面轮廓线范围内画上该物体的材料图例，未指明材料时，画间距相等的 45°细实线，称为剖面线。

三、剖面图的分类

1. 全剖面图

用一个剖切平面完全剖开零件后所得到的剖面图称为全剖面图。如图 1–61 所示为泵盖的全剖面图。

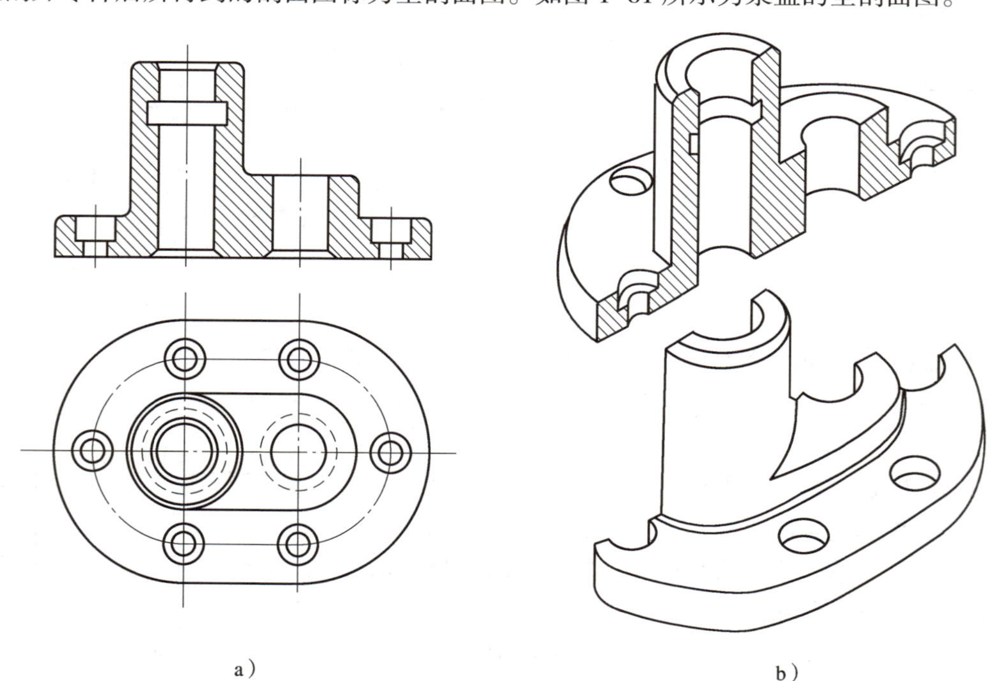

图 1–61 泵盖的全剖面图

a）平面及剖面图 b）剖面示意图

2. 半剖面图

当零件具有对称平面时，在垂直于对称平面的投影面上的投影可以以中心线为界，一半画成表达内形的剖面图，另一半画成表达外形的投影图，这样的组合图形称为半剖面图。如图 1–62 所示为支架的半剖面图。

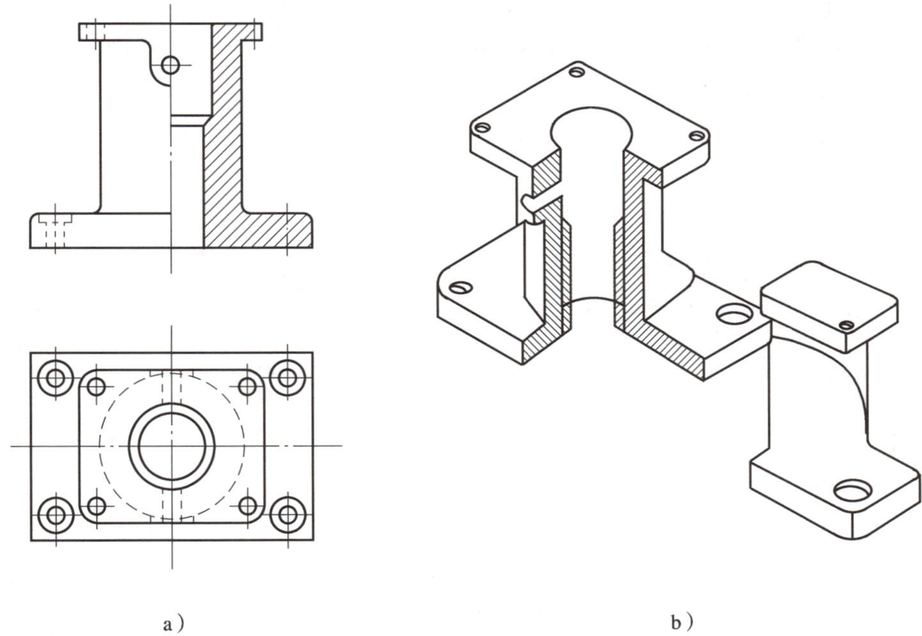

a）　　b）

图 1–62　支架的半剖面图

3. 局部剖面图

用剖切平面局部地剖开零件所得到的剖面图称为局部剖面图。如图 1–63 所示为夹圈的局部剖面图。

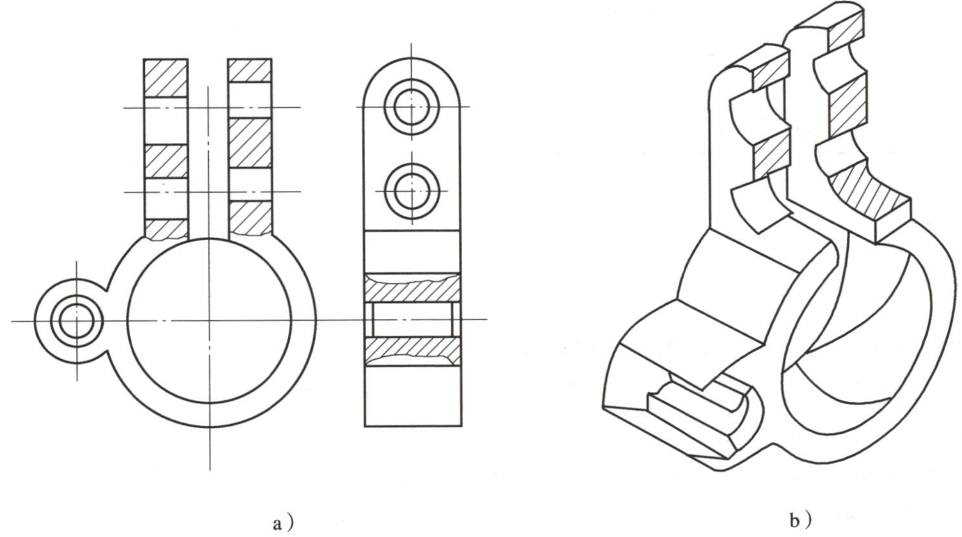

a）　　b）

图 1–63　夹圈的局部剖面图

4. 阶梯剖面图

用几个互相平行的剖切平面剖开零件所得到的剖面图称为阶梯剖面图。图 1–64 所示为支架的阶梯剖面图。

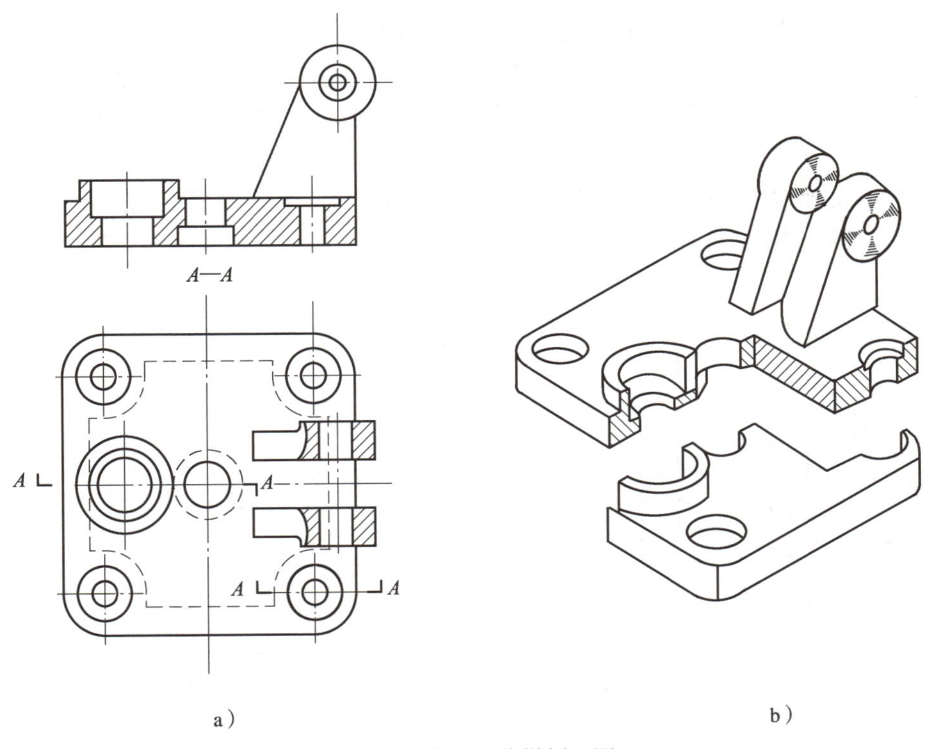

a）　　b）

图 1–64　支架的阶梯剖面图

四、管线的剖面图

1. 单根管线的剖面图

单根管线的剖面图是指利用剖切符号既表达剖切线又表达投影方向特点的管线的某个投影面。如图 1-65 所示，*A—A* 剖面图反映的内容是三视图投影角度表达的主视图，*B—B* 剖面图反映的则是左视图。但是，各剖面图的图形在排列上的关系和位置较灵活，没有三视图那么严格。

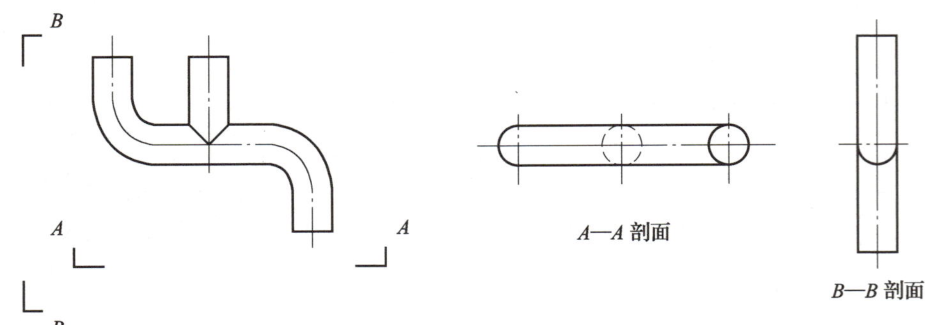

图 1-65　管线的剖面图

2. 管线间的剖面图

在两根或两根以上的管线之间，假想用剖切平面切开，然后把剖切平面前面部分的所有管线移走，对保留下来的管线重新进行投影，这样得到的投影图称为管线间的剖面图，如图 1-66 所示的 Ⅰ—Ⅰ 剖面图。

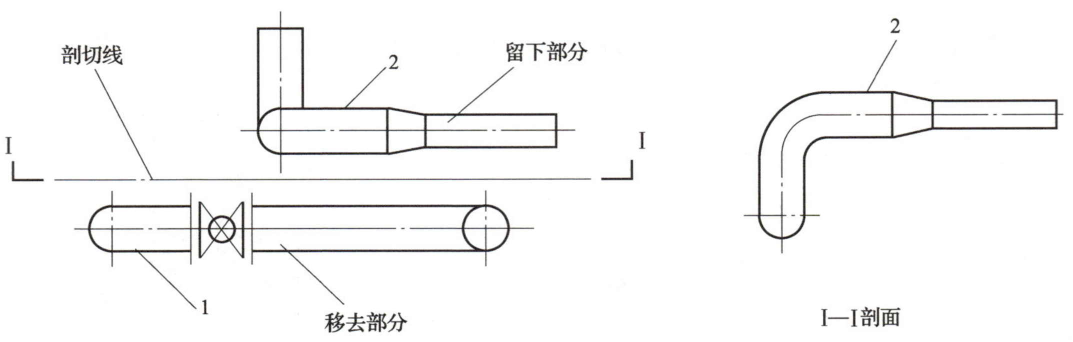

图 1-66　管线间的剖面图

在图 1-66 中有两路管线，1 号管线由来回弯组成，管线上带有阀门；2 号管线由摇头弯组成，管线上带有大小头。在平面图上这两路管线看起来还比较清楚，但立面图看起来就不够清楚了，如图 1-67 所示。这是 1 号和 2 号管线标高相同，管线投影重叠所致。通过剖切，把剖切线前面的 1 号管线移走，仅剩下 2 号管线，看起来就清楚了。在 Ⅰ—Ⅰ 剖面上所反映的图样内容实际上相当于 2 号管线的立面图。

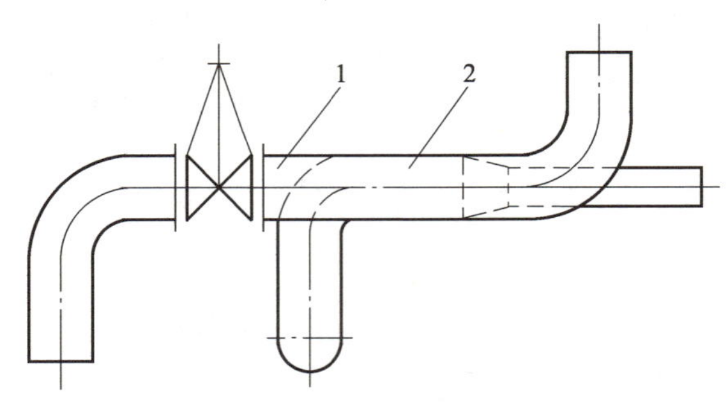

图 1-67　未经剖切的管线立面图

3. 管线断面的剖面图

管线剖面图有的剖切在管线之间，有的剖切在管线的断面上。如图 1-68 所示，在由三路管线组成的平面图里，以细双点画线为剖切线。1 号管线剖切后，阀门部分管线属于移去部分，摇头弯部分则是留下部分，反映在剖面图上的是一个小圆下面连着方向朝左的弯管。2 号管线本身是一段直管，所以被剖切后留下的是一段比剖切前短的直管，在剖面图上看到的是一个小圆。3 号管线被剖切后，摇头弯部分移去，带弯头的那部分管线留下，在剖面图上看到的是小圆连着方向朝下的弯头，如图 1-69 所示。

由于三路管线标高相同，所以，画剖面图时应把这三路管线画在同一轴线上，三路管线的间距应与平面图上的间距相同，三路管线之间的排列编号应与平面图上的编号相对应。

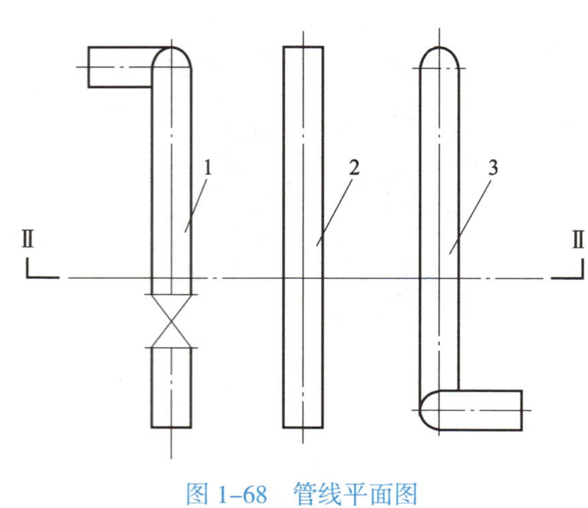

图 1-68　管线平面图

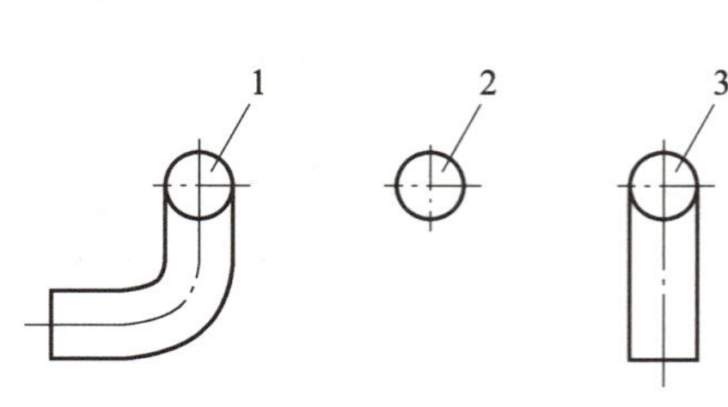

图 1-69　Ⅱ—Ⅱ 剖面图

4. 管线间的转折剖面图

用两个相互平行的剖切平面在管线间进行剖切，所得到的剖面图称为转折剖面图。管线的转折剖也称阶梯剖，又称接力剖。对于在管线间进行的剖切，一般来说剖切线是一条直线，但有时也有这样的情况，即在一条剖切线上只需要剖切一部分管线，而另一部分管线又非留下不可，就需要用转折剖切的方法来解决。按制图规定，管线间只允许转折一次，如图 1–70 所示。与此转折对应，在 *A—A* 剖面图（见图 1–71）的 1 号管线上两个方向相反的三通支管之间就呈现转折剖切的切口。在剖切平面的起始、转折、终止处，应用剖切符号表示剖切线，其他部分均与一般剖面图的识读方法保持一致。

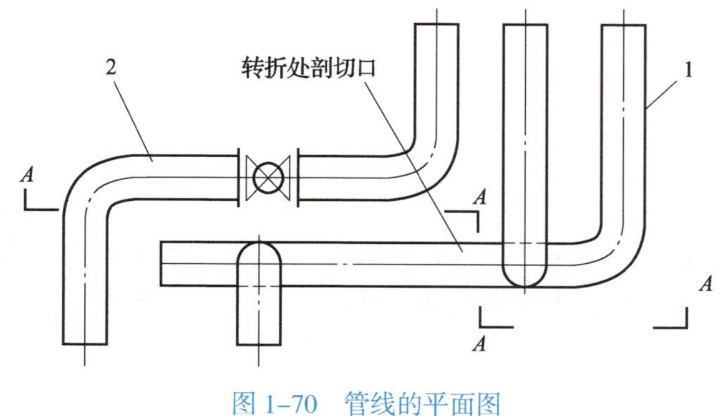

图 1–70　管线的平面图

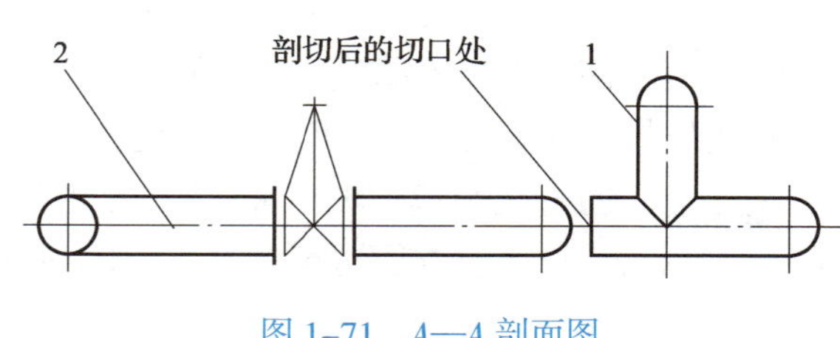

图 1–71　*A—A* 剖面图

在三视图的基础上，为了清楚、明了地表达管件和阀件的内部形状，出现了剖面图。剖面图的投影规律与三视图的投影规律完全相同，只不过是采用了假想剖切，使得管件和阀件的内部形状及层次显露得更加清楚、明显。管道的剖面图在图样中看起来好像比较特殊，实际上，其投影原理与三视图一样，遵循的仍然是正投影原理。由于管线的剖切符号绝大多数都显示在平面图上，所以，管道剖面图实际上就是用剖切的方法把管线的立面图进行有目的的筛选，筛选后的图样仍旧是立面图。管道剖面图看图时首先要根据平面图上的剖切符号确定剖切方向。当方向确定后，其他部分都与管道立面图的看图方法相同。剖面图在管道施工图中是最常见的一种图样。当一组比较复杂的管线仅仅依靠平面图和立面图还是不能表达清楚时，就必须借助几个方向的剖面图来表达。

第六节　管道的轴测图

在工程实践中，人们一般用正投影图来表达物体的形状与大小，这是因为正投影图度量性好，绘图简便。但正投影图中的每一个投影图都只能反映物体的两个向度，因而立体感不强，不易看懂。而轴测投影图在一个投影图里可同时反映物体的长、宽、高三个向度，具有立体感，在工程中常用作辅助图。

管道施工图中通常采用两种绘制方式，一种是根据正投影原理绘制平面图、立面图和剖面图等，另一种是根据轴测投影原理绘制管线立体图，又称轴测图。

一、轴测投影的概念

1. 轴测投影的基本特性

轴测投影图是根据平行投影原理作出的一种立体图，它具有平行投影的一切特性。利用下面两个基本特性能准确地绘出轴测投影图。

（1）平行性

空间相互平行的直线，它们的轴测投影仍然相互平行。因此，形体上平行于投影轴的线段，在投影图上都分别平行于相应的坐标轴，如图 1–72a 所示的 B_0E_0 // BE。

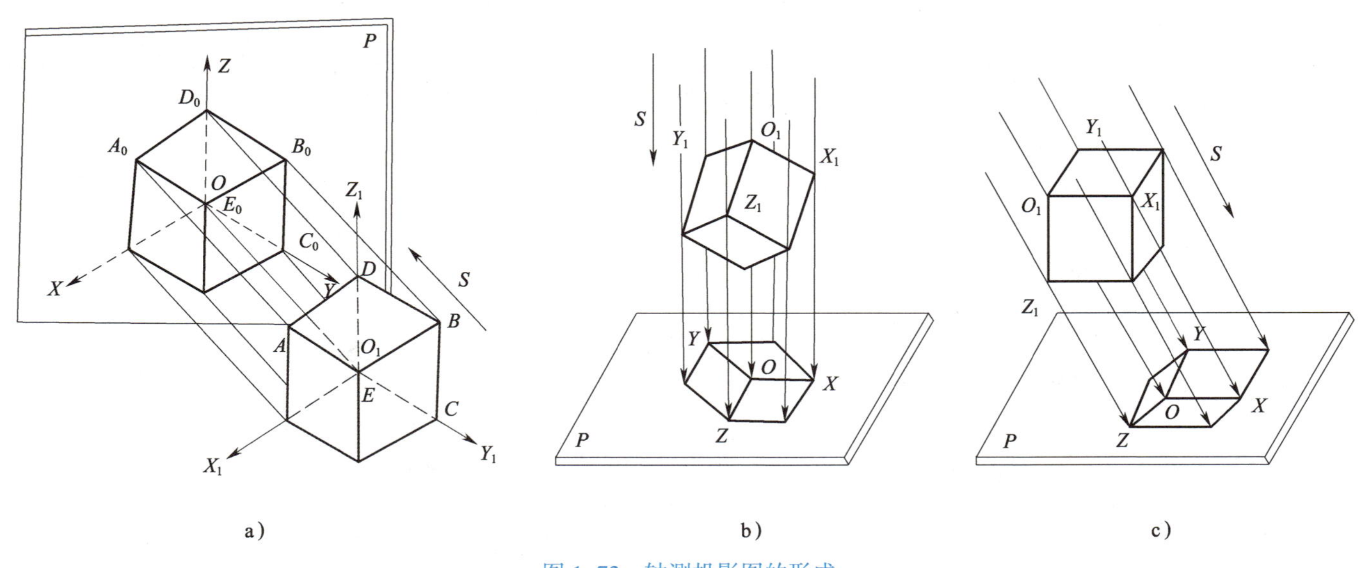

图 1–72　轴测投影图的形成

（2）定比性

形体上平行于坐标轴的线段，其投影尺度的变化率与相应投影轴的变化率相同。根据定比性，分别取 X、Y、Z 各轴的变化率为 p、q、r，则 $p=A_0D_0/AD$，$q=D_0B_0/DB$，$r=C_0B_0/CB$。

由于变化率的计算很麻烦，所以在作图时常取简化的变形系数，即 $p=q=r=1$。

2. 轴测投影图的分类

轴测投影图根据投射线与投影面的不同位置分为两大类：当投射方向垂直于轴测投影面时，得到的投影称为正等测图，如图 1–72b 所示；当投射方向倾斜于轴测投影面时，得到的投影称为斜等测图，如图 1–72c 所示。

二、正等测图

1. 正等测图的作图方法

正等测图的三个坐标轴互成 120° 夹角，轴向变形系数 $p=q=r=1$。

画正等测管道轴测图时，在选定 OX、OY、OZ 这三个轴测轴与上下、左右、前后这六个方位的关系时，一般有两种选轴方法：前后走向的管线如果取 OX 轴方向，那么左右走向的管线与 OY 轴方向一致，如图 1–73a 所示；反之，前后走向的管线如果取 OY 轴方向，那么左右走向的管线与 OX 轴方向一致，如图 1–73b 所示。左右走向和前后走向的管线之所以有两种选轴方法，主要是因为 OX 轴和 OY 轴可以换位。垂直立管也就是上下走向的管线，不论是哪种选轴方法，一般都应与 OZ 轴方向一致。

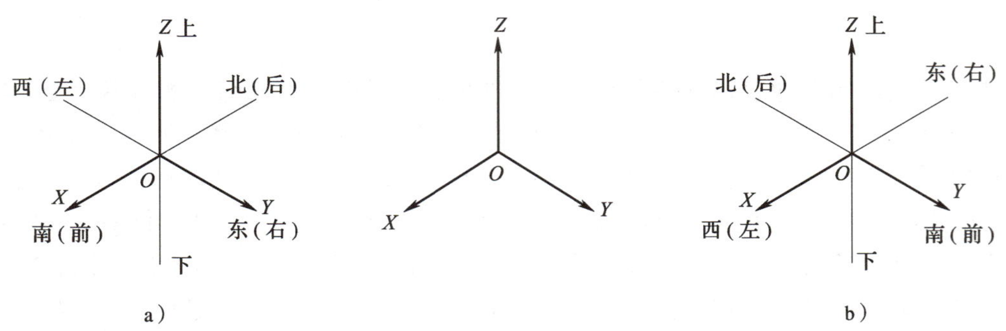

图 1–73　正等轴测轴的选定

2. 单根管线的正等测图

画单根管线的正等测图时，首先应分析图形，弄清楚这根管线在空间的实际走向和具体位置，究竟是左右走向的水平位置，还是前后走向的水平位置，或是上下走向的垂直位置。在确定了这条管线的实际位置和走向后，就可以确定它在正等测图中与各轴之间的关系。

如图 1–74a 所示，通过平面图和立面图的分析可知，这是一根前后走向的水平位置管线，在此基础上，可以确定前后走向是 OX 轴。沿轴量尺寸时，可从 O 点起在 OX 轴上用圆规或直尺直接量取管线在平面图上的线段实长，如图 1–74b 所示。

如图 1–75a 所示，通过平面图和立面图的分析可知，这是一根上下走向的垂直位置管线，在此基础上，可以确定上下走向是 OZ 轴。沿轴量尺寸时，可从 O 点起在 OZ 轴上用圆规或直尺直接量取管线在平面图上的线段实长，如图 1–75b 所示。

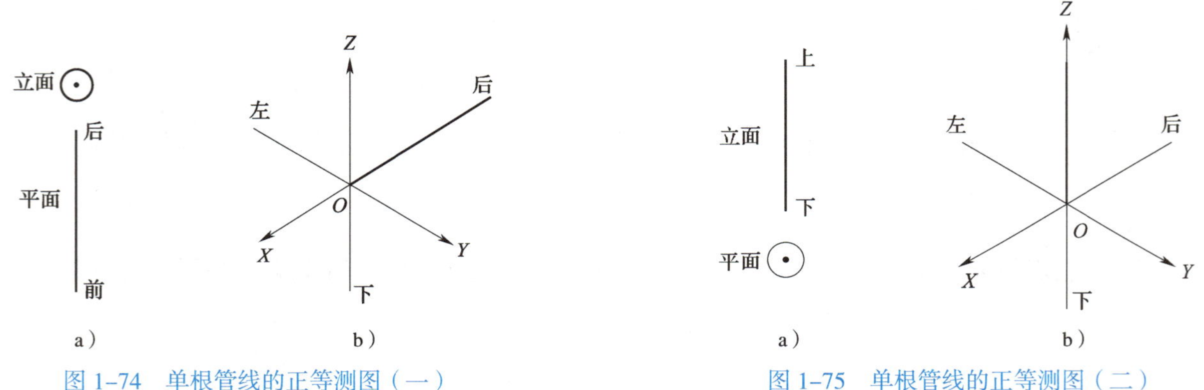

图 1–74　单根管线的正等测图（一）　　图 1–75　单根管线的正等测图（二）

如图 1–76a 所示，通过平面图和立面图的分析可知，这是一根左右走向的水平位置管线，在此基础上，可以确定左右走向是 OY 轴。沿轴量尺寸时，可从 O 点起在 OY 轴上用圆规或直尺直接量取管线在平面图上的线段实长，如图 1–76b 所示。

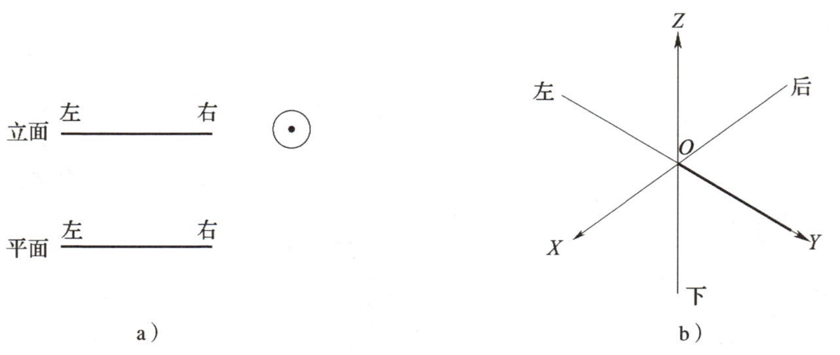

图 1–76　单根管线的正等测图（三）

3. 多根管线的正等测图

如图 1–77a 所示，通过平面图和立面图的分析可知，1、2、3 号管线是左右走向的水平管线，4、5 号管线是前后走向的水平管线，而且这五根管线的标高相同。在此基础上，可以确定前后走向是 OX 轴，OY 轴则应与左右走向的管线一致。沿轴量尺寸时，不仅可以把尺寸量在三根轴线反方向的延长线上，还可以把尺寸量在三根轴线的平行线上，管线之间的间距及编号应与平面图上的间距及编号一致，如图 1–77b 所示。

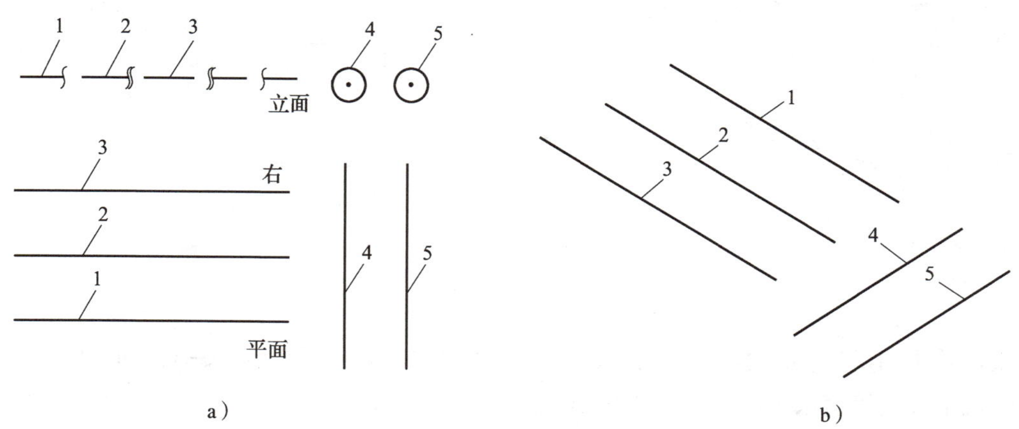

图 1–77　多根管线的正等测图

4. 交叉管线的正等测图

如图 1–78a 所示，通过平面图和立面图的分析可知，在这四根管线中，2、4 号管线是左右走向的水平管线，1、3 号管线是前后走向的水平管线。由于这四根管线标高各不相同，所以在平面图上是一组投影相互交叉的图形，其夹角为 90°。选定 OX 轴与前后走向的水平管线一致，OY 轴则与左右走向的管线一致。沿轴量尺寸时，不仅可以把尺寸量在三根轴的平行线上，还可以把尺寸量在轴线反方向的延长线上。交叉管线的正等测图应根据高的管线或前面的管线显示完整，低的管线或后面的管线需断开的原则加以断开，如图 1–78b 所示。

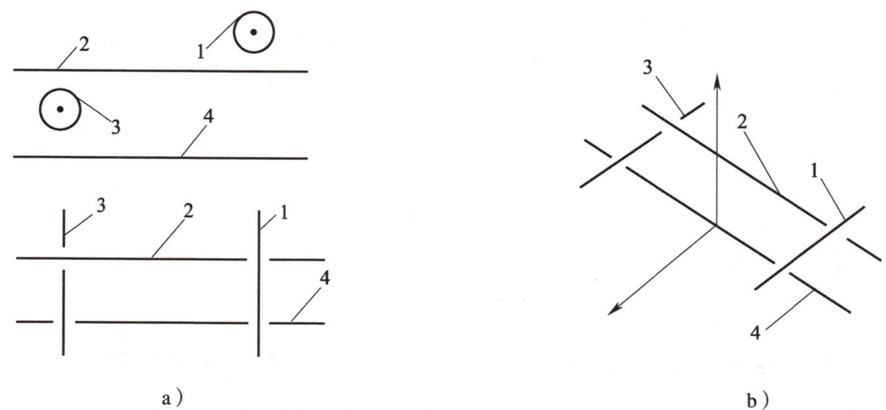

图 1–78　多根交叉管线的正等测图

5. 弯管的正等测图

如图 1–79a 所示，通过平面图和立面图的分析可知，这个 90° 弯管可以理解为是由左右走向和前后走向两部分管线连接而成的，弯管本身是水平放置的。选定 OX 轴为前后方向，OY 轴为左右方向。沿轴量尺寸时要考虑整个弯管的走向，此走向应根据该弯管在空间的实际走向和具体位置来确定，如图 1–79b 所示。

如图 1–80 和图 1–81 所示为不同放置位置的弯管的正等测图。

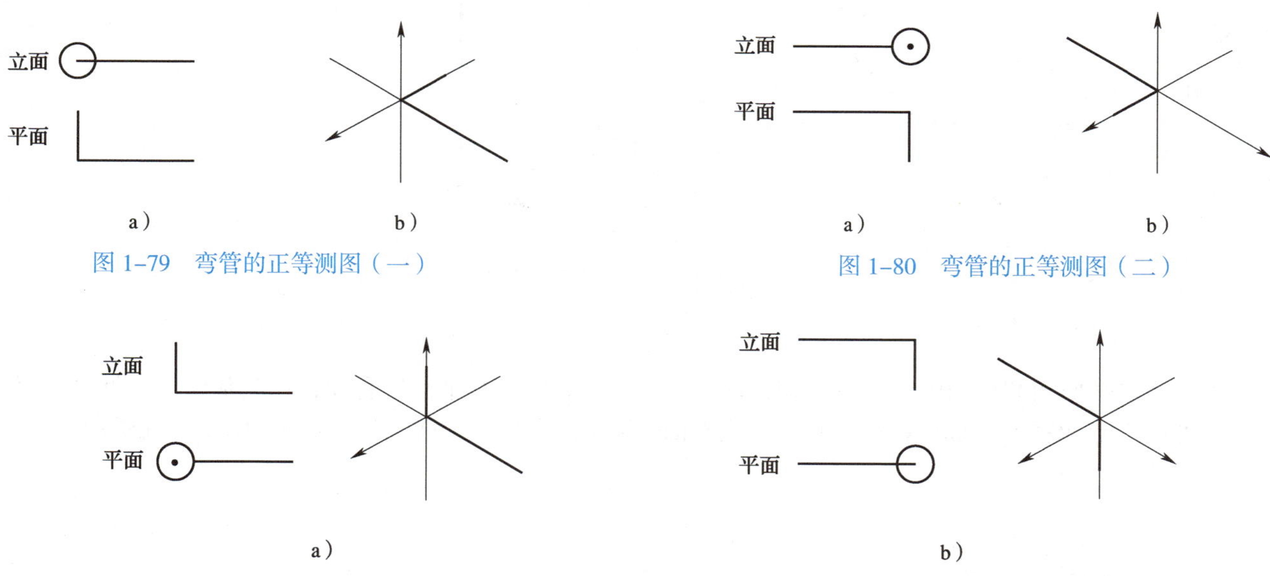

图 1–79　弯管的正等测图（一）

图 1–80　弯管的正等测图（二）

图 1–81　弯管的正等测图（三）

6. 三通的正等测图

如图 1–82a 所示，通过平面图和立面图的分析可知，这个正三通可以分解成两部分，即一部分是上下走向的管线，另一部分是前后走向的管线，并以 90° 连接。然后选定 OX 轴为前后方向，OZ 轴为上下方向。沿轴量尺寸时要考虑整个三通的走向，此走向应根据三通在空间的实际走向和具体位置来确定，如图 1–82b 所示。

如图 1–83 所示为不同放置位置的三通的正等测图。

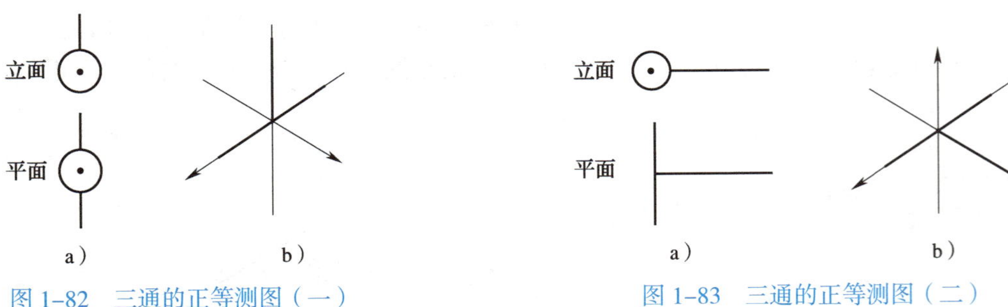

图 1-82　三通的正等测图（一）　　图 1-83　三通的正等测图（二）

三、斜等测图

1. 斜等测图的作图方法

正面斜轴测图的三个坐标轴夹角关系如图 1-84 所示，其 *OX*、*OZ* 轴方向的变形系数 $p=r=1$，而 *OY* 轴方向的变形系数 $q=1$ 时又称斜等测图。这种轴测图在建筑工程的管道系统图中被广泛采用。

画管道的斜等测图时，常把 *OX* 轴选定为左右走向的轴，*OY* 轴选定为前后走向的轴，*OZ* 轴选定为上下走向的轴。*OY* 轴的放置位置与图 1-84 不同，习惯上把它放置在与 *OZ* 轴成 135° 角的另一侧位置，如图 1-85 所示。在这样六个空间方位上，由于三个轴的变形系数都是 1，所以沿轴向的管线长度可以根据管道的平面图和立面图上每段管线的实际长度用圆规或直尺直接量取。

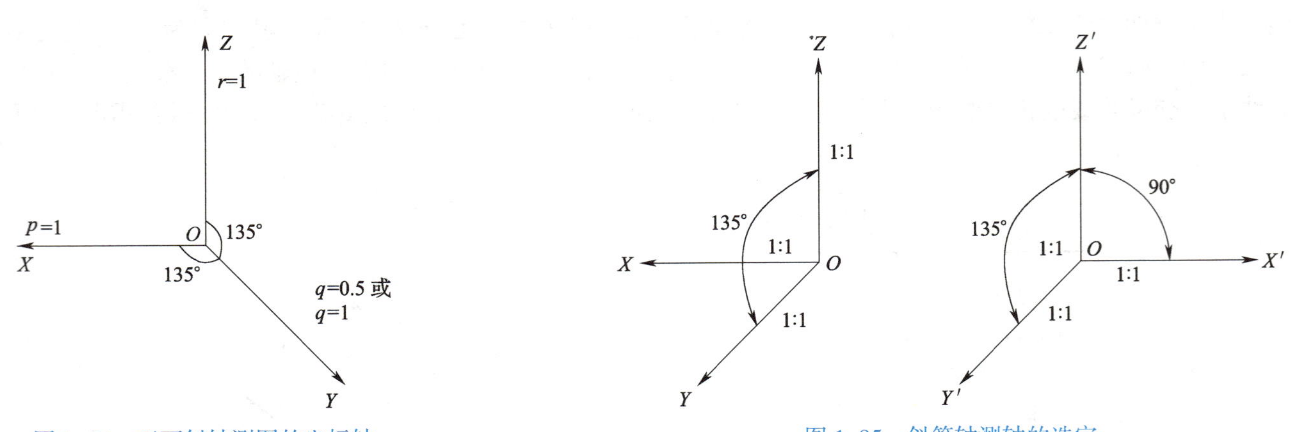

图 1-84　正面斜轴测图的坐标轴　　图 1-85　斜等轴测轴的选定

2. 单根管线的斜等测图

画单根管线的斜等测图时，首先应分析图形，了解清楚这根管线在空间的实际走向和具体位置，究竟是左右走向的水平位置，还是前后走向的水平位置，或是上下走向的垂直位置。在确定了这条管线的实际位置和走向后，就可以确定它在轴测图中与各轴之间的关系。

如图 1-86a 所示，通过平面图和立面图的分析可知，这是一根前后走向的水平位置管线，在此基础上，可以确定前后走向是 *OY* 轴。沿轴量尺寸时，可从 *O* 点起在 *OY* 轴上用圆规或直尺直接量取管线在平面图上的线段实长，如图 1-86b 所示。

如图 1-87a 所示，通过平面图和立面图的分析可知，这是一根上下走向的垂直位置管线，在此基础上，可以确定上下走向是 *OZ* 轴。沿轴量尺寸时，可从 *O* 点起在 *OZ* 轴上用圆规或直尺直接量取管线在平面图上的线段实长，如图 1-87b 所示。

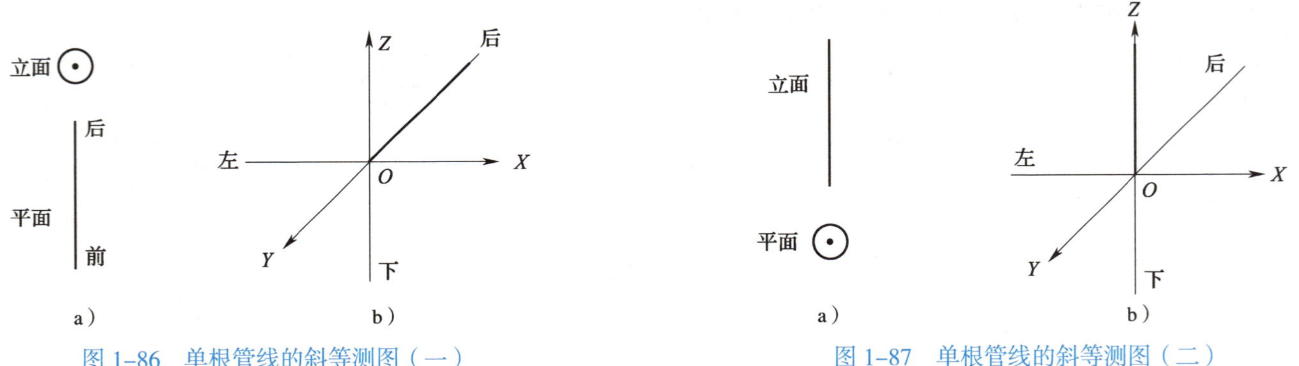

图 1-86　单根管线的斜等测图（一）　　图 1-87　单根管线的斜等测图（二）

如图 1-88a 所示，通过平面图和立面图的分析可知，这是一根左右走向的水平位置管线，在此基础上，可以确定左右走向是 *OX* 轴。沿轴量尺寸时，可从 *O* 点起在 *OX* 轴上用圆规或直尺直接量取管线在平面图上的线段实长，如图 1-88b 所示。

图 1-88　单根管线的斜等测图（三）

3. 多根管线的斜等测图

如图 1–89a 所示，通过平面图和立面图的分析可知，1、2、3 号管线是左右走向的水平管线，4、5 号管线是前后走向的水平管线，而且这五根管线的标高相同。在此基础上，可以确定 *OX* 轴是左右走向，*OY* 轴为前后走向。沿轴量尺寸时，不仅可以把尺寸量在三根轴线反方向的延长线上，还可以把尺寸量在三根轴线的平行线上，管线之间的间距及编号应与平面图上的间距及编号一致，如图 1–89b 所示。

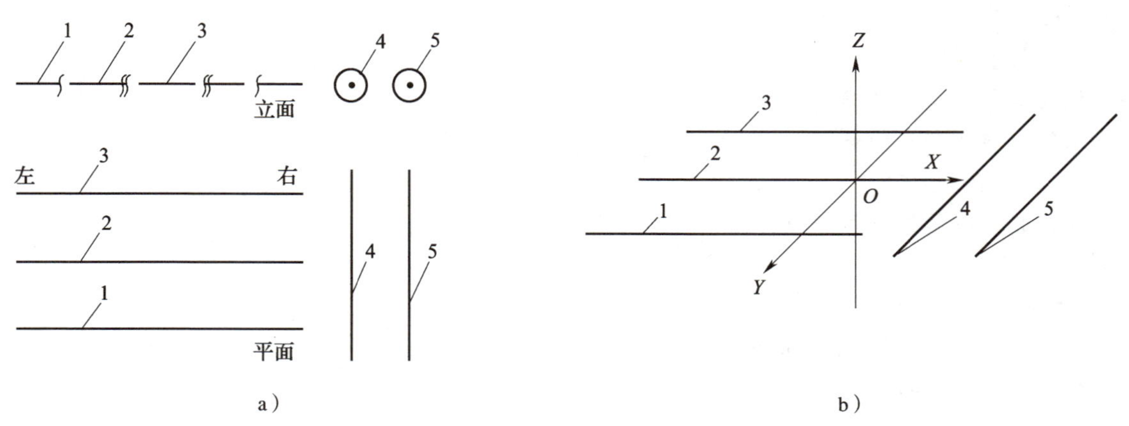

图 1–89 多根管线的斜等测图

4. 交叉管线的斜等测图

如图 1–90a 所示，通过平面图和立面图的分析可知，在这四根管线中，2、4 号管线是左右走向的水平管线，1、3 号管线是前后走向的水平管线。由于这四根管线标高各不相同，所以在平面图上是一组投影相互交叉的图形，其夹角为 90°。选定 *OX* 轴为左右走向，*OY* 轴为前后走向。沿轴量尺寸时，不仅可以把尺寸量在三根轴的平行线上，还可以把尺寸量在轴线反方向的延长线上。交叉管线的斜等测图应根据高的管线或前面的管线显示完整，低的管线或后面的管线需断开的原则加以断开，如图 1–90b 所示。

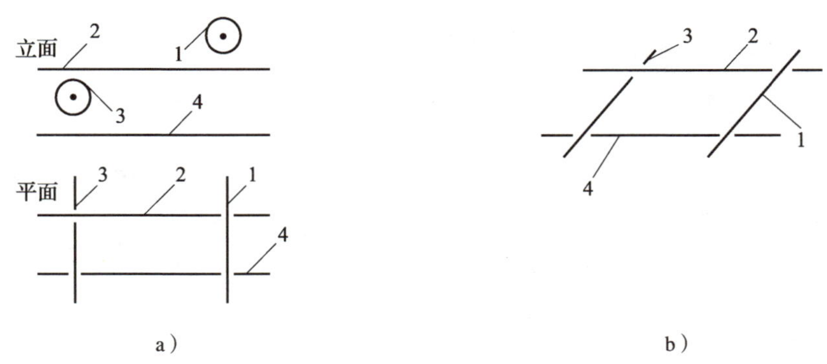

图 1–90 多根交叉管线的斜等测图

5. 弯管的斜等测图

弯管斜等测图的绘制步骤与正等测图相同，只是 *OX*、*OY* 轴的位置不同，表示的方向也不同。可参照前面所讲的弯管的正等测图绘制方法进行绘制。不同位置放置的弯管的斜等测图如图 1–91 所示。

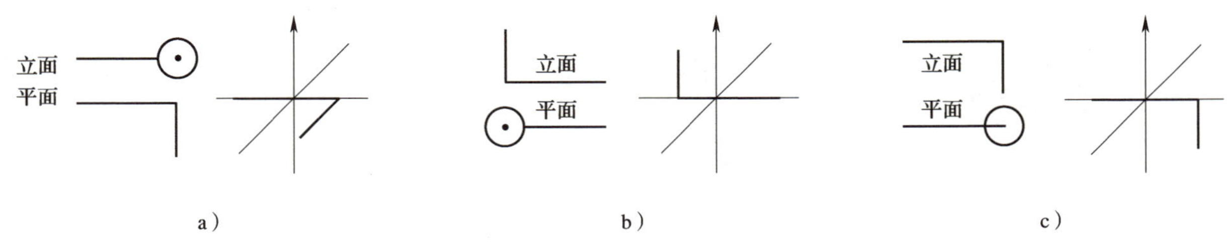

图 1–91 弯管的斜等测图

6. 三通的斜等测图

三通斜等测图的绘制步骤与正等测图相同，只是 *OX*、*OY* 轴的位置不同，表示的方向也不同。可参照前面所讲的三通的正等测图绘制方法进行绘制。三通的斜等测图如图 1–92 所示。

学习并掌握轴测图的简单画法后，再结合图例有关规程，就能顺利看懂管道的系统图。

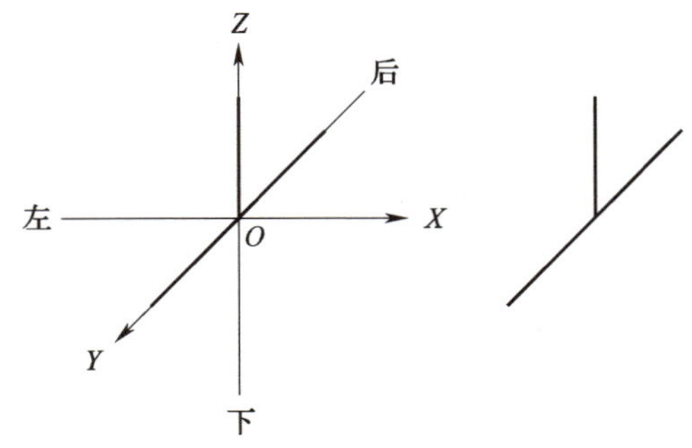

图 1–92 三通的斜等测图

复习思考题

1. 投影分成哪几类？其特点各是什么？
2. 平行投影的特性有哪些？
3. 三面正投影图中三个投影图之间的关系是什么？
4. 三面投影具有哪些投影规律？
5. 什么是管道的双线图和单线图？试举例说明。
6. 试画出弯管、三通的双线图和单线图。
7. 两根管线交叉一般有哪几种形式？
8. 三根直径相同、长短相等的管线平行敷设，画出其平面图和立面图。
9. 什么是管道的剖面图？
10. 什么是管道的轴测图？它有哪些特点？
11. 常用的管道轴测图有哪几种形式？试举例说明。
12. 试画出直管、弯管和三通的轴测图。

第二章 建筑及结构施工图识读

学习目标

1. 了解施工图的组成及分类。
2. 掌握建筑施工图的常用图例、符号及专用术语。
3. 了解建筑、结构施工图基本知识，掌握建筑施工图识图方法。

第一节 建筑施工图基本知识

任何建筑工程都需先经过规划、设计，最终绘制成施工图。施工单位按照施工图进行施工。在进行施工前，能够准确、无误地读懂施工图，领会设计意图就显得十分重要。施工图是按照建筑制图标准和规范，由设计者根据专业特性绘制的建筑物多面正投影图，图中标注建筑物的尺寸和文字说明等内容。

一、施工图的内容及作用

施工图根据其内容和专业不同，分为以下几种：

1. 建筑施工图（简称建施图）

建筑施工图主要用于表示建筑物的规划位置、外部形状、外部装修、内部房间布置、内部装修等。

2. 结构施工图（简称结施图）

结构施工图主要用于表示建筑物承重结构的结构类型和布置情况。

3. 给排水施工图（简称水施图）

给排水施工图主要用于表示建筑物内给排水管道、设备的布置情况。

4. 采暖施工图（简称暖施图）

采暖施工图主要用于表示建筑物内采暖管道、设备的布置情况。

5. 电气施工图（简称电施图）

电气施工图主要用于表示建筑物内电气设备的安装位置、相互关系、线路敷设位置等。

二、图幅设置

1. 图幅即图纸的幅面，图纸的大小规格。建筑工程图的幅面及图框尺寸应符合表 2–1 的规定。图幅设置如图 2–1 所示，其中图 2–1a 适用于 A0 ～ A1 横式幅面，图 2–1b 适用于 A0 ～ A2 立式幅面，图 2–1c 适用于 A0 ～ A4 立式幅面。

表 2–1　　幅面及图框尺寸

尺寸代号	幅面代号				
	A0	A1	A2	A3	A4
$b \times l$/（mm × mm）	841 × 1 189	594 × 841	420 × 594	297 × 420	210 × 297
c/mm	10			5	
a/mm	25				

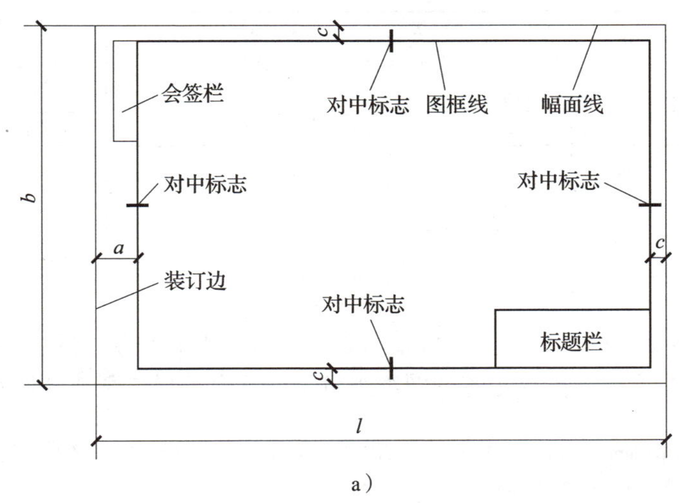

a）

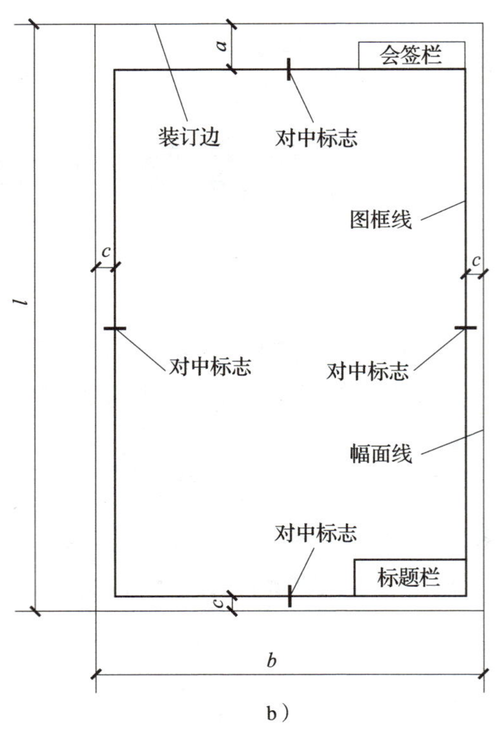

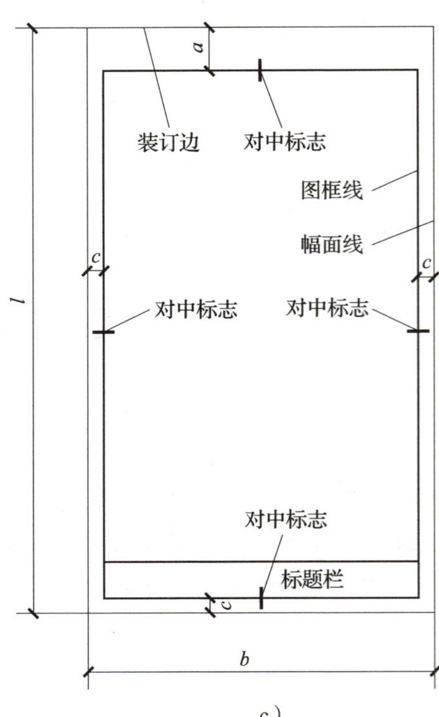

图 2–1　图幅设置

a）A0 ~ A1 横式幅面　b）A0 ~ A2 立式幅面　c）A0 ~ A4 立式幅面

2. 根据实际情况的需要，图幅长边允许加长，短边一般不允许加长。表 2–2 中规定了图幅长边的加长尺寸。

表 2–2　图幅长边的加长尺寸　单位：mm

幅面代号	长边尺寸	长边加长后尺寸
A0	1 189	1 486、1 783、2 080、2 378
A1	841	1 051、1 261、1 471、1 682、1 892、2 102
A2	594	743、891、1 041、1 189、1 338、1 486、1 635、1 783、1 932、2 080
A3	420	630、841、1 051、1 261、1 471、1 682、1 892

3. 图幅分横式和立式两种，以短边作为垂直边称为横式，以短边作为水平边称为立式。

横式和立式幅面视具体情况选用，但一般 A0 ~ A3 图幅宜采用横式，其他则采用立式。

4. 建筑工程图的图幅应尽量统一，除目录之外（目录一般采用 A4 的图幅），一套图中一般不多于两种幅面。1 号图幅是 0 号图幅对折的结果，2 号图幅是 1 号图幅对折的结果，而 3 号图幅则是 2 号图幅对折的结果，其余类同。

三、图纸的标题栏、会签栏及装订栏的位置

1. 图纸的标题栏应根据工程的实际需要选择其尺寸、格式及分区。签字区应包括实名列和签名列。对于涉外的工程，应在各项主要内容的中文下方注写译文，在设计单位的上方或左方特别加上“中华人民共和国”字样。如图 2–2 所示，分别给出了几种常见的标题栏形式。

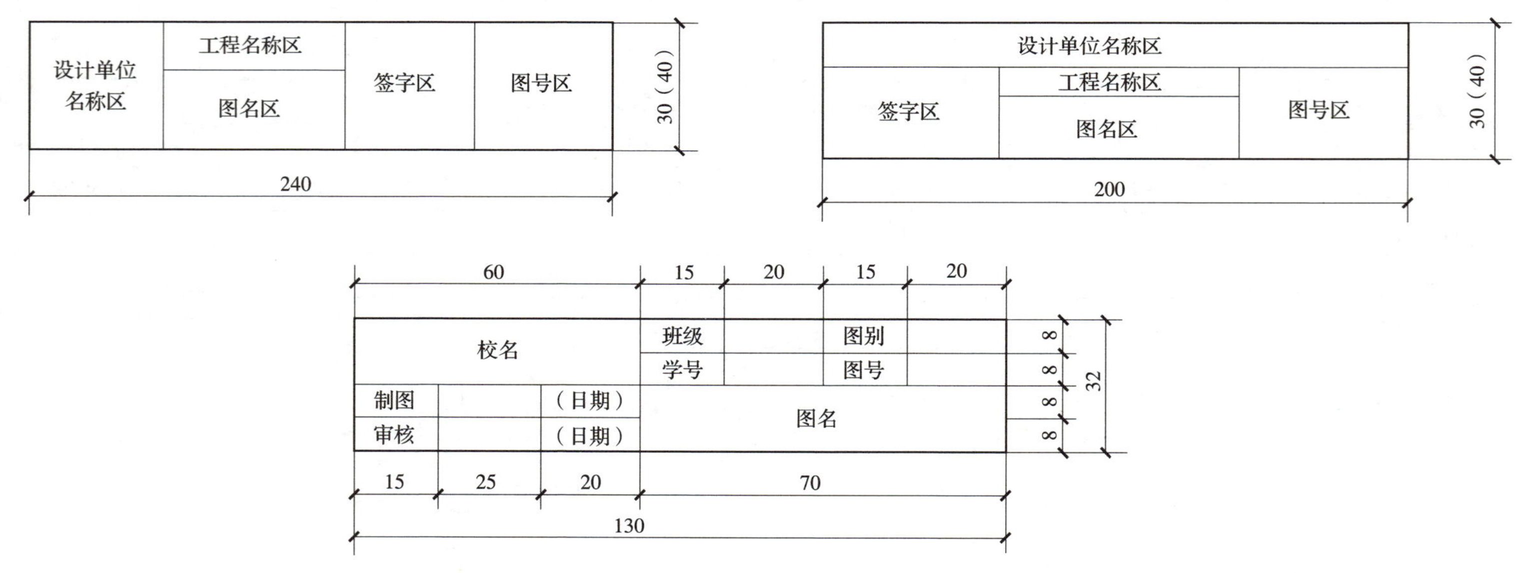

图 2–2　标题栏 *

2. 图纸的会签栏尺寸应为 100 mm × 20 mm，会签栏内应填写会签人员代表的专业、姓名、日期（年、月、日）。如果一个会签栏不够用，可另加一个，且两个会签栏应并列。不需要会签的图纸则可不设置会签栏。图 2–3 所示为常见的会签栏形式。

* 工程行业除总平面图外，通常数值单位为毫米（mm），图纸中为简洁，数值后不标单位，图纸其他区域也一般不标单位。本书为贴近实际，所有图样中的数值也不加单位。默认尺寸单位为毫米（mm），高程（标高）单位为米（m）。——编辑注

(专业)	(实名)	(签字)	(日期)

图 2-3　会签栏

四、图线

建筑工程制图中采用的图线分为实线、虚线、单点长画线、双点长画线、折断线和波浪线六类。其中，实线、虚线分为粗、中粗、中、细四种线宽，单点长画线和双点长画线分为粗、中、细三种线宽，具体规格及用途参见表 2-3。实线、虚线中的中粗线宽应用较少，故此处不做介绍。

表 2-3　　图线的规格及用途

名称		线型	线宽	一般用途	建筑图中用途	结构图中用途
实线	粗		b	主要可见轮廓线	1. 平面图、剖面图中被剖切的主要建筑构造（包括构配件）的轮廓线 2. 建筑立面图或室内立面图的外轮廓线 3. 建筑构造详图中被剖切的主要部分的轮廓线 4. 建筑构配件详图中的外轮廓线 5. 平面图、立面图、剖面图的剖切符号	螺栓、钢筋线、结构平面图中的单线结构构件线、钢木支撑及系杆线，图名下横线、剖切线
	中		$0.5b$	可见轮廓线、尺寸线	1. 平面图、剖面图中被剖切的次要建筑构造（包括构配件）的轮廓线 2. 建筑平面图、立面图、剖面图中建筑构配件的轮廓线 3. 建筑构造详图及建筑构配件详图中的一般轮廓线	结构平面图及详图中剖到或可见的墙身轮廓线、基础轮廓线、可见的钢筋混凝土构件轮廓线、钢筋线
	细		$0.25b$	图例填充线、家具线	小于 $0.5b$ 的图形线、尺寸线、尺寸界线、图例线、索引符号、标高符号、详图材料做法引出线等	标注引出线、标高符号线、索引符号线、尺寸线
虚线	粗		b	见各有关专业制图标准		不可见的钢筋线、螺栓线，结构平面图中不可见的单线结构构件线及钢、木支撑线
	中		$0.5b$	不可见轮廓线、图例线	1. 建筑构造详图及建筑构配件不可见的轮廓线 2. 平面图中的起重机（吊车）轮廓线 3. 拟扩建的建筑物轮廓线	结构平面图中的不可见构件，墙身轮廓线，及不可见钢、木结构构件线，不可见的钢筋线
	细		$0.25b$	图例填充线、家具线	图例、小于 $0.5b$ 的不可见轮廓线	基础平面图中的管沟轮廓线、不可见的钢筋混凝土构件轮廓线
单点长画线	粗		b	见各有关专业制图标准	起重机（吊车）轨道线	柱间支撑、垂直支撑、设备基础轴线图中的中心线
	中		$0.5b$	见各有关专业制图标准		
	细		$0.25b$	中心线、对称线、轴线等	中心线、对称线、定位轴线等	定位轴线、对称线、中心线、重心线
双点长画线	粗		b	中心线、对称线、轴线等		预应力钢筋线
	中		$0.5b$	中心线、对称线、轴线等		
	细		$0.25b$	假想轮廓线、成型前原始轮廓线		原有结构轮廓线
折断线	细		$0.25b$	断开界线	不需画全的断开界线	断开界线
波浪线	细		$0.25b$	断开界线	不需画全的断开界线、构造层次的断开界线	断开界线

注：b—图线的宽度，mm。

五、比例

工程图的比例是指图形与实物相应的线性尺寸之比，比例用符号“:”表示，如 1 : 100 表示图上 1 cm 代表实际尺寸为 100 cm，即 1 m。根据图纸需要确定绘图比例，表 2–4 中列出了工程中常用的绘图比例和可用的绘图比例。

表 2–4　　绘图所用的比例

常用比例	1 : 1、1 : 2、1 : 5、1 : 10、1 : 20、1 : 30、1 : 50、1 : 100、1 : 150、1 : 200、1 : 500、1 : 1 000、1 : 2 000
可用比例	1 : 3、1 : 4、1 : 6、1 : 15、1 : 25、1 : 40、1 : 60、1 : 80、1 : 250、1 : 300、1 : 400、1 : 600、1 : 5 000、1 : 10 000、1 : 20 000、1 : 50 000、1 : 100 000、1 : 200 000

一般工程施工图的比例都遵循表 2–4 中的规定，但是在特殊情况下也可以自选比例。

六、尺寸标注

在工程施工图中，用图形表达建筑物的形状，用尺寸确定建筑物每个构件的大小和具体位置。

1. 尺寸标注的组成

工程施工图中的尺寸标注一般由尺寸界线、尺寸线、尺寸起止符号和尺寸数字四个部分组成，如图 2–4 所示。

2. 尺寸注写方法

常用尺寸的注写方法见表 2–5。

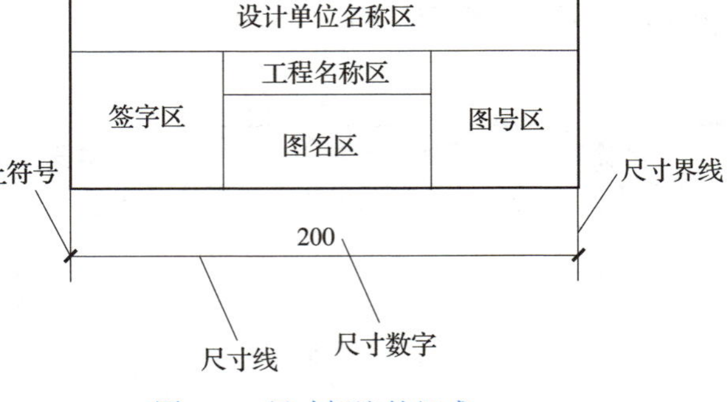

图 2–4　尺寸标注的组成

表 2–5　　常用尺寸的注写方法

标注内容	图例	说明
正方形	φ60　80　110　30　□100	在正方形的侧面标注该正方形的尺寸，除可用“边长 × 边长”表示外，还可以在边长数字前加正方形符号“□”
圆和圆弧	φ2500　φ2500　R1250	标注圆或圆弧的直径、半径时，尺寸数字前分别加符号“ϕ”和“R”
角度	90°00′　66°15′　23°45′　30°	尺寸线应画成圆弧，圆心是角的顶点，角的两边为尺寸界线。角度的起止符号应以箭头表示，如没有足够的位置画箭头，可用圆点代替。角度数字应沿尺寸线方向书写
大圆弧	R200　R200	较大圆弧的半径可按图例形式标注

续表

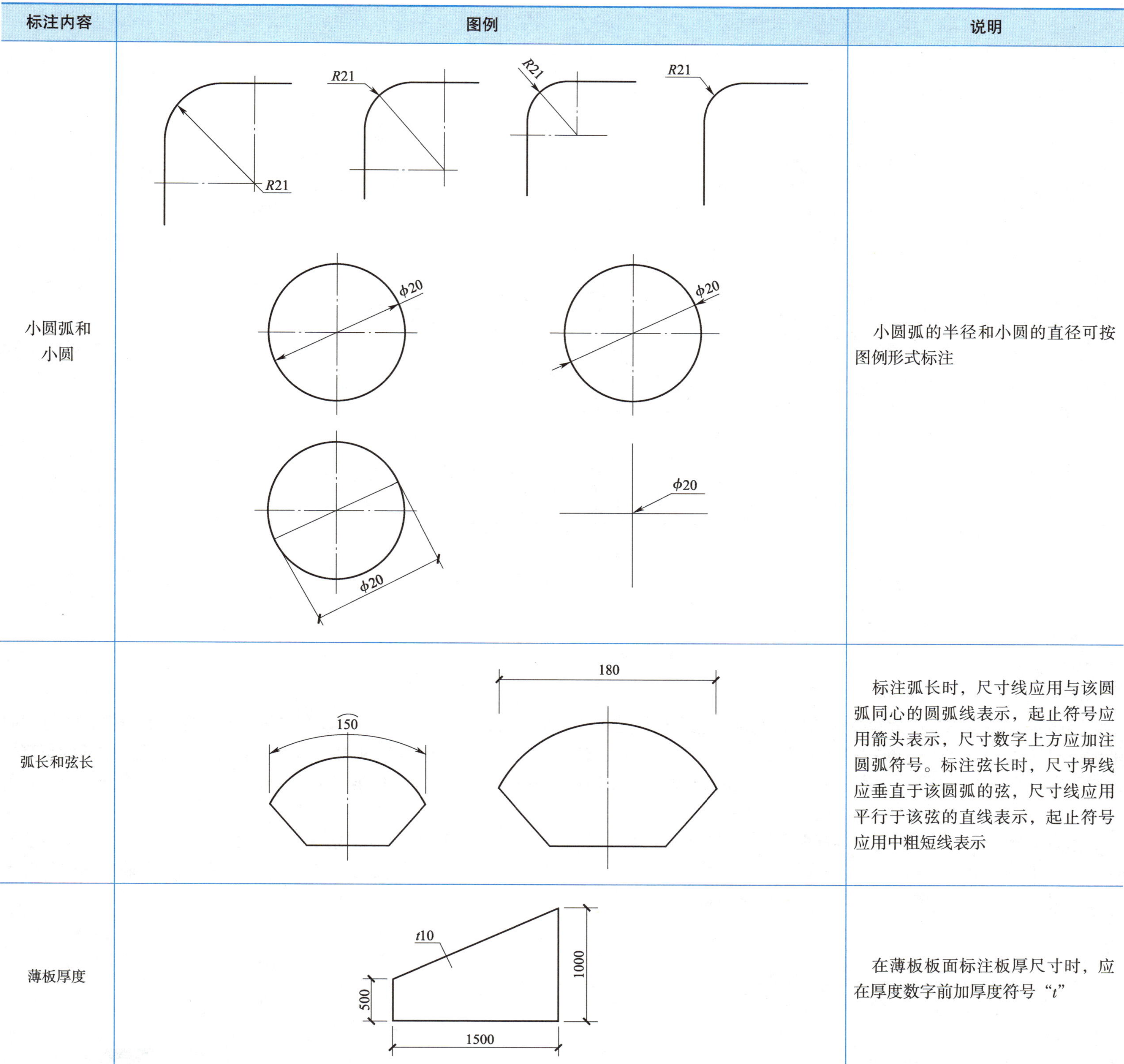

标注内容	图例	说明
小圆弧和小圆	R21 R21 R21 R21 ϕ20 ϕ20 ϕ20 ϕ20	小圆弧的半径和小圆的直径可按图例形式标注
弧长和弦长	150 180	标注弧长时，尺寸线应用与该圆弧同心的圆弧线表示，起止符号应用箭头表示，尺寸数字上方应加注圆弧符号。标注弦长时，尺寸界线应垂直于该圆弧的弦，尺寸线应用平行于该弦的直线表示，起止符号应用中粗短线表示
薄板厚度	t10 1000 500 1500	在薄板板面标注板厚尺寸时，应在厚度数字前加厚度符号“t”

七、字体

在工程施工图中，为避免发生因误解图纸意图而造成工程事故，并且便于工程技术人员正确领会图纸的意图，要求汉字、字母和数字的书写字体端正、笔画清楚、排列整齐、间距均匀。汉字采用长仿宋体。字母和数字可以用正体，也可以用斜体。

工程图纸中所采用的汉字、拉丁字母、阿拉伯数字、罗马数字等都应符合现行的《汉字简化方案》和《技术制图　字体》（GB/T 14691—1993）等要求。

八、常用符号

1. 定位轴线和编号

工程施工图中的定位轴线是确定建筑构件平面位置及尺寸的基线，是施工单位定位放线的重要依据。只要是施工时需要准确知道位置的构件都应用定位轴线来确定，如墙、梁、柱及一些设备的位置等。下面就定位轴线的画法和编号特点进行介绍。

（1）每一个定位轴线都有自己的编号，编号应注写在轴线端部的圆内，圆应用细实线绘制，直径宜取 8 ~ 10 mm。通用详图中的定位轴线应只画圆，不注写轴线编号，如图 2-5a 所示。

（2）平面图上定位轴线的编号宜标注在图的下方及左侧，横向编号应用阿拉伯数字从左至右顺序编写，竖向编号应用大写英文字母从下至上顺序编写，但是英文字母 I、O、Z 除外，以免与数字混淆。当轴线比较多，字母数量不够用时，则可增加双字母或用单字母加数字注脚的方法解决，如图 2-5b 所示。

（3）如果在两根轴线之间附加轴线，则应以分数形式表示，分母表示前一轴线的编号，分子表示附加轴线的编号，如图 2-5b 所示。对于 1 号轴线或 A 号轴线之前的附加轴线的分母应以 01 或 0A 表示，如图 2-5b 所示。

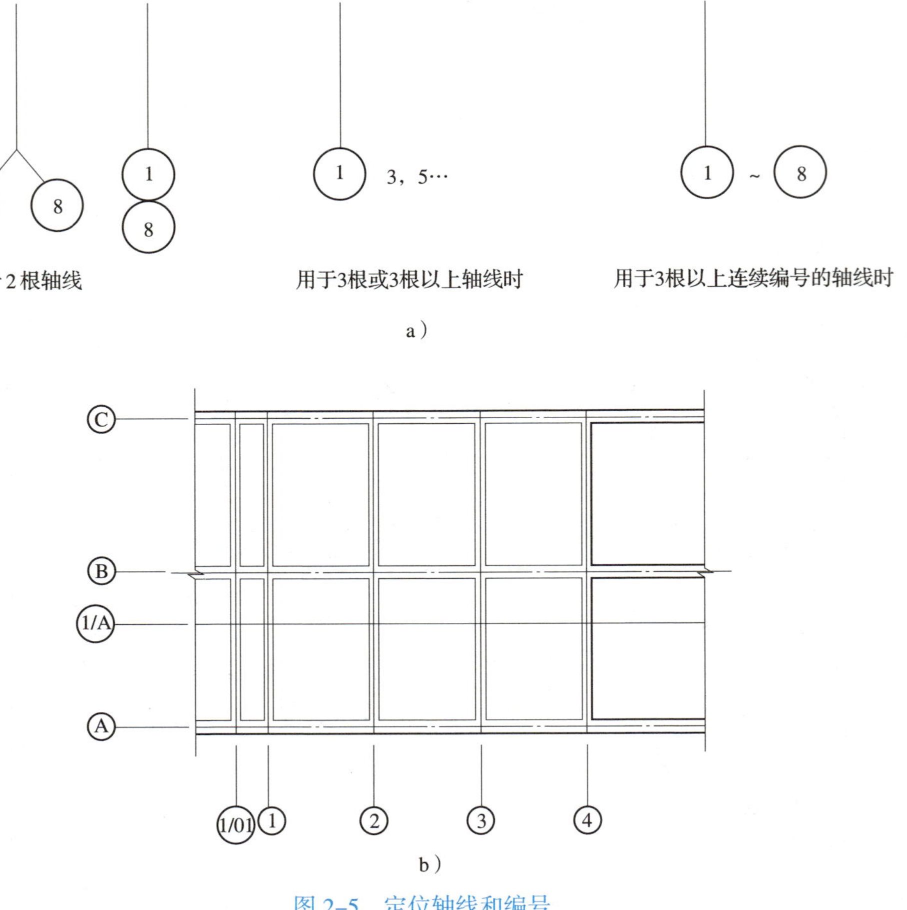

图 2-5　定位轴线和编号

2. 标高

标高是指以某一基点为基准点的相对高度。它是标注建筑高度的一种注写形式。标高应以细实线绘制；标高符号的尖端应指向被标注的高度，尖端向上或向下均可，如图 2-6a 所示。若标注位置不够，也可以按图 2-6b 所示标注。在建筑总平面图中的标高符号一般用实心黑三角形表示，如图 2-6c 所示。标高的单位是米（m），注写时取到小数点后第三位，在总平面图中注写取到小数点后第二位。

标高又分为相对标高和绝对标高两种。相对标高是以室内地面作为零点而确定的高度，用 ±0.000 表示，低于零点为负，高于零点为正，如 +5.800、-6.900。而绝对标高是以我国山东省青岛市的黄海平均海平面为标高的零点，又称海拔高度。在施工图中除总平面图采用绝对标高外，图纸中一般均采用相对标高。

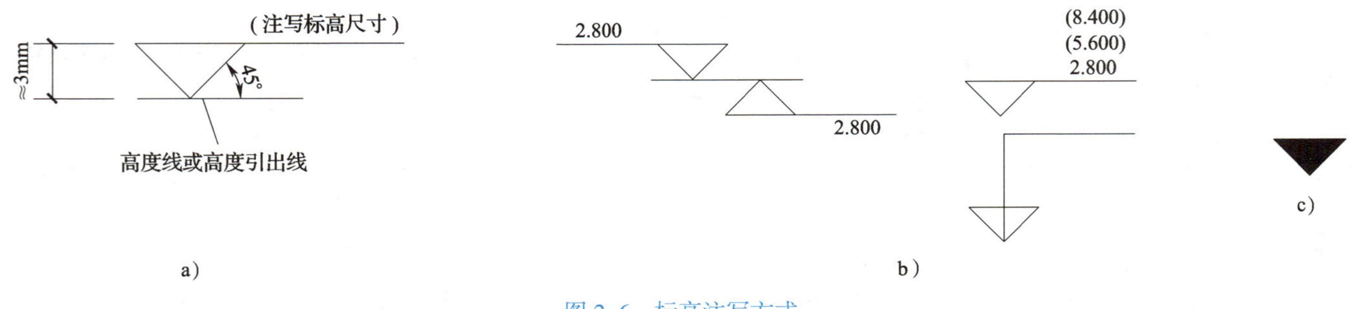

图 2-6　标高注写方式

3. 其他符号

（1）索引符号

图纸中某一个局部或构件需要放大说明时，应在需要画详图的位置先画出索引符号，并在相应的图纸中表示该详图。索引的形式如图 2-7a 所示。索引符号的圆和直径宜用细实线绘制，直径为 8 ~ 10 mm。索引符号的引出线一端指在要索引的位置上，另一端对准索引符号的圆心，通过圆心画一条水平线，水平线将索引符号的圆分为上、下两个半圆，上半圆的阿拉伯数字注写该详图的编号，下半圆的阿拉伯数字注明该详图所在图纸的编号。当索引符号用于索引剖面详图时，应在被剖切的部位绘制剖切线，引出线所在一侧应为剖视方向，如图 2-7b 所示。若详图与详图索引同在一张图纸上，则在下半圆用一条横杠表示，如图 2-7c 所示。有时候索引的详图为规范中的标准图，则在索引水平线上注明规范的具体编号。

（2）详图符号

详图符号与索引符号类似，都是为了把图纸中局部某个部位表达得更清楚。详图符号的圆直径应为 14 mm，用粗实线表示。与索引符号不同的是，若详图与被索引的图同在一张图纸上，圆内直接用阿拉伯数字注写详图编号。详图符号如图 2-8 所示。

（3）对称符号

对称符号由对称线和两端的两对平行线组成。对称线用单点画长线绘制，平行线用细实线绘制，其长度一般取 6 ~ 10 mm，每对平行线的间距宜为 2 ~ 3 mm。对称线垂直平分两对平行线，两端超出平行线的长度一般为 2 ~ 3 mm。对称符号如图 2-9 所示。

（4）连接符号

连接符号用折断线表示需要连接的部分。如果需要连接的两个部分间距比较大，可在折断线两端靠近图一侧的部分标注相同的大写英文字母表示连接编号。连接符号如图 2–10 所示。

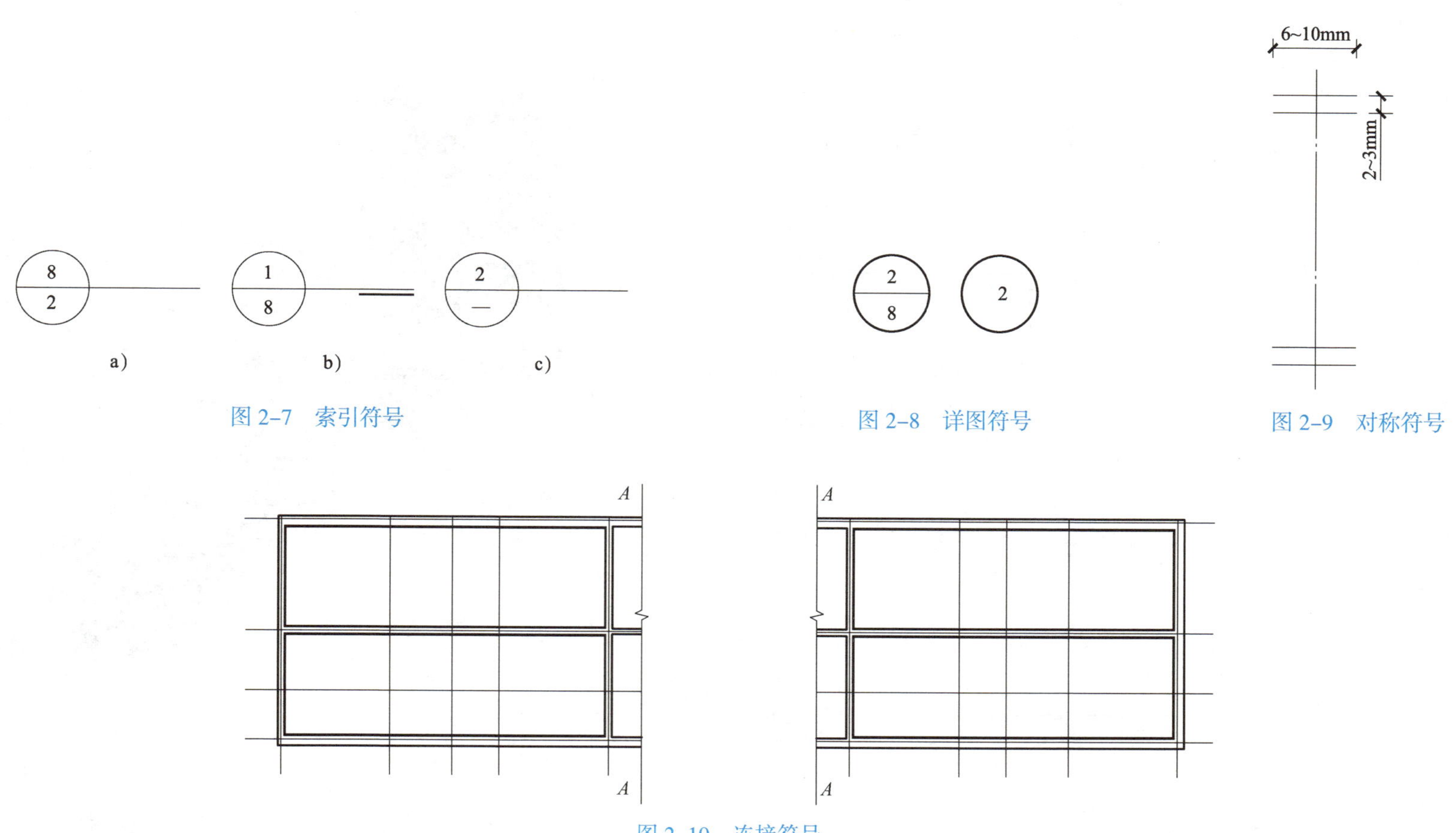

图 2–7　索引符号

图 2–8　详图符号

图 2–9　对称符号

图 2–10　连接符号

九、常用图例

施工图一般按照一定的比例绘制，平面布置、功能等在图纸中都能一目了然。下面介绍一些建筑施工图中的常用图例，见表 2–6。

表 2–6　建筑施工图中的常用图例

序号	名称	图例	说明
1	墙体		包括土筑墙、土坯墙、三合土墙等
2	楼梯	上	首层楼梯平面
		下 上	标准层（中间）楼梯平面

续表

序号	名称	图例	说明
2	楼梯	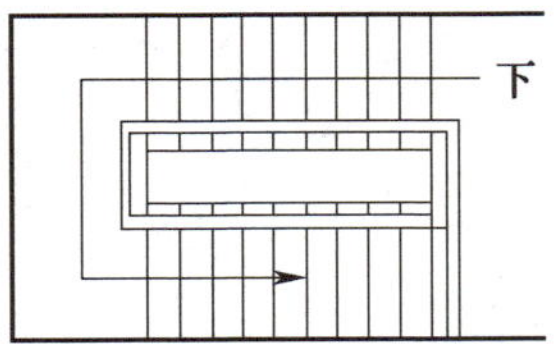 下	顶层楼梯平面 
3	坡道	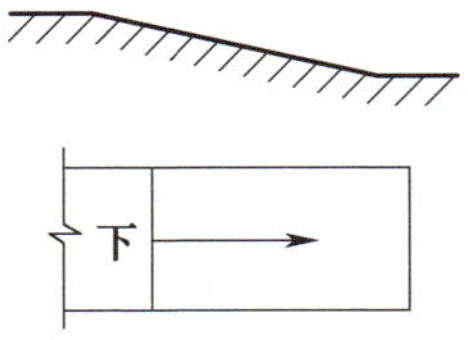 下	长坡道 
4	坡道	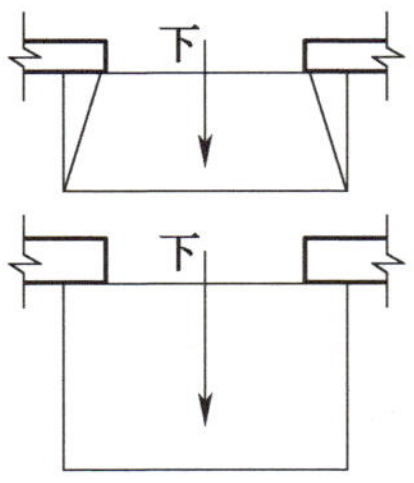 下 下	门口坡道 
5	检查孔	不可见检查孔　可见检查孔 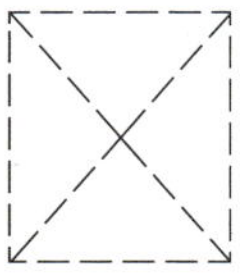 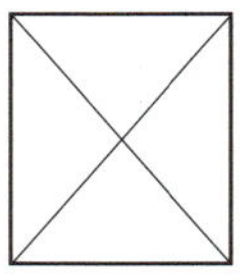	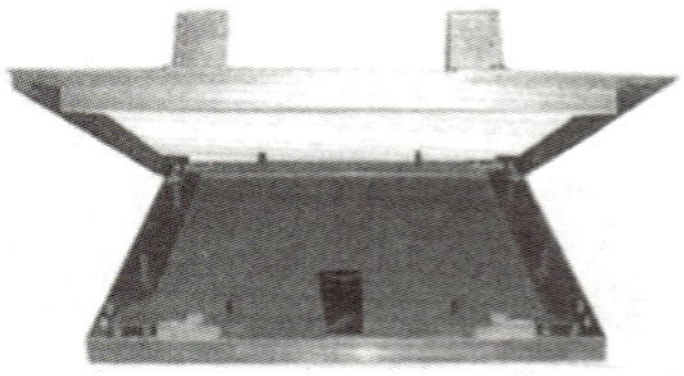
6	孔洞		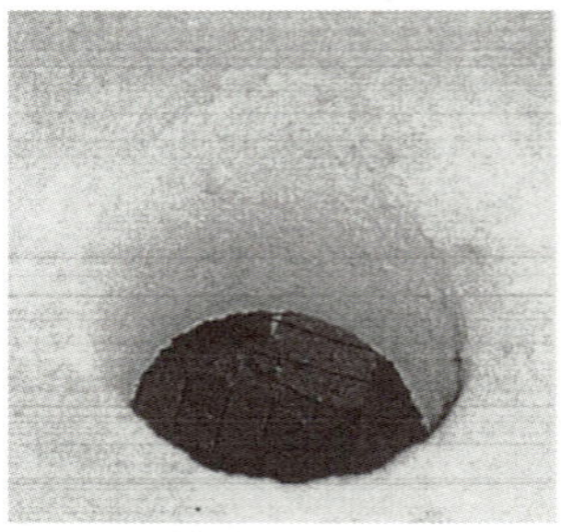

续表

序号	名称	图例	说明
7	墙预留槽	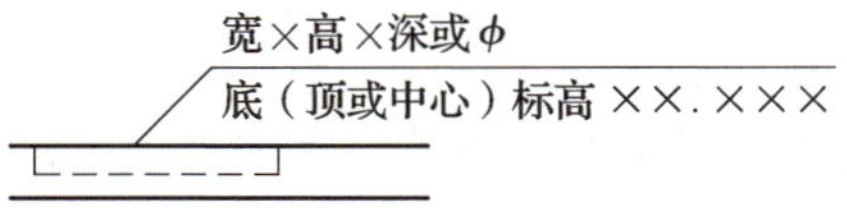 宽×高×深或φ 底（顶或中心）标高××.×××	
8	墙预留洞	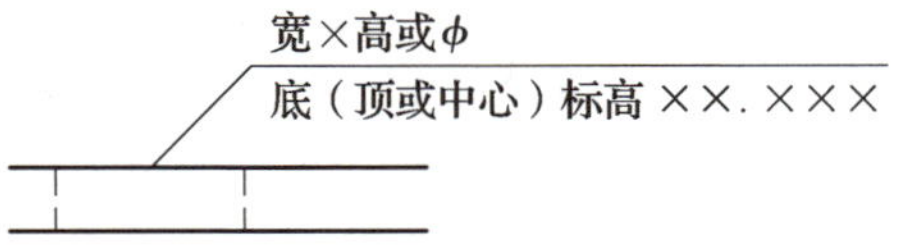 宽×高或φ 底（顶或中心）标高××.×××	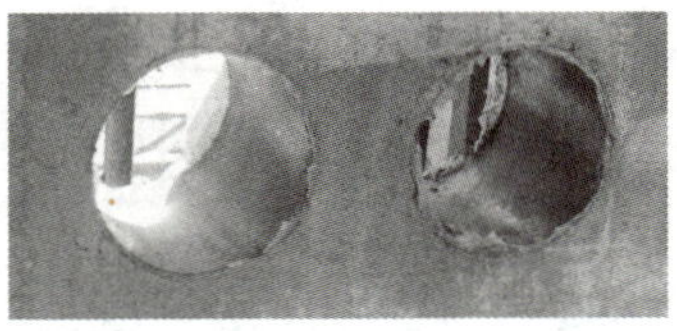
9	烟道	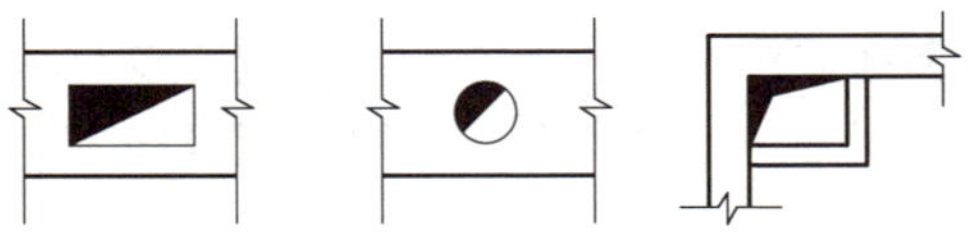	
10	通风道	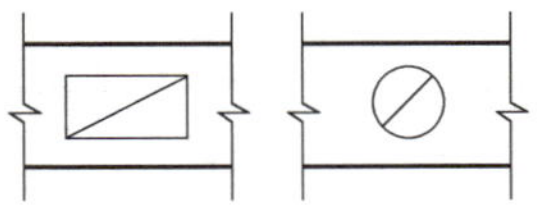	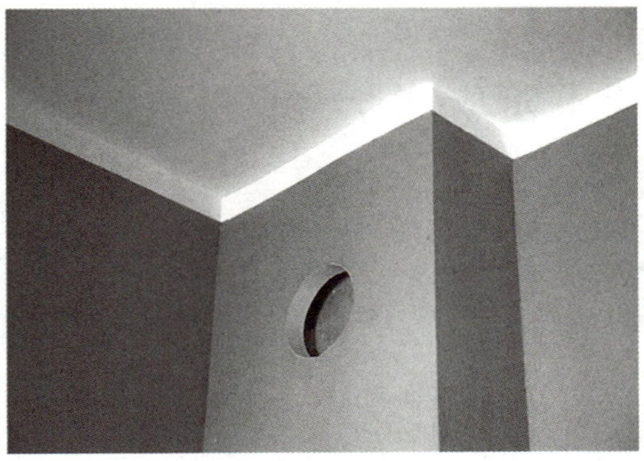
11	单扇门—俯	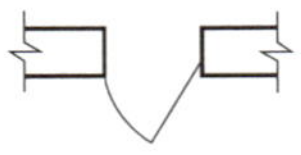	
12	单层固定窗—俯	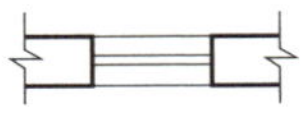	

十、常用建筑术语

要读懂建筑工程图，必须对建筑行业中常用的建筑术语有一定了解，这是建筑行业中各个环节间进行沟通交流所需的必备技能之一。下面介绍一些建筑设计和施工中常用的术语。

1. 开间：指两条相邻的横向定位轴线之间的距离。
2. 进深：指两条相邻的纵向定位轴线之间的距离。
3. 层高：指从本层地面或楼面到相邻的上一层地面或楼面的距离。

4. 净高：指从本层地面或楼面到本层板底、梁底或吊顶棚底的距离，即建筑层高减去结构和装修厚度的房间净空高度。

5. 建筑面积：指建筑物各层外墙（或柱外边）外围以内水平投影面积之和。它包括使用面积、交通面积和结构面积三项。

6. 使用面积：指主要使用房间和辅助使用房间的净面积。

7. 交通面积：指作为交通联系用的空间或设备所占的面积。

8. 建筑物总高度：指从室外地坪到女儿墙上皮或挑檐上皮的距离。

9. 道路红线：指道路用地的边界线，在红线内不允许建任何永久性建筑。

10. 建筑红线：指建筑的外立面所不能超出的界线。建筑红线可与道路红线重合，一般在新城市中常使建筑红线退后于道路红线。

11. 耐火等级：指建筑物抵抗火灾能力的等级，共分四级，其中一级抵抗火灾能力最强。不同耐火等级的建筑物对其各类构件、配件等的耐火极限和燃烧性能均有不同的要求。

12. 耐火极限：在标准耐火试验条件下，建筑构件、配件或结构从受到火的作用时起，至失去承载能力、完整性或隔热性时止所用时间，用小时（h）表示。

13. 楼梯（电梯）井：指楼梯段与休息平台所围的空间。

第二节 建筑施工图识读方法

在工程图纸中，建筑施工图起着决定性的作用，工程中经常称建筑专业为“龙头”专业。建筑施工图包含图纸目录、建筑总平面图、建筑设计总说明及建筑各层平面图、立面图和剖面图等几个部分。每种类型的图纸在建筑施工图中的内容和具体作用将在下面的内容中进行详细的介绍。

一、图纸目录

通常情况下，在整套施工图的首页放置一张图纸目录，如图 2-11 所示。它主要反映工程的名称、由哪几个专业图纸组成、图纸顺序、每张图纸的名称等，以便识读人员查阅。

工程名称＿＿＿＿＿＿＿＿　工程编号＿＿＿＿＿＿＿＿

建筑面积＿＿＿＿＿＿＿＿　建筑造价＿＿＿＿＿＿＿＿

建筑			结构			设备			电气		
序号	图号	图名	序号	图号	图名	序号	图号	图名	序号	图号	图名
01	建 -01	总平面位置图	01	结 -01	结构设计总说明 图纸目录	01	设 -01	首页	01	电 -01	图纸目录 电气设计说明 图例说明
02	建 -02	建筑设计说明 图纸目录 室内工程做法表	02	结 -02	基础平面布置图	02	设 -02	A、B 户型标准层首层采暖平面图	02	电 -02	弱电系统图
03	建 -03	一层平面组合图 标准层平面组合图	03	结 -03	结构平面布置图	03	设 -03	A、B 户型采暖给排水系统图	03	电 -03	照明系统图 A 户型和 B 户型标准层电气平面图
04	建 -04	六层平面组合图 屋顶平面组合图	04	结 -04	节点详图				04	电 -04	避雷装置平面图 一层电源和弱电组合平面图
05	建 -05	南立面图 北立面图 东、西立面图	05	结 -05	楼梯结构详图						
06	建 -06	1-1 平面图 门窗详图 门窗表									
07	建 -07	标准层甲单元详图									
08	建 -08	楼梯详图									
09	建 -09	墙身详图（一）									
10	建 -10	墙身详图（二）									
变更记录											

负责人：＿＿＿＿＿＿＿＿　日期：＿＿＿＿＿＿＿＿

图 2-11　图纸目录

二、建筑总平面图

1. 总平面图的主要内容

建筑总平面布置图简称总平面图，它是建筑场地的水平投影图，如图 2-12 所示。它主要反映新建建筑物和原有建筑物及周边环境之间的位置关系，体现新建建筑物的平面形状、位置、标高和朝向，同时也反映道路、绿化、地形、地貌等情况。总平面图是新建房屋施工定位、土方工程及施工现场布置的主要依据，同时也是水、暖、电等专业进行各种管线设计和敷设的依据。下面说明总平面图的内容，包括图名、比例、图例、标高、指北针、绿化、景观、道路等。

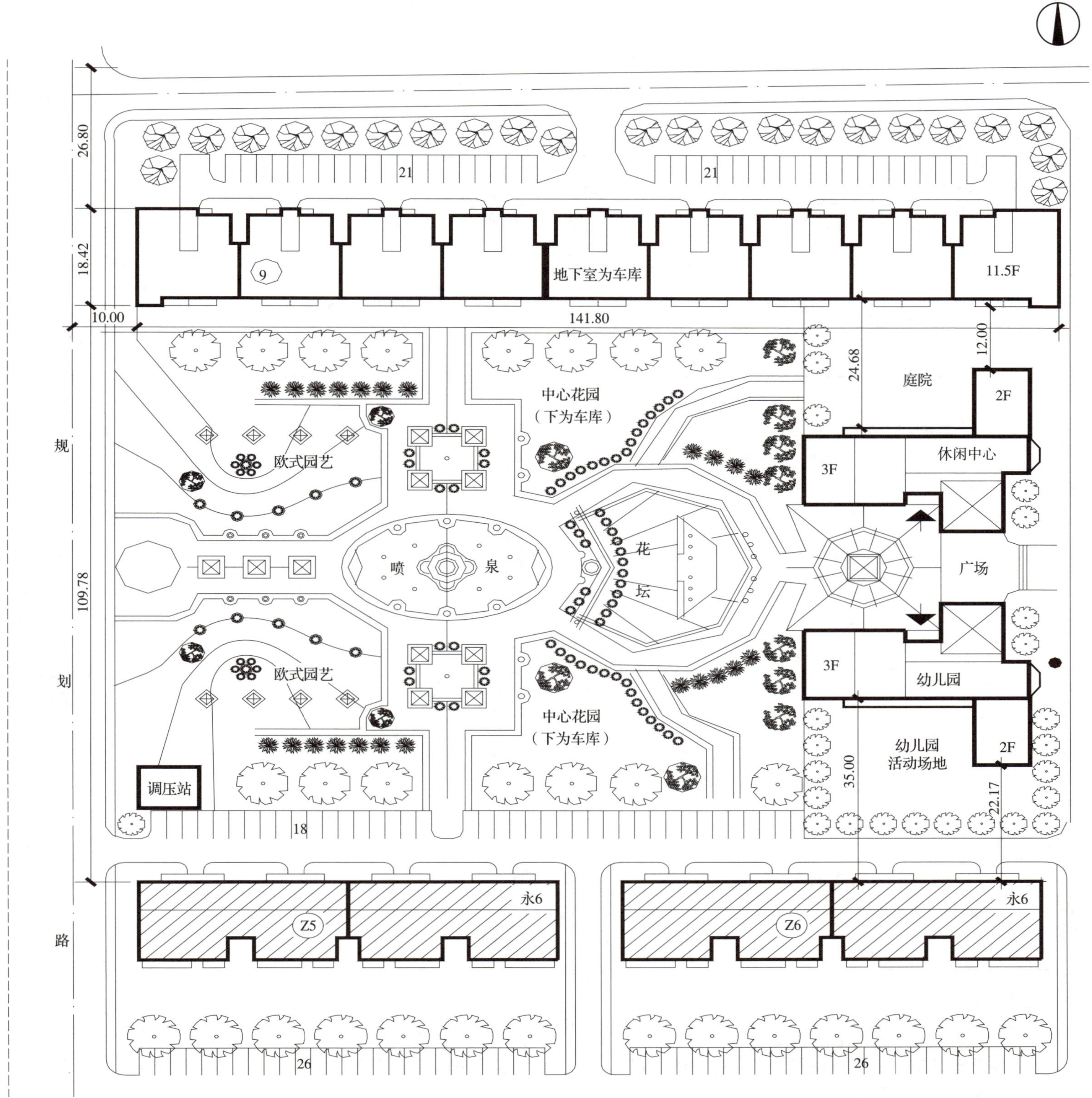

总平面图1∶500

图 2–12　总平面图

总平面图是一个建设项目的总体布局，表示新建房屋所在用地范围内的平面布置，其范围较大，绘制时一般采用缩小比例，如1∶500 或 1∶1 000 等。而总平面图上标注的尺寸和标高等数据一律以米（m）为单位，一般注写到小数点后两位，如图 2–12 所示。总平面图常见图例见表 2–7。

表 2–7　总平面图常见图例

序号	名称	图例	备注
1	新建建筑物	8	黑三角代表入口 数字 8 代表楼层
2	原有建筑物		

续表

序号	名称	图例	备注
3	原有道路		
4	计划扩建道路		
5	测量坐标	X=105.00 Y=425.00	
6	建筑坐标（又称施工坐标）	A=105.00 B=425.00	
7	郊区型道路断面—双		
8	人行道		
9	指北针	北	
10	新建道路	0.6 101.00 R9 150.00	R 代表半径 0.6 代表坡度 101.00 代表坡长 150.00 代表标高点
11	常绿阔叶灌木		
12	常绿阔叶乔木		

2. 总平面图的识读要点

（1）看图纸的比例、图例及有关文字说明。

（2）看需要新建的房屋的具体位置关系。房屋的位置可以用平面定位尺寸或坐标确定。坐标有测量坐标和施工坐标之分，用坐标来确定房屋位置时应注明房屋四个角的坐标。

（3）看指北针的指向，确定建筑的朝向。

（4）看绝对标高，由绝对标高可以得知建筑室内与室外地面的高差关系，还能根据原有建筑物的绝对标高判断新建建筑物与原有建筑物的高度差。

（5）看新建建筑物的外形、轮廓、层数等具体信息。

（6）由总平面图还可以看出新建建筑物周边的交通情况、汽车与自行车的停车位、绿化、景观、公共的运动场所等内容。

三、建筑设计总说明

1. 建筑设计总说明的主要内容

建筑设计总说明包括设计依据、图纸说明、工程概况、主要用料说明及其他要求，并会对建筑物未来施工中的主要问题做统一说明，如图 2–13 所示。

2. 建筑设计总说明的识读要点

（1）开头部分介绍工程的设计依据。

（2）工程概况介绍工程的位置、性质、建筑面积等，工程性质包括使用年限、建筑高度、防水等级、建筑工程等级等信息。

（3）材料做法要求，包括防水、防火、节能、内外装饰材料做法等。

（4）部分构件的做法要求，主要是墙（包括隔墙）、屋面、安全护栏等。

（5）室内工程做法的介绍。

（6）需要参考的图集编号。

建筑设计统一工程说明

一、设计依据

1. ××市城市规划管理局审定的设计方案通知书。

2. 甲方关于永乐住宅小区的设计要求。

3.《住宅设计规范》（GB 50096—2011）。

4.《北京市“九五”住宅建设标准》。

5.《建筑设计防火规范》（2018 年版）（GB 50016—2014）。

6. 国家现行有关标准及规范。

二、图纸说明

1. 图中所注尺寸均以毫米为单位，标高以米为单位。

2. 图例：本工程是以《建筑制图标准》（GB/T 50104—2010）和《房屋建筑制图统一标准》（GB/T 50001—2017）为依据绘制的施工图。由于制图比例不同，本工程说明如下：

1:100比例的图：页岩砖　轻质陶粒混凝土条板隔墙钢筋混凝土柱

>1:50比例的图：页岩砖　轻质陶粒混凝土条板隔墙钢筋混凝土柱

3. 本工程内外饰面材料及油漆的色彩，在施工前需由建设单位会同设计院协商决定。

三、工程概况

1. 位置

永乐小区住宅楼工程位于××市××区永乐镇东南。

2. 性质

本次设计的住宅楼为一期扩建 2 号楼，六层住宅。

耐火等级：二级

建筑高度：18.200 m（女儿墙）

抗震设防烈度：8 度

建筑耐久年限：50 年

屋面防水等级：Ⅲ级

建筑工程等级：4 级

3. 建筑面积

总建筑面积：2 119.6 m^2

层数：6 层

总户数：24 户

4. 标高

本工程相对标高 ±0.000 相当于绝对标高的数值，详见总图。

四、主要用料说明

1. 防水

屋面均采用卷材防水材料，选用自粘性卷材防水，凡出屋面管道、设备基础及女儿墙等转角处均需加铺卷材一道，具体做法详见有关建筑施工图。

2. 建筑节能与保温

屋面保温采用 100 厚加气混凝土块和 100 厚聚苯板（密度）18 kg/m^3。

墙体内保温采用 40 厚 ZL 胶粉聚苯颗粒保温材料。

楼梯间内侧保温采用 20 厚 ZL 胶粉聚苯颗粒保温材料。

建筑的体形系数为 0.26，墙体的传热系数为 1.06 W/（m^2·K），屋面的传热系数为 0.78 W/（m^2·K）。

3. 墙体

（1）砌筑墙体的砖及砂浆强度标号，钢混凝土过梁及钢混凝土构造柱详见结施图。

（2）外承重墙为黏土页岩砖 360 厚，内承重墙为黏土页岩砖 240 厚。非承重墙为 100 厚陶粒混凝土板。管道井为 60 厚陶粒混凝土板。

（3）墙体详细做法详见京 95SJ9《外墙内保温构造图集》（二）中的相关章节。墙体与轴线的关系见详图中所注。

（4）轻质陶粒混凝土条板隔墙：100 厚用于内隔墙。

陶粒混凝土条板隔墙的安装应待楼地面垫层完成后，放线定位安板，立板时板下留 20 ~ 30 缝隙，用小木楔楔紧。板与板之间留 10 宽板缝，挂线靠平后，用钢筋头与板两侧埋件焊接固定，板缝内用膨胀水泥砂浆填实刮平，板下缝隙用 C20 细石混凝土塞填密实，待混凝土达到强度后撤出小木楔，并将孔洞堵实。本说明未尽事宜请参见京 96SJ23《条板轻隔墙构造图集》及有关轻质隔墙的构造和施工工艺要求进行施工。

4. 内、外装修

内、外装修详见材料做法表。外墙颜色待定，施工时由建设单位提供样板，与设计人员协商后再定。

外墙 1　详见外墙 18A–Q 喷 JH80–2 型无机高分子建筑涂料墙面，颜色详见立面图。

外墙 2　详见外墙 27A1 贴彩釉面砖，颜色详见立面图。

5. 门窗

外门立樘均按门框与外墙取平，外窗立樘均按窗框居中，内门立樘均按门框与门开启方向墙取平，内窗立樘均按窗框居中。

（1）外门窗：外门用铝合金型材阳极氧化处理（厚度大于 15U）表面电化着色，要求光滑平整。铝合金外门由选定厂家按我院提供的门窗尺寸、要求进行门窗构造设计，特殊装修部分的外门请厂家按我院设计意图进行设计。外窗选用塑钢窗，厂家按我院提供的门窗尺寸、要求进行构造设计和门窗加工。

（2）内门：不包括特殊装修处的门。

一般木门：选用装修木门、大玻璃门等，请按本工程提供的尺寸要求进行选购。

有关门窗编号、洞口尺寸、门型、数量等详见本工程门窗表及门窗立面图。

6. 油漆材料和颜色待定，做法参见 88J1 油漆做法。

7. 屋面排水：平屋顶为外排水，具体详见屋面排水图。

8. 厨房设备和卫生洁具：位置、尺寸详见单元放大图，洁具色彩待定。做法由建设单位提供样板，与设计单位协商决定。

五、其他

1. 防火处理

所有内隔墙、砌块墙均应做到板（梁）底，并堵严塞紧。电缆及管道竖井（送风、排烟除外）安装完毕后，在每层楼板处现浇不少于 80 厚钢筋混凝土楼板。穿墙管线待安装完毕后，墙身必须用 C20 细石混凝土填实补严。凡室内装修用木材处均应先做防火处理。

2. 室内有水的房间中穿楼板的立管应预埋套管，套管高出楼面 30，管间缝隙用防水材料填实。所有预留孔洞、预埋件不能后凿后做，应严格按各有关工种及设备厂家提出的施工图纸预留。凡管道外包墙者待管道安装完毕后再做。

3. 预埋木砖（包括与砌块、砖或混凝土接触面）及铁件均应做防腐、防锈处理，排水管（包括暗管）均应做防锈处理。

4. 凡设地漏的房间，楼地面必须坡向地漏。

5. 凡两种材料的墙身交接处，在做墙面饰面材料前必须加钉钢板网，防止裂缝。

6. 露明铁件一律刷防锈漆两道，再做面层油漆。

7. 凡本工程选购的内外装修材料、墙体、防水材料、保温材料、轻型墙体、吊顶、活动地板、门窗等，请施工单位与设计院协商后再订货。

8. 凡内外装修材料，包括花岗岩板、面砖、油漆、地砖、喷漆材料等，均应在施工前提供样品或做样板。经与设计院协商，并做质量、色彩比较后，再大批订货与施工。

9. 本施工图未尽事宜按国家标准及有关施工验收规范和产品生产厂家的技术要求进行施工，或在施工中与设计院共同协商解决。

10. 首层住宅的安全防范措施按 DB J01–608—2002 北京市标准执行。

11. 安全栏杆：窗台距室内楼、地面小于 900，窗台加安全栏杆，护窗栏杆应采用垂直杆件，且净空不应大于 0.11 m。

12. 单块玻璃大于 1.5 m^2 者采用安全玻璃。安全玻璃应符合 GB 15763.2—2005 和 GB 15763.3—2009 中有关规定。

13. 信报箱按 DB J01–609—2002 北京市标准执行，位置见总图，由物业统一管理。

14. 垃圾收集处见总平面图。

建施图纸目录

图号	图名	图纸规格	图号	图名	图纸规格
建施 -1	总平面位置图	1#	建施 -5	1—1 剖面图，门窗详图，门窗表	1#
建施 -2	建筑设计说明、室内工程做法表、图纸目录、电气留洞尺寸表	1#	建施 -6	标准层单元详图	1#
建施 -3	首层、标准层组合平面图，六层、屋顶层组合平面图	1#	建施 -7	楼梯详图	1#
			建施 -8	墙身详图（一）	1#
建施 -4	东立面图、西立面图、南立面图、北立面图	1#	建施 -9	墙身详图（二）	1#

室内工程做法表

房间名称	地面	楼面	踢脚	内墙	顶棚	备注
起居室、卧室、餐厅	地 9–1	楼 8 A–Q	踢 6 A–1	内墙 5 A–1	棚 2 B–1	1. 地面、楼面面层均为70厚CL7.5轻集料混凝土 2. 表中做法均出自88J1–1《工程做法》 3. 穿管道的地面做法参见88J1–1地42、地42F
厨房	地 9–1	楼 8 A–Q	踢 6 A–1	内墙 38 A–2	棚 7 B–1	
卫生间	地 9 F–2	楼 8F 2–2	踢 6 A–1	内墙 38 A–2	棚 7 B–1	
阳台	地 9–1	楼 8 E–1	踢 6 A–1	内墙 5 A–1	棚 2 B–1	
楼梯间	地 9–1	楼 8 D–1	踢 6 A–1	内墙 5 A–1	棚 2 B–1	

选用通用图标准图目录

图集号	图集名称	备注
88J1–X1	工程做法	华北标
88J4	内装修	华北标
88J5–X1	屋面	华北标
88J7	楼梯	华北标
88J8	卫生间，洗池	华北标
88JX1	综合本	华北标
88J9	室外工程	华北标
96SJ101	多孔砖墙体建筑构造	国标
88JZ3	变形缝	华北标

电气留洞尺寸表　单位：mm

编号	宽	高	深	洞底距地
D1	750	650	200	1 400
D2	900	650	200	1 200
D3	450	550	200	1 200
D4	250	330	160	1 800
D5	530	330	110	1 800
D6	300	300	160	300
D7	530	630	200	1 400

注：图中所注洞口尺寸均为距洞中尺寸。

图 2–13　建筑设计总说明

四、建筑平面图的识读

1. 建筑平面图的内容

建筑平面图简称平面图，是指假想用一个高于窗台的水平剖切平面将房屋切为上下两部分，抛开上面部分，取下面部分的水平投影图。

根据建筑功能布置不同，建筑各层平面图会有所不同。通常把平面图完全相同的层称为标准层，地面以上最下面的一层称为首层组合平面图，最顶上的层称为顶层组合平面图和屋顶组合平面图。如果含有地下层，就分别称为地下一层组合平面图、地下二层组合平面图，以此类推，如图 2–14 所示。

2. 平面图的主要识读要点

平面图主要表示房屋的建筑功能分区情况、平面形状、门窗位置、门窗开启方向、楼梯、电梯位置等。

识读要点包括：图名、比例；墙体分布情况，房屋内部布置情况；门窗宽度、位置及大小；尺寸，平面图的尺寸包括三道，即细部尺寸、轴线尺寸和总尺寸；指北针指向；是否有剖切符号；是否有索引符号；坡道、散水位置；标高；每个房间的功能分布情况。

由图 2–14 可以识读出以下内容：

（1）由图名可以看出图样是平面图，使用的比例是 1∶100。

（2）由首层组合平面图右上角的指北针可以看出单元入口是朝南的。

（3）首层组合平面图建筑面积为 353.26 m^2，标准层组合平面图建筑面积为 353.26 m^2，六层组合平面图建筑面积为 353.26 m^2，由此可以计算出整栋建筑的总建筑面积。

（4）由墙的分隔及楼梯的位置可以清楚地看出房屋的分隔情况。本栋建筑共两个单元，每个单元由楼梯分为两户（A、B 户型）。其中 A 户型为三室二厅一卫一厨，B 户型为二室二厅一卫一厨。

（5）由首层平面图中可以看到门窗的具体尺寸。例如，入户门 M1021 和窗 SC1215 分别代表门宽 1 000 mm，门高 2 100 mm，窗宽 1 200 mm，窗高 1 500 mm。

（6）平面图一般有三道尺寸线，最外面的一道尺寸表示建筑物的总宽和总长，第二道尺寸为房屋中墙、柱、大梁等的定位轴线间的尺寸，第三道尺寸表示门窗洞口等细部尺寸。

（7）图中剖切符号 1—1 是沿着建筑物的宽度方向由上至下剖切，然后向左看所得到的情况。

（8）屋顶组合平面图中有索引，索引代表的含义在前面内容中已做过详细介绍，这里不再解释，索引的具体内容在后面的图纸中加以详细说明。

（9）由首层组合平面图中可以看到散水的宽度和位置，而散水的高度将在墙身详图中进行表示。

（10）屋顶组合平面图主要表示以下内容：

1）结合立面图察看屋面的形式和屋面坡度。

2）屋面的排水情况，如排水方向、排水口位置等。

3）突出屋面构筑物的位置，如女儿墙、屋顶水箱间、楼梯间、检查孔等。

五、建筑立面图的识读

1. 立面图的内容

建筑立面图简称立面图，它是在与建筑物平行的投影面上所作的房屋的正投影图，如图 2–15 所示。

建筑立面图包括东西南北四个方向的立面图。有时把其中较为主要的一侧立面图称为正立面图，与它对应的是背立面图，两侧的分别称为左、右立面图。如果房屋的朝向不明确，也可以按定位轴线的编号命名，如 1—6 或 6—1 立面图。立面图和平面图一样，同样是表达建筑图所必需的图纸。

2. 建筑立面图的主要识读要点

立面图主要反映房屋的高度、体量层数、外部装修做法等，一般只注写相对标高而不注写大小尺寸。建筑立面图的主要识读要点包括：图名、比例，门窗高度，外部装修做法，标高（通过读取标高得到建筑每一层的层高，结合平面图准确得到门窗、散水、阳台、窗台勒脚等的位置和尺寸），图中的索引及注释。

图 2–15 的识读要点有以下几项：

（1）立面图的比例为 1∶100。

（2）由几个立面图可以得到门窗、阳台、窗台的高度、宽度及具体位置，具体尺寸见图纸的标注。

（3）从图中可以得到各部位标高，包括室外地坪、出入口地坪、勒脚、每层层高、窗台、檐口、女儿墙及突出屋面部分的标高。

（4）从图中可以看到每个立面的外墙装饰做法。

（5）三道尺寸。最外面的一道尺寸表示建筑总高度为 18.50 m，第二道尺寸表示室内外高差为 0.75 m、层高为 2.8 m、女儿墙高度为 0.9 m，第三道尺寸表示门窗、窗台等具体高度，具体见图。

（6）图中的索引及注释。

六、建筑剖面图的识读

1. 建筑剖面图的内容

建筑剖面图简称剖面图。假设用垂直的切面将建筑物从上至下剖开，移去另一半，把剩下的部分进行正投影，所得到的图形就是剖面图，如图 2–16 所示为 1—1 剖面图。具体的剖切位置一般注写在首层组合平面图中。

一张建筑图剖面的多少取决于建筑图的复杂程度。剖切面也可以选择折线式的，可以沿纵向也可以沿横向。

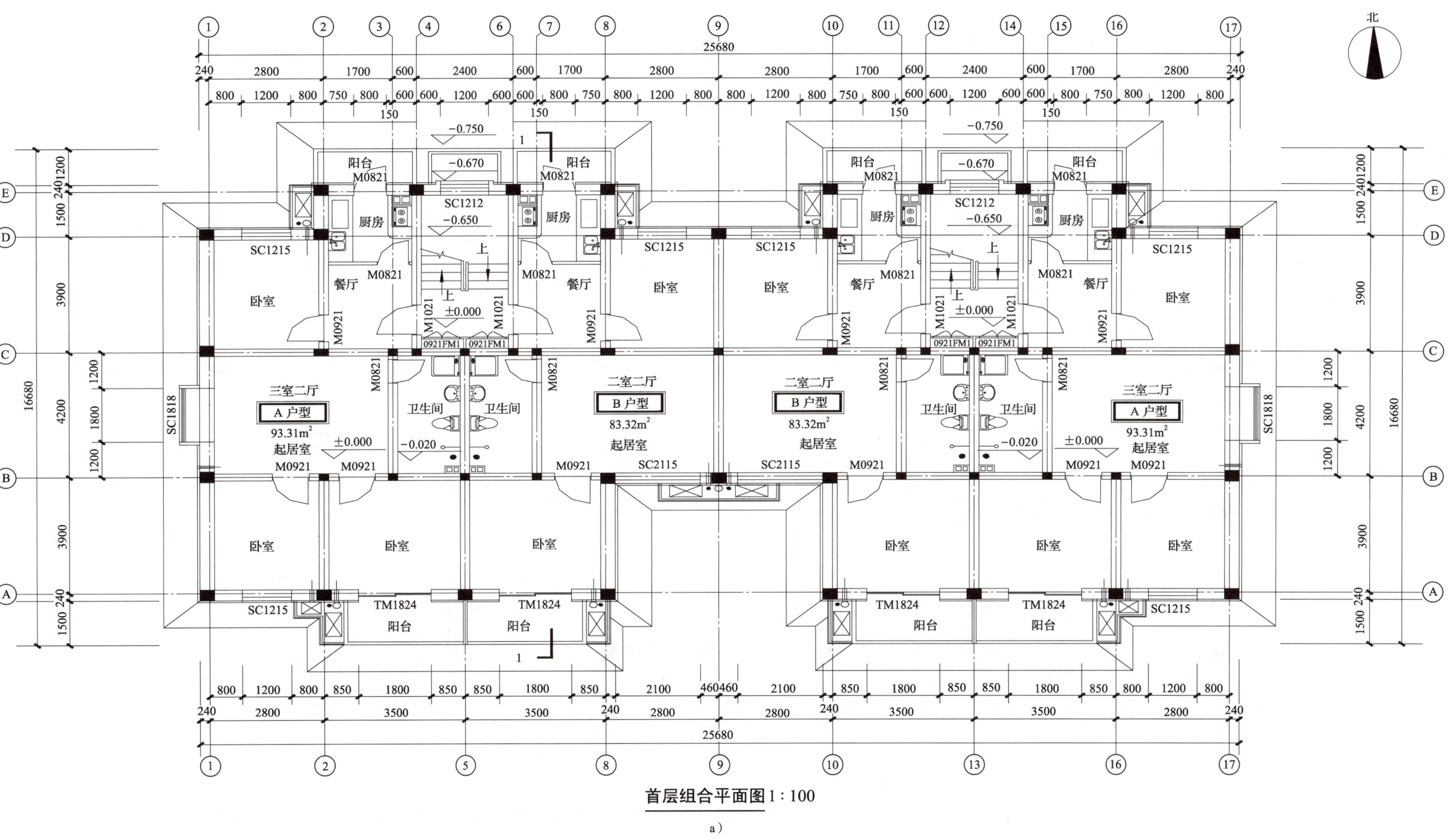

首层组合平面图 1：100

a）

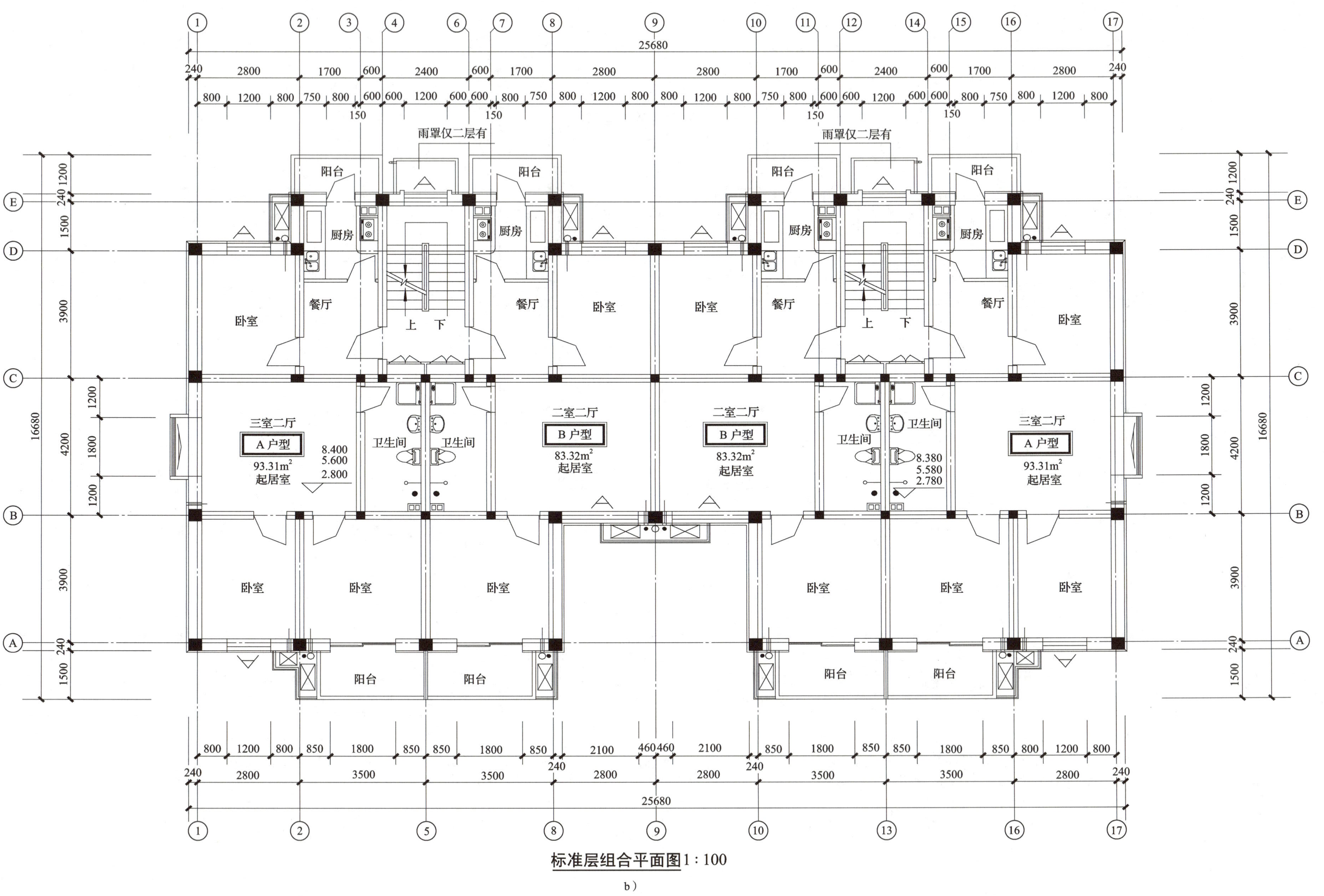

标准层组合平面图1：100

b）

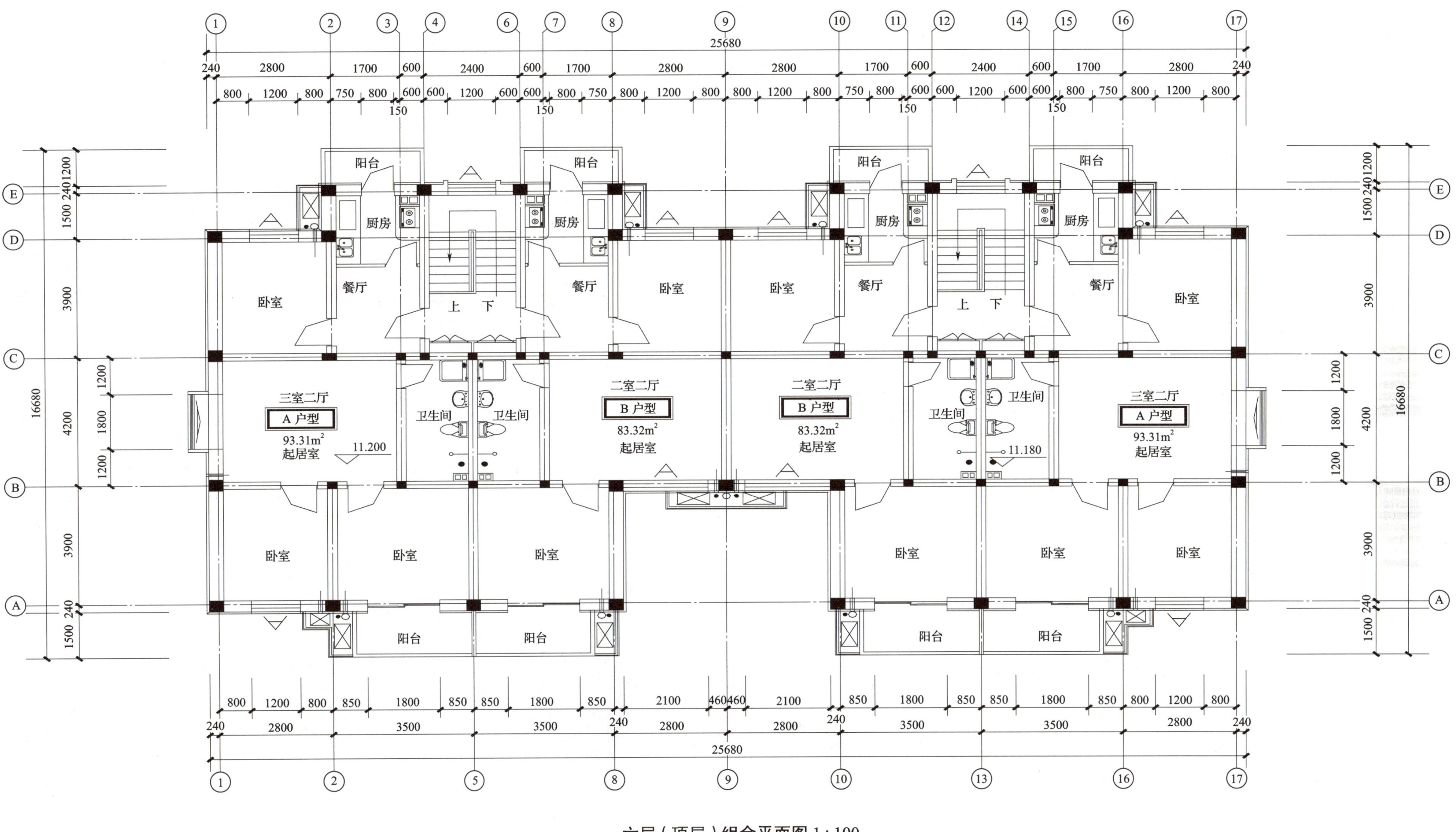

六层（顶层）组合平面图 1:100

c）

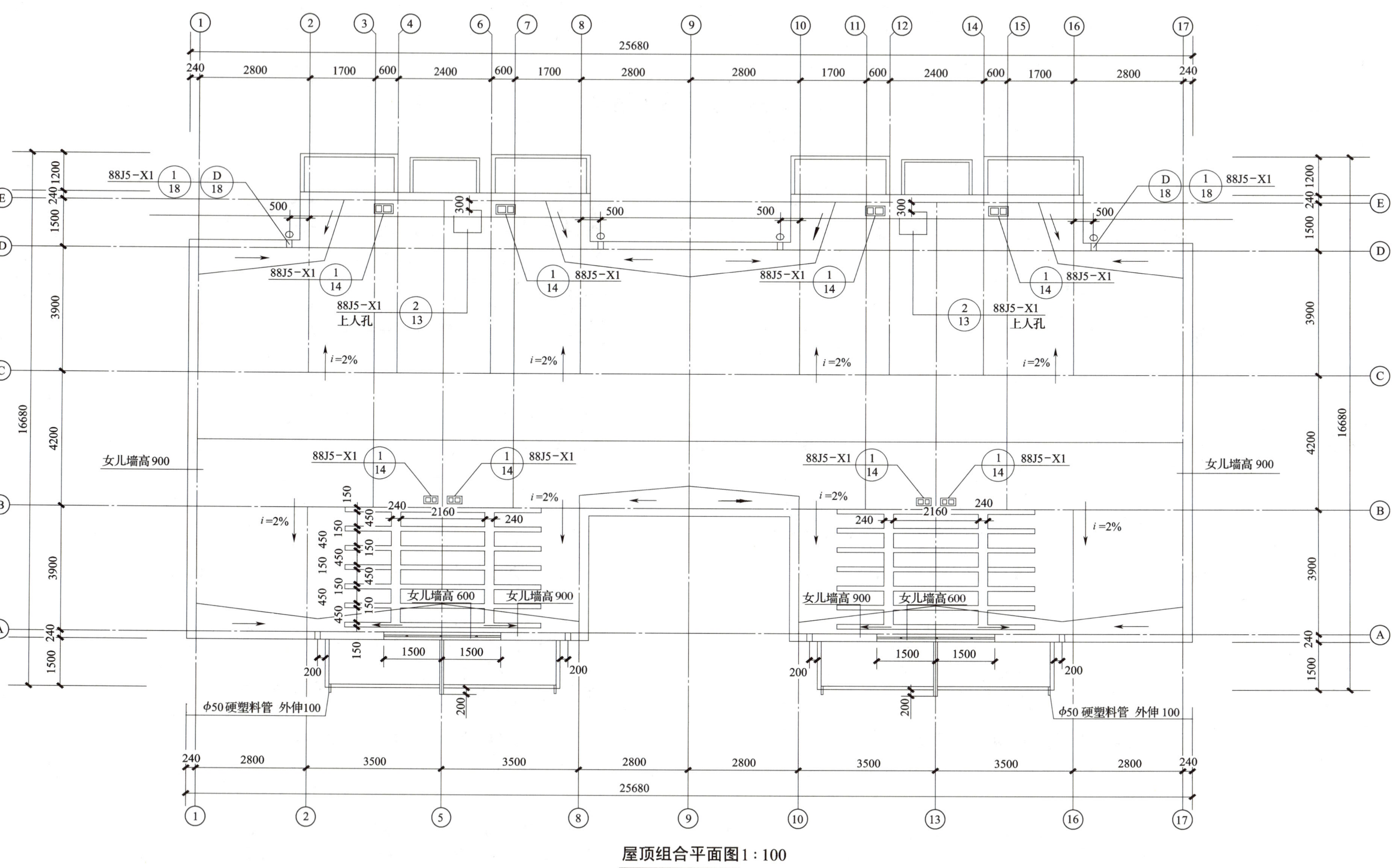

屋顶组合平面图1∶100

d）

图 2-14 建筑平面图

a）首层组合平面图 b）标准层组合平面图 c）六层（顶层）组合平面图 d）屋顶组合平面图

2
9
外墙 2
白色
外墙 1
乳白色
19.640
1
9
19.200
外墙 2 灰色
外墙 1
红色
17.400
16.800
14.000
11.200
8.400
5.600
2.800
±0.000
-0.750
600
400
1800
2800
750
18150
外墙 1
灰色
外墙 1
灰色
外墙 1
灰色

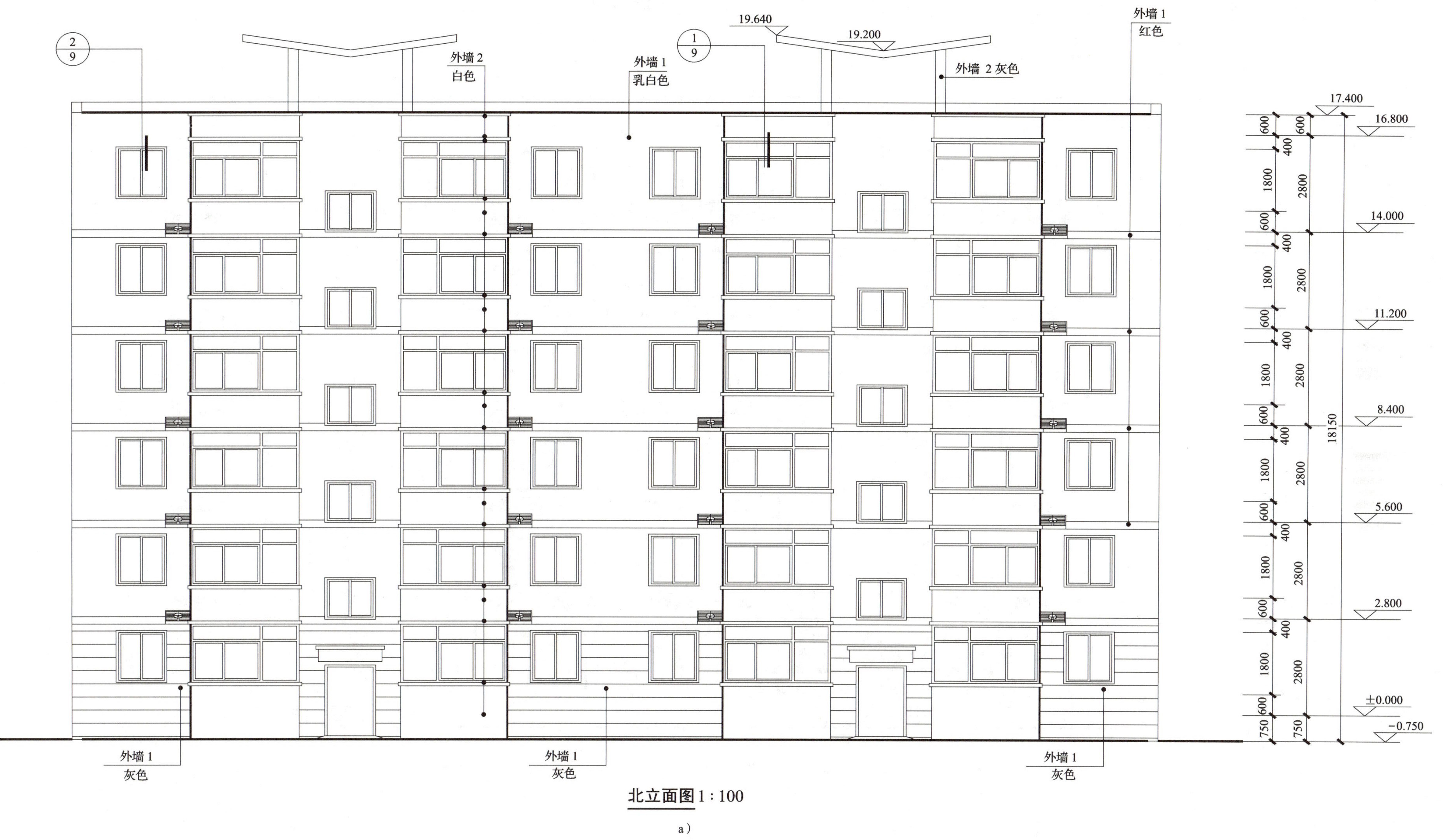

北立面图 1 : 100

a）

19.640
19.200
外墙 2 灰色
外墙 2
蓝色
外墙 2
白色
17.700
16.800
14.000
11.200
8.400
5.600
2.800
±0.000
−0.750
900
400
1800
600
2800
750
18450
外墙 1
灰色
外墙 1
灰色
外墙 1
灰色

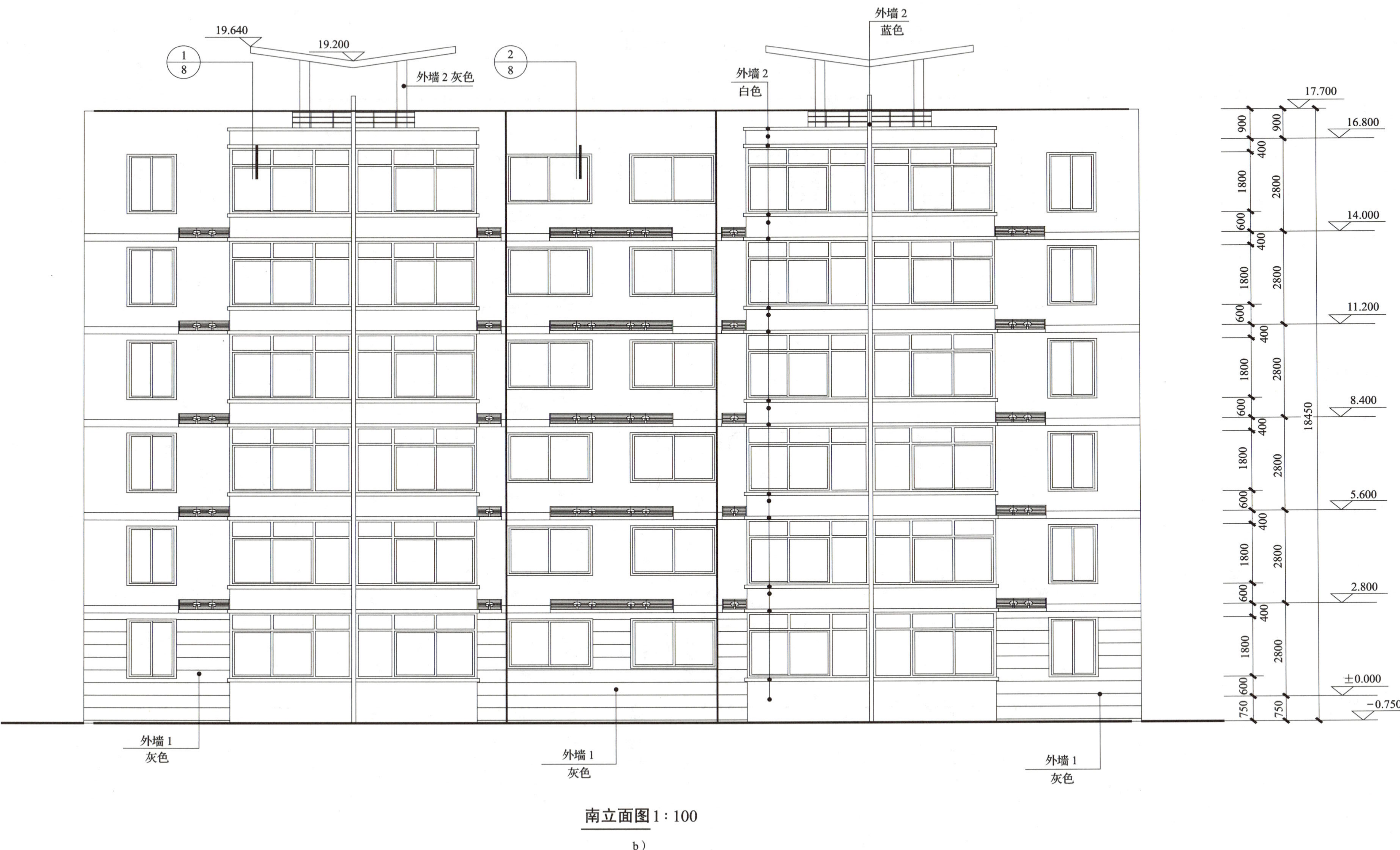

南立面图 1 : 100

b）

19.640
19.200
外墙2 灰色
外墙2
白色
外墙1
乳白色
外墙2
白色
外墙1
红色
外墙2
白色
17.700
17.400
16.800
14.000
11.200
8.400
5.600
2.800
±0.000
−0.750
18500
18200
外墙1
灰色

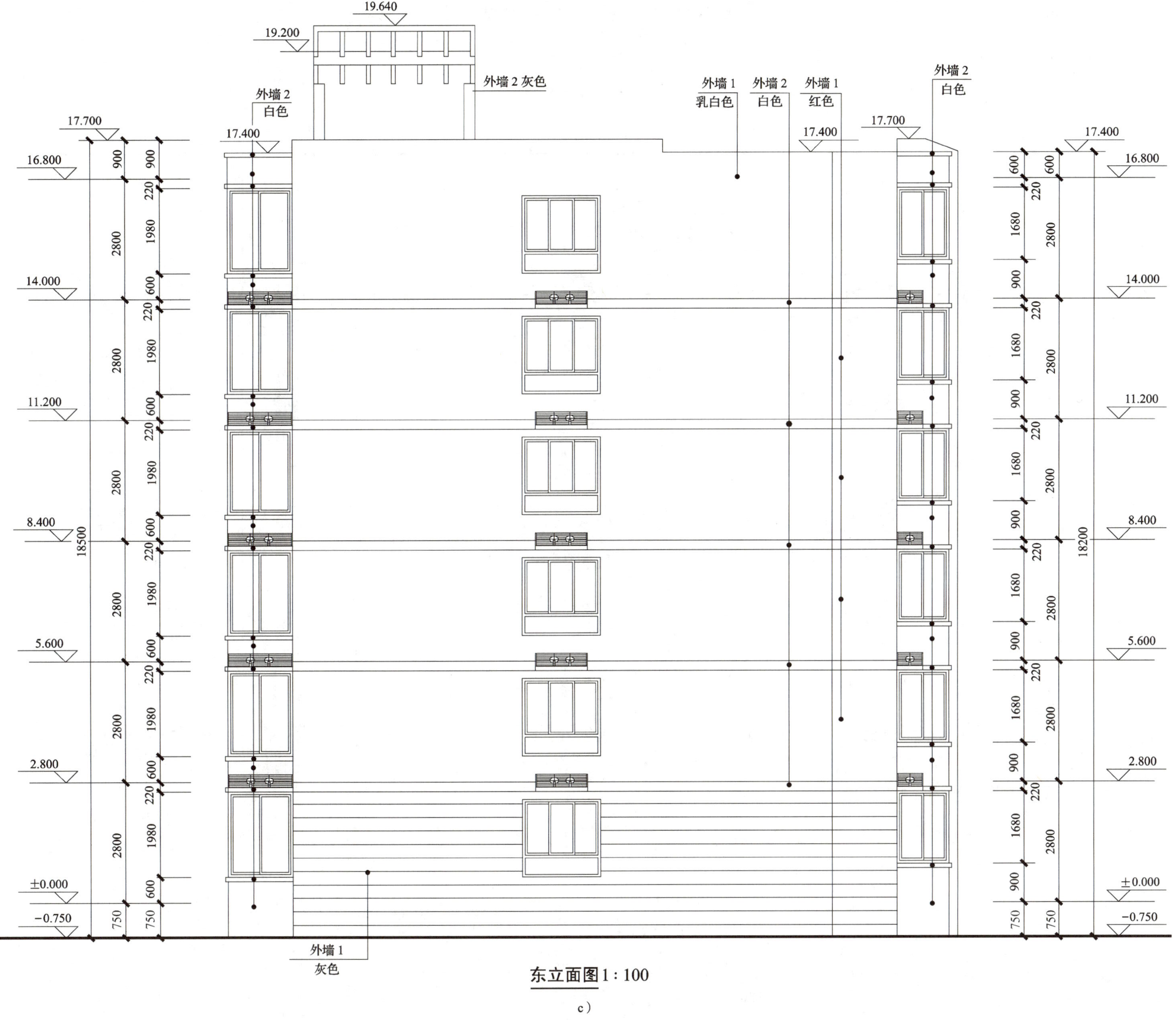

东立面图 1:100

c）

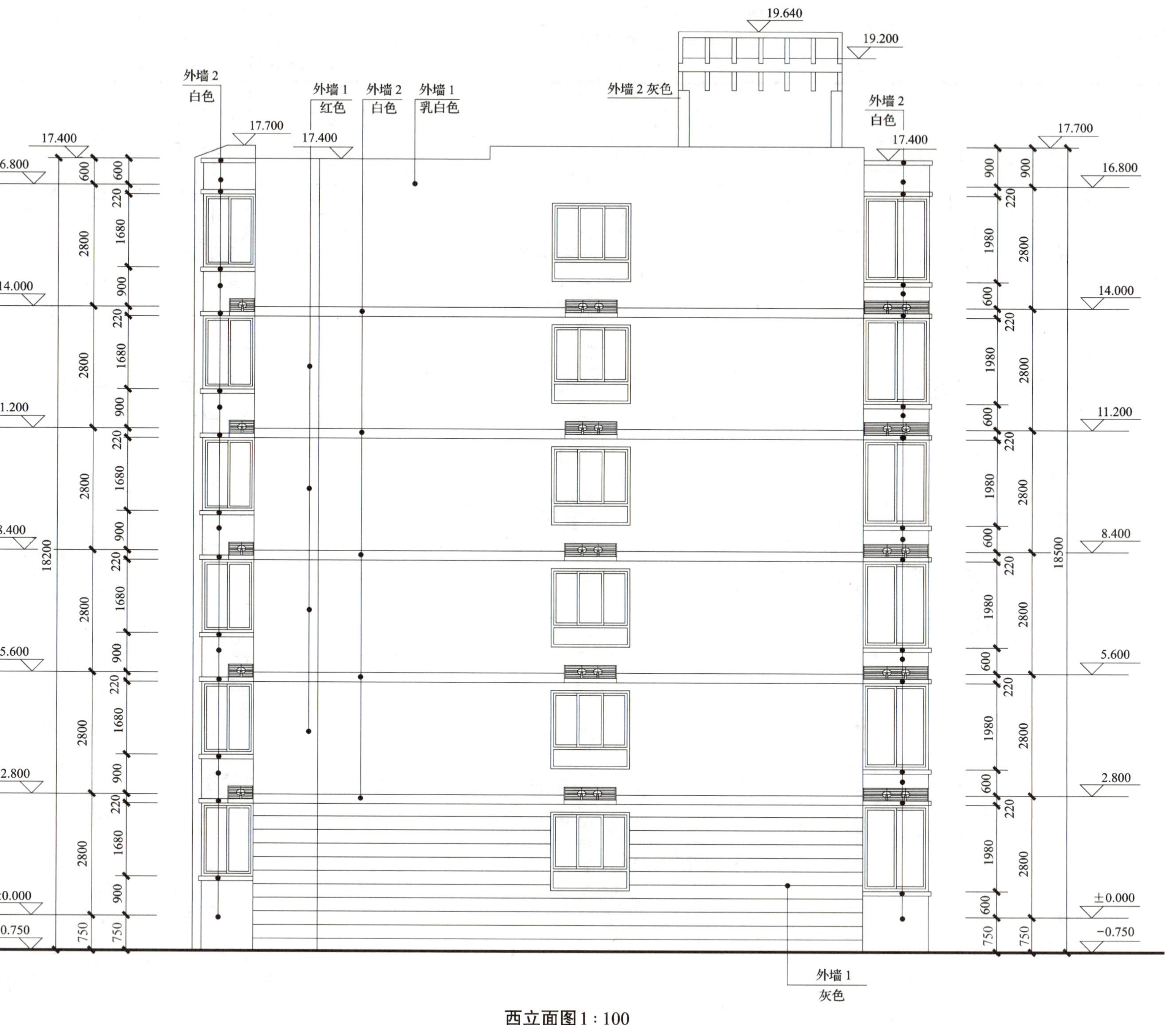

西立面图 1 : 100

d）

图 2–15　建筑立面图

a）北立面图　b）南立面图　c）东立面图　d）西立面图

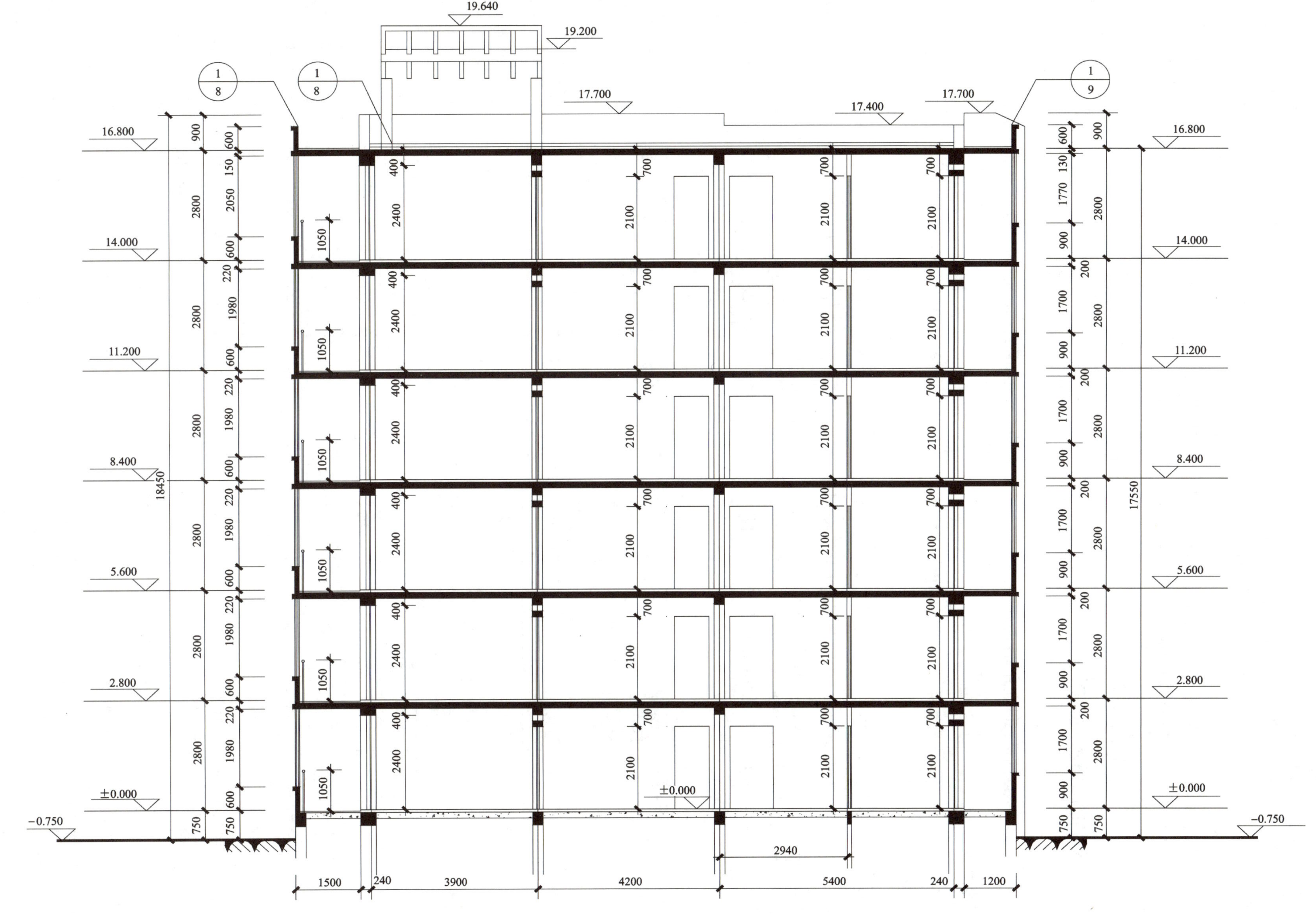

1—1剖面图1:100

图2-16 建筑剖面图

2. 建筑剖面图的识读要点

剖面图主要反映楼梯间的具体位置、房间大小、墙体、特殊部位的建筑做法等更细致的内容，主要包括：图名、比例，剖切的具体位置、内容，剖面图中尺寸标注、标高，索引、注释等。

图 2–16 的识读要点如下：

（1）剖面图的比例为 1∶100。

（2）结合平面图可知，1—1 剖面的剖切位置在⑦和⑧轴之间，剖面图为沿着直线剖切并向左看所得到的正投影。从剖面图中可以看出门窗的具体位置关系，各层梁、板的结构形式、位置及墙之间的关系。

（3）尺寸

1）外部尺寸。图中标出了室外地坪、勒脚、窗台、檐口等处的具体标高和尺寸。

2）内部尺寸。图中标出了每个标准层的标高，内部门窗等的具体位置也均标注得很清楚。

（4）图中的索引及注释。

第三节 结构施工图基本知识

根据我国目前大部分地区的材料供应情况和施工条件，建筑常用的结构类型有砌体结构、钢筋混凝土结构和钢结构。

一、砌体结构

砌体结构是指用砌体作为承重墙或柱，而楼板和屋面板则采用钢筋混凝土、木等结构材料。砌体结构常见的是“砖混结构”，它的承重墙为砖砌体，楼板、梁、屋面板大都采用钢筋混凝土材料。

二、钢筋混凝土结构

钢筋混凝土结构是指建筑结构构件均采用钢筋混凝土材料的结构形式，即用钢筋混凝土柱、梁、板、墙等作为垂直和水平受力构件。钢筋混凝土结构比较常见的是框架结构、剪力墙结构等。

结构施工图是由众多结构构件组合在一起形成的。为了使结构图纸清楚、明了，施工单位根据图纸能够准确地进行施工，国家标准《建筑结构制图标准》（GB/T 50105—2010）规定了常用构件代号，代号一般用构件名称汉语拼音的首字母表示。常用结构构件代号见表 2–8。

表 2–8　　常用结构构件代号

序号	名称	代号	序号	名称	代号	序号	名称	代号
1	板	B	19	圈梁	QL	37	承台	CT
2	屋面板	WB	20	过梁	GL	38	设备基础	SJ
3	空心板	KB	21	连系梁	LL	39	桩	ZH
4	槽形板	CB	22	基础梁	JL	40	挡土墙	DQ
5	折板	ZB	23	楼梯梁	TL	41	地沟	DG
6	密肋板	MB	24	框架梁	KL	42	柱间支撑	ZC
7	楼梯板	TB	25	框支梁	KZL	43	垂直支撑	CC
8	盖板或沟盖板	GB	26	屋面框架梁	WKL	44	水平支撑	SC
9	挡雨板或檐口板	YB	27	檩条	LT	45	梯	T
10	吊车安全走道板	DB	28	屋架	WJ	46	雨篷	YP
11	墙板	QB	29	托架	TJ	47	阳台	YT
12	天沟板	TGB	30	天窗架	CJ	48	梁垫	LD
13	梁	L	31	框架	KJ	49	预埋件	M–
14	屋面梁	WL	32	刚架	GJ	50	天窗端壁	TD
15	吊车梁	DL	33	支架	ZJ	51	钢筋网	W
16	单轨吊车梁	DDL	34	柱	Z	52	钢筋骨架	G
17	轨道连接	DGL	35	框架柱	KZ	53	基础	J
18	车挡	CD	36	构造柱	GZ	54	暗柱	AZ

注：1. 预制混凝土构件、现浇混凝土构件、刚构件和木构件，一般可以采用本表中的构件代号。在绘图中，除混凝土构件可以不注明材料代号外，其他材料的构件可在构件代号前加注材料代号，并在图纸中加以说明。

2. 预应力混凝土构件的代号应在构件代号前加注“Y”，如 Y–DL 表示预应力混凝土吊车梁。

三、钢结构

钢结构的主要受力构件由钢材建造而成。钢结构具有自重轻、强度高、整体性好、抗变形能力强等特点，适用于超高、大跨度等建筑。

第四节 结构与安装专业施工配合

安装工程各专业经常要与结构专业进行配合，这里主要介绍套管预留预埋、混凝土墙内接线盒预留预埋、电气保护管二次结构内预埋和设备基础螺栓预埋。

一、套管预留预埋

水暖或电气管路在建筑物内敷设时经常会穿越楼板或墙体等结构部位。为了保护结构、防水等功能不被破坏，也为了使各种管路能不受挤压，通常需要提前在管路穿越的部位预埋套管，如图 2-17 所示。

图 2-17　套管预留预埋

不同结构部位选用套管的类型及做法见表 2-9。

表 2-9　　不同结构部位选用套管的类型及做法

套管安装位置	套管安装样图	符号说明
建筑内墙体或楼板		1—钢管 2—墙体 3—密封填料 4—钢套管
有防水、防火要求的楼板		1—钢管 2—石棉水泥 3—楼板 4—挡圈 5—油麻 6—止水翼 7—钢套管

续表

套管安装位置	套管安装样图	符号说明
穿地下室建筑外墙	柔性防水套管	1—钢管 2—法兰套管 3—密封圈 4—法兰压盖 5—螺柱 6—螺母 7—法兰 8—密封膏嵌缝 9—建筑外墙 10—内侧 11—柔性填缝材料
穿地上建筑外墙等防水墙体及顶板	刚性防水套管（铸铁管）	1—铸铁管 2—钢套管 3—翼环 4—石棉水泥 5—油麻
	刚性防水套管（钢管）	1—钢管 2—钢套管 3—翼环 4—挡圈 5—石棉水泥 6—油麻

套管预留时需注意，主体结构钢筋绑扎好后，按照设计图找准套管的标高位置，然后将套管置于钢筋中并进行加固。如图 2–18 所示，需用结构钢筋或附加钢筋采取“#”形对套管进行加固，使套管固定在钢筋网中。

a）

b）

图 2–18　钢筋混凝土墙预留洞口

a）施工过程　b）施工后效果

二、混凝土墙内接线盒预留预埋

电气管路采用暗敷设时，末端的接线盒也需要提前进行预埋，在现浇混凝土结构部位预埋接线盒，施工时要控制好标高及接线盒口与墙面的距离。在埋设时为了防止位置偏移，可将预埋管和线盒用附加钢筋箍起来，再与主筋绑扎牢固，具体做法见表 2–10。

表 2–10 混凝土墙内接线盒预留预埋

接线盒安装位置	接线盒安装样图	符号说明	参考图片
现浇混凝土结构部位	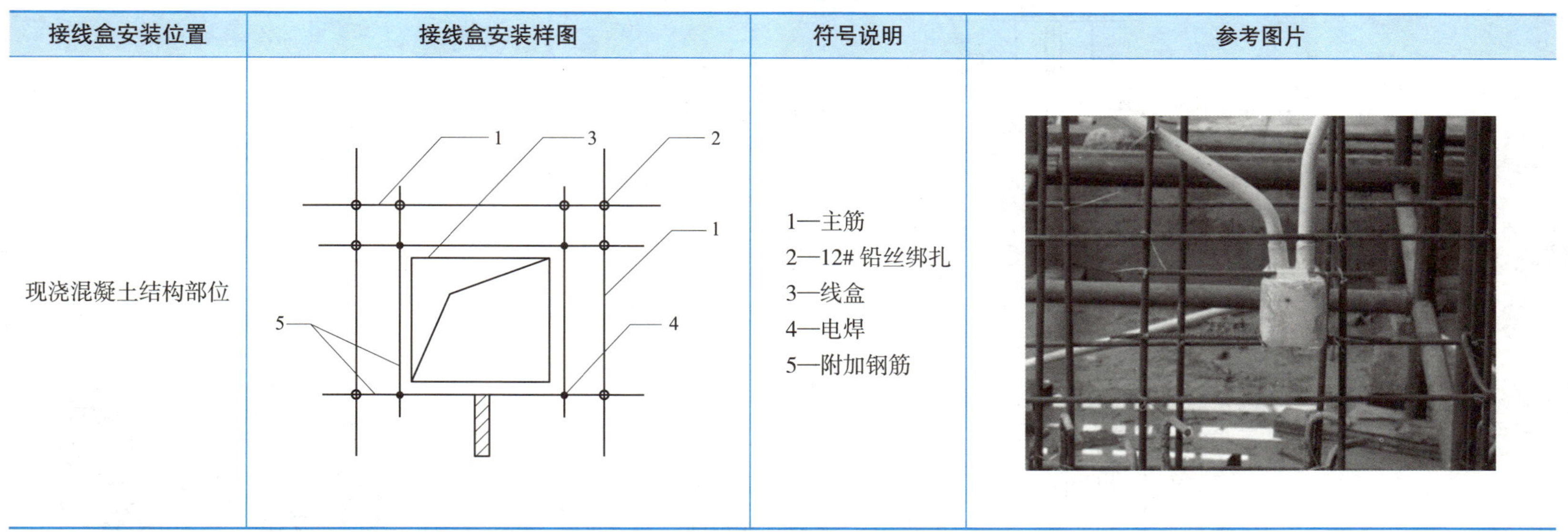	1—主筋 2—12# 铅丝绑扎 3—线盒 4—电焊 5—附加钢筋	

三、电气保护管二次结构内预埋

电气管路及接线盒如果需要在二次结构上进行暗敷设，则需要在二次结构上进行剔凿埋设，槽宽和槽深均比管外径大 5 ~ 10 mm。管路安装后，采用强度等级不小于 M10 的水泥砂浆抹面保护，具体做法见表 2–11。

表 2–11 电气保护管二次结构内预埋

管路安装位置	管路安装样图	符号说明	参考图片
二次结构部位	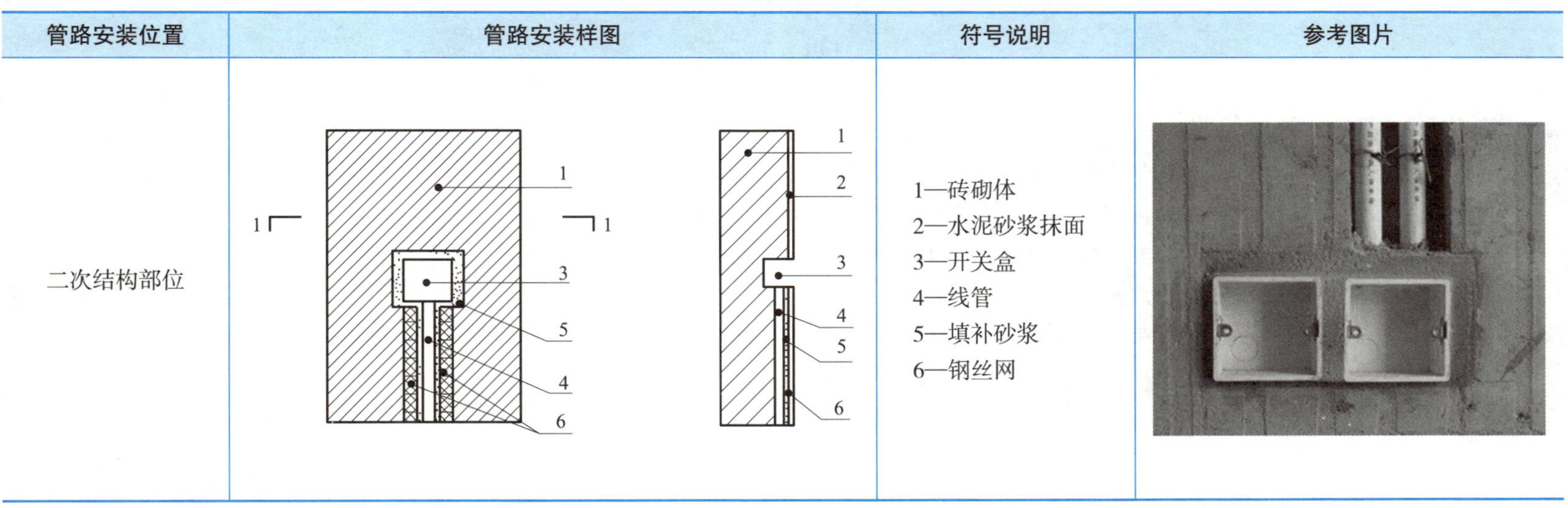	1—砖砌体 2—水泥砂浆抹面 3—开关盒 4—线管 5—填补砂浆 6—钢丝网	

四、设备基础螺栓预埋

水泵、空调机组等大型设备落地安装通常需要固定在基础上，以免发生位移和倾覆，同时可使设备长期保持必要的安装精度，保证设备的正常运转。设备与基础的连接主要依靠地脚螺栓连接，通过调整垫铁将设备找正找平，然后灌浆将设备固定在设备基础上。工程中地脚螺栓的安装方法分为预埋法和灌浆法，具体见表 2–12。

表 2–12 工程中地脚螺栓的安装方法

安装方法		安装样图	工艺说明	参考图片
预埋法	全部预埋法	地脚螺栓 基础	浇筑设备基础时，同时埋入地脚螺栓	

续表

安装方法		安装样图	工艺说明	参考图片
预埋法	部分预埋法	设备底座 设备二次灌浆	浇筑设备基础时，同时埋入地脚螺栓	
灌浆法		垫铁 基础 二次灌浆 d a a	浇筑设备基础时预留地脚螺栓孔洞，等设备安装好后放上地脚螺栓进行二次浇筑	

复习思考题

1. 建筑施工图的组成及内容是什么？
2. 建筑施工图中剖切符号是如何定义的？剖切符号所代表的意义是什么？
3. 建筑平面图中的索引种类及其所代表的含义是什么？
4. 常见的结构形式及其受力特点是什么？
5. 安装工程在哪些工序需要与结构施工进行配合？

第三章 管道施工图识读

学习目标

1. 熟悉管道施工图的组成及表示内容。
2. 熟悉绘制管道施工图的一般规定。
3. 掌握识读管道施工图的方法。

第一节 管道施工图基本知识

一、按专业分类

管道施工图按专业可分为化工工艺管道施工图、采暖通风管道施工图、动力管道施工图、给排水管道施工图、自控仪表管道施工图等，每一个专业里又可分为许多具体的工程施工图或专业施工图。例如，采暖通风管道施工图可分为采暖、通风、空气调节和制冷管道施工图，动力管道施工图可分为氧气管道、燃气管道、空压管道、乙炔管道、热力管道等具体的专业管道施工图，给排水管道施工图又可分为给水管道施工图、排水管道施工图和卫生工程施工图。

二、按图形和作用分类

管道施工图按图形和作用可分为基本图和详图两大部分。基本图包括图纸目录、施工图说明、材料设备表、流程图、平面图、轴测图、立面图和剖面图，详图包括节点图、大样图和标准图。

1. 图纸目录

对于数量多的施工图纸，设计人员把它按一定的图名和顺序归纳编排成图纸目录以便查阅。由图纸目录可知道参加设计和建设的单位，工程名称、地点、编号及图纸名称。

2. 施工图说明

凡是用图纸无法表示出来又必须让施工人员知道的一些技术和质量方面的要求，一般用文字加以说明。施工图说明一般包括工程的主要技术数据，施工和验收要求，以及注意事项。

3. 材料设备表

材料设备表是指该项工程所需的各种设备、管道、管件、阀门，以及防腐、保温材料的名称、规格、型号、数量的明细表。

4. 流程图

流程图用来表示一个生产系统或一个化工装置的整个工艺变化过程，通过它可以对设备的位号、建筑物名称及整个系统的仪表控制点有一个全面的了解，同时对管道规格、编号、输送介质、流向及主要控制阀门也有一个确切的了解。

5. 平面图

平面图是施工图中最基本的一种图纸，它主要表示构筑物和设备的平面分布，管线的走向、排列和各部分的长、宽尺寸，以及每根管线的坡向、坡度、管径和标高等具体数据。

6. 轴测图

轴测图能在一个图面上同时反映管线的空间走向和实际位置，帮助施工人员想象管线的分布情况，减少只看正投影存在的识图困难。它能弥补平面图和立面图的不足，是管道施工图中的重要图纸之一。轴测图有时也能替代立面图和剖面图，例如，室内给水、排水、采暖管道工程图纸主要由平面图和轴测图组成。

7. 立面图和剖面图

立面图和剖面图是施工图中最常见的一种图样，它主要表达构筑物和设备的立面分布，管线垂直方向上的排列和走向，以及每路管线的编号、管径和标高的具体数据。在管道施工图中，立面图和剖面图识读的方法大致相同。

8. 节点图

节点图能清楚地表示某一部分管道的详细构造和尺寸，是对平面图及其他施工图所不能反映清楚的某点图形的放大。节点用代号来表示它所在的部位。例如，“*A* 节点”就要在平面图上找到用“*A*”所表示的部位。

9. 大样图

大样图是表示一组设备的配管或一组管配件组合安装的详图。大样图的特点是用双线图表示，使物体有真实感，并对组装体各部位详细尺寸都做了注记。

10. 标准图

标准图是一种具有通用性质的图纸，一般由国家和有关部委出版标准图集，作为国家标准颁发。标准图中标有成组管道、设备或部件的具体图形和详细尺寸，但是它一般不能用作单独进行施工的图纸，而只能作为某些施工图的一个组成部分。

第二节 给排水系统施工图识读方法

一、给排水系统的组成

1. 给水系统的组成

给水系统通常由引入管、水表节点、给水管网、配水装置和附件、增压和储水设备、给水局部处理设备等组成，如图 3–1 所示。

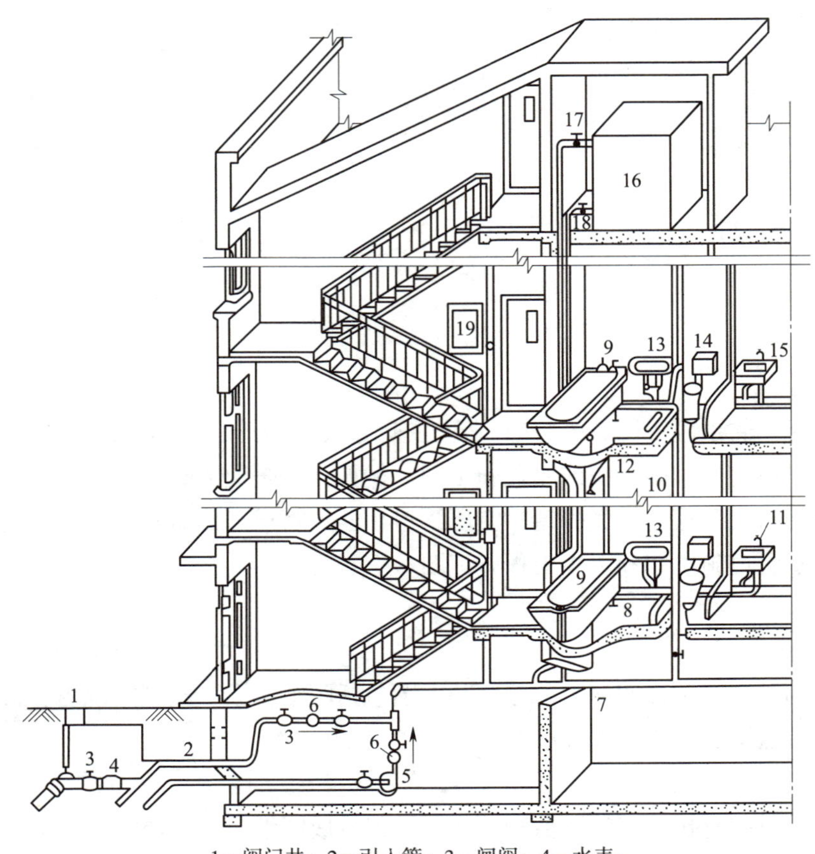

1—阀门井；2—引入管；3—闸阀；4—水表；
5—水泵；6—逆止阀；7—干管；8—支管；9—浴盆；10—立管；11—水龙头；
12—淋浴器；13—洗脸盆；14—大便器；15—洗涤盆；16—水箱；17—进水管；18—出水管；19—消火栓。

图 3–1 建筑内部给水系统

2. 给水系统的给水方式

为了满足不同类型建筑物对给水系统水质、水量、水压的需求，给水系统可采取不同的给水方式对管网、给水设备等按要求进行布局和配置，以满足用水需求。

（1）直接给水方式（见图 3–2）

（2）单设水箱给水方式（见图 3–3）

（3）单设水泵给水方式（见图 3–4）

（4）设水池、水泵和水箱联合给水方式（见图 3–5）

（5）气压给水方式（见图 3–6）

（6）变频调速水泵给水方式（见图 3–7）

（7）分区给水方式（见图 3–8）

3. 排水系统的组成

排水系统通常由污废水收集器、排水管道、通气管道、清通设备、污水局部处理构筑物、地漏等组成，如图 3–9 所示。

4. 排水系统的排水体制

建筑中将洗涤设备、淋浴设备、盥洗设备及厨房等排出的水通常称为废水，大、小便器等排出的水通常称为污水。根据对污（废）水系统的不同设置，排水系统可分为分流制和合流制两种。

（1）分流制

分流制排水系统是指上述各种污（废）水系统分别设置管道，独立排出建筑物外的系统。

（2）合流制

合流制排水系统是指上述各种污（废）水系统合二为一或合三为一设置管道，合流排出建筑物外的系统。

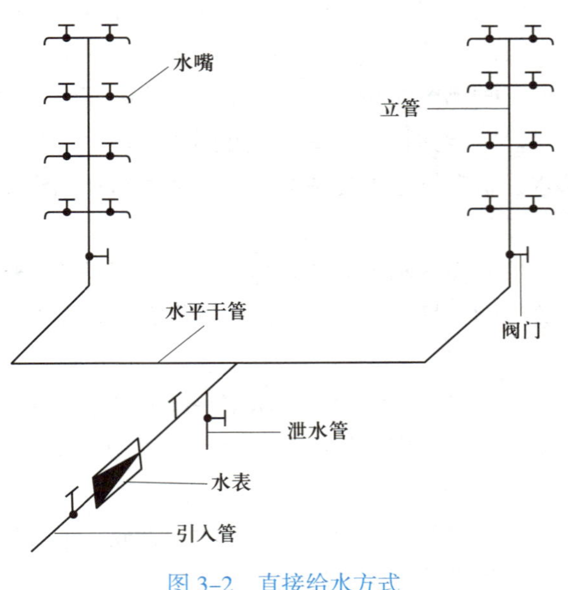

图 3–2 直接给水方式

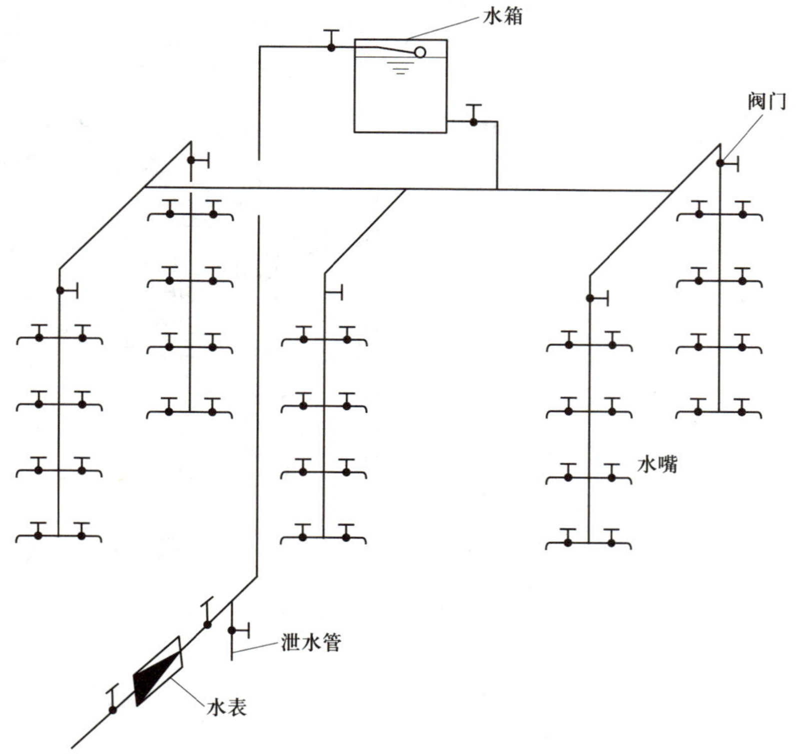

图 3-3　单设水箱给水方式

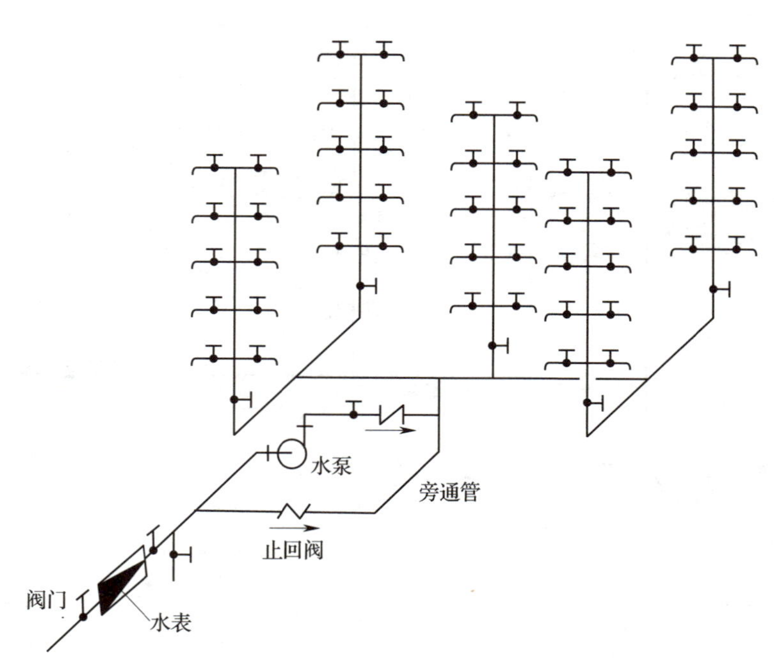

图 3-4　单设水泵给水方式

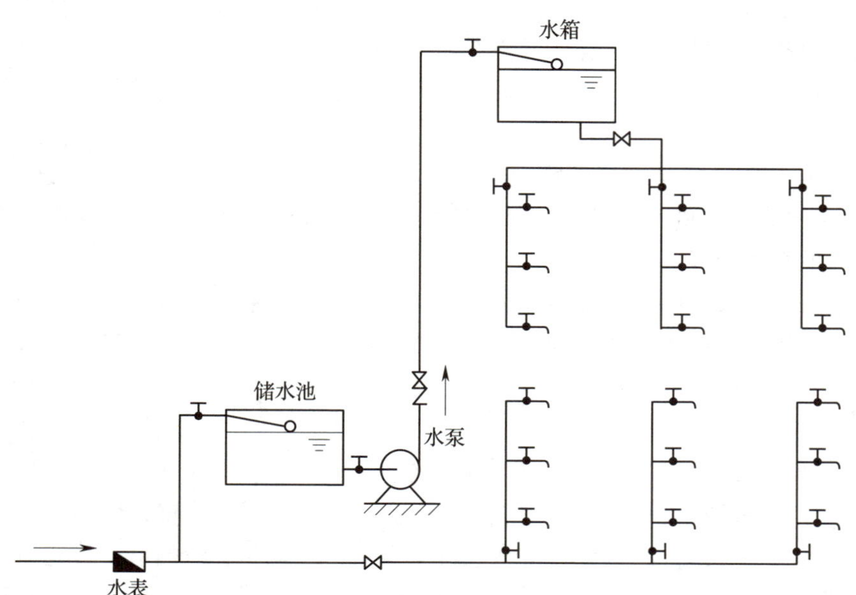

图 3-5　设水池、水泵和水箱联合给水方式

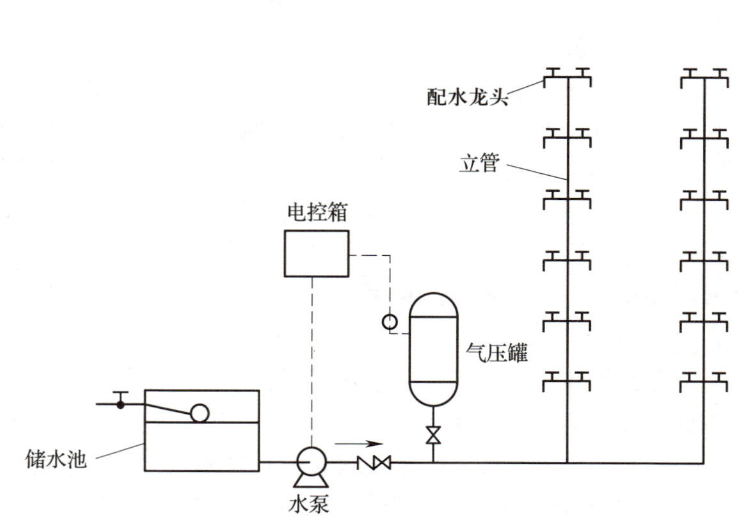

图 3-6　气压给水方式

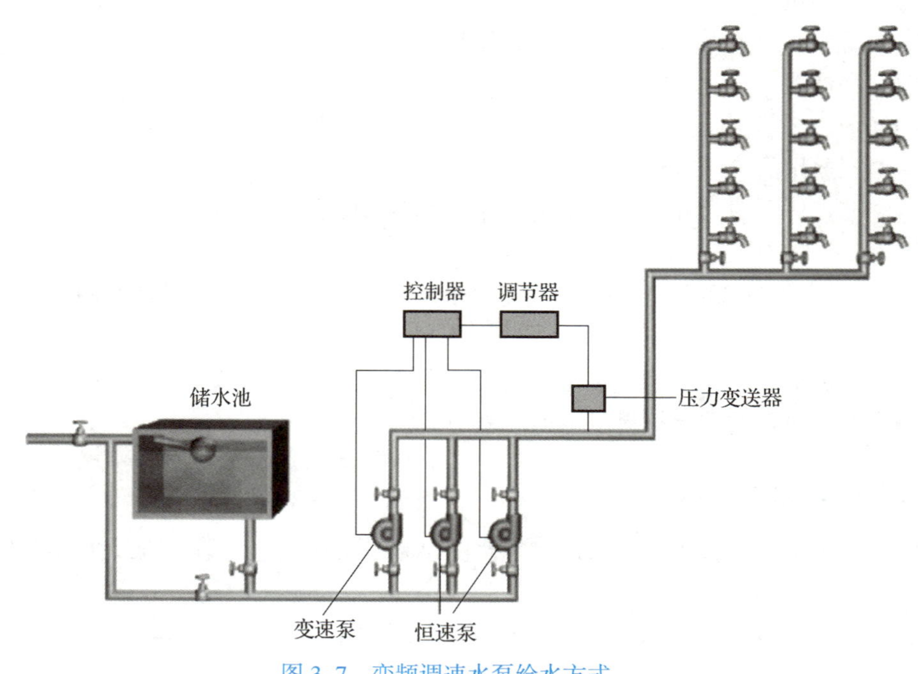

图 3-7　变频调速水泵给水方式

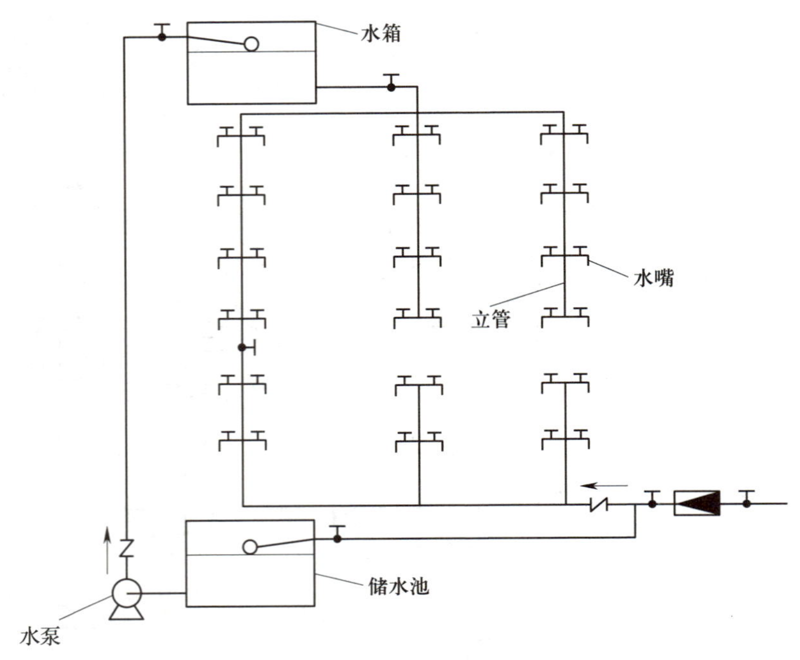

图 3–8　分区给水方式

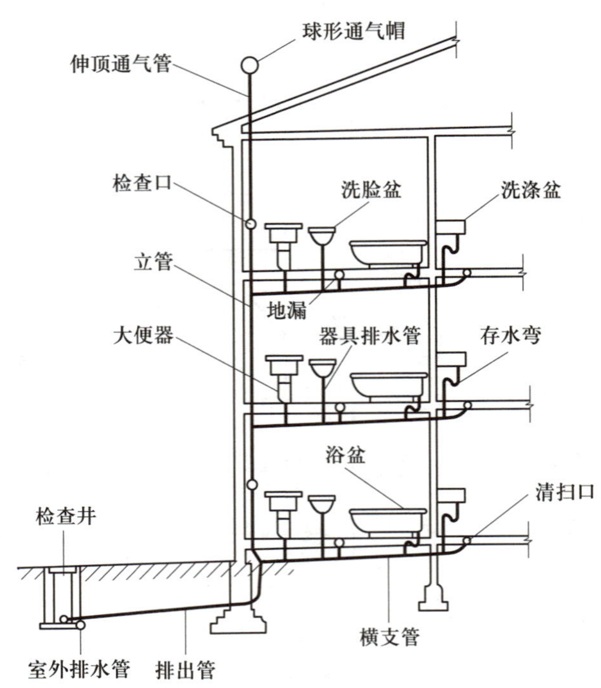

图 3–9　建筑内部排水系统

二、给排水系统施工图的组成与内容

给排水系统施工图一般由设计说明、平面图、系统图、详图、材料设备明细表等部分组成，简单工程可不编制材料设备明细表。

1. 设计说明

设计图纸上用图或符号表达不清楚的问题，需用文字加以说明。设计说明主要包括给排水系统的形式，采用的管材及接口方式，管道防腐、防结露、保温的方法，卫生器具的类型及安装方式，所采用的标准图号及名称，施工注意事项，施工验收应达到的质量要求，系统的水压试验要求及有关图例，图中尺寸采用的单位，给水设备的型号、规格及运行要点等。

中小型工程的设计说明一般直接写在图纸上；工程较大、内容较多时，设计说明要用专页进行编写，并放在一套图纸的首页。

2. 平面图

平面图用来表示建筑物内给排水管道及设备的各层平面布置。平面图一般包括建筑物内与给排水有关的建筑物轮廓，定位轴线、尺寸线及用水房间名称，卫生器具的类型及位置，给水引入管、污水排出管的平面位置、平面定位尺寸、管径及系统编号，给排水干、立、横支管的位置、管径及立管编号，各种设备、管道部件的平面位置。

建筑给排水系统施工图中的平面图是在描绘复制土建施工图中房屋建筑平面图的有关部分后绘制的，给排水系统一般绘制在一张图上。在平面图上，管道部分用粗线表示，管道系统的立管用小圆圈表示，用水设备、管道附件等用图例表示。给水立管和排水立管按顺序编号，并与系统图相对应。

3. 系统图

系统图也称轴测图，是按正面斜轴测图绘制的。系统图表示给排水系统的空间位置及上下各层之间、前后左右之间的关系。系统图的主要内容包括给水系统、排水系统的空间走向和布置情况，各种设备的接管情况、设置位置、标高、连接方式及规格，管道的管径、标高、坡度、坡向、系统编号、立管编号，给水系统中阀门、水龙头等附件的位置，排水系统中存水弯、地漏、清扫口、检查口等附件的位置，排水系统中通气管的设置方式、与排水立管的连接方式，通气帽的设置及标高，节点图的索引号等。

系统图分为给水系统图和排水系统图。给排水系统图上各立管和系统的编号应和平面图一一对应，在给排水系统图中还应画出各楼层地面的相对标高。系统图的比例可与平面图相同，也可不严格按比例绘制。

4. 详图

当某些设备的构造或管道间的连接情况在平面图和系统图上表达不清楚，也无法用文字说明时，可将这些部位局部放大比例，画出详图。详图表示某些给排水设备和管道节点的详细构造及安装要求。

详图包括节点图、标准图和大样图。

标准图是具有通用性质的详图，一般由国家和有关部委出版标准图集，作为国家标准颁发。一般的卫生器具、用水设备、管道附件、管道支吊架等的安装均有国家通用的给排水标准图。

没有标准图的，可自行绘制节点详图或大样图，图要画得详细，各部位尺寸要准确。

5. 材料设备明细表

为了使施工准备的材料和设备符合图纸要求，对重要工程中的材料和设备应编制材料设备明细表，以便进行工程预算及施工备料。

材料设备明细表应包括序号、名称、型号规格、单位、数量、质量、附注等项目，施工图中涉及的设备、管材、阀门、仪表等均应列入表中，一些不影响工程进度和质量的零星材料可不列入表中。

三、给排水系统施工图中常用符号及图例

给排水管道的构配件的断面与长度相比甚小，当采用较小比例绘制时很难表达清楚，所以在图纸中，各种管道无论管径大小都用单线条表示，管道上的各种附件均用图例表示。

施工图上的管子及管件采用统一的线型来表示。给排水专业制图时常用的线型见表 3–1。图线的宽度 b 应根据图纸的类别、比例和复杂程度按规定选用，线宽 b 宜为 0.7 mm 或 1.0 mm。

表 3–1　　给排水专业制图常用线型

名称	线型	线宽	用　途
粗实线		b	新设计的各种排水和其他重力流管线
粗虚线		b	新设计的各种排水和其他重力流管线的不可见轮廓线
中粗实线		$0.7b$	新设计的各种给水和其他压力流管线及原有的各种排水和其他重力流管线
中粗虚线		$0.7b$	新设计的各种给水和其他压力流管线及原有的各种排水和其他重力流管线的不可见轮廓线
中实线		$0.5b$	给排水设备、零（附）件的可见轮廓线，总图中新建的建筑物和构筑物的可见轮廓线，原有的各种给水和其他压力流管线
中虚线		$0.5b$	给排水设备、零（附）件的不可见轮廓线，总图中新建的建筑物和构筑物的不可见轮廓线，原有的各种给水和其他压力流管线的不可见轮廓线
细实线		$0.25b$	建筑的可见轮廓线，总图中原有的建筑物和构筑物的可见轮廓线，制图中的各种标注线
细虚线		$0.25b$	建筑的不可见轮廓线，总图中原有的建筑物和构筑物的不可见轮廓线
单点长画线		$0.25b$	中心线、定位轴线
折断线		$0.25b$	断开界线
波浪线		$0.25b$	平面图中水面线、局部构造层次范围线、保温范围示意线等

施工图上的管件和阀件采用规定的图例表示。这些图例并不能完全反映实物的形象，只是示意性地表示具体设备或管阀件。各种专业施工图都有各自不同的图例，给排水专业常用图例见表 3–2。

表 3–2　　给排水系统施工图常用图例

序号	图例	名称	参考图片
1		给水管	
2		排水管	
3		热水管	
4		闸阀	
5		截止阀	
6		止回阀	
7		电动闸阀	
8	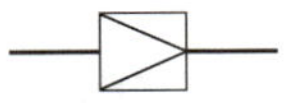	减压阀	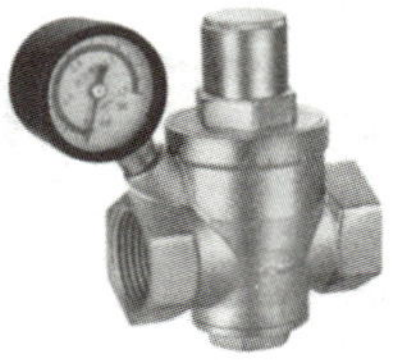

续表

序号	图例	名称	参考图片
9	平面　系统	湿式消防报警阀	
10		蝶阀	
11	平面　系统	浮球阀	
12		减压孔板	
13		水表	
14		柔性防水套管	
15	单球　双球	可曲挠橡胶接头	
16		压力表	
17	L	水流指示器	
18	平面　系统	室内消火栓（单口）	
19	平面　系统	室内消火栓（双口）	

续表

序号	图例	名称	参考图片
20		水泵接合器	
21	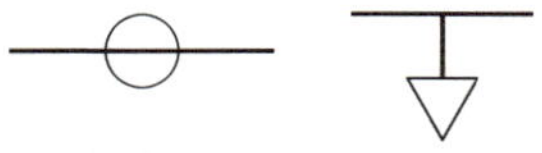 平面　系统	自动喷洒头（开式）	
22	 平面　系统	水嘴	
23		淋浴喷头	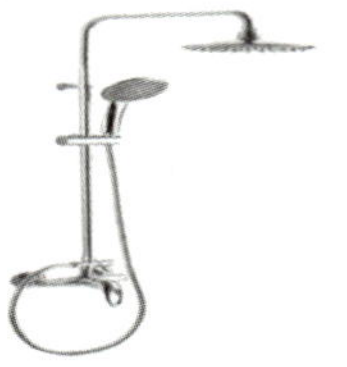
24	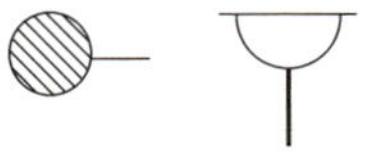 平面　系统	圆形地漏	
25	 平面　系统	清扫口	
26	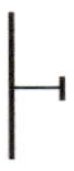	立管检查口	
27	 P形　S形	存水弯	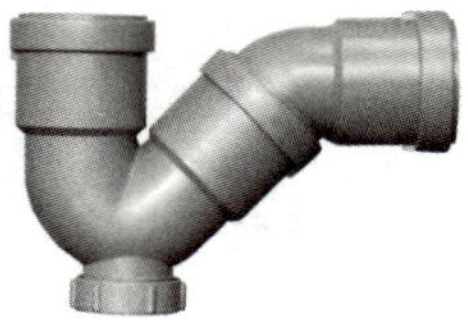
28	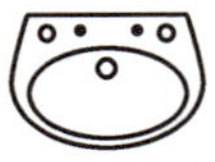	立式洗脸盆	
29	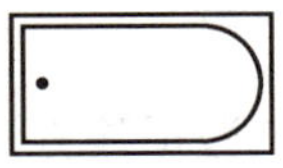	浴盆	
30		壁挂式小便器	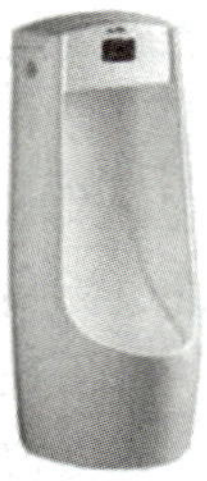

续表

序号	图例	名称	参考图片
31		坐式大便器	
32		蹲式大便器	
33		污水池	
34		洗涤盆	
35	1 / P	系统编号	
36	JL-1 或 1 / JL	立管编号	
37		通气帽	
38	平面　或　系统	卧式水泵	

四、给排水系统施工图的表示方法

1. 比例

给排水系统施工图常用比例如下。

平面图：宜与建筑专业一致，通常为 1∶200、1∶150 和 1∶100。

轴测图：通常采用 1∶150、1∶100、1∶50 等。若局部表达有困难，则该处可不按比例绘制。

详图：可采用 1∶50、1∶30、1∶20、1∶10、1∶5、1∶2、1∶1 及 2∶1。

2. 标高

管道高度用标高表示。标高以米（m）为单位，精确到厘米（cm）或毫米（mm）。标高符号及一般标注方法应符合《房屋建筑制图统一标准》（GB/T 50001—2017）中的有关规定。室内工程应标注相对标高，压力管道应标注管中心标高，沟渠和重力流管道宜标注沟（管）内底标高。标高的标注方法应符合下列规定：

平面图中，管道标高应按如图 3-10 所示的方式标注。

剖面图中，管道及水位标高应按如图 3-11 所示的方式标注。

轴测图中，管道标高应按如图 3-12 所示的方式标注。

在建筑工程中，管道也可标注相对本层建筑地面的标高，标注方法为 h+×.×××（如 h+0.250），h 表示本层建筑地面的标高。

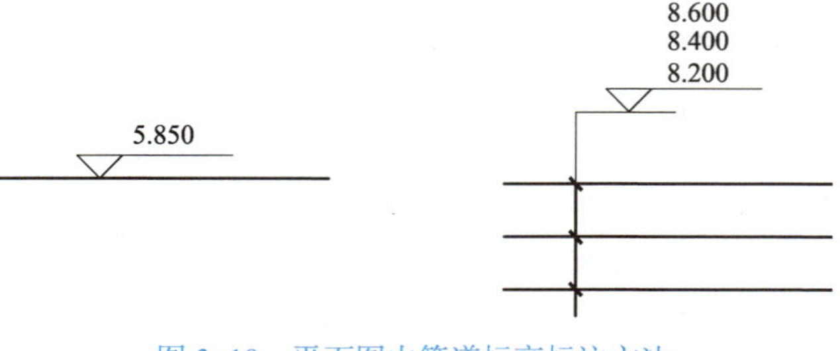

图 3-10　平面图中管道标高标注方法

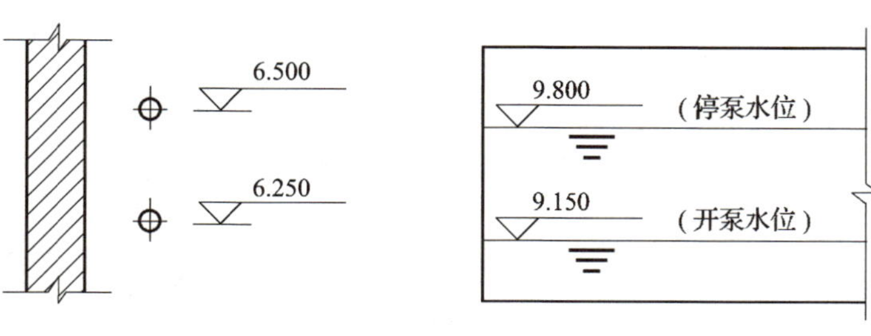

图 3–11　剖面图中管道及水位标高标注方法

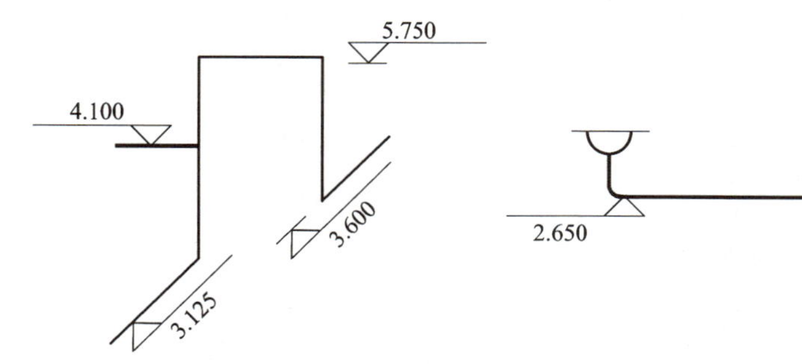

图 3–12　轴测图中管道标高标注方法

3. 管径

管径应以毫米（mm）为单位。管径的表达方式应符合下列规定：水燃气输送钢管（镀锌或非镀锌）、铸铁管等管材，管径宜以公称直径 *DN* 表示（如 *DN*20、*DN*100）；无缝钢管、焊接钢管（直缝或螺旋缝）、铜管、不锈钢管等管材，管径宜以 *D* 外径 × 壁厚表示（如 *D*108×4、*D*159×4.5 等）；钢筋混凝土（或混凝土）管、陶土管、耐酸陶瓷管、缸瓦管等管材，管径宜以内径 *d* 表示（如 *d*230、*d*380 等）；塑料管材，管径宜按产品标准的方法表示。

管径的标注方法应符合下列规定：

单根管道时，管径应按如图 3–13 所示的方式标注。

多根管道时，管径应按如图 3–14 所示的方式标注。

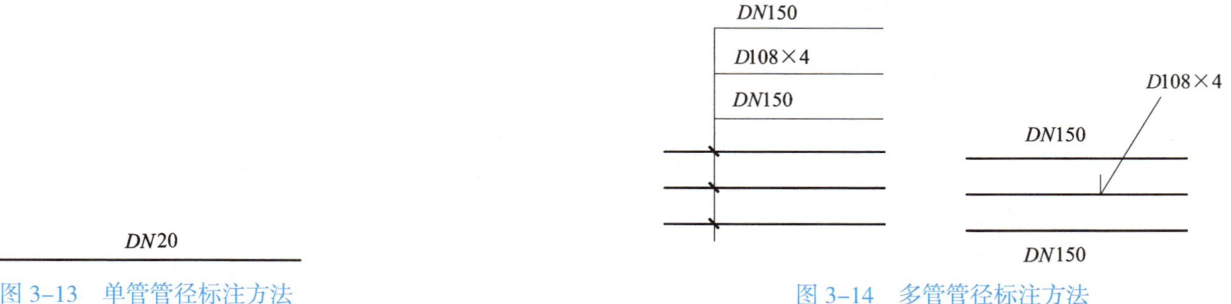

图 3–13　单管管径标注方法　　图 3–14　多管管径标注方法

4. 编号

当建筑物的给水引入管或排水排出管数量超过 1 根时，需对系统进行编号，编号按如图 3–15 所示的方法表示。

当建筑物内穿越楼层的立管数量超过 1 根时，需进行编号，立管编号按如图 3–16 所示的方法表示。

在总平面图中，当给排水附属构筑物的数量超过 1 个时，应进行编号，方法为：构筑物代号 – 编号。

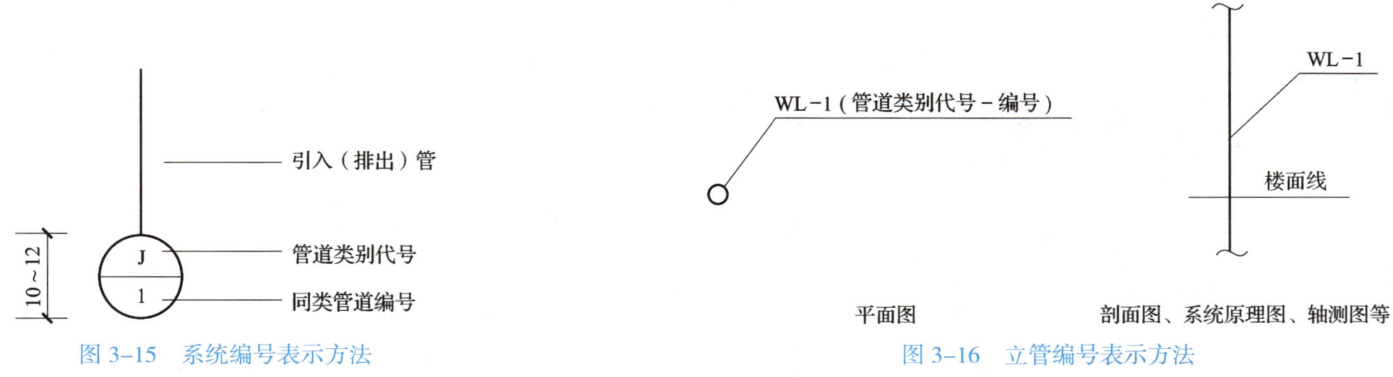

图 3–15　系统编号表示方法　　图 3–16　立管编号表示方法

五、给排水系统施工图识读

1. 给排水系统施工图识读要点

给排水系统施工图识读时，应先了解各专业制图标准。成套的专业施工图首先要看它的图纸目录，然后再看具体图纸。识读施工图时应注意：

（1）首先弄清图纸中建筑的方向和该建筑在总平面图中的位置。

（2）看图时先看设计说明，明确设计要求，了解工程概况。在识读图纸前应查阅和掌握有关的图例，了解图例代表的内容。

（3）要把施工图按给水、排水等不同系统分别阅读，将平面图和系统图对照识读，以了解系统全貌。

（4）识读施工图时应按一定顺序进行。一般给水系统识读顺序为：给水引入管—水表节点—给水干管—给水立管—给水横管—用水设备。排水系统识读顺序为：卫生器具—排水支管—排水横管—排水立管—排出管。

（5）结合平面图、系统图及说明看详图，了解卫生器具的类型、安装方式、设备规格型号、配管形式等，搞清楚系统的详细构造及安装要求。

（6）如果仍有不清楚的问题或发现设计不合理、无法施工等，那么可在图纸会审时向设计人员提出，由建设单位、施工单位、设计单位三方协商解决。

2. 给排水系统施工图识读示例

如图 3–17 至图 3–20 所示是某六层住宅楼给排水系统施工图。现以该套施工图为例，介绍识读给排水系统施工图的方法和步骤。

（1）了解建筑物的基本情况。这是一栋六层的住宅建筑，分为一、二两个单元，这两个单元的布局是对称的。每一个单元的每一层有两户，分别为 A 户型和 B 户型。A 户型是三室二厅结构，设有厨房、卫生间两个用水房间。B 户型是二室二厅结构，也设有厨房、卫生间两个用水房间，且用水房间的布局与 A 户型对称。

（2）了解卫生器具、用水设备、升压设备的设置情况（类型、数量、安装位置、定位尺寸等）。

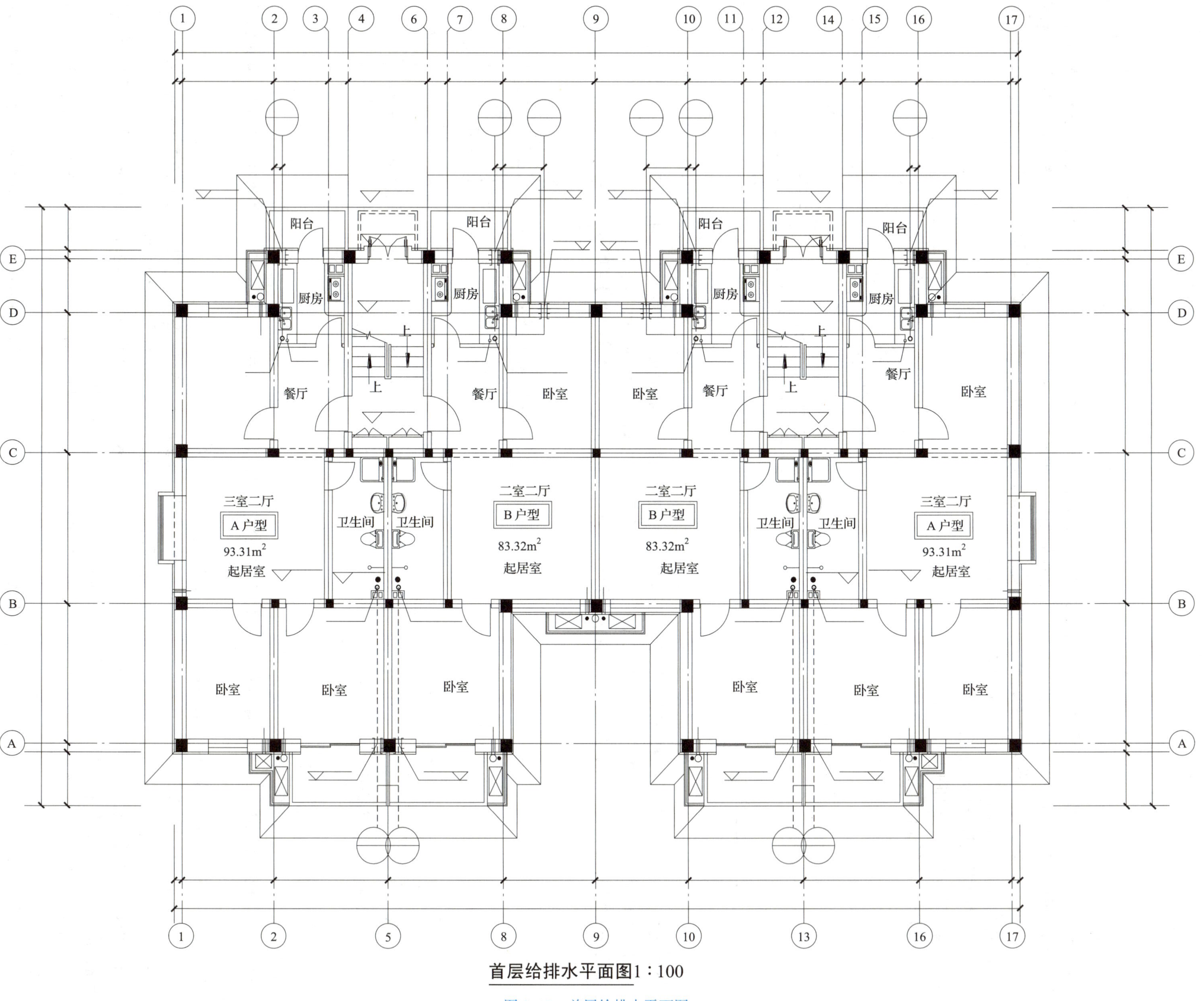

首层给排水平面图1：100

图 3-17　首层给排水平面图

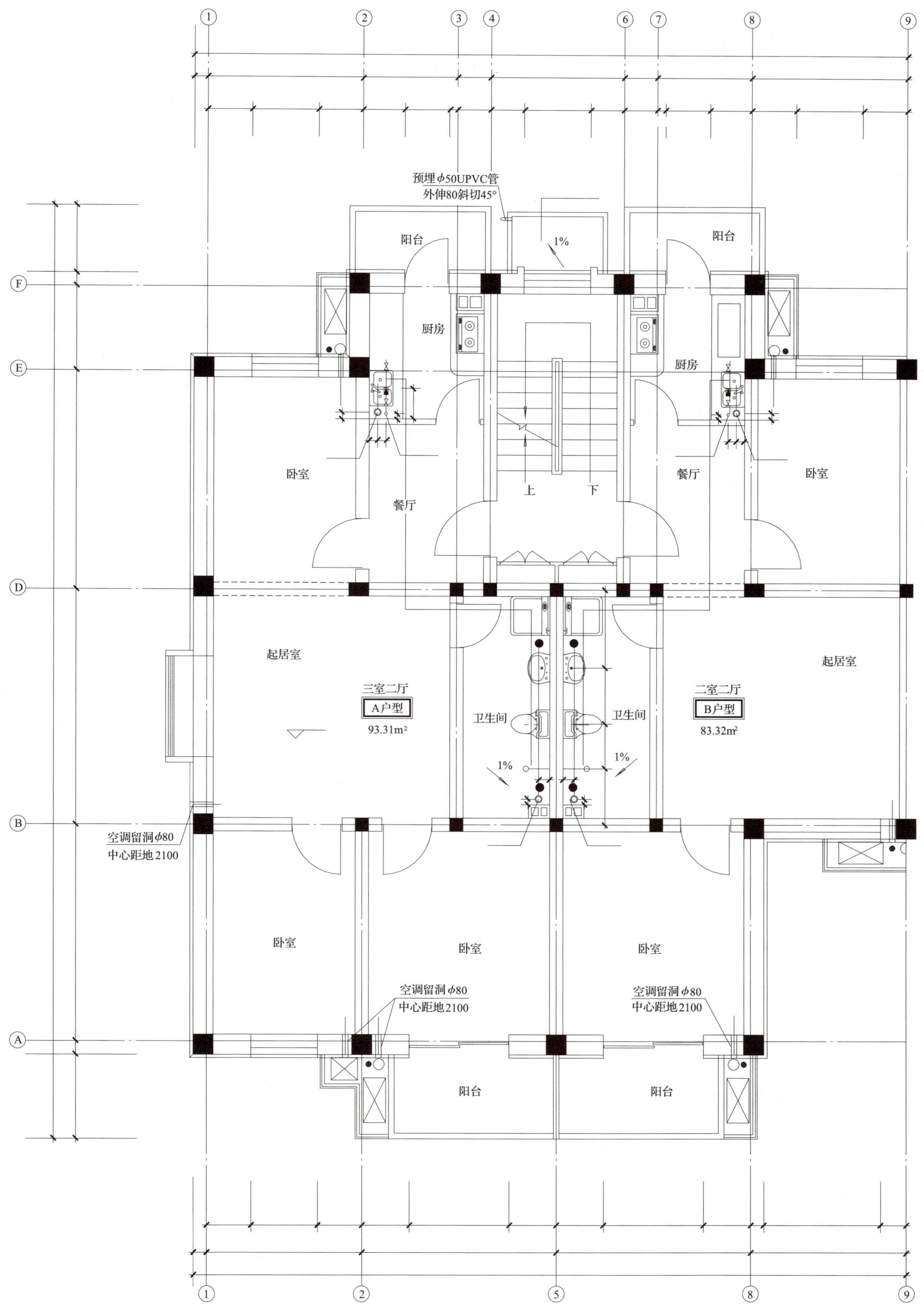

图 3-18　单元给排水平面图

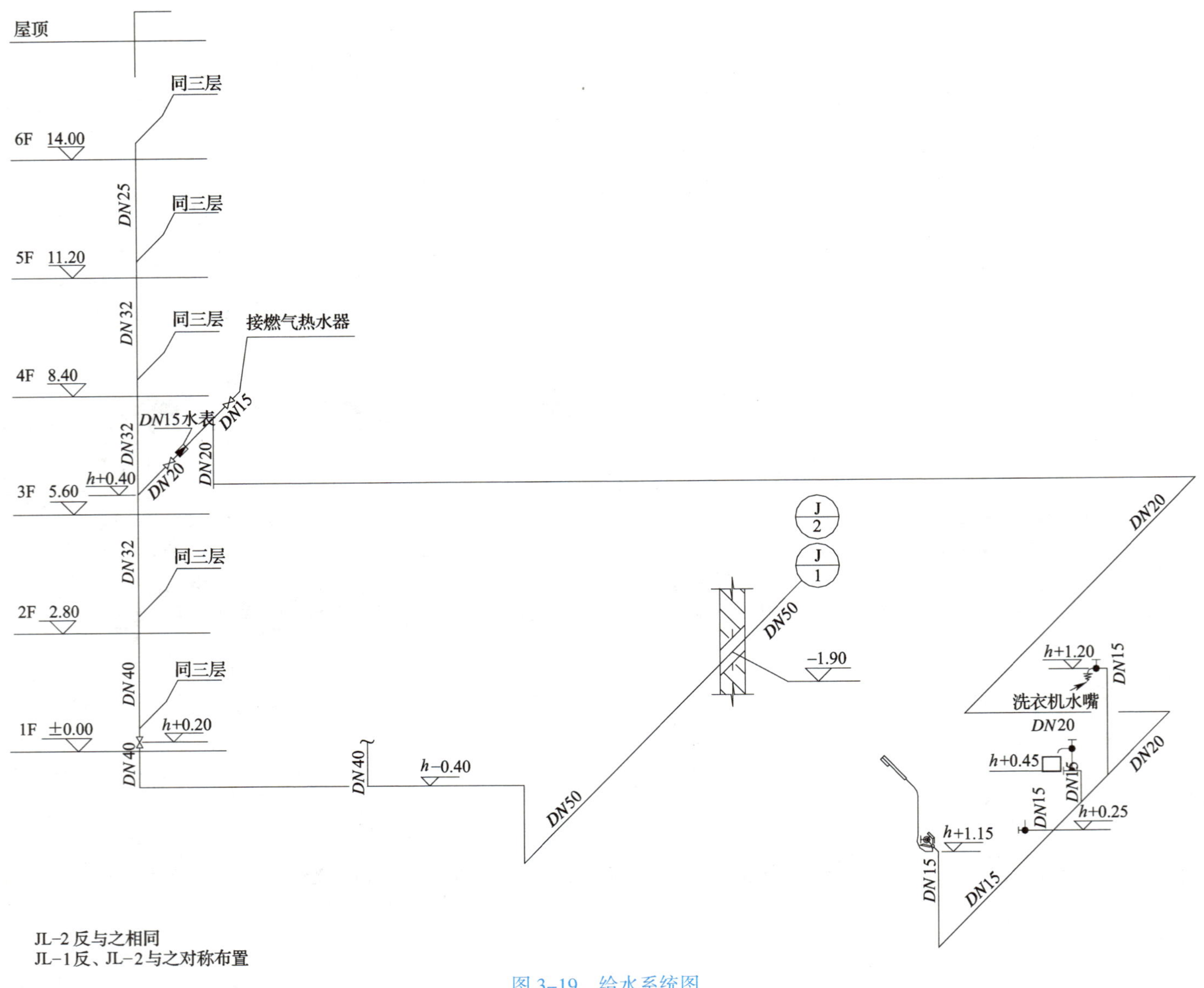

图 3–19 给水系统图

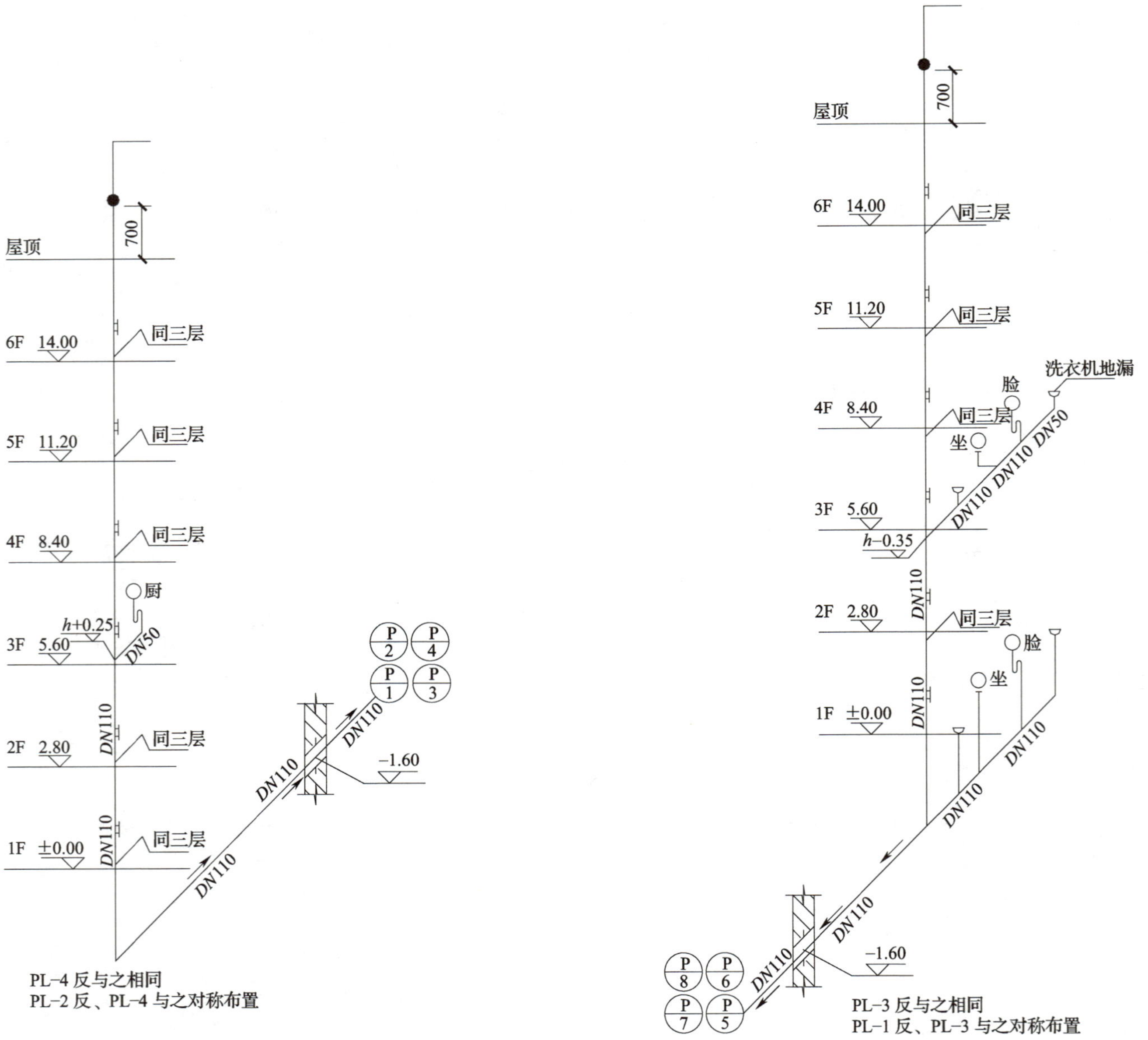

屋顶
700
6F 14.00
同三层
5F 11.20
同三层
4F 8.40
同三层
厨
h+0.25
3F 5.60
DN50
2F 2.80
DN110
同三层
1F ±0.00
DN110
同三层
DN110
DN110
DN110
−1.60
P 2
P 4
P 1
P 3

PL−4 反与之相同
PL−2 反、PL−4 与之对称布置

700
屋顶
6F 14.00
同三层
5F 11.20
同三层
洗衣机地漏
脸
4F 8.40
同三层
坐
DN50
DN110
DN110
3F 5.60
h−0.35
DN110
2F 2.80
同三层
脸
坐
1F ±0.00
DN110
DN110
DN110
DN110
DN110
−1.60
P 8
P 6
P 7
P 5

PL−3 反与之相同
PL−1 反、PL−3 与之对称布置

图 3–20 排水系统图

以一单元为例进行读图。本建筑各层厨房、卫生间中用水设备的布置相同。厨房中设双格洗涤盆一个，并安装燃气热水器。洗涤盆分别布置在②轴、⑧轴与Ⓓ轴的交角处。卫生间中设有洗脸盆、坐式大便器、淋浴器各一个，并留有洗衣机放置位置。沿⑤轴与Ⓒ轴的交角处，依次布置洗衣机、洗脸盆、大便器、淋浴器。放置洗衣机处及淋浴器的下方各设一地漏。各卫生器具的安装均有标准图。

（3）明确室内给水系统形式，管路的组成、平面位置、标高、走向、敷设方法，管道、阀门、附件的管径、规格、型号、数量及安装要求。

本建筑给水系统采用直接给水方式，下行上给式布置形式，系统编号为 J/1。给水引入管由⑧轴与⑨轴之间引入，由北向南穿越Ⓓ轴进入建筑物。管道标高为 −1.90 m，管径 *DN*50。进户后登高至 −0.40 m，向西 JL−1，中间还接有 JL−2。

JL−1 立管自地下出地面后，在标高 0.20 m 处装设一个 *DN*40 的阀门，向上穿越各楼层至标高 14.40 m 处，管径 *DN*40 变为 *DN*32，再变为 *DN*25。在各层地面以上 0.40 m 处各设一个三通，接给水横支管，横支管管径为 *DN*25。横支管上先安装一个 *DN*25 的阀门，再安装一块 *DN*15 的水表，然后安装三通将支管分为两路：一路向北接至燃气热水器，该管路管径为 *DN*15，并安装一阀门；另一路向下后再向东至⑤轴与Ⓓ轴交角处向南，分别与供向洗衣机水龙头、洗脸盆、大便器、淋浴器的支管连接，管径由 *DN*20 变为 *DN*15。接洗衣机的支管由下向上在距地面 1.20 m 处接水龙头，管径 *DN*15。接洗脸盆的支管管径 *DN*15，由下向上，在距地面 0.45 m 处安装 *DN*15 的阀门，再向上安装洗脸盆水龙头。接大便器的支管管径 *DN*15，由下向上，在距地面 0.25 m 处安装 *DN*15 的阀门，再接入冲洗水箱。接淋浴器的支管管径 *DN*15，由下向上，在距地面 1.15 m 处安装附件并接淋浴喷头。

JL−2 与 JL−1 对称。

（4）在给水管道系统中，设水泵、水箱、水池等设备时，应结合平面图、系统图明确设备与管道的连接情况。

（5）当有热水供应时，要明确热水的加热方式、加热设备、热水管的布置与走向及接管情况。

（6）熟悉排水系统的排水体制，查明管路的平面布置，管路系统的具体走向、管路分支情况、管径尺寸、横管坡度、管道标高、存水弯形式、清通设备设置情况、通气系统设置情况等。

本建筑排水系统采用单立管排水，各个厨房、卫生间分别设置排水系统，共八个排水系统，系统编号为 P/1 ~ P/8。其中 P/1 ~ P/4 为排出厨房污水的排水系统，P/5 ~ P/8 为排出卫生间污水的排水系统。每一个排水系统中都有一根排水立管。PL−1 是排出卫生间中污水的立管，负责洗衣机、洗脸盆、大便器、淋浴器的排水，从地下 −1.60 m 至屋顶与通气管相连。排水系统采用 UPVC 螺旋消声硬聚氯乙烯塑料管，立管管径为 *DN*110。每层设一根横支管，分别与洗衣机、洗脸盆、大便器、淋浴器的排水管相连。大便器排水管管径为 *DN*110。洗脸盆下设 S 形存水弯，管径 *DN*40。洗衣机、淋浴器用地漏排水，管径为 *DN*50。每层立管上设检查口，距地面 1.00 m。六层以上的伸顶通气管管径与立管相同，伸出屋面 1.00 m，顶端设一个通气帽。PL−3 反与 PL−1 相同，PL−1 反、PL−3 与 PL−1 对称布置。

PL−2 是排出厨房中污水的立管，负荷双格洗涤盆的排水，从地下 −1.60 m 至屋顶与通气管相连。排水系统采用 UPVC 螺旋消声硬聚氯乙烯塑料管，立管管径为 *DN*110。每层设一根横支管，与双格洗涤盆的排水管相连。洗涤盆下设 S 形存水弯，管径 *DN*50。每层立管上设检查口，距地面 1.00 m。六层以上的伸顶通气管管径与立管相同，伸出屋面 1.00 m，顶端设一个通气帽。PL−4 反与 PL−2 相同，PL−2 反、PL−4 与 PL−2 对称布置。

第三节 采暖系统施工图识读方法

一、采暖系统基本知识

1. 采暖系统的组成

采暖系统通常由热源、输送管网和散热设备三部分组成。

（1）热源

热源是指采暖热媒的来源，如锅炉房和热电厂等。

（2）输送管网

输送管网是指由热源向用户输送和分配供热介质的管线系统，分为供水管路和回水管路。

（3）散热设备

散热设备是指利用热能的设备，如散热器、暖风机等。

2. 采暖系统的分类

（1）按作用范围分类

按作用范围分类，采暖系统可分为局部供暖系统、集中供暖系统和区域供暖系统。

（2）按系统循环动力分类

按系统循环动力分类，采暖系统可分为自然循环系统和机械循环系统，如图 3−21 所示。

（3）按供、回水方式分类

按供、回水方式分类，采暖系统可分为单管系统和双管系统，如图 3−22 所示。

（4）按管道敷设方式分类

按管道敷设方式分类，采暖系统可分为垂直式系统和水平式系统，如图 3−23 所示。

3. 低温热水地板辐射供暖

低温热水地板辐射供暖也称地暖系统，它以温度不高于 60 ℃的热水为热媒，在敷设于地板下的加热管内流动，加热地板后通过地面以辐射和对流的方式向室内供暖。

（1）地暖系统室内布置主要由分集水器和加热管组成，如图 3−24 所示。

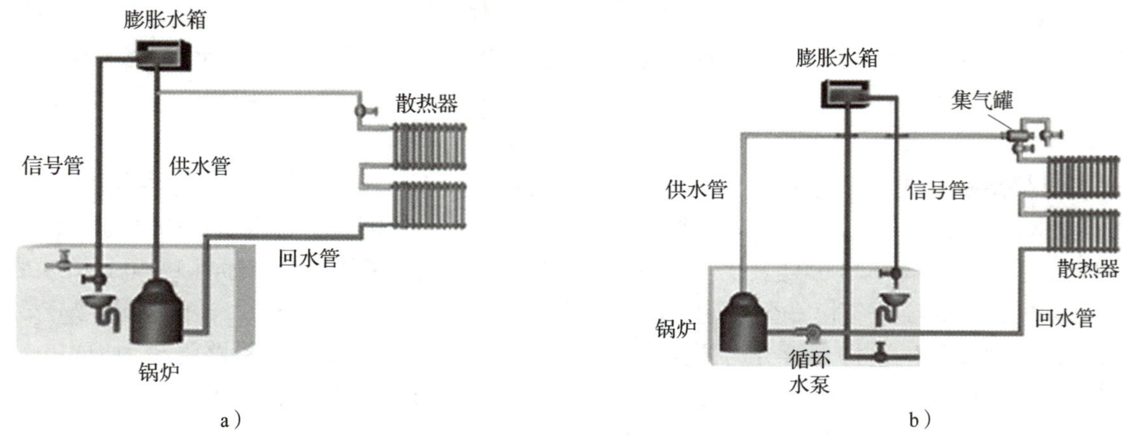

图 3–21　按系统循环动力分类

a）自然循环系统　b）机械循环系统

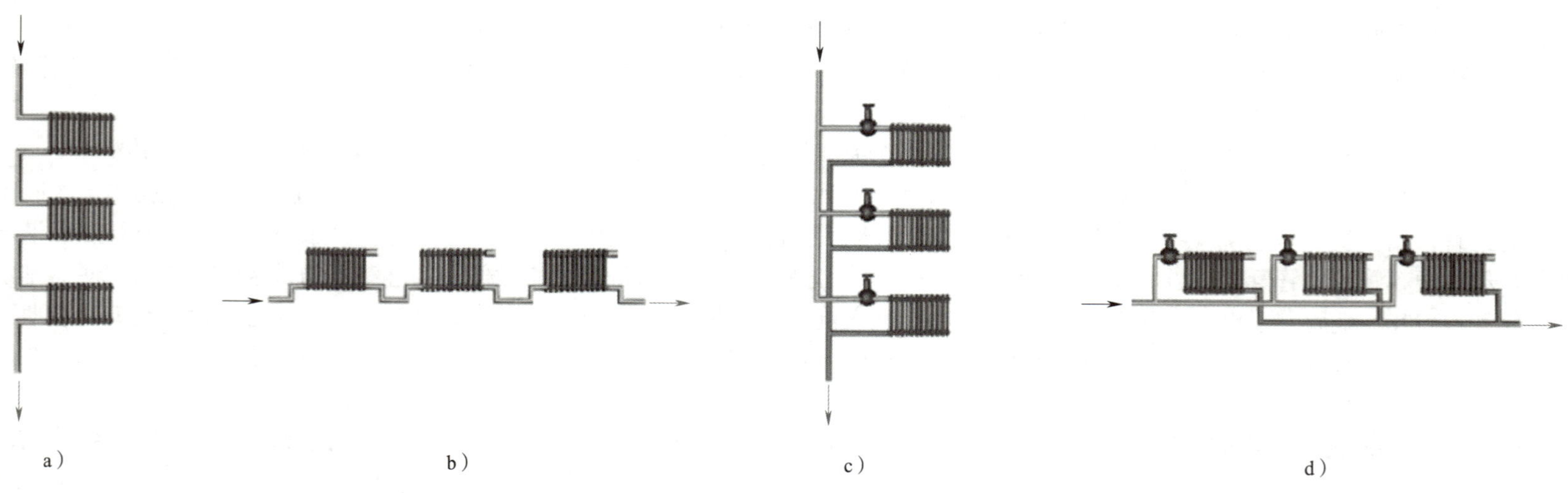

图 3–22　按供、回水方式分类

a）垂直单管系统　b）水平单管系统　c）垂直双管系统　d）水平双管系统

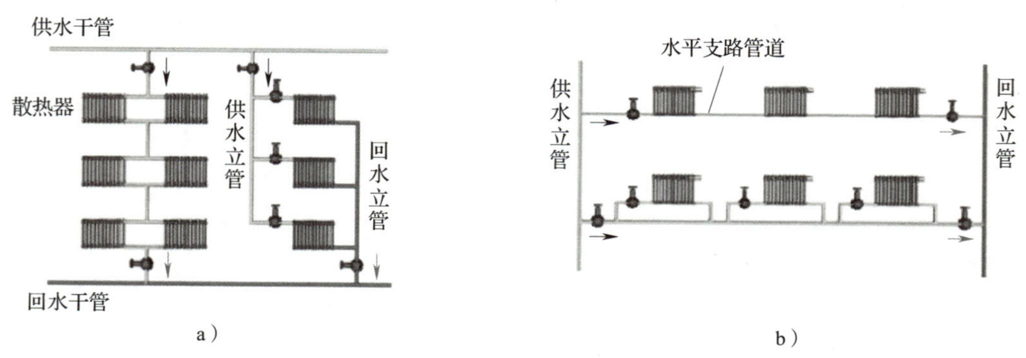

图 3–23　按管道敷设方式分类

a）垂直式系统　b）水平式系统

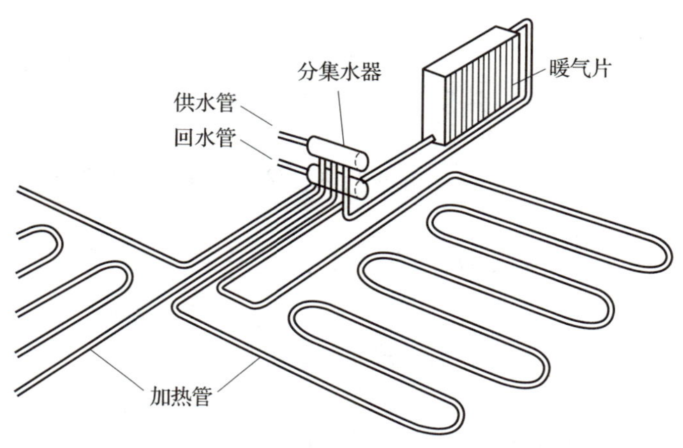

图 3–24　地暖系统室内布置

（2）分集水器与每条环路加热管的进出水口相连，并在每条环路的供回水管上设置阀门进行控制，如图 3–25 所示。

（3）加热管通常采用交联聚乙烯（PEX）、聚丁烯（PB）、共聚聚丙烯（PPC）、交联铝塑复合管（XPAP）等管材敷设。常见的布管形式有螺旋形布管、S 形布管和往复形布管，如图 3–26 所示。

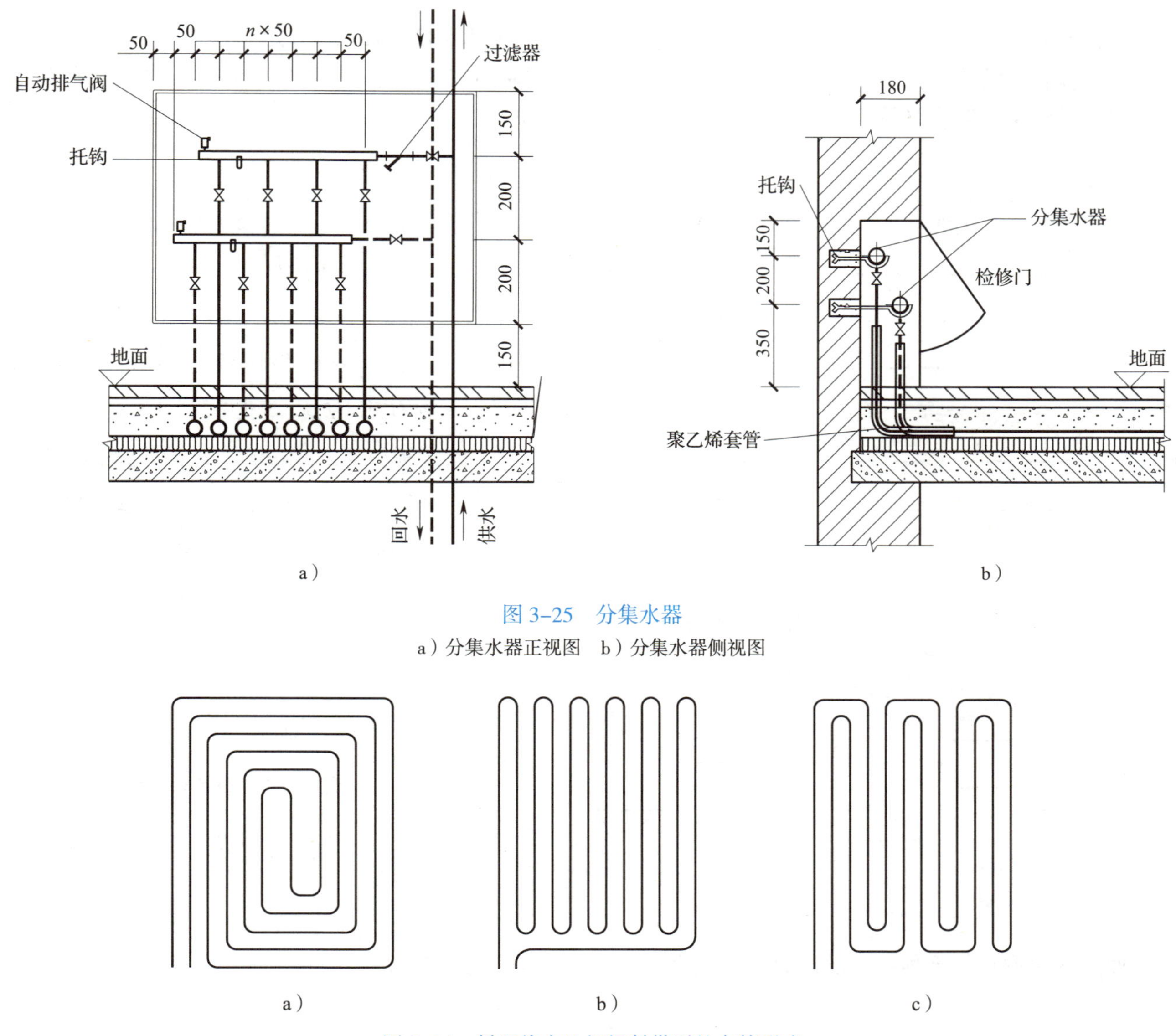

图 3–25　分集水器

a）分集水器正视图　b）分集水器侧视图

图 3–26　低温热水地板辐射供暖的布管形式

a）螺旋形布管　b）S 形布管　c）往复形布管

二、采暖系统施工图的组成与内容

采暖系统施工图与给排水系统施工图一样，一般由设计说明、平面图、系统图、详图、材料设备明细表等部分组成，简单工程可不编制材料设备明细表。

1. 设计说明

设计图纸上用图或符号表达不清楚的问题，需用文字加以说明。设计说明主要包括建筑物的采暖面积，采暖系统的热源种类、热媒参数、系统总热负荷，系统形式，进出口压力差，房间设计温度，散热器的种类、形式及安装要求，管材的种类及连接方式，管道的敷设方法，管道的防腐、保温要求，所采用的标准图号及名称，施工注意事项，施工验收的质量要求，系统水压试验的要求及有关图例等。

中小型工程的设计说明一般直接写在图纸上；工程较大、内容较多时，设计说明要用专页进行编写，并放在一套图纸的首页。

2. 平面图

平面图用来表示建筑物内采暖管道及设备的各层平面布置。平面图的主要内容有与采暖有关的建筑物轮廓，包括建筑物墙体，主要的轴线及轴线编号，尺寸线等；采暖系统主要设备（集气罐、膨胀水箱、补偿器等）的平面位置；干管、立管、支管的位置和立管编号；散热器的位置和片数；采暖地沟的位置等。

3. 系统图

系统图也称轴测图，是按正面斜轴测图绘制的。系统图表示水暖系统的空间位置及上下各层之间、前后左右之间的关系。系统图主要内容包括管道与管道之间的连接方式，散热器与管道之间的连接方式，立管编号，各管道的管径和坡度，散热器的片数，供回水干管的标高，膨胀水箱、集气罐、疏水器、减压阀等设备的位置和标高等。

4. 详图

当某些设备的构造或管道间的连接情况在平面图和系统图上表达不清楚，也无法用文字说明时，可将这些部位局部放大比例，画出详图。详图表示水暖设备和管道节点的详细构造及安装要求。

详图包括节点图、标准图和大样图。标准图是具有通用性质的详图，一般由国家和有关部委出版标准图集，作为国家标准颁发。没有标准图的，可自行绘制节点详图或大样图，图要画得详细，各部位尺寸要准确。

5. 材料设备明细表

为了使施工准备的材料和设备符合图纸要求，对重要工程中的材料和设备应编制材料设备明细表，以便做出预算和进行施工备料。材料设备明细表应包括序号、名称、型号规格、单位、数量、质量、附注等项目，施工图中涉及的设备、管材、阀门、仪表等均应列入表中，对于一些不影响工程进度和质量的零星材料可不列入表中。

三、绘制采暖系统施工图的一般规定

1. 图线

图线的基本宽度 b 和线宽组应根据图纸的比例、类别及使用方式确定。基本宽度 b 宜选用 0.18 mm、0.35 mm、0.50 mm、0.70 mm 和 1.00 mm。当图纸中仅使用两种线宽时，线宽组宜为 b 和 $0.25b$；当图样中使用三种线宽时，线宽组宜为 b、$0.50b$ 和 $0.25b$。

暖通专业制图采用的线型及其含义见表 3–3。

表 3–3　暖通专业制图采用的线型及其含义

名称		线型	线宽	一般用途
实线	粗		b	单线表示的供水管道
	中粗		$0.7b$	本专业设备轮廓，双线表示的管道轮廓
	中		$0.5b$	尺寸、标高、角度等标注线及引出线，建筑物轮廓
	细		$0.25b$	建筑布置的家具、绿化等，非本专业设备轮廓
虚线	粗		b	回水管线及单根表示的管道被遮挡的部分
	中粗		$0.7b$	本专业设备及双线表示的管道被遮挡的轮廓
	中		$0.5b$	地下管沟、改造前风管的轮廓线，示意性连线
	细		$0.25b$	非本专业虚线表示的设备轮廓等
波浪线	中		$0.5b$	单线表示的软管
	细		$0.25b$	断开界线
单点长画线			$0.25b$	轴线、中心线
双点长画线			$0.25b$	假想或工艺设备轮廓线
折断线			$0.25b$	断开界线

2. 比例

总平面图、平面图的比例宜与工程项目设计的主导专业一致，其余可按表 3–4 选用。

表 3–4　比例

图名	常用比例	可用比例
剖面图	1∶50、1∶100	1∶150、1∶200
局部放大图、管沟断面图	1∶20、1∶50、1∶100	1∶25、1∶30、1∶150、1∶200
索引图、详图	1∶1、1∶2、1∶5、1∶10、1∶20	1∶3、1∶4、1∶15

3. 图例

采暖系统施工图中的常用图例见表 3–5。

表 3–5　采暖系统施工图中常用图例

序号	图例	名称	备注
1		采暖供水管	
2		采暖回水管	
3		采暖蒸汽管	
4		采暖凝结水管	
5		保温管	

续表

序号	图例	名称	备注
6		固定支架	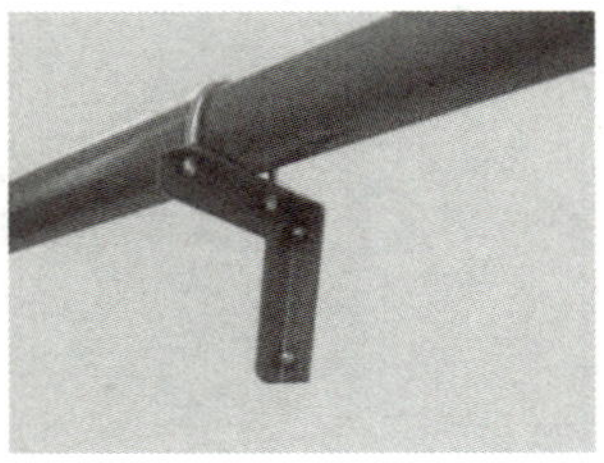
7	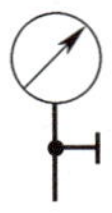	压力表	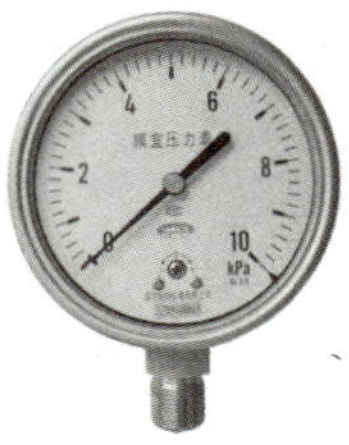
8	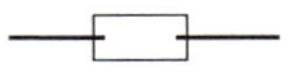	套筒伸缩器	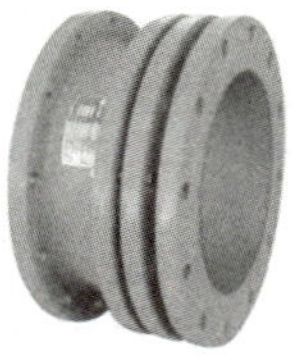
9	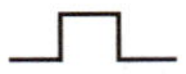	方形伸缩器	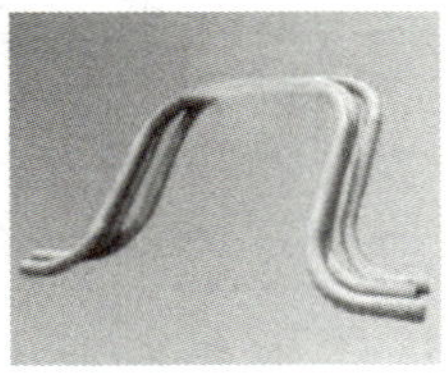
10	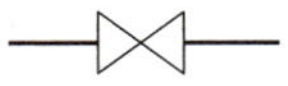	截止阀	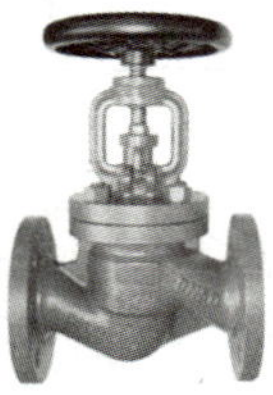
11	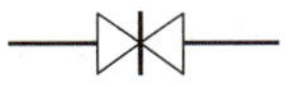	闸阀	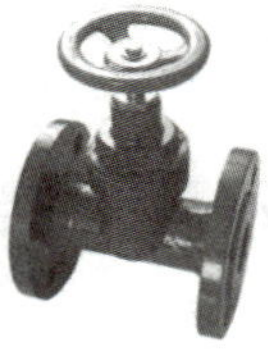
12	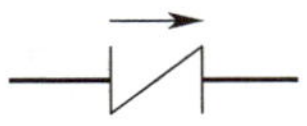	止回阀	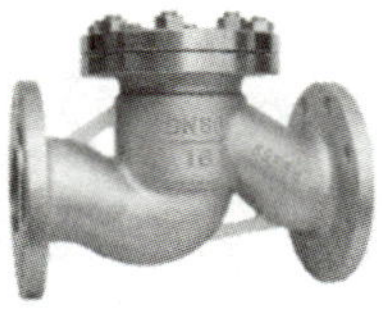
13	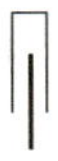	温度计	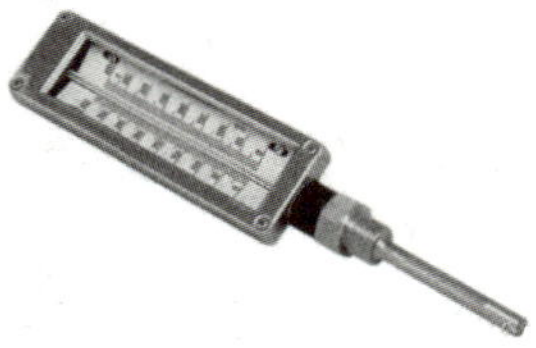
14	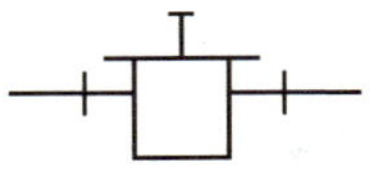	直通型（或反冲型）除污器	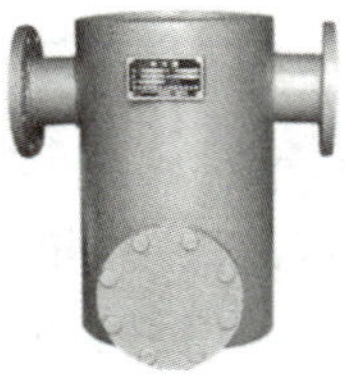

序号	图例	名称	备注
15		疏水器	
16		集气罐、放气阀	
17		自动排气阀	
18		手动跑风门	
19	剖面图 平面图 系统图	散热器	
20		减压孔板	
21	1	立管编号	
22		水泵	
23		丝堵	

4. 编号

当一个工程设计中同时有供暖、通风、空调等两个及两个以上的不同系统时，应进行系统编号。暖通空调系统编号、入口编号应由系统代号和顺序号组成，系统代号由大写拉丁字母表示（见表 3-6），顺序号由阿拉伯数字表示（见图 3-27）。当一个系统出现分支时，可采用如图 3-27b 所示的画法。系统编号宜标注在系统总管处。

表 3-6　系统代号

序号	字母代号	系统名称	序号	字母代号	系统名称
1	N	（室内）供暖系统	9	H	回风系统
2	L	制冷系统	10	P	排风系统
3	R	热力系统	11	XP	新风换气系统
4	K	空调系统	12	JY	加压送风系统
5	J	净化系统	13	PY	排烟系统
6	C	除尘系统	14	P（PY）	排风兼排烟系统
7	S	送风系统	15	RS	人防送风系统
8	X	新风系统	16	RP	人防排风系统

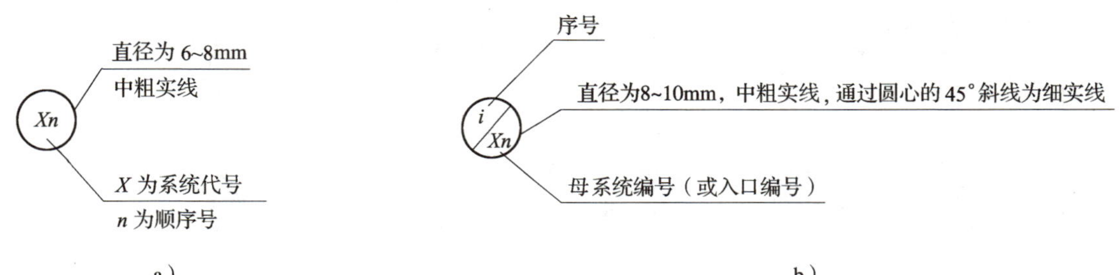

图 3-27　系统代号、编号的画法

竖向布置的垂直管道系统应标注立管号。在不致引起误解的情况下，可只标注序号，但应与建筑轴线编号有明显区别，如图 3-28 所示。

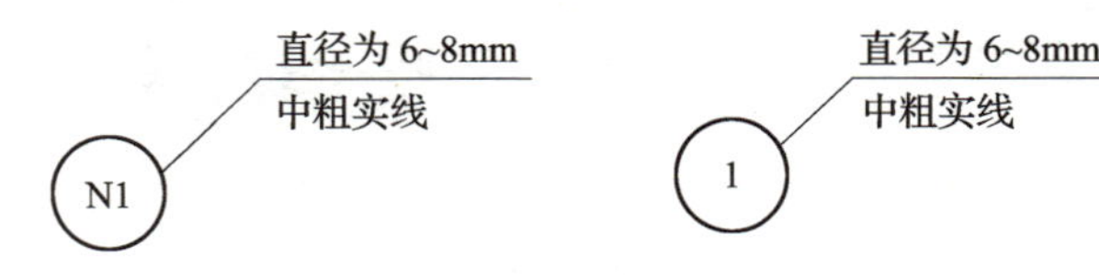

图 3-28　立管编号的画法

四、采暖系统施工图识读

1. 采暖系统施工图识读要点

（1）看设计说明，了解系统总的采暖热负荷，系统资用压力，热源种类，各房间设计温度，管材及连接方法，散热器种类及连接方式，管道防腐、保温做法，水压试验要求，施工注意事项，管道冲洗要求等，了解工程的基本情况。

（2）看各层平面图，了解建筑物的基本情况。

（3）结合设计说明看平面图，明确各房间散热器的布置及片数。

（4）看首层平面图，了解热力入口的设置情况。

（5）把平面图和系统图结合起来看，明确系统采用的形式及干管、立管的布置情况。

2. 采暖系统施工图识读示例

如图 3-29 至图 3-32 所示是某六层住宅楼采暖系统施工图，现以该套施工图纸为例，介绍识读采暖系统施工图的方法和步骤。

（1）看设计说明，了解系统总的采暖热负荷，系统资用压力，热源种类，各房间设计温度，管材及其连接方式，散热器种类及安装方式，管道防腐、保温做法，水压试验要求，施工注意事项，管道冲洗要求等，了解工程的基本情况。

（2）看各层平面图，了解建筑物的基本情况。这是一栋六层的住宅建筑，分为一、二两个单元，这两个单元的布局是对称的。每一个单元的每一层有两户，分别为 A 户型和 B 户型。A 户型是三室二厅结构，B 户型是二室二厅结构。

（3）结合设计说明看平面图，明确各房间散热器的布置位置及片数。从图中可以看出，该建筑内起居室、卧室、餐厅、厨房、卫生间等各个房间中均布置有散热器，各层散热器布置的位置相同。散热器均采用 GC-4 钢制高频焊翅片管式散热器（设计说明中给出）。

（4）看首层平面图，了解热力入口的设置情况。从首层组合平面图中可以看出，该建筑每个单元设一个入口，一单元的入口在④轴与⑥轴之间，靠近⑥轴；二单元的入口在⑫轴与⑭轴之间，靠近⑭轴。结合系统图可知，供水总管由北向南穿越Ⓓ轴进入建筑物。管道标高 -1.80 m，管径 *DN*40。进户后登高至 -0.40 m，向东接至供水立管。回水总管出口与供水总管入口在同一位置。热力入口处设有流量计、温度传感器、积分仪、水过滤器、蝶阀、调节阀（或平衡阀）、温度计、压力表、泄水阀等。

（5）把平面图和系统图结合起来看，明确系统采用的形式及干管、立管的布置情况。从平面图和系统图可知，本住宅楼的采暖系统为分户热计量形式，每户为一个独立系统，设一个入口，与管井内供、回水立管相连接。户内系统为下供下回双管同程系统，在每户热力出口处设置单独的热量表、锁闭阀门等，以便分户计量。供水立管管径为 *DN*40，接三层支管后变为 *DN*32，每层接两根支管分别送入 A 户型和 B 户型的采暖系统。户内管道敷设在本层结构的垫层内，管道外加塑料套管。A 户型中采暖供水管道从立管接出后向西沿③轴向南，接卫生间散热器支管后继续向南；过Ⓑ轴后再向西，分别接两间卧室的散热器支管；接近①轴时向北，接近Ⓓ轴时接起居室散热器支管；接近Ⓔ轴时向东，接卧室散热器支管；过②轴后向南，再向西、向南，最终接餐厅散热器支管。A 户型中采暖回水管道从卫生间散热器开始，与供水管道一样经各组散热器后回到回水立管。B 户型采暖系统可用同样方法进行识读。

（6）管道防腐、保温按图纸说明做。固定支架及其设置按施工及验收规范做，做法见国标。

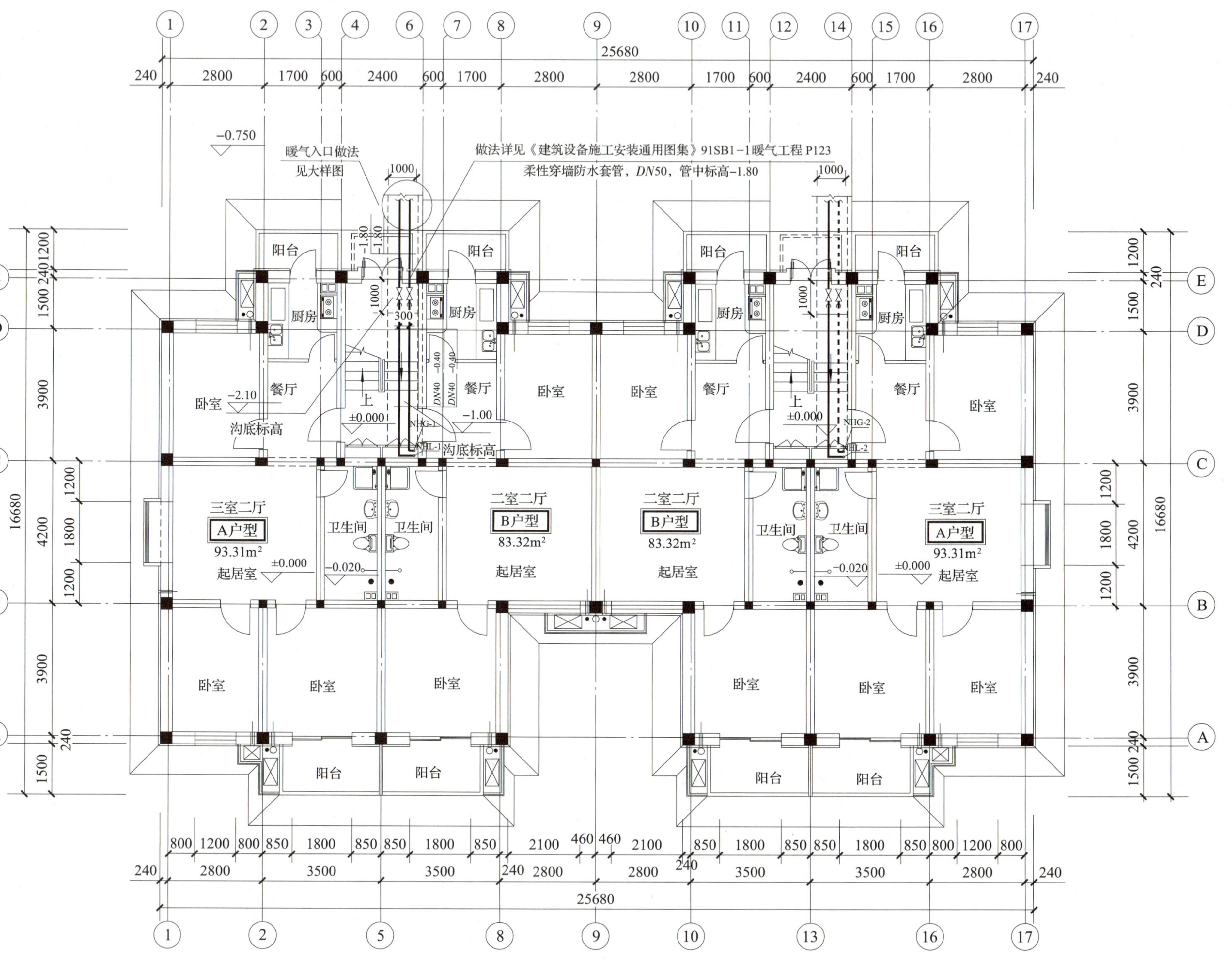

首层组合平面图1：100

图 3-29　首层组合平面图

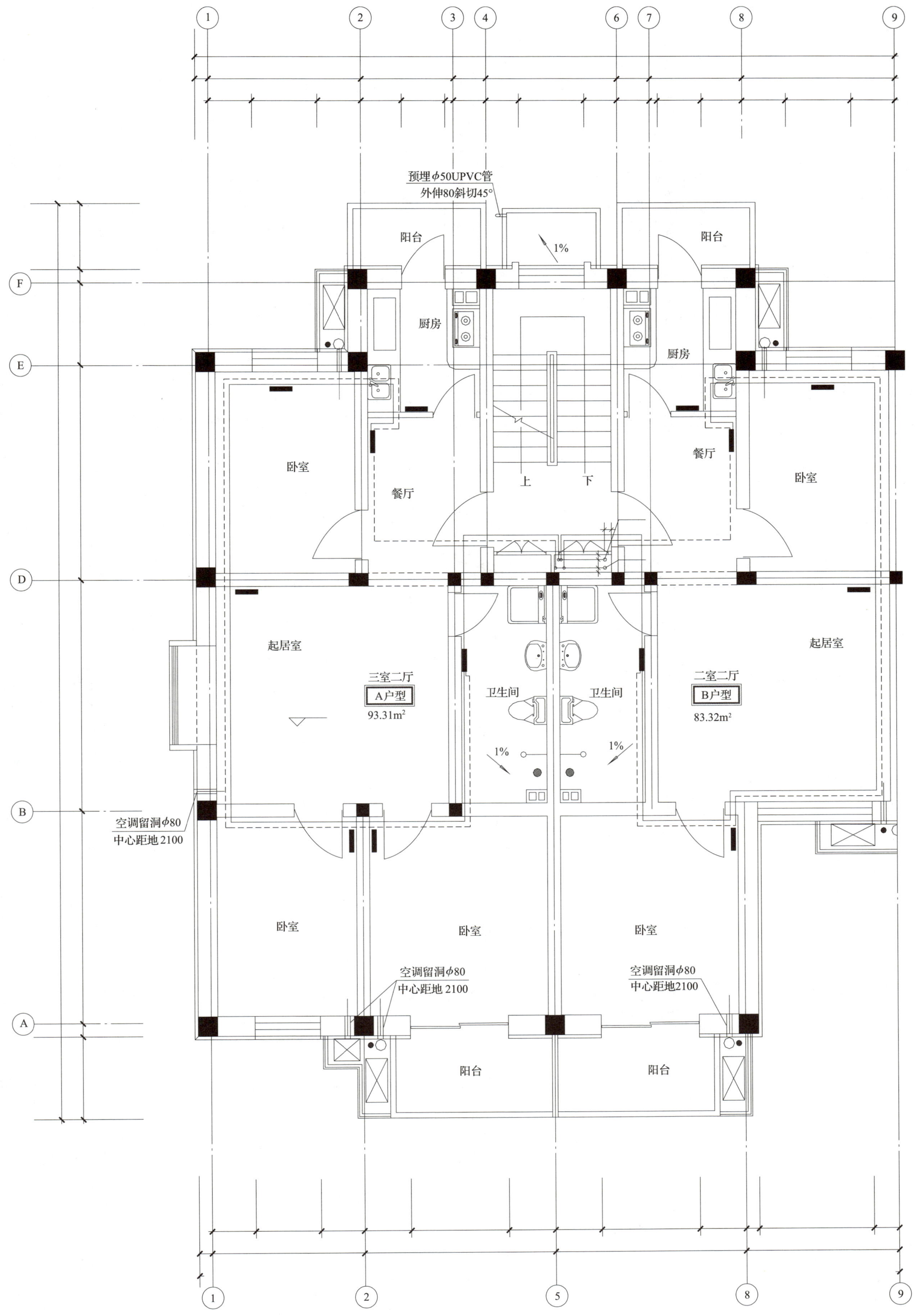

图 3-30　单元采暖平面图

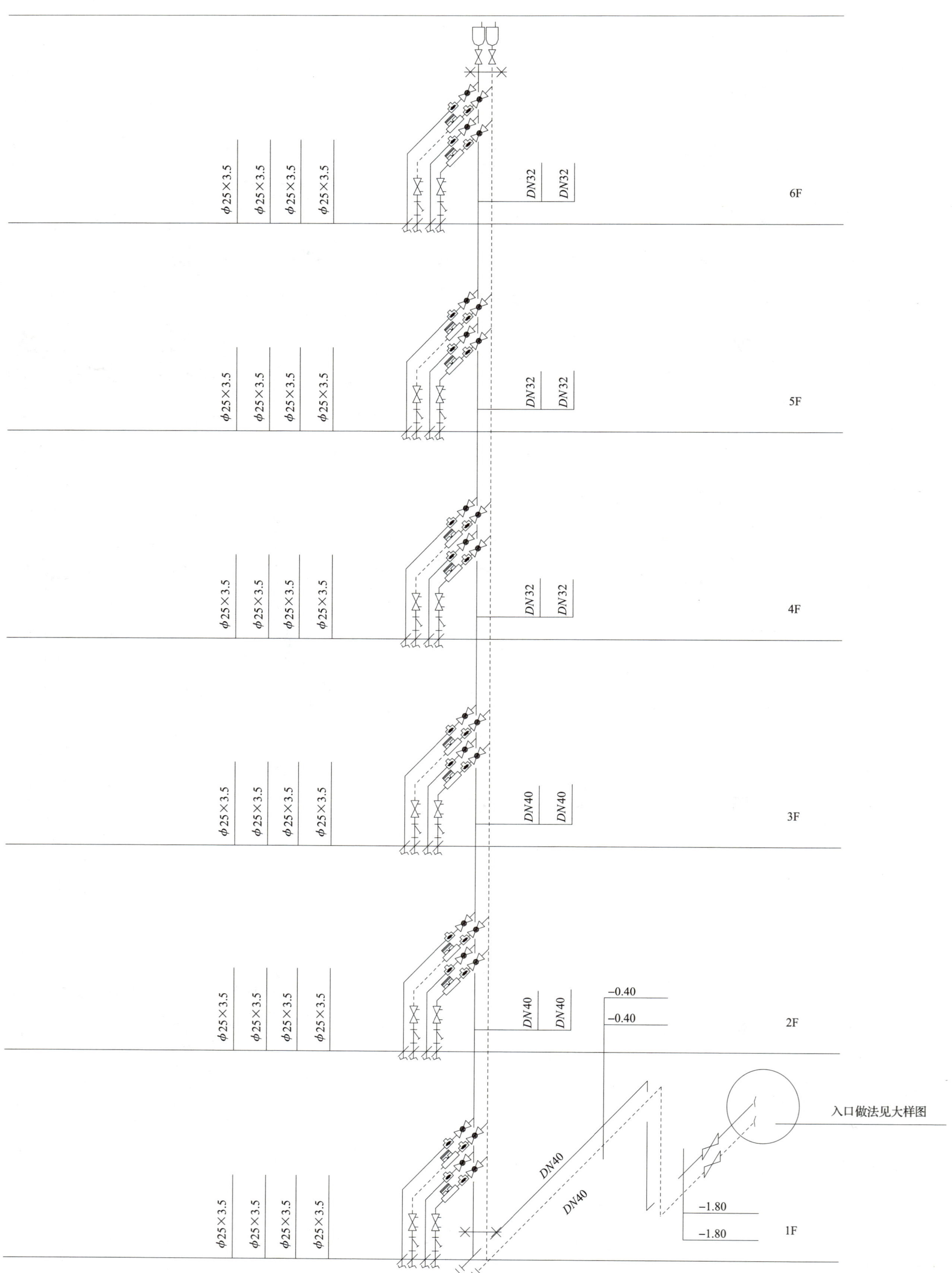

图 3-31　采暖干管系统图

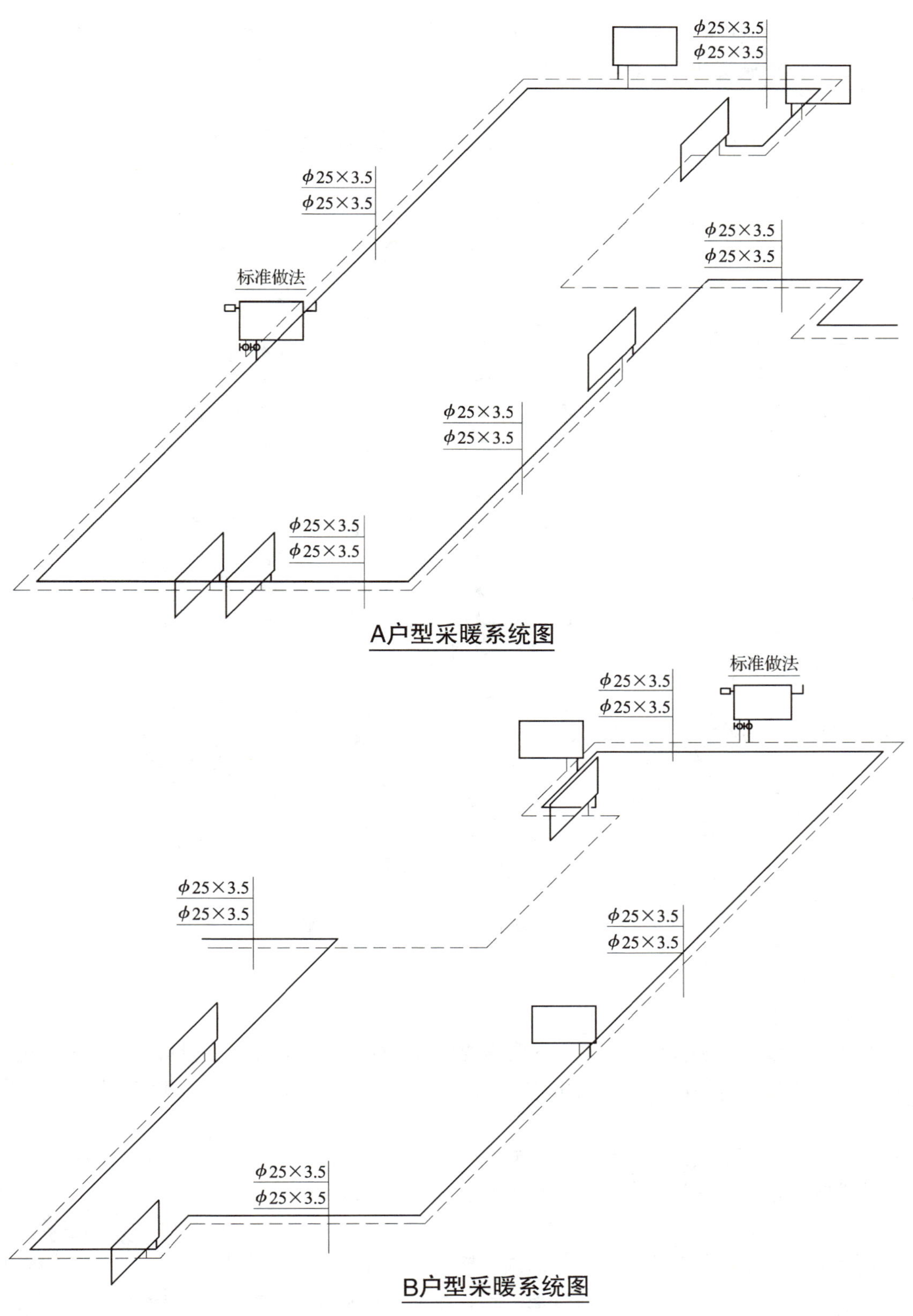

图 3-32　A、B 户型采暖系统图

第四节　消火栓系统施工图识读方法

消防工程所涉及的系统较多，可按功能划分为三类：第一类是直接灭火系统，如消火栓系统、自动喷水灭火系统等，这类系统直接参与灭火；第二类是灭火辅助系统，如防排烟系统、防火卷帘等，这类系统在火灾发生时可以起到限制火势、防止灾害扩大的作用；第三类是信号指示系统，如火灾自动报警系统等，这类系统可以及时捕捉火灾发生的情况，产生报警信号后通知报警主机按预设程序联动各种设备投入消防工作。下面主要介绍消火栓系统。

一、消火栓系统的基本知识

1. 消火栓系统的设置

消火栓系统是很多建筑物不可缺少的基本消防设施，它在火灾发生时可以为消防救援人员提供高压消防用水。按规范规定，下列建筑或场所应设置室内消火栓系统。

（1）建筑占地面积大于 300 m^2 的甲、乙、丙类厂房和仓库。

（2）高层公共建筑和建筑高度大于 21 m 的住宅建筑。

（3）体积大于 5 000 m^3 的车站、码头、机场的候车（船、机）建筑、展览建筑、商店建筑、旅馆建筑、医疗建筑和图书馆建筑等单、多层建筑。

（4）特等、甲等剧场，超过 800 个座位的其他等级的剧场和电影院等，以及超过 1 200 个座位的礼堂、体育馆等单、多层建筑。

（5）建筑高度大于 15 m 或体积大于 10 000 m^3 的办公建筑、教学建筑和其他单、多层民用建筑。

（6）建筑面积大于 300 m^2 的汽车库、修车库及平时使用的人民防空工程。

（7）地铁工程中的地下区间、控制中心、车站及长度大于 30 m 的人行通道，车辆基地内建筑面积大于 300 m^2 的建筑。

（8）通行机动车的一、二、三类城市交通隧道。

2. 消火栓系统的组成

消火栓系统由消防水泵、消防给水管网、水泵接合器、消防增压稳压设备、消防水池和消防水箱、消火栓设备等组成，如图 3-33 所示。

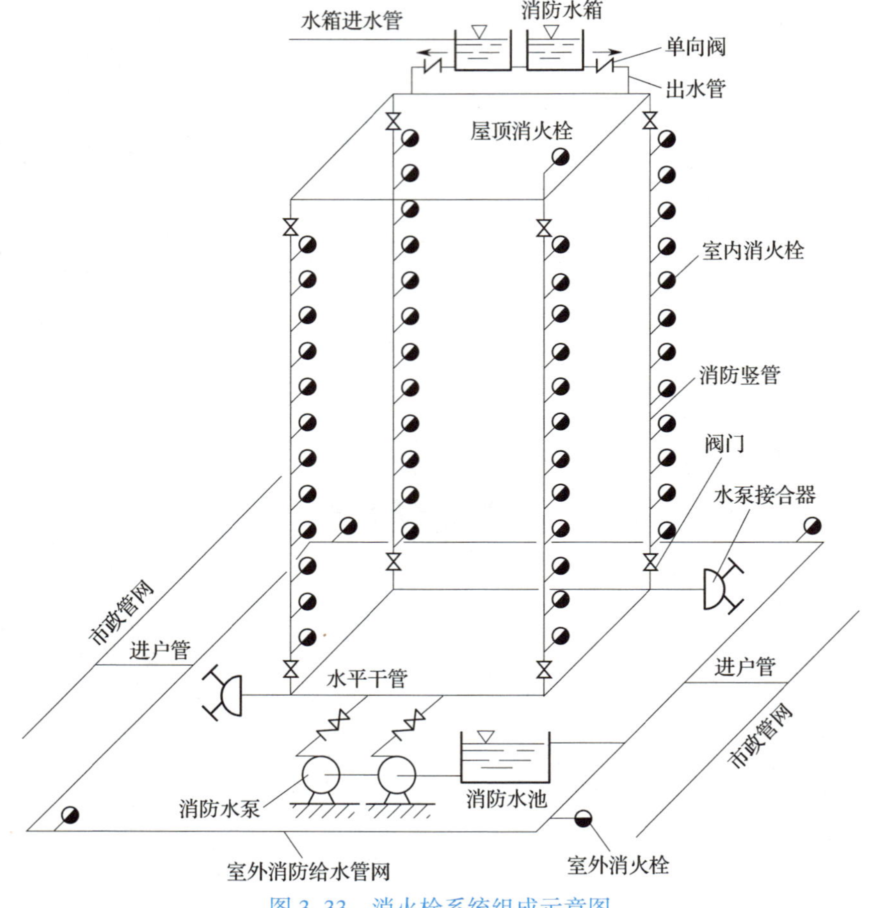

图 3-33 消火栓系统组成示意图

（1）消防水泵

消防水泵是消火栓系统的增压设备，多采用离心泵，通常需要设置性能相同的备用泵，且应有两路独立电源保障供电。为使水泵在灭火时能快速提供所需水压和水量，必须设置启泵按钮、水流指示器等远程启泵装置。消防水泵如图 3-34 所示。

（2）消防给水管网

消防给水管网是消火栓系统的重要组成部分，管道采用镀锌或焊接钢管，直径应不小于 50 mm，由引入管、干管、立管和支管组成。它的作用是供给消火栓消防用水，并满足消火栓灭火时所需水量和水压的要求。

（3）水泵接合器

水泵接合器是供消防车向消防给水管网输送消防用水的预留接口。它既可用于补充消防水量，也可用于提高消防给水管网的水压。水泵接合器有地上式、地下式和墙壁式三种，如图 3-35 所示。

（4）消防增压稳压设备

消防增压稳压设备如图 3-36 所示，其组成如图 3-37 所示。

1）气压罐：利用密闭储罐内压缩空气的压力变化，调节和压送水量，起到稳压和水量调节的作用。气压罐常与稳压泵配合使用。当气压罐压力下降不足以维持管网压力时，稳压泵会启动以补充气压罐的压力，使其达到要求。

2）稳压泵：当气压罐压力达到管网要求下限时，启动稳压泵给水，辅助气压罐达到预设压力后关闭。消防稳压泵也应设置备用泵，通常按一用一备配备。

图 3-34 消防水泵

a）

b）

c）

图 3-35 水泵接合器

a）地上式 b）地下式 c）墙壁式

图 3–36　消防增压稳压设备

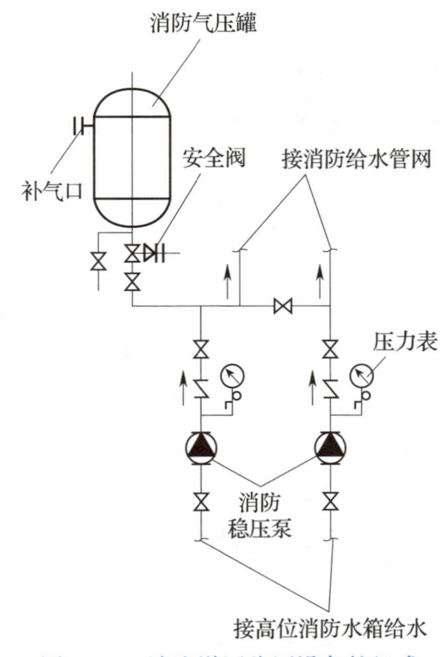

图 3–37　消防增压稳压设备的组成

（5）消防水池和消防水箱

1）消防水池：消防给水水源可由市政给水管网、天然水源或消防水池等供给，其中消防水池是人工建造的储存消防用水的构筑物，是天然水源、市政给水管网的重要补充。

2）消防水箱：消防水池中的水需要消防泵启动后才能向消防给水管网供应，但火灾发生时消防泵尚未启动，此时就需要高位消防水箱提供火灾初期用水。对于工业建筑和多层民用建筑，高位消防水箱应设置在建筑物的最高部位，并储存 10 min 的消防用水量。

（6）消火栓设备

建筑内的消火栓设备放置在消火栓箱内，如图 3–38 所示。消火栓箱内应包括消火栓、水带、水枪、消防软管卷盘和消防泵启动按钮，有的还配备灭火器。消火栓、水带和水枪均采用了内扣式快速接口。消火栓有单出口和双出口两种，单出口消火栓口径有 50 mm 和 65 mm 两种，双出口消火栓口径为 65 mm。

3. 消火栓系统的给水方式

消火栓系统的给水方式包括直接给水方式、设有消防水箱的给水方式、设有水泵和消防水箱的给水方式和高层分区消防给水方式。

（1）直接给水方式

直接给水方式（见图 3–39）适用于室外管网的压力和流量能满足室内最不利点消火栓的设计水压和流量的情况。

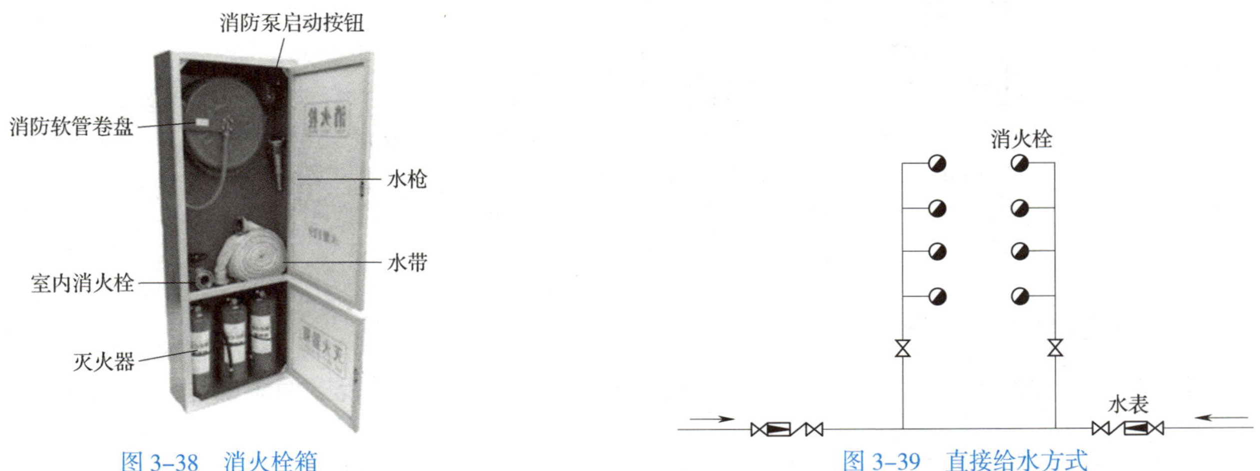

图 3–38　消火栓箱

图 3–39　直接给水方式

（2）设有消防水箱的给水方式

设有消防水箱的给水方式（见图 3–40）适用于室外管网压力和流量周期性不足的情况。其水箱可与生活、生产合用，有效容积应满足初期火灾消防用水量的要求，设置高度应满足室内最不利点消火栓的水压。水泵启动后，消防用水不应进入消防水箱。

（3）设有水泵和消防水箱的给水方式

设有水泵和消防水箱的给水方式（见图 3–41）适用于室外管网压力和流量经常不能满足室内消防给水系统所需水压和水量的情况。该系统中水箱有效容积应满足初期火灾消防用水量的要求。

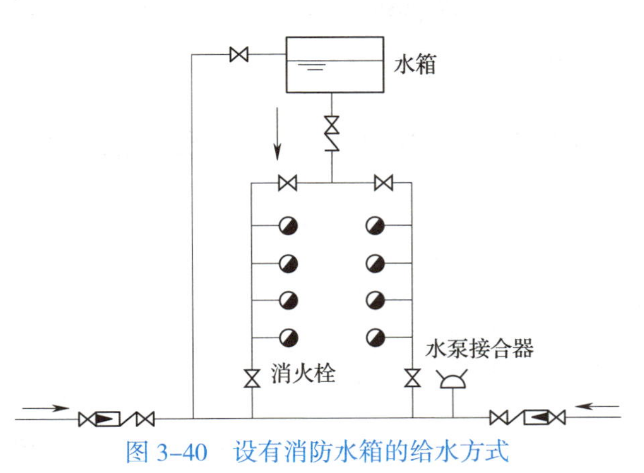

图 3–40　设有消防水箱的给水方式

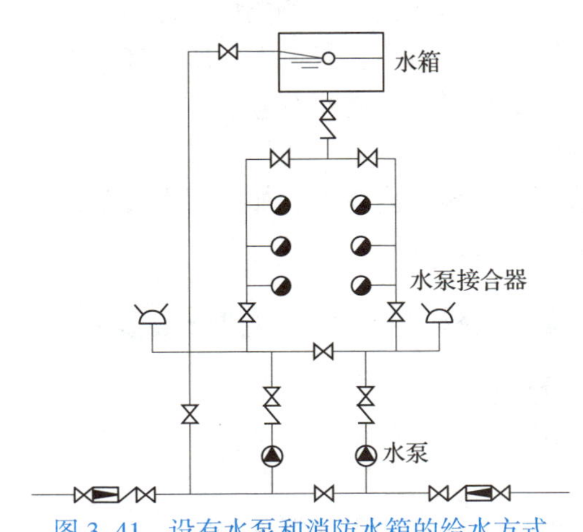

图 3–41　设有水泵和消防水箱的给水方式

（4）高层分区消防给水方式

高层分区消防给水方式（见图 3-42）适用于建筑物高度超过 50 m 或消火栓栓口静水压力超过 0.8 MPa 的情况。此时消防车难以协助灭火，管材和水带的工作耐压强度也难以保证，为了保证给水的安全可靠性，采用分区给水方式。

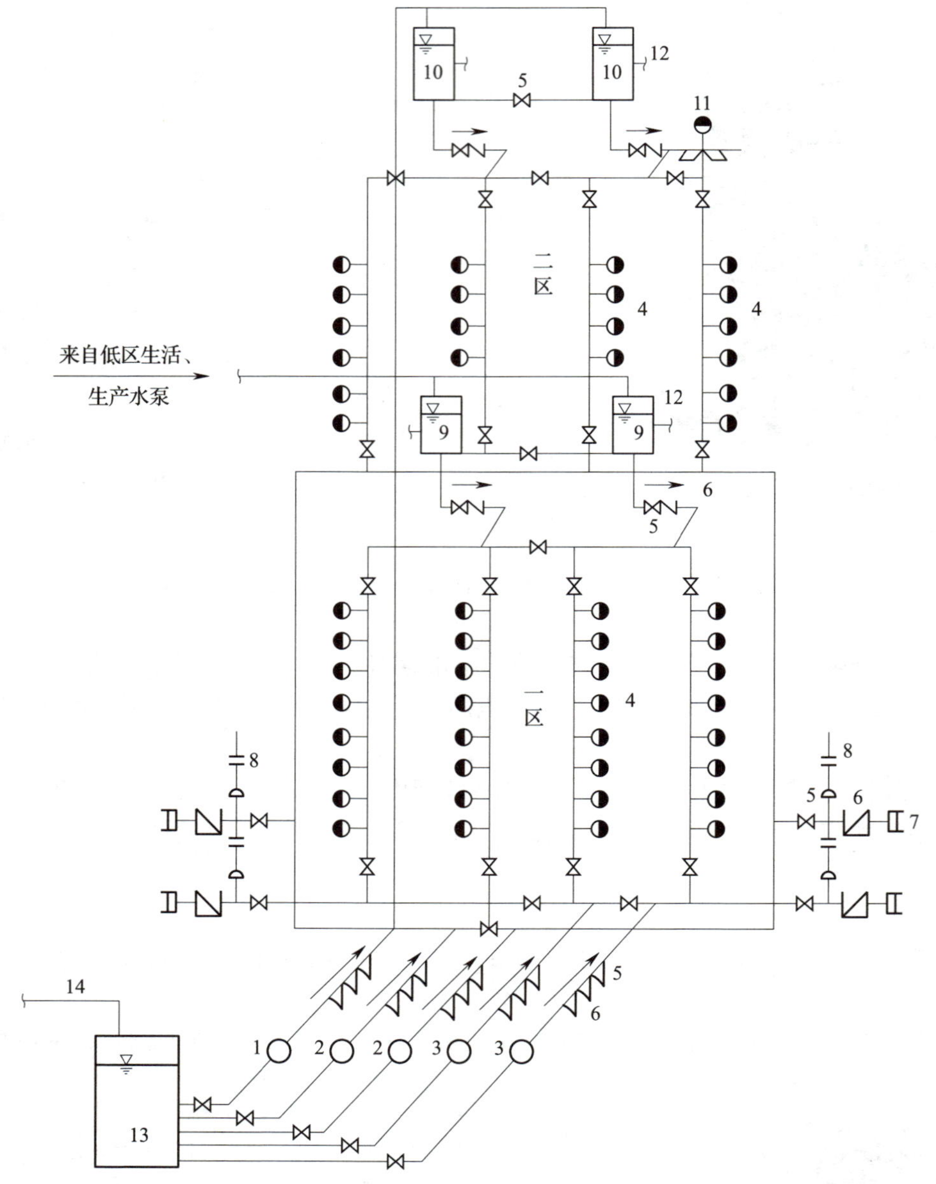

1—生活、生产水泵；2—二区消防泵；3— 一区消防泵；4—消火栓及消防泵启动按钮；
5—阀门；6—止回阀；7—水泵接合器；8—安全阀；9—一区水箱；10—二区水箱；
11—屋顶消火栓；12—来自生活、生产管网；13—水池；14—来自城市管网。

图 3-42　高层分区消防给水方式

二、消火栓系统施工图的组成与内容

消火栓系统施工图与建筑给排水系统施工图的组成基本相同，包括设计说明、图例列表、材料设备明细表、系统图、平面图等。

1. 设计说明

设计说明是一套施工图的核心，说明主要包括消防设计依据、消防设计内容、消防材料要求、施工技术要求和施工质量要求。

2. 图例列表

图例列表中会列出图纸涉及的各种管道的标注形式，以及消火栓等主要设备、阀门、仪表的名称和型号。

3. 材料设备明细表

材料设备明细表是施工采购的标尺，也是施工图预算的依据。材料设备明细表中通常包括设备名称、单位、数量、设置部位及备注。

4. 系统图

系统图中标注了消防给水设备类型和标高、消防管道标高和管径、消防管道走向、消防给水附件和设施的位置、消防立管和系统编号。从系统图中可以看出，管道内介质流经的设备、管道、附件、管件等连接和配置情况，并可与平面图中的立管、横干管、给水设备、附件、仪器仪表等要素相对应。

5. 平面图

平面图表明了建筑物内立管、加压蓄水设备、消火栓、消防给水附件和设施等消防设施的平面布置情况，还详细标示出水平管道的管径、坡度、定位尺寸及标高等内容。

三、绘制消火栓系统施工图的一般规定

1. 线型与比例

消火栓系统施工图的线型与比例参考建筑给排水系统中的相关内容介绍。

2. 图例

消火栓系统施工图的常用图例见表 3-7。

表 3-7 消火栓系统施工图常用图例

序号	图例	名称	备注
1	—X—	消防水管	
2	—XH—	消火栓给水管	
3	—ZP—	自动喷水灭火给水管	
4	—YL—	雨淋灭火给水管	
5	—SM—	水幕灭火给水管	
6	—SP—	水炮灭火给水管	
7		干式立管	入口无阀门
8		湿式立管	出口带阀门
9		折弯管	向后弯 90°
10		折弯管	向前弯 90°
11		阀门	
12		闸阀	
13		球阀	
14	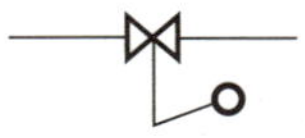	浮球阀	
15	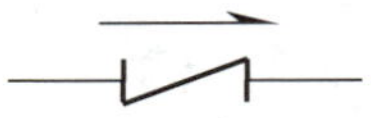	止回阀	

序号	图例	名称	备注
16		蝶阀	
17	平面 系统	底阀	
18		水泵	
19		可曲挠橡胶接头	
20	平面 系统	湿式报警阀	
21		减压阀	
22		流量计	
23	L 或 L	水流指示器	

续表

序号	图例	名称	备注
24		自动排气阀	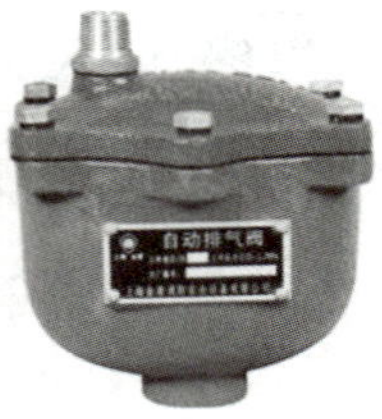
25	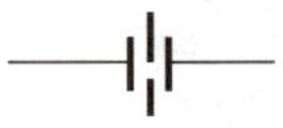	减压孔板	
26		消火栓	
27		室内消火栓箱	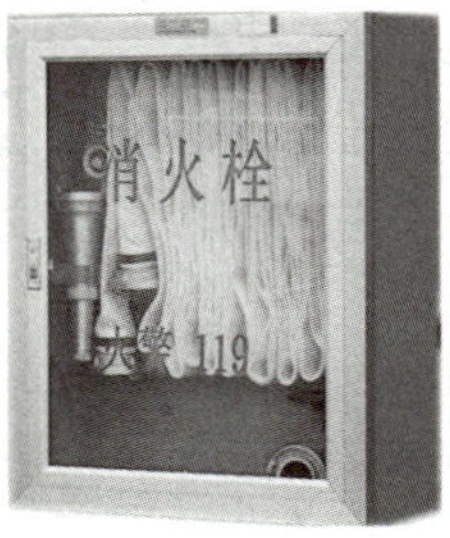
28	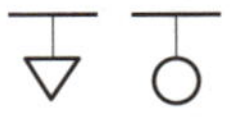 系统  平面	消防喷淋头（开式）	
29	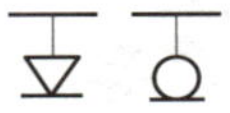 系统  平面	消防喷淋头（闭式）	
30		水泵接合器	
31	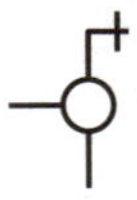	水锤消除器	

消防工程灭火器图例见表 3-8。

表 3-8 消防工程灭火器图例

序号	图例	名称	备注
1		手提式清水灭火器	
2		推车式 ABC 类干粉灭火器	
3		手提式二氧化碳灭火器	
4		手提式 BC 类干粉灭火器	
5		水桶	
6		推车式 BC 类干粉灭火器	

续表

序号	图例	名称	备注
7		手提式卤代烷灭火器	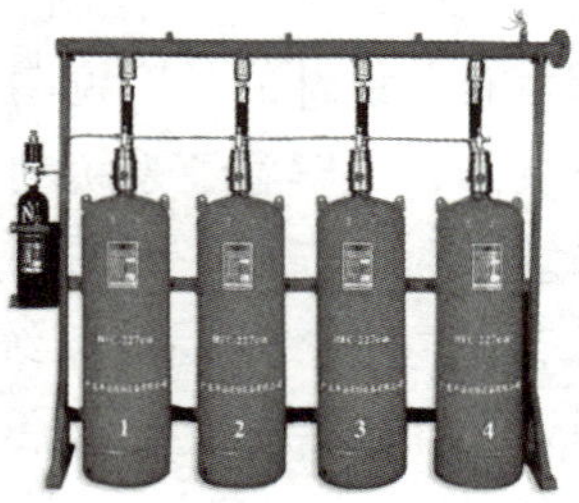
8		手提式泡沫灭火器	
9		推车式卤代烷灭火器	
10		推车式泡沫灭火器	
11		手提式 ABC 类干粉灭火器	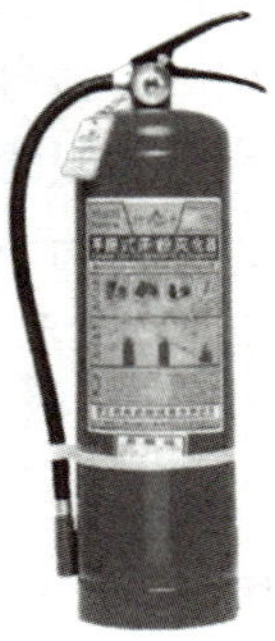
12		沙桶	

注：火灾分为 A、B、C、D、E、F 六类，其中 A 类表示固体物质火灾，B 类表示液体或可熔化固体物质火灾，C 类表示气体火灾，D 类表示金属火灾，E 类表示带电火灾，F 类表示烹饪器具内的烹饪物火灾。

四、消火栓系统施工图识读

1. 消火栓系统施工图识读要点

（1）看设计说明，了解整个消防给水系统设计的依据、系统概况、管道材料和消防器材的选型、安装标准和方法、施工原则和要求、工艺要求及有关设计的补充说明等。

（2）看系统图，了解管道系统的立体走向和管道的标高及规格。阅读消火栓系统图时，先找平面图和系统图相同编号的给水引入管，然后找相同编号的立管，最后分系统对照平面图识读。识读顺序是从消防水源引入管开始，依次按水流方向进行，如图 3–43 所示。

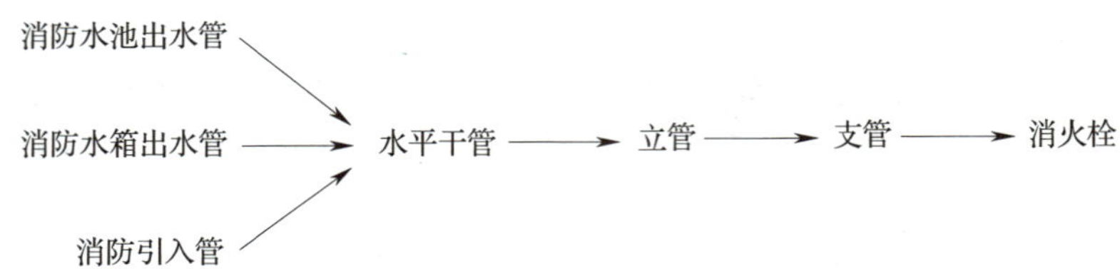

图 3–43　消火栓系统施工图识读顺序

（3）看平面图，了解建筑物内消防管道和消防设备的平面布置。看平面图时，先看首层平面图，后看各楼层平面图。看首层平面图时，先看给水进户管，后看干管、立管、支管和消防用水设备。看其他楼层平面图时，注意观察水泵结合器、水泵房、水箱等的具体位置，同时注意消火栓的位置和数量，并与材料设备明细表比对。

（4）在水泵房、水箱间等设备多、管线复杂的场所，需要配合详图来了解其中管道和设备的详细尺寸和连接位置，还有附件的具体设置位置和标高。

2. 消火栓系统主要设备的设置规则

消火栓系统是为在火灾时采取救援工作而设置的，因此为了保证救援实施效果和人员安全，主要设备在系统设置和平面布置时有相应的要求。了解消火栓系统主要设备的设置规则，有助于理解施工图纸。

（1）消防水泵

消防水泵在系统中应设置备用泵，备用泵的工作能力不应小于最大一台消防工作泵。

（2）消防给水管道

为确保给水安全可靠，消防给水管道的布置应满足一定的要求。

1）单层、多层建筑消防用水与其他用水合用的室内管道，当其他用水达到最大小时流量时，应仍能保证供应全部消防用水量。高层民用建筑室内消防给水管道应与生活、生产给水管道分开并独立设置。

2）除有特殊规定外，建筑物的室内消防给水管道应布置成环状，且至少应有两条进水管与室外环状管网相连。

3）室内消防给水管道应采用阀门分成若干独立段。单层厂房（仓库）和公共建筑内阀门的布置应保证检修，停止使用的消火栓不应超过 5 个。

4）高层民用建筑内每根消防给水立管的直径不应小于 100 mm。

5）室内消火栓给水管网与自动喷水灭火系统的给水管网应分开设置。如有困难，应在报警阀前分开设置。

6）室内消火栓给水管材通常采用热镀锌钢管，根据工作压力的情况，可以是有缝钢管，也可以是无缝钢管。

（3）消火栓

室内消火栓的设置应符合下列要求：

1）设置室内消火栓的建筑物，包括设备层在内的各层均应设置消火栓。

2）室内消火栓的布置应满足同一平面有两支水枪的两股充实水柱同时达到任何部位的要求。

3）室内消火栓应设在明显易于取用的地点。栓口离地面的高度宜为 1.1 m，其出水方向宜向下或与设置消火栓的墙面成 90° 角。

4）室内消火栓的间距应由计算确定。消火栓按一支消防水枪的一股充实水柱布置的建筑物，消火栓的布置间距不应超过 50 m。消火栓按两支消防水枪的两股充实水柱布置的建筑物，消火栓的布置间距不应大于 30 m。

5）应在每个室内消火栓处设置直接启动消防水泵的按钮，并应有保护设施。

6）消火栓应采用同一型号规格。消火栓的栓口直径应为 65 mm，水带长度不应超过 25 m，水枪喷嘴口径不应小于 19 mm。

3. 消火栓系统施工图识读示例

如图 3–44 至图 3–49 所示是某五层宿舍楼消火栓系统施工图。现以该套施工图纸为例，介绍识读消火栓系统施工图的方法和步骤。

（1）了解整个消防给水系统设计的依据、系统概况、管道材料和消防器材的选用、安装标准和方法、施工原则和要求、工艺要求及有关设计的补充说明等。消火栓系统一般与给排水系统的设计说明写在一起，本工程也是如此，系统图和平面图也往往与给排水系统绘制在一套图中。

（2）在系统图中可以看出，本工程的消火栓系统采用的是设有消防水箱的给水方式。本楼由两根来自园区消防水泵房的消防引入管 X1、X2 埋地敷设进入大楼提供消防水源，管道敷设高度为 –1.3 m，管径为 *DN*100。

（3）引入管穿外墙进入楼内，通过 XL–1、XL–2 两根立管连接位于首层吊顶内的消防干管。在建筑物的垂直高度内，系统通过三根给水立管将消防用水引入各个楼层，其给水立管的编号依次为 XL–3、XL–4 和 XL–5。

（4）三根给水立管在五层与安装在吊顶内的横干管连通。此时，消防主管道的整体轮廓已经由上下横干管和竖向多立管组成了环状管网，这样做是为了保证给水可靠性而精心设计的，管路中任何一处消火栓都可以得到来自两个方向的给水通路。

（5）再看五层的横干管连接了位于顶层的消防水箱，该水箱容积为 9 m^3，水箱安装有稳压泵和气压罐，可以在平时状态下维持消防管道所需的压力。

（6）以立管 XL–3 为例，可以看到沿立管在各层同一位置安装有消火栓（与附件共同安装于消火栓箱内），消火栓栓口距地面安装高度为 1.1 m。

（7）看平面图时主要关注首层和顶层，可以把平面图和系统图结合起来看，明确系统采用的形式及干管、立管的布置情况。中间的标准层设备较少，只有安装在各层的消火栓，因此关注消火栓的安装位置即可。

消火栓系统设计说明

1. 除水泵房和污水处理间、食堂外，各楼均设室内消火栓系统。

2. 室内消火栓给水系统为临时高压系统。在园区南侧设有有效容积166 m^{3}的消防水池一座，消火栓加压水泵两台。在宿舍楼屋顶消防水箱间设9 m^{3}消防水箱一座，满足初期火灾消防用水量的要求，并设置消防增压稳压设备一套，维持室内消火栓系统平时所需压力。从消防泵房引出两根*DN*150 消火栓环管，室外成环，各楼从该环网上接管引入室内。

3. 室内设专用消火栓给水管网，除锅炉房和空压机房为支状外，其他楼消火栓管道在室内连成环状，并由阀门分成若干段。消火栓的布置保证有两个消火栓的水枪充实水柱同时达到室内任何部位。每个消火栓箱内配置消防按钮和指示灯各一个，SN65 消火栓一个，ϕ19 mm水枪一支、*DN*65×25 m水带一条。栓口安装高度距地面1.100 m，消火栓附近放置两具磷酸铵盐干粉灭火器。

4. 消火栓给水泵控制：消火栓加压水泵两台，互为备用。火灾时，按动任一消火栓处消防按钮或消防中心、水泵房处启泵按钮均可启动该泵并报警。泵启动后，反馈信号至消火栓处和消防控制中心。

5. 在宿舍楼屋顶水箱间内设试验用消火栓一个。

6. 室外消火栓水源来自园区内环网生活给水管，室外消火栓间距不大于120 m，保护半径不大于150 m。

7. 灭火器：本工程配电室等电气房间按E类严重危险级计，其他部位按A类中危险级计。严重危险级采用MF/ABC（89B）型手提式磷酸铵盐干粉灭火器，灭火器最大保护距离9 m。中危险级采用MF/ABC3（2A）型手提式磷酸铵盐干粉灭火器，灭火器最大保护距离20 m。

8. 消防给水管道：消火栓管道采用热浸镀锌钢管，法兰连接。消防水泵吸水管上采用球墨铸铁闸阀，其余部位采用球墨铸铁或双向型蝶阀。消防水泵出水管上安装防水锤消声止回阀。

9. 管道敷设：除个别无吊顶场所管道梁下吊装外，其他位置管道均暗设于吊顶和墙槽、管井内。

10. 设备安装：消火栓栓口安装高度为距地面或楼层底板1.10 m，消火栓箱以暗装为主。

图　例

序号	名　称	图　例	序号	名　称	图　例
1	生活给水管及其立管	——J——　JL	11	管径 / 标高	*DN*100 / -0.700
2	生活热水给水管及其立管	——R——　RJL	12	管径，标高	*DN*100 ,-0.700
3	生活热水回水管及其立管	——RH——　RHL	13	室内消火栓	
4	消火栓给水管及立管	——X——　XL	14	灭火器	
5	有压污水管	——YW——　YWL	15	蝶阀	
6	污水管及立管	---------　WL	16	闸阀	
7	虹吸雨水管及立管	——HY——　HYL	17	截止阀	
8	雨水管及立管	——Y——　YL	18	存水弯	
9	生产废水管	——F——	19	地漏、洗衣机专用地漏	
10	生活污水、压力污水、压力废水、厨房废水、雨水排出管	—Ⓦ Ⓨⓦ Ⓨ—	20	清扫口	

图 3-44　消火栓系统设计说明

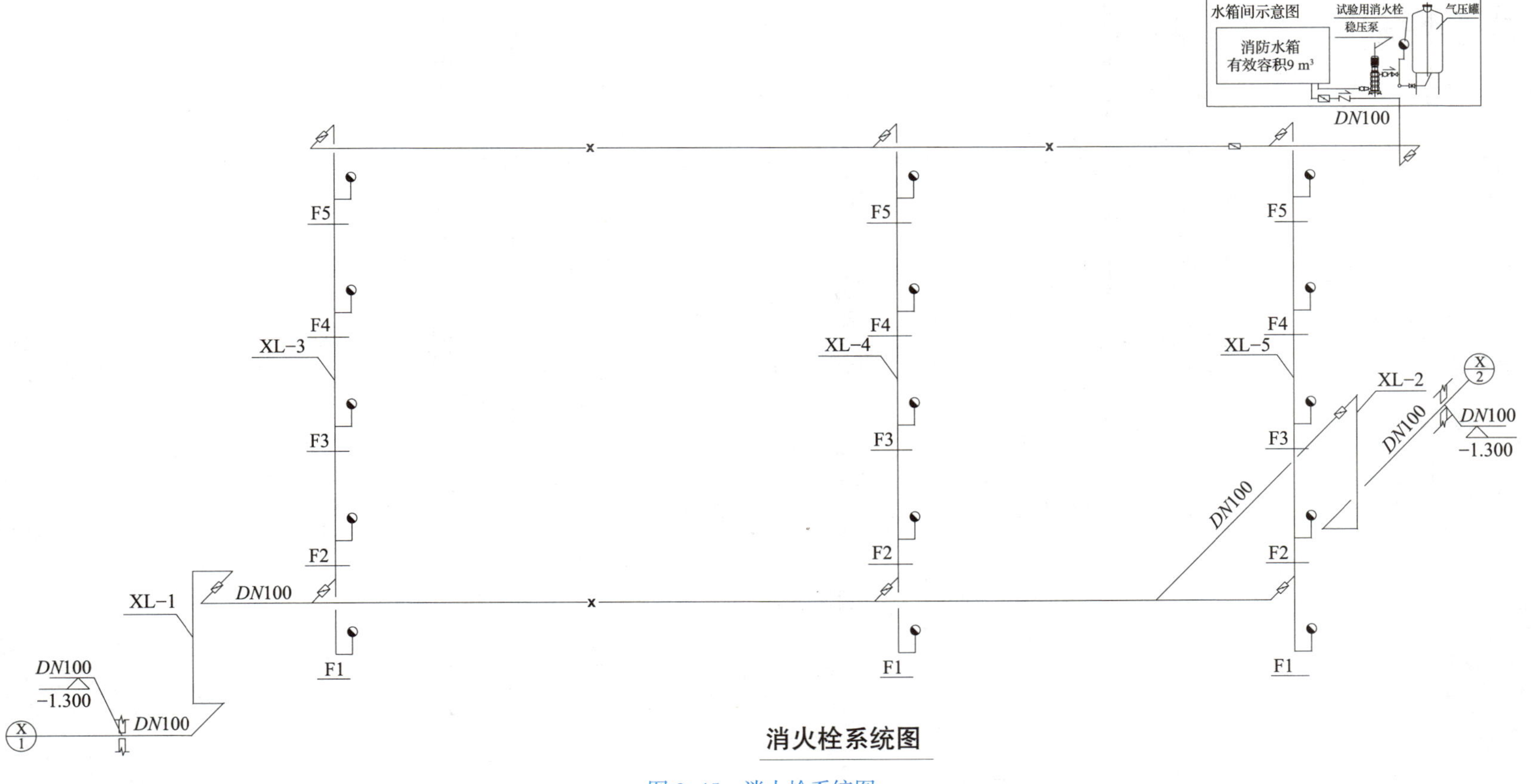

图 3-45　消火栓系统图

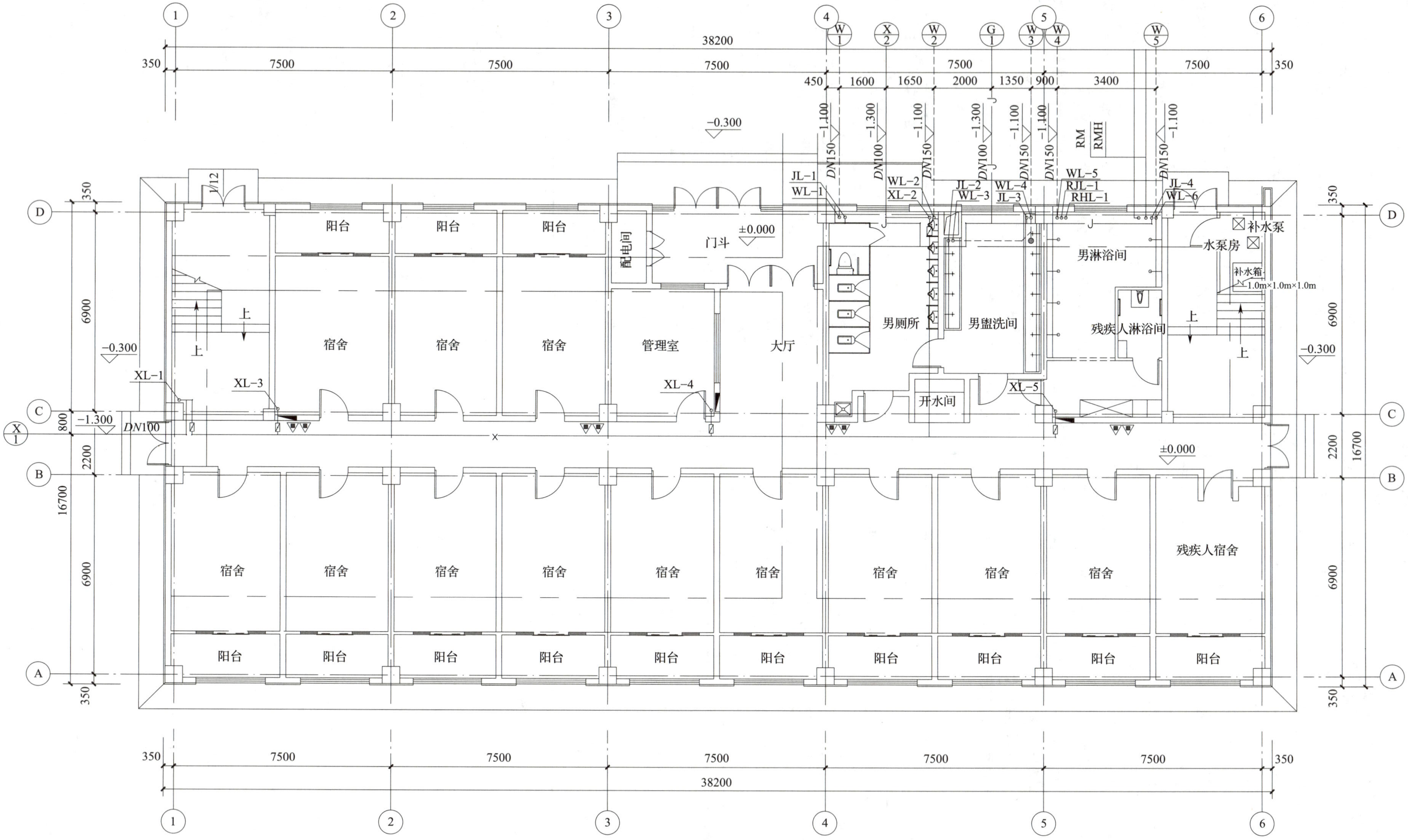

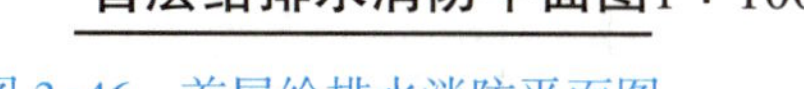

首层给排水消防平面图1：100

图 3-46　首层给排水消防平面图

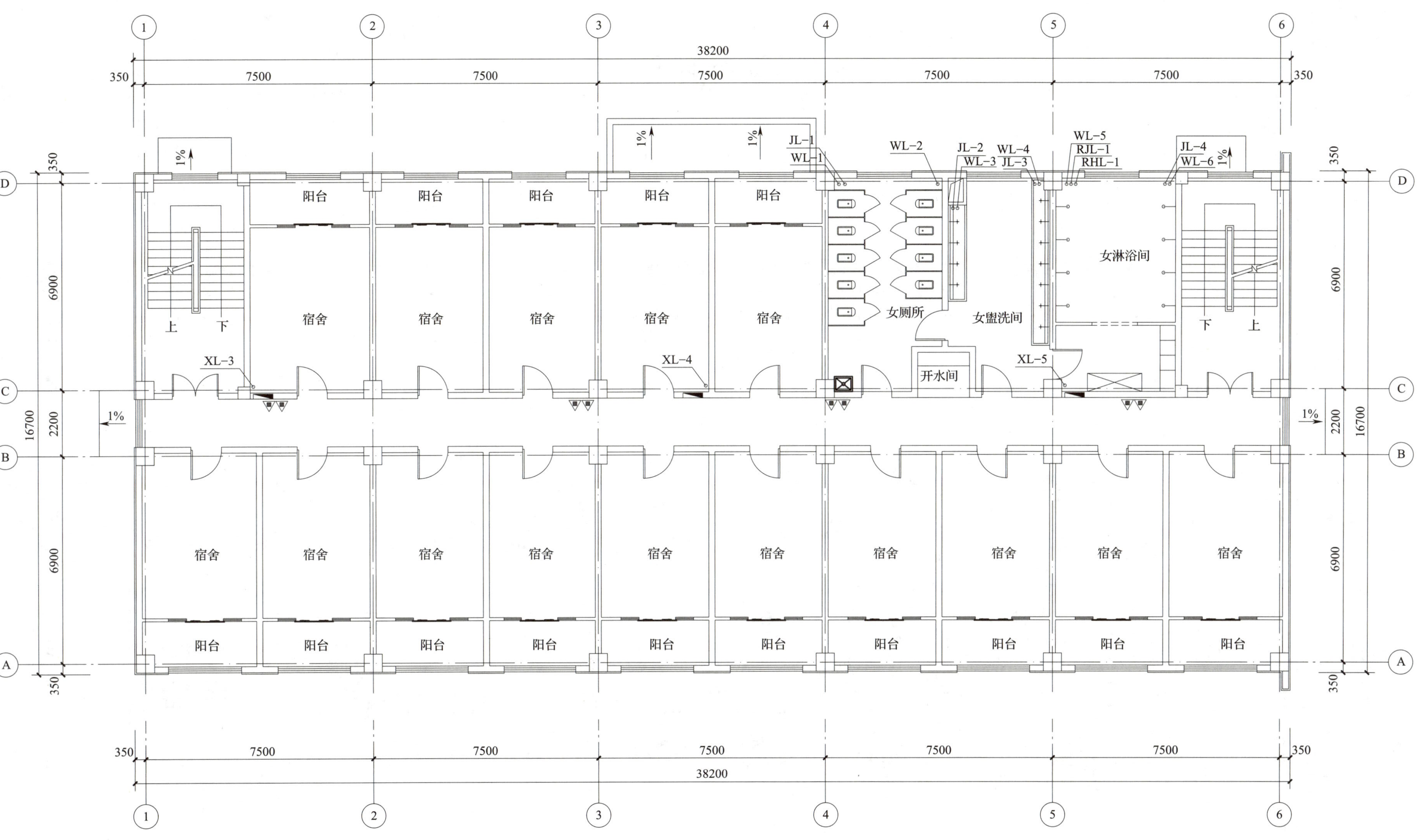

二、三、四层给排水消防平面图1：100

图 3-47　二、三、四层给排水消防平面图

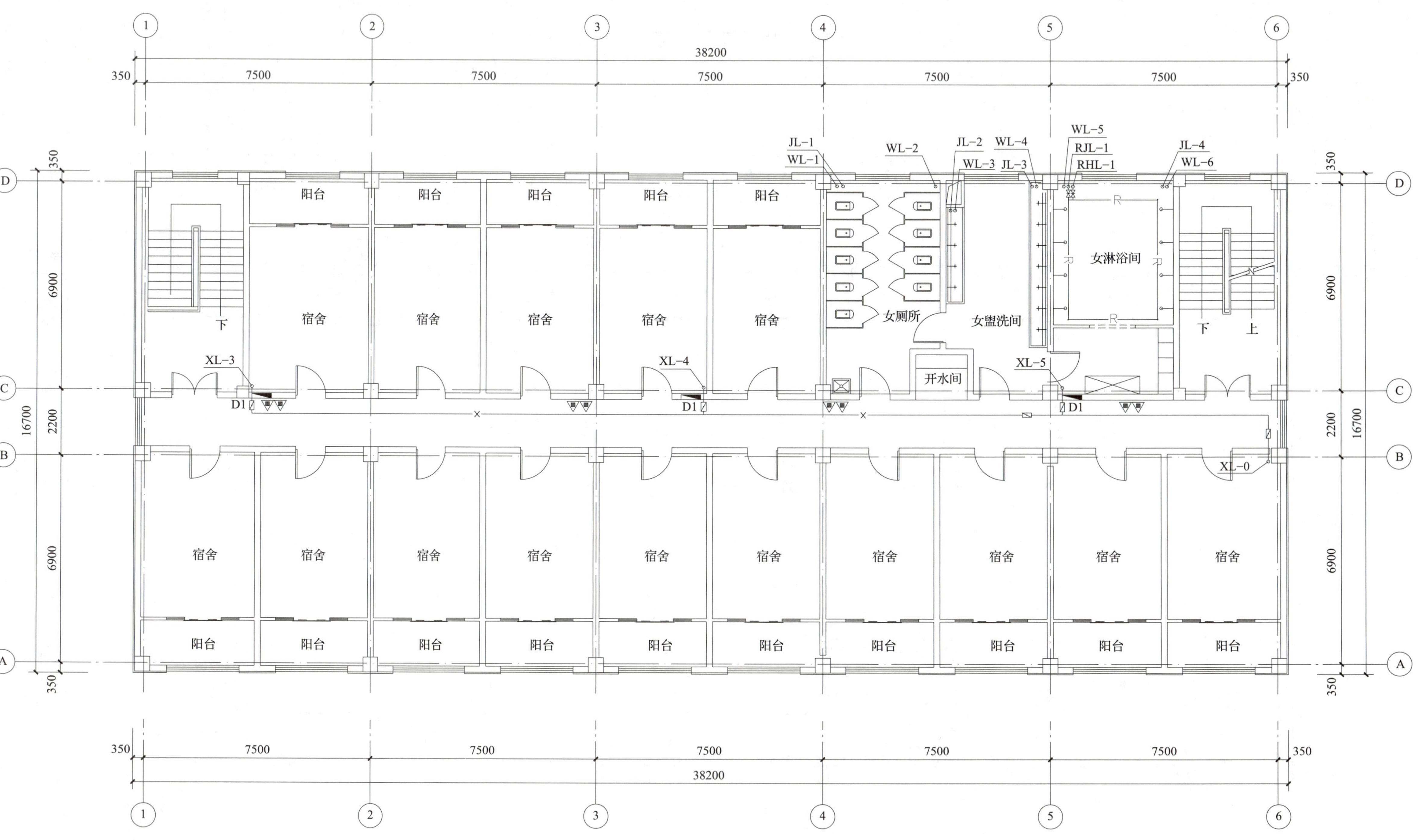

五层给排水消防平面图1:100

图3-48 五层给排水消防平面图

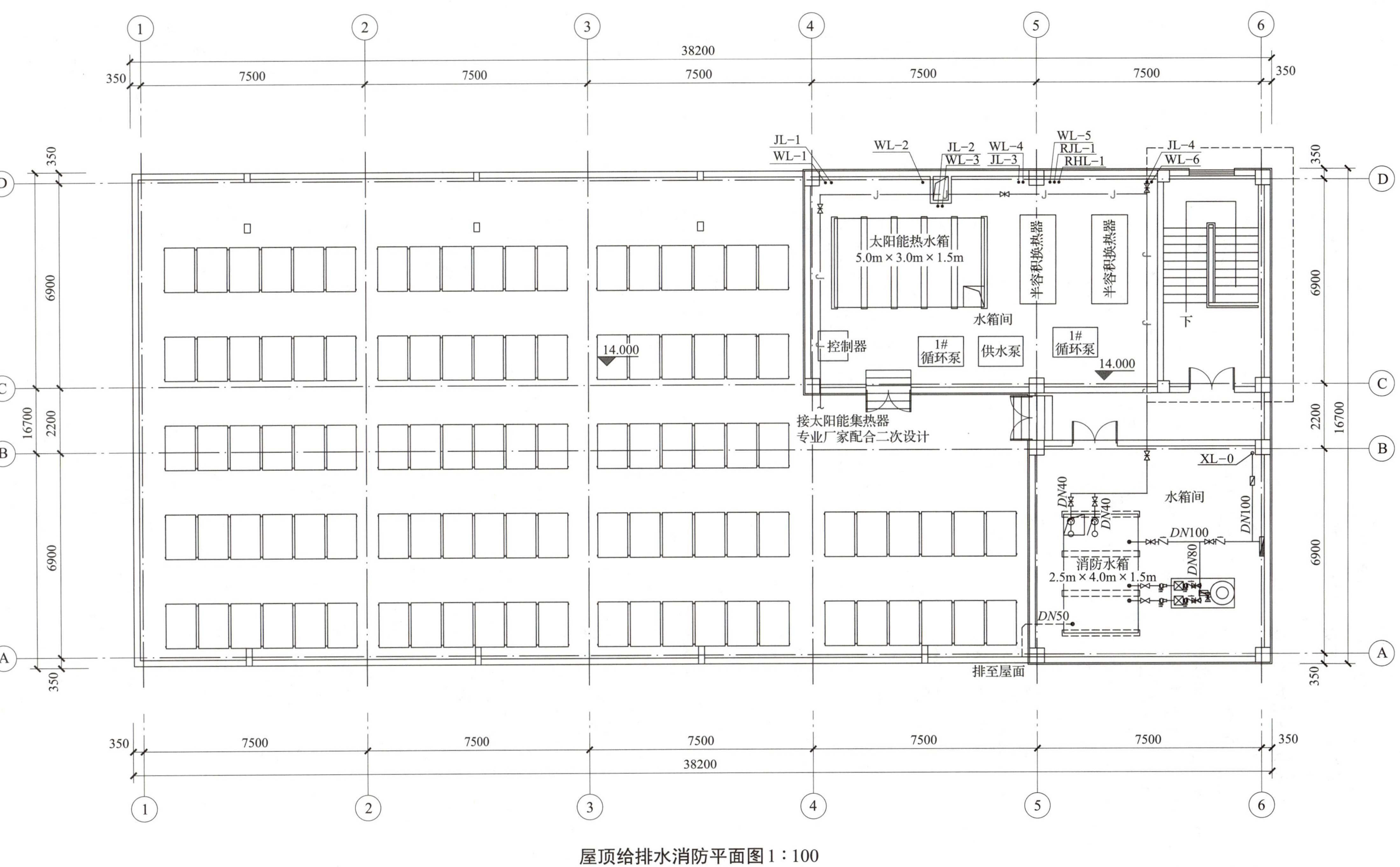

屋顶给排水消防平面图 1:100

图 3-49 屋顶给排水消防平面图

1. 室内给排水系统施工图由哪几部分组成？各表示什么内容？
2. 室内给排水管道系统图是用什么方法绘制的？
3. 室内给排水系统施工图的常用比例有哪些？
4. 采暖系统施工图由哪几部分组成？各表示什么内容？
5. 消火栓系统施工图由哪几部分组成？各表示什么内容？
6. 室内给排水系统施工图中是如何对系统、立管进行编号的？
7. 采暖系统施工图中的管径、标高如何标注？
8. 识读消火栓系统施工图的方法、步骤是什么？

第四章 电气施工图识读

学习目标

1. 熟悉电气施工图的组成及表示内容。
2. 熟悉绘制电气施工图的一般规定。
3. 掌握识读照明、动力系统施工图的方法。
4. 掌握识读电话、电视及消防系统施工图的方法。

第一节 电气识图基本知识

电气施工图是建筑施工图的一部分，是进行电气施工的基础，也是进行工程预算、编制招投标文件的依据。在电气施工和设备安装过程中要严格按照设计图纸进行，所有的操作要符合设计要求及相关技术规范。

一、电气工程项目的分类及简介

1. 电气工程项目分类

电气工程是指某建筑的供电、用电工程，通常包括以下几类项目。

（1）外线工程

外线是指室外电源供电线路，主要是架空电力线路和电缆线路。

（2）变配电工程

变配电工程是指建设由变压器、高低压配电柜、电缆、母线、继电保护与电气计量等设备构成的变配电所。

（3）室内配线工程

室内配线主要有线管配线、线槽桥架配线、瓷瓶配线、钢索配线等。

（4）电力工程

电力工程包括设置各种风机、水泵、电梯、机床、起重机等动力设备（各种形式的电动机）和控制器与动力配电箱。

（5）照明工程

照明工程包括设置照明灯具、开关、插座、电扇、照明配电箱等设备。

（6）防雷工程

防雷工程包括设置建筑物、电气装置和其他设备的防雷设施。

（7）接地工程

接地工程包括设置各种电气装置的工作接地和保护接地系统。

（8）弱电工程

弱电工程包括设置消防报警系统，安保系统，广播、电话、闭路电视系统等。

（9）发电工程

发电工程一般为设置备用的自备柴油发动机组。

2. 电气工程项目简介

（1）送电线路工程图

1）电力架空线路工程图：反映架空线路的全貌，标明线路的某些细节结构。它由杆塔安装图、架空线路平面图、架空线路断面图、杆位明细表、电力架空线路安装曲线图等组成。

2）电力电缆线路工程图：表现电缆敷设、安装、连接的具体位置与工艺要求。它一般由电缆敷设平面图、电缆排列剖面图、电缆施工工艺图等组成。

（2）变配电工程图

1）变配电系统图：表示将电能从电源输送、降压并分配到用户的电气联系图，所以也称电气主接线图或一次设备接线图。它所描述的内容是系统的基本组成和主要特征，一般采用单线图表示。

2）变配电设备布置图：用来表明电气设备的平面和空间位置及安装方式、安装尺寸、线路走向等，由平面图、立面图、剖面图等组成。

3）二次设备原理图：用来反映变配电系统中二次设备的继电保护、电气测量、信号报警、控制及操作等系统的工作原理。

4）二次设备安装接线图：用来反映二次设备及线路的安装、接线调试、查线、维护和故障处理等技术细节。

（3）动力及照明工程图

1）动力及照明电气系统图：表示建筑物内外的电力、照明及其他日用电器的供电与配电，是电气系统功能的集中体现。它集中反映动力及照明的安装容量、计算容量、配电方式、管线规格、敷设方式、断路器、计量仪表等元件的型号、规格等。一般情况下，电力系统和照明系统分开画。

2）动力及照明平面图：表示建筑物内动力设备、照明设备和配电线路的平面布置，是一种位置简图（动力设备一般指三相设备，照明设备一般指单相设备）。它主要表现动力及照明线路的敷设位置、敷设方式、管线规格，同时还标明各种用电设备（照明灯、插座、风机、水泵等）及配电设备（配电箱、控制箱、开关等）的型号、数量、安装方式和相对位置。

（4）防雷与电气接地工程图

1）防雷工程图：用来描述防雷装置的结构、形式、布设位置及防雷等级。

2）电气接地工程图：用来描述建筑物内电气接地系统的构成、接地装置的布置及技术要求。由于防雷系统也需要接地装置，所以有时会与建筑物的电气接地系统合并制作安装，看图时应注意。

（5）弱电工程图

弱电工程是智能建筑不可缺少的组成部分。现代化智能建筑中的各个弱电系统既可独立运行，又可实现集中控制、相互联动，丰富了建筑物的使用功能。目前常见的弱电系统包括电话系统、电视系统、火灾自动报警系统、防盗报警装置、电视监控系统、广播音响系统等。

1）电话系统工程图：电话系统主要包括电话通信、电话传真、无线寻呼等，常用的电话系统图纸主要有电话配线系统框图、电话配线平面图、电话设备平面图等。

2）电视系统工程图：电视系统主要由信号源、前端设备和传输分配网络组成，其工程图主要描述系统的构成、原理和平面布置。常用的图纸有系统图、设备电路图、设备平面布置图、框图等。

3）火灾自动报警系统工程图：火灾自动报警系统是对建筑物内火灾进行监视、控制、报警、扑救的系统。其工程图一般在简化的土建图纸用图形符号表示控制主机和感应器件，并加以文字说明，常用的图纸有系统图、平面图、原理图等。

每个弱电系统工程图通常由弱电系统图、弱电平面图和弱电框图组成。其中，弱电框图是说明弱电系统设备之间的功能、作用、原理的图纸，主要用于系统调试。

二、电气施工图的分类

电气施工图是进行电气工程施工的指导性文件，它用图形图例、文字标注、文字说明相结合的形式，把建筑中电气设备安装位置、配管配线方式、安装规格、型号以及其他一些特征和它们相互之间的联系表示出来。一个电气工程的规模有大有小，不同规模的电气工程，其图纸的数量和种类是不同的，各种类型的图纸可以从不同的角度介绍电气工程的情况。常用的电气施工图有以下几类。

1. 图纸目录、设计说明、图例和材料设备明细表

（1）图纸目录

图纸目录包括序号、图纸名称、编号、张数等。

（2）设计说明（施工说明）

设计说明主要阐述电气工程设计的依据、施工原则和要求、建筑特点、电气安装标准、安装方法、工程等级、工艺要求等，以及有关设计的补充说明。

（3）图例

图例即图形符号，一般只列出本套图纸中涉及的一些图形符号，图纸中会尽量采用通用符号，但也有一些是设计人员自定义的。

（4）材料设备明细表

材料设备明细表列出了该项电气工程所需要的设备和材料名称、符号、规格和数量，供施工预算时参考。

2. 电气系统图

电气系统图用电气符号加简单连线，清晰地表示该系统的基本组成，各组成部分的相互关系、连接方式，各组成部分的电气元件和设备的主要特征。通过系统图可以了解工程的全貌和规模，但它只表示电气回路中各元件的连接关系，不表示元件的具体情况、安装位置和接线方法。系统图有变配电系统图、动力系统图、照明系统图、弱电系统图等（见图 4–1）。系统图是电气施工图中最重要的部分，读懂系统图就能把握工程的核心内容。

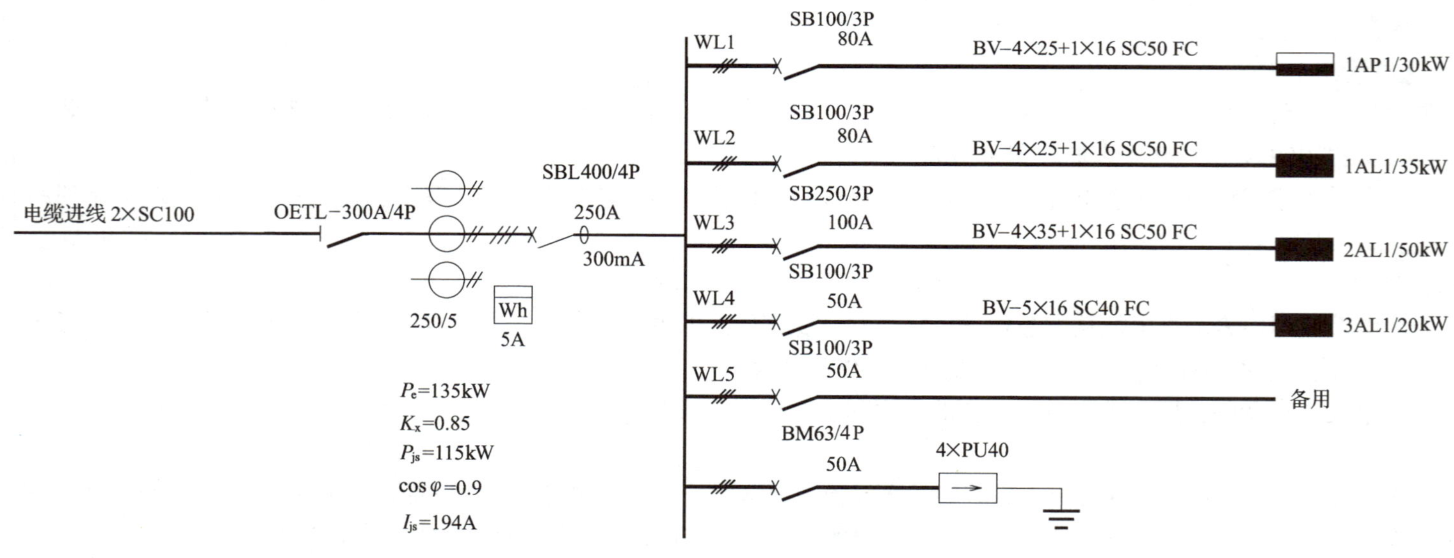

图 4–1　电气系统图

3. 电气平面图

电气平面图通过一定的图形符号、文字符号，具体地表示所有电气设备和线路的平面位置、安装高度、设备和线路的型号及规格、线路的走向和敷设部位等。它是进行电气安装的主要依据。但它采用了较大的缩小比例，不能表现电气设备的具体形状。常用的电气平面图有变配电所平面图、动力平面图、照明平面图、防雷平面图、接地平面图、弱电平面图等（见图 4–2）。平面图按工程复杂程度，每层绘制一张或多张，但在高层建筑中，形式一样的多个楼层可以只绘制一张标准层平面图作为代表。

4. 设备布置图

设备布置图是表示各种电气设备、电气元件平面与空间位置的相互关系及安装方式的图纸（见图 4–3），通常由平面图、立面图、剖面图及各种构件详图组成。

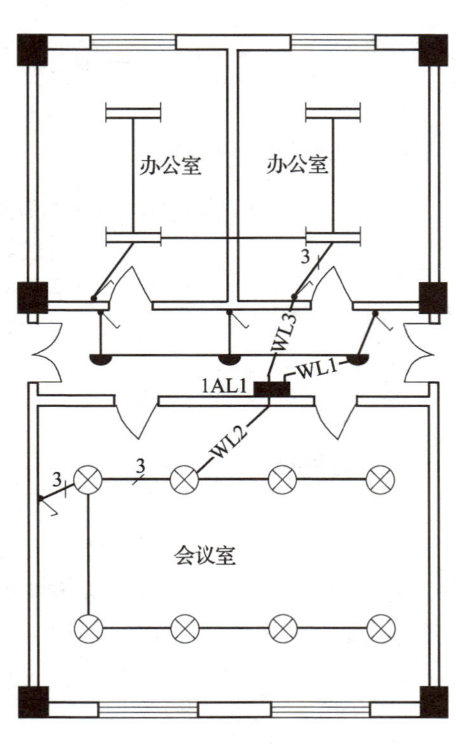

图 4–2　电气平面图

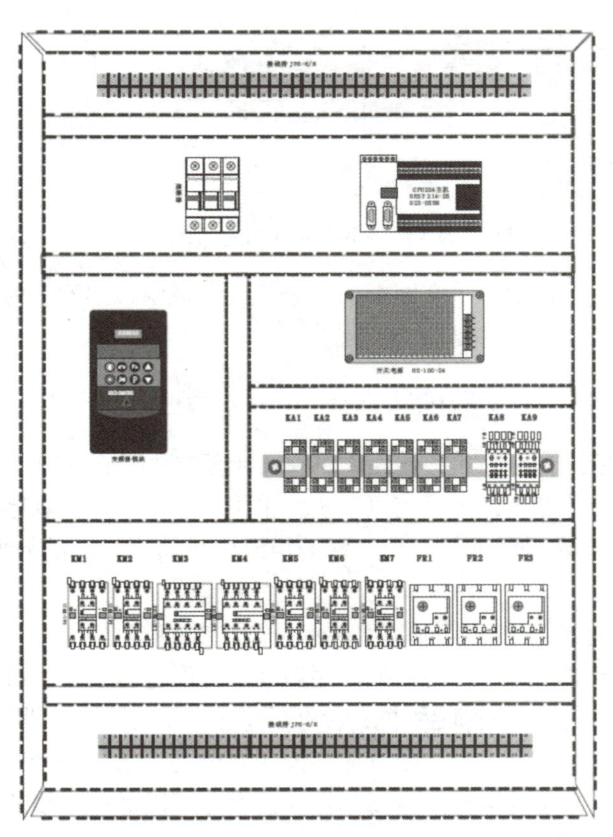

图 4–3　设备布置图

5. 安装接线图

安装接线图又称安装配线图，是用来表示电气设备、元件和线路的安装位置、配线方式、接线方式、配线场所等特征的图纸，通常用来指导安装、接线和查线（见图 4–4）。

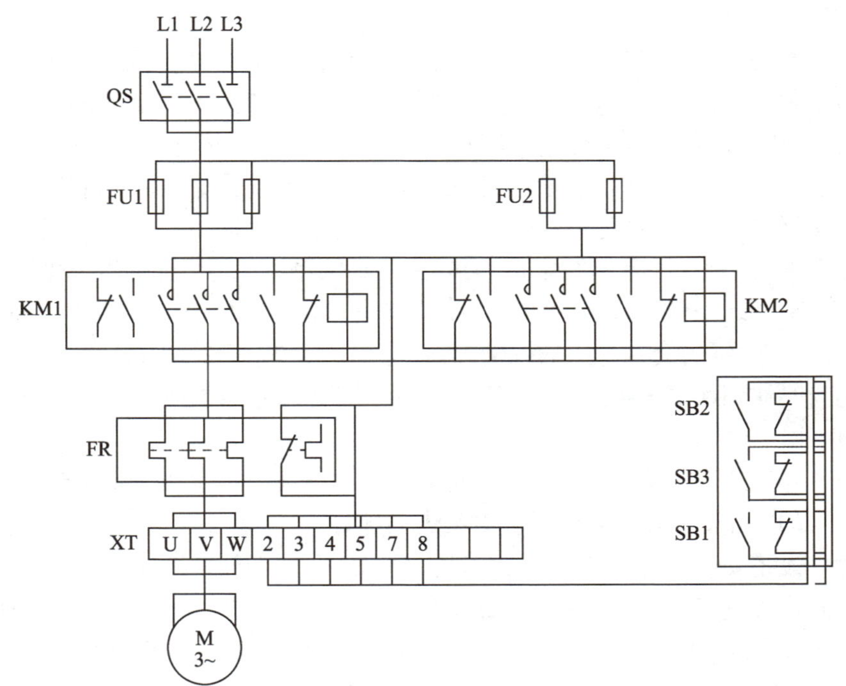

图 4–4　电动机正反转控制安装接线图

6. 电气原理图

电气原理图是表示某一设备或系统电气工作原理的图纸，它是按照各个部分的动作原理采用展开法来绘制的。通过分析电气原理图，可以清楚地了解整个系统的动作顺序。电气原理图不能表明电气设备和元件的实际安装位置和具体接线，但可以用来指导电气设备和器件的安装、接线、调试、使用与维修（见图 4–5）。

7. 详图

详图是表示电气工程中某一部分具体安装要求和做法的图纸（见图 4–6）。常用的设备安装详图可以查阅专业安装图集或标准图册。

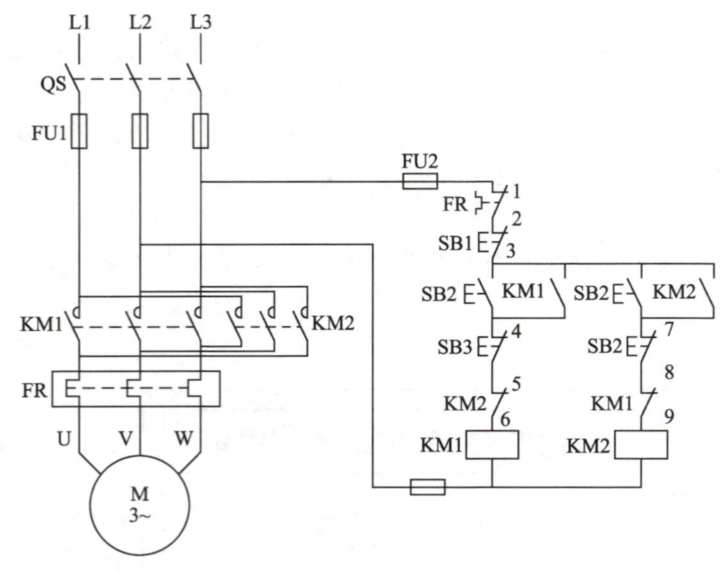

图 4-5　电动机正反转控制电气原理图

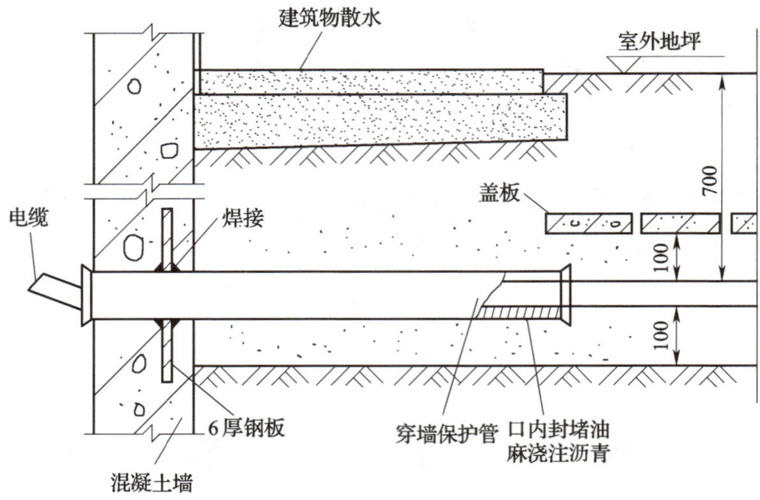

图 4-6　电缆密封保护管安装详图

在一般工程中，一套图纸的目录、设计说明、图例、材料设备明细表、电气系统图、电气平面图都是必不可少的，其他类型的图纸设计人员会根据需要加入。

三、电气施工图的特点

电气施工图是在土建施工图的基础上绘制的，图中标注出的电气设备和电气线路有其特定的含义，读图时应注意区分。电气施工图有自己的特点，读图时应以系统为单位，遵循一定的顺序来识读。

1. 用电气图形符号、带注释的矩形框或简化设备的外形表示系统或设备之间的关系，电气系统图、安装接线图、电气平面图都是如此。

2. 设备的形式、特征是由图形符号、文字符号和项目代号共同表示的。与土建图纸不同，电气图纸中的设备不是按实际比例绘制的，设备的实际尺寸要根据标注识别，图形符号、文字符号和项目代号共同描述设备的安装位置、相互关系和敷设方法。

3. 导线在电气平面图中采用图例和标注结合表示。为了简化图纸的复杂程度，设备之间如需多根导线连接，不用以实际数量画出，只需画出一条实线，配以标注说明导线的根数、型号及敷设方式。值得注意的是，平面图上量得的线路长度，仅代表线路的水平长度，还应考虑设备安装标高和导线敷设方式以确定走线的竖直长度。

4. 电气系统是由电气设备和电气线路连接组成的，所以电气设备和电气线路是电气图纸描述的主要内容。描述的不同重点形成了电气图纸的多样性，如平面图描述安装的位置关系，而原理图则表明设备的工作原理。

5. 电气图纸的布局分为位置布局和功能布局。平面图就是按照各个设备之间的相对位置布局的，而原理图则是按元件的供电顺序、动作顺序等进行功能布局。

四、电气施工图识图要点和方法

电气工程不论强电还是弱电，系统简单或者复杂，想快速准确地了解图纸都必须掌握方法和步骤。电气施工图读图的基本要点根据经验总结为：掌握概况、抓住系统、分段阅读、参照规范。一整套图纸识读的具体步骤如下：

1. 了解工程名称、项目内容、图纸目录，对工程整体情况有所了解。仔细阅读电气设计说明，说明中会对工程中电气部分的总体情况进行概述，如对该工程的供电形式、电压等级、线路敷设方式、设备安装方法、防雷等级、接地要求都会有所介绍。

2. 了解工程使用的标准，以便在施工过程中进行参照。一般工程都要符合国标（GB），这是最基本的标准，是保证质量的底线。此外，由于各地区气候、条件的差异，各地区还有地方标准（DB）；一些大型企业为了保证本企业工程技术标准的统一，还会编制企业标准（QB）；一些重点工程为了提升质量，还会使用一些要求较高的推荐性国标（GB/T）。严格执行这些标准是工程顺利进行的保障。

3. 熟悉图中所提供的图例符号。图纸中会有专门的图例列表，标出各种电气设备的名称、功能和安装方法。一般设计人员会选用符合国家标准的常用图例，但有时遇到特殊设备或非常用元件，也会按规律临时创造一些图例符号，读图时要特别注意。

4. 看电气工程图时要把各种图纸结合在一起看。

（1）首先要抓住系统的脉络，看系统图了解工程的规模、形式、基本组成、干线和支线关系、主要设备类型等，这些在系统图上可以很直观地看出，相比走线复杂的平面图来说，系统图具有很大的优势。

（2）其次看平面图，了解电气设备安装位置、线路敷设方法及路径、导线和保护管的规格型号。特别要注意，电气平面图是在土建图纸的基础上绘制的，是按实际位置进行的设备布置和走线，所以线路看上去较为零散，不易梳理。这里也有诀窍，就是“顺藤摸瓜”，这条藤就是系统图中的线路脉络，依照系统图中由总到分的顺序整理，按照进户线→总配电箱→干线→分配电箱→支线→用电设备的顺序，就可以将平面图上的线路逐一厘清。

（3）一般在高层建筑中会有一些功能相近、形式统一的标准层，绘制图纸时只需绘制一张标准层图纸就可以代表相关楼层的施工情况。需要注意的是，标准层中的设备型号一般是一样的，但设备编号有所不同，应依次编排。进行工程量计算时不要漏记楼层数量。

（4）设备安装时看电气原理图和安装接线图。具体部位的设备安装要根据原理图和接线图完成，有些设备（如风机盘管等）本身设置了多种跳线方式以满足不同用户的需要，安装时一定要根据设计要求连接，切忌完全依靠经验。

由于电气工程图是具体工程的指导性文件，所以不会把全部的安装方法都罗列在图纸上，具体的施工做法可以参照通用图集，以及由设计师指定的规范和施工图集、图册。

通过以上步骤可以顺利完成电气图纸的识读，但作为一名专业的施工人员，还要考虑电气施工与土建、管道等专业的配合。由于不同专业的设计过程往往是独立的，所以在施工过程中需要将不同专业的图纸进行对比，对可能出现的管线重叠、孔洞预留、设备悬挂等问题要提前审核图纸进行对比查找，以避免拖延施工进度。

对于特殊的设备或新型的工艺方法，可在技术交底时咨询设计人员。

第二节　动力及照明施工图识读方法

一、动力及照明系统的组成

1. 动力系统的组成

动力系统是建筑物内为动力设备提供电能供应的电气系统，如水泵、锅炉、空气调节设备、送风和排风机、电梯、试验装置等设备及其供电线路、控制电器、保护继电器等组成该设备供电的动力系统。动力系统通常采用三相交流电进行电能供应。

2. 常用动力设备的电气控制

电动机从启动方式看可以分为直接启动和降压启动，通过连接控制电路可实现不同的启动方式。此外，动力设备为了实现不同的功能，可以通过搭接控制电路来达成预定的运行效果，如点动控制、连续单向运行、双向运行等，还可以搭载 PLC 等控制设备，通过编程实现复杂的控制功能。

以图 4–7 所示直接启动单方向连续运行控制电路为例，在电气工程中会提供设备的控制电路接线图，供安装人员搭建控制电路。工程中控制电路通常安装在设备控制箱内，以便操作和保护。设备控制箱如图 4–8 所示。

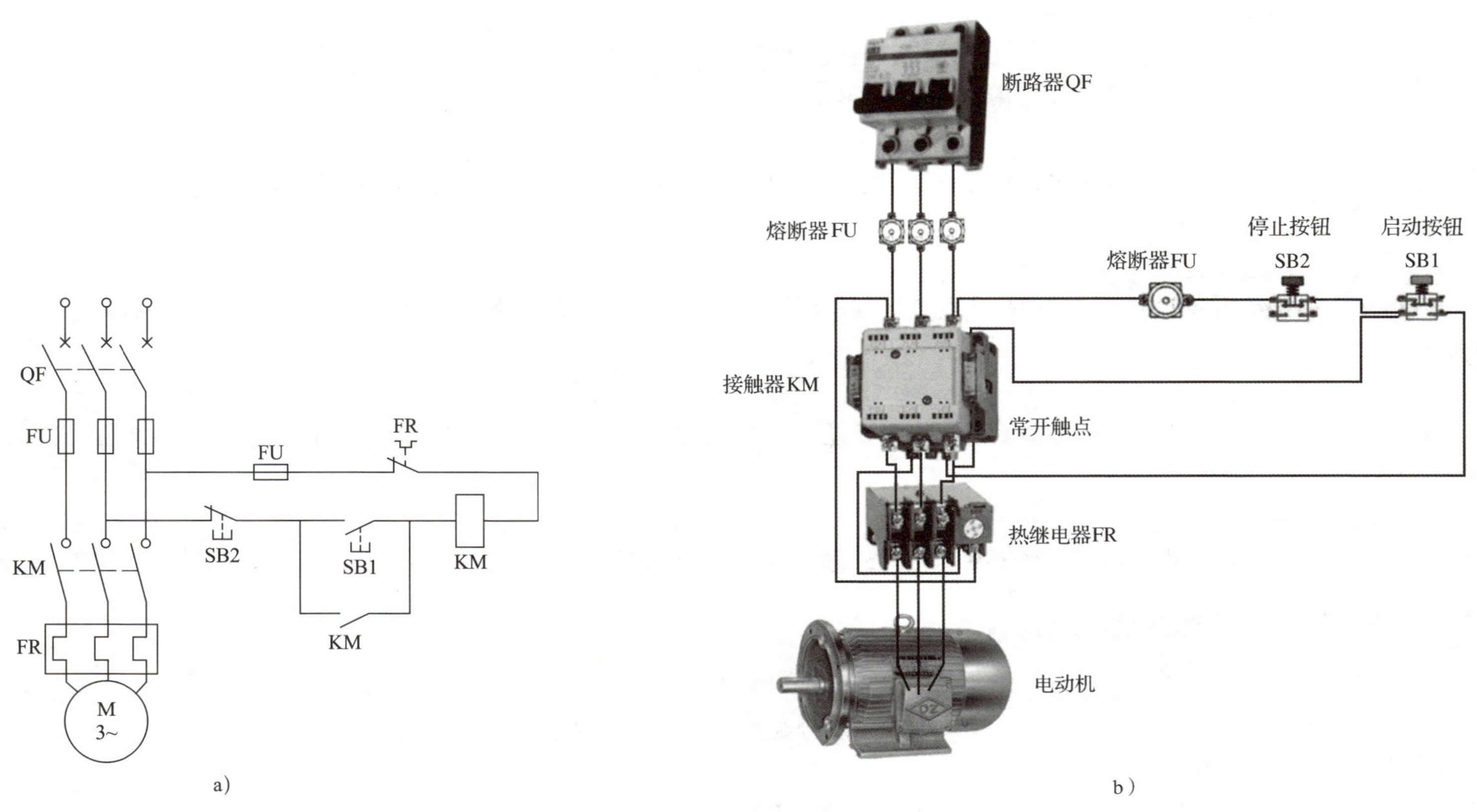

图 4–7　直接启动单方向连续运行控制电路

a）接线图　b）实物图

3. 电力负荷分级

建筑中用电设备消耗的电功率称为电力负荷，简称负荷。根据重要性的不同，将负荷分为三级，对于重要的负荷设备，供电时会增加保障措施。

（1）一级负荷

一级负荷是指中断供电将造成人身伤害，或将造成重大经济损失，或将影响重要用电单位正常工作时的电力负荷，如医院的手术室设备用电、建筑内的消防设备用电等。一级负荷应采用双重电源供电，特别重要的还应备应急电源。

（2）二级负荷

二级负荷是指中断供电将造成较大经济损失，或将影响较重要用电单位正常工作时的电力负荷，如高层建筑的电梯用电、大型冷库的设备用电等。二级负荷应采用双回路电源供电。

（3）三级负荷

三级负荷是指不属于一级负荷和二级负荷的一般电力负荷，如普通住宅照明用电等。三级负荷对供电无特殊要求。

图 4–8　设备控制箱

4. 建筑照明系统的组成

建筑照明系统主要为楼内照明灯具、插座等单相设备供电。照明系统的配电线路一般由进户线、总配电箱、干线、分配电箱、分支线和用电设备组成，如图 4–9 所示。照明系统的配电箱宜采用两级控制方式，即进线控制和出线控制，控制开关多为低压空气开关。

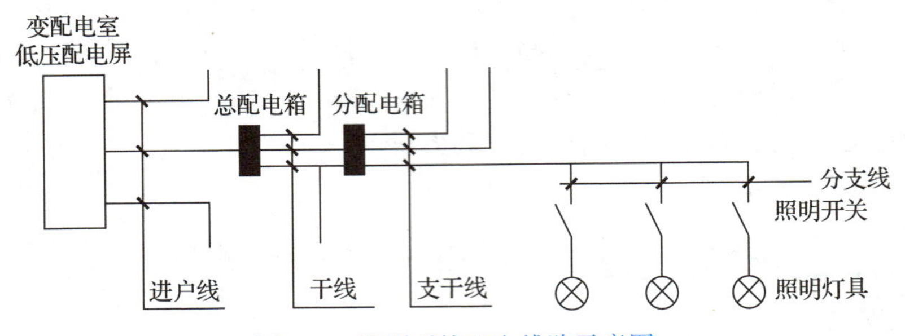

图 4-9　照明系统配电线路示意图

5. 低压配电系统常见的配电方式

建筑内的动力系统和照明系统一般都是由总配电箱和各楼层分配电箱按一定连接方式组成的稳定的供配电系统。考虑到各类建筑对供配电系统可靠性、经济性的要求不同，低压配电系统常见的配电方式有放射式、树干式、混合式和链式等，如图 4-10 所示。

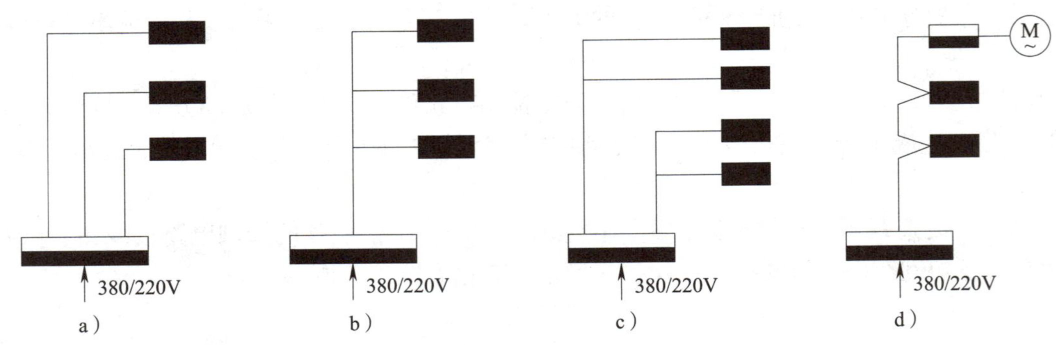

图 4-10　低压配电系统常见的配电方式

a）放射式　b）树干式　c）混合式　d）链式

（1）放射式低压配电系统

放射式低压配电系统各负荷独立受电，故障范围仅限于本回路而不影响其他回路，因此供电可靠性高。其缺点是开关、设备及线路消耗量大。

（2）树干式低压配电系统

树干式低压配电系统由一条主干线路引出支线连接各楼层设备，开关、设备及线路消耗量少。其缺点是干线发生故障时影响范围大，供电可靠性低。

（3）混合式低压配电系统

混合式低压配电系统是放射式低压配电系统和树干式低压配电系统的结合，综合了两者的特点，高层建筑物的供电常采用混合式低压配电系统。

（4）链式低压配电系统

链式低压配电系统与树干式低压配电系统基本相同，但干线分支处设保护开关，应用于各负荷较近且不重要的小型电气设备。

二、动力及照明施工图的组成与内容

动力工程和照明工程是电气工程中最基本的项目。动力工程主要是将电源引入建筑内，为建筑内的用电单元供电，还包括向楼内的水泵、风机等主要三相设备供电。照明工程是将变配电室分配到楼内的电力通过配电箱的控制，连接到具体的末端用电设备，一般为单相用电器，如灯具、风扇、插座等。

动力及照明施工图包括系统图、平面图、配电箱安装接线图等。

系统图表示工程的规模、形式、基本组成、干线和支线关系、主要设备类型等。

平面图采用图形符号加文字标注的形式绘制，表示动力及照明系统的安装位置、敷设方式、管线规格等。

配电箱安装接线图描述箱内开关、断路器、计量仪表等元件的连接方式。为了便于检修，箱体安装时应将配电箱安装接线图贴在箱门内侧，以便对线路进行核对。

1. 常用电气图形符号

电气图形符号一般采用会意图形，同一类型设备的图形符号采用主体相近、略有变化的形式。比如配电箱，不论是动力配电箱、照明配电箱还是事故配电箱，主体都是一个矩形框，只是框内略有差异。抓住同类符号之间的特点会便于记忆。

电气图的常用图例见表 4-1。

表 4-1　电气图的常用图例

原理接线图常用图例			
序号	图例	名称	备注
1	⎓	直流	
2	～	交流	
3	⏚	接地，一般符号	

原理接线图常用图例			
序号	图例	名称	备注
4		原电池或蓄电池组	
5	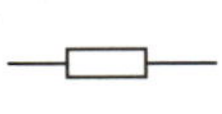	电阻器，一般符号	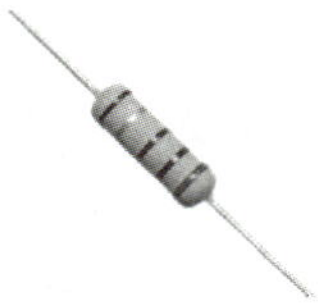
6		电容器，一般符号	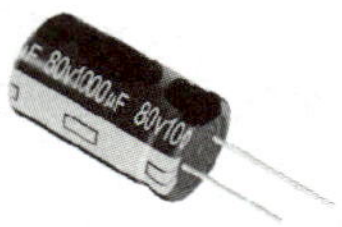
7		电感器，一般符号	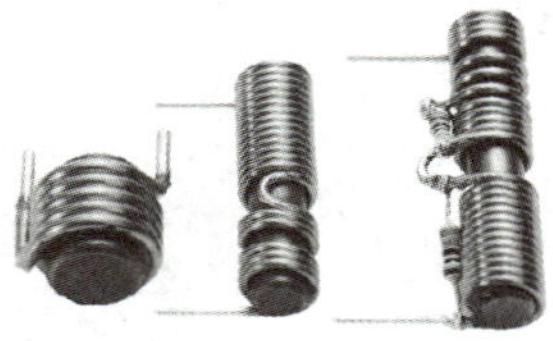
8		半导体二极管，一般符号	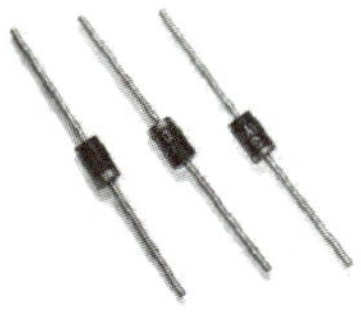
9		动合（常开）触点	
10		动断（常闭）触点	
11		接触器的主动合触点	
12	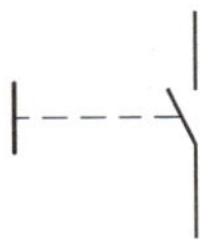	手动开关，一般符号	
13	形式1 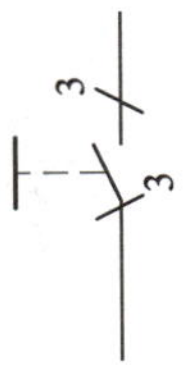 3 3 形式2 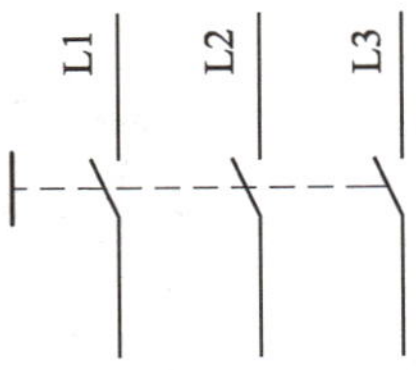 L1 L2 L3	手动三极开关	
14	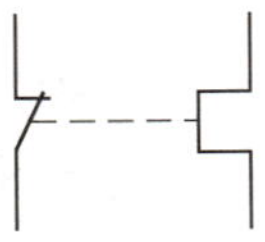	热继电器，动断触点	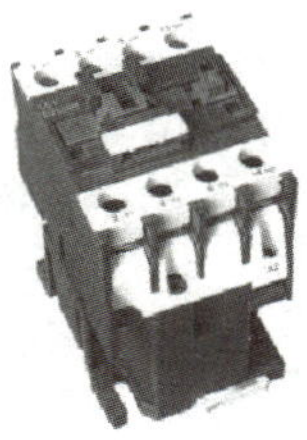

原理接线图常用图例			
序号	图例	名称	备注
15	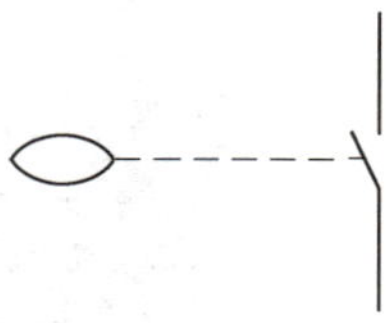	液位控制开关，动合触点	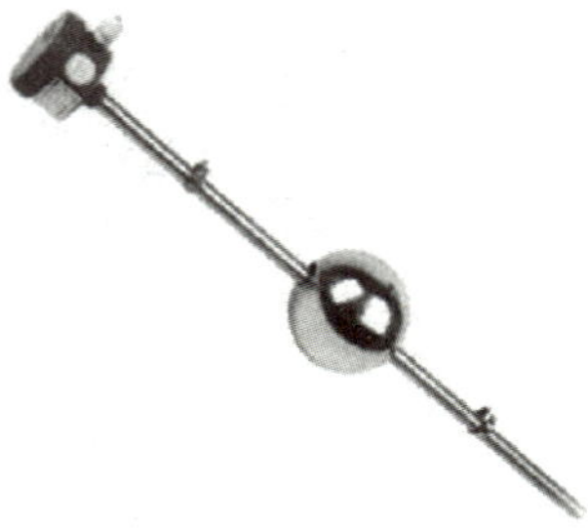
16	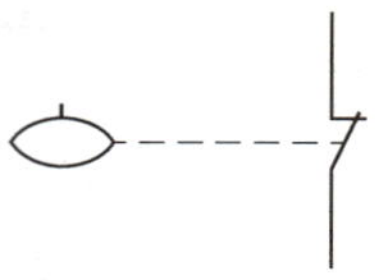	液位控制开关，动断触点	
17		电铃	
18		报警器	
19		熔断器，一般符号	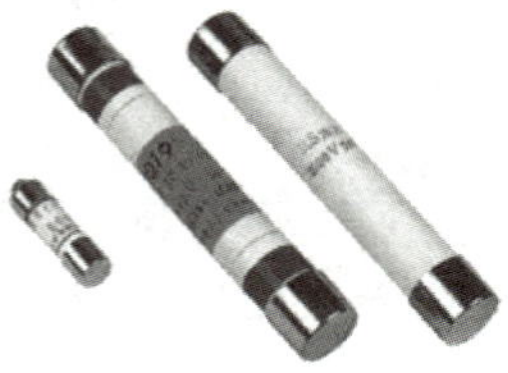
20		避雷器	
21		灯，一般符号	
22	 V	电压表	
23	 A	电流表	
24		整流器	

原理接线图常用图例			
序号	图例	名称	备注
25		逆变器	
26	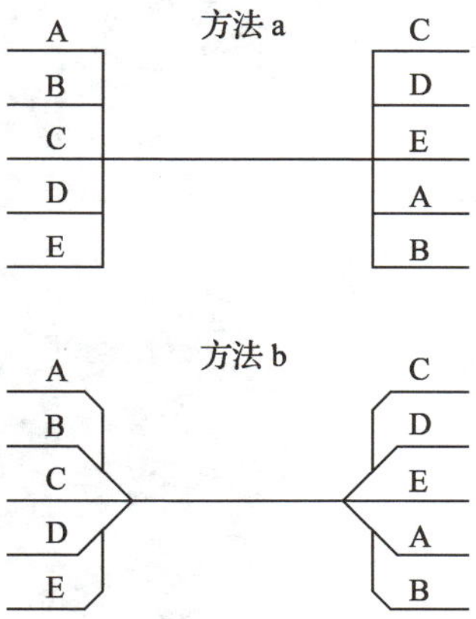 方法 a A B C D E — C D E A B 方法 b A B C D E — C D E A B	用单根连接线表示线组（线束）	
27	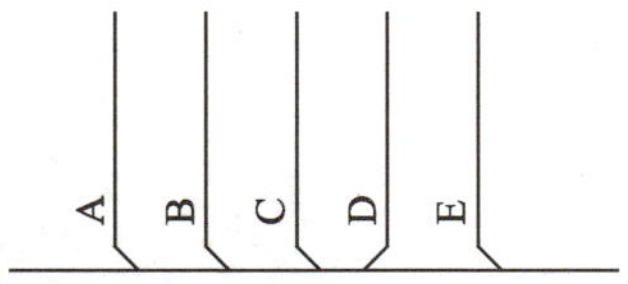 A B C D E	单根连接线汇入线束	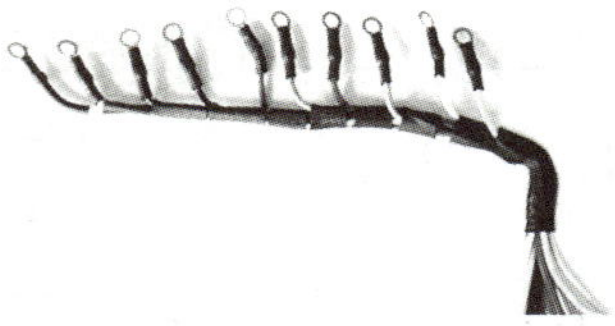

照明系统平面图常用图例			
序号	图例	名称	备注
1	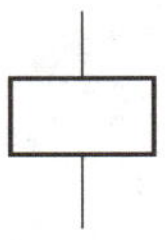	操作器件，一般符号 继电器线圈，一般符号	
2	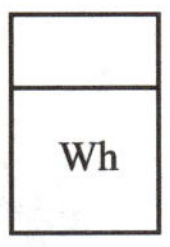 Wh	电度表	
3	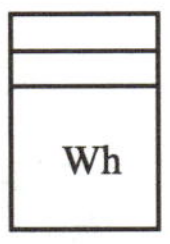 Wh	多费率电度表	
4	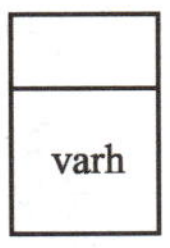 varh	无功电度表	
5		双绕组变压器	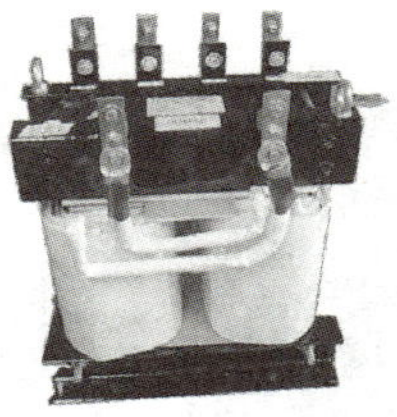

照明系统平面图常用图例			
序号	图例	名称	备注
6	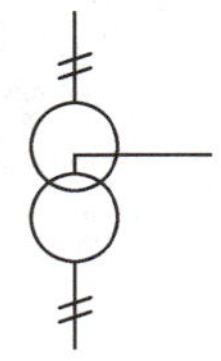	在一个绕组上有中心点抽头的变压器	
7		星一三角联结的三相变压器	
8		单相自耦变压器	
9		三相自耦变压器	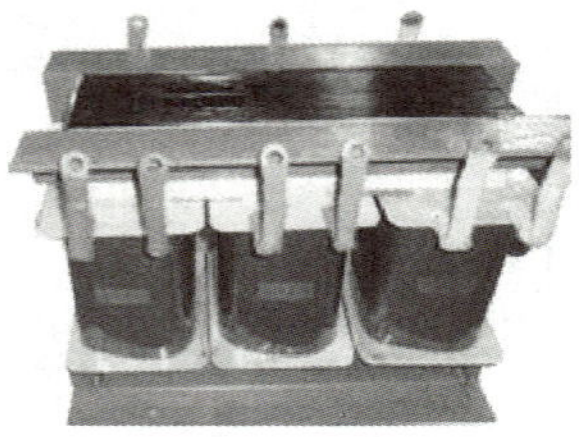
10	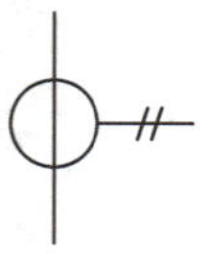	电流互感器	
11	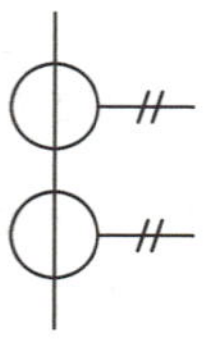	具有两个铁心，每个铁心有一个一次绕组的电流互感器	
12		隔离开关	
13	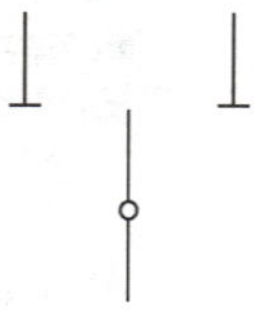	双向隔离开关	

照明系统平面图常用图例			
序号	图例	名称	备注
14		负荷开关（负荷隔离开关）	
15		断路器（空气开关）	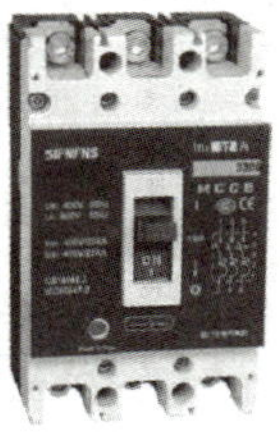
16		带漏电保护器的断路器	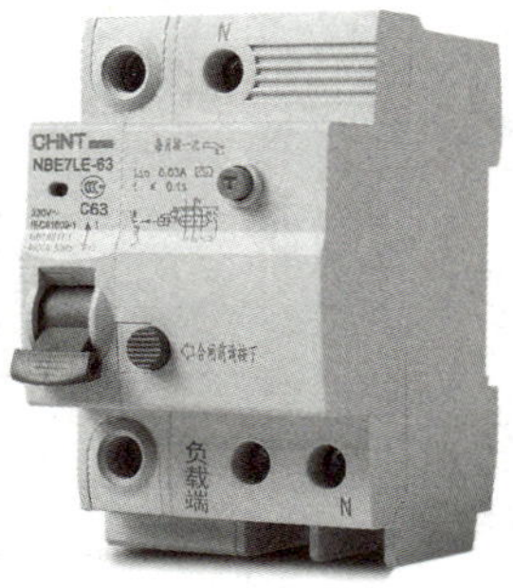
17		熔断器式开关	
18	 ★	电机，一般符号 “★”用下述字母之一代替： G　发电机 GS　同步发电机 M　电动机 MS　同步电动机	
19	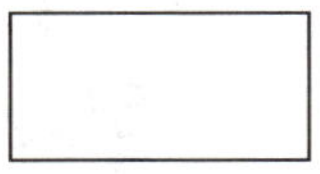 ☆	轮廓外就近标注种类代号“☆”，表示电气箱（柜） 种类代码 AC，表示控制箱 种类代码 AFC，表示火灾报警控制器 种类代码 ABC，表示建筑自动化控制器 种类代码 ACP，表示并联电容器箱 种类代码 AD，表示直流电源箱 种类代码 AE，表示励磁柜 种类代码 AF，表示熔断器式开关箱 种类代码 AS，表示信号箱 种类代码 AT，表示电源自动切换箱 种类代码 AW，表示电度表箱 种类代码 AX，表示插座箱	
20		照明配电箱	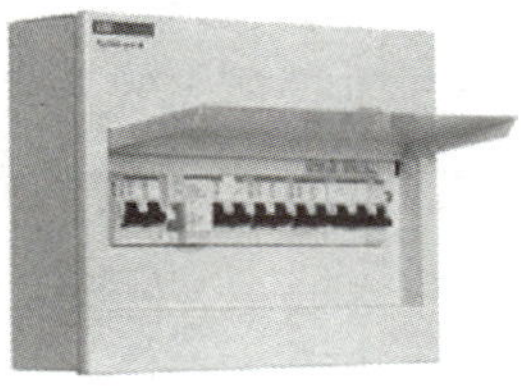
21		动力配电箱	

续表

照明系统平面图常用图例			
序号	图例	名称	备注
22	⊗★	若需要指出灯具种类，则在“★”位置标出数字或下列字母： W- 壁灯 C- 吸顶灯 R- 筒灯 EN- 密闭灯 EX- 防爆灯 G- 圆球灯 P- 吊灯 L- 花灯 LL- 局部照明灯 SA- 安全照明 ST- 备用照明	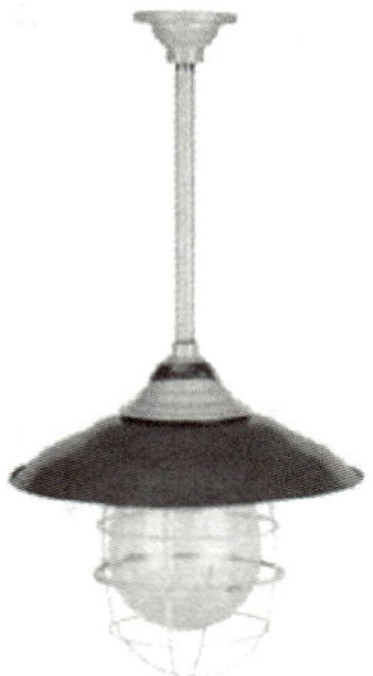
23		荧光灯，一般符号	
24	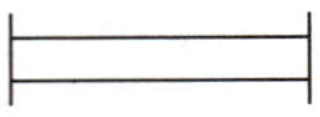	二管荧光灯	
25	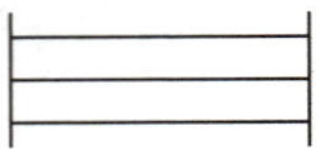	三管荧光灯	
26	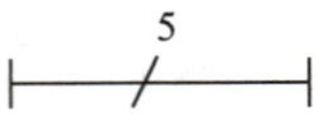 5	五管荧光灯	
27	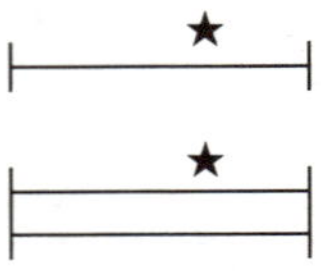 ★ ★	若需要指出灯具种类，则在“★”位置标出下列字母之一： EN- 密闭灯 EX- 防爆灯	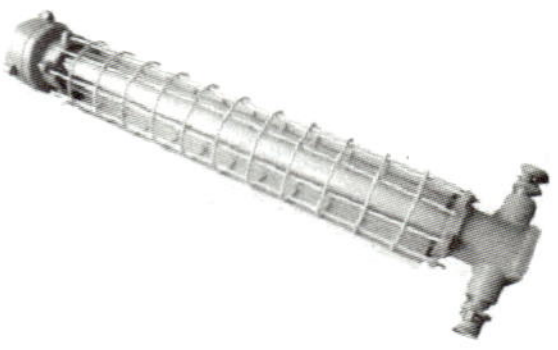
28		吸顶灯	
29		壁灯	
30		防水防尘灯	
31		投光灯，一般符号	
32	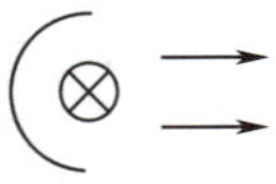	聚光灯	

照明系统平面图常用图例			
序号	图例	名称	备注
33	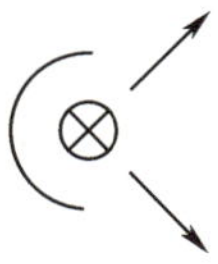	泛光灯	
34	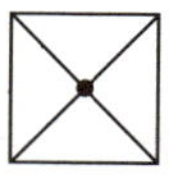	自带电源的事故照明灯	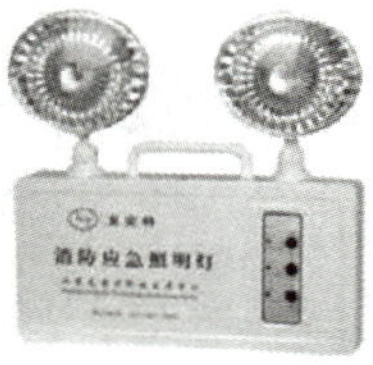
35	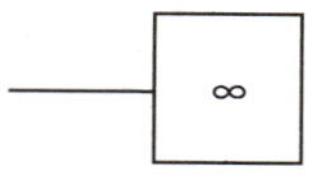	风扇，示引出线	
36	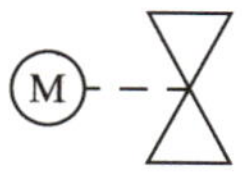	电动阀	
37		向上配线	
38		向下配线	
39		连线	
40	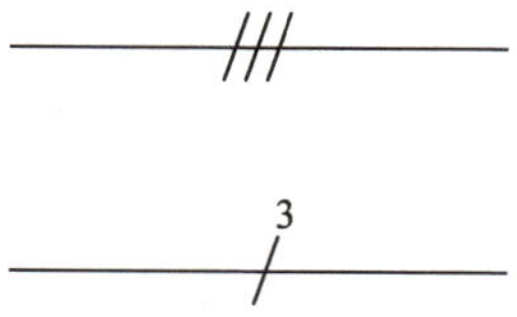 3	三根导线	
41	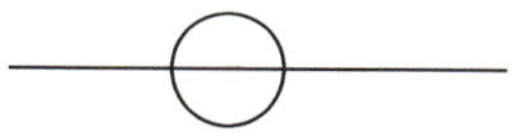	架空线路	
42	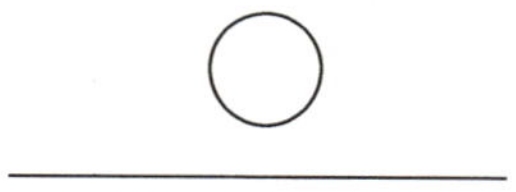	管道线路	
43	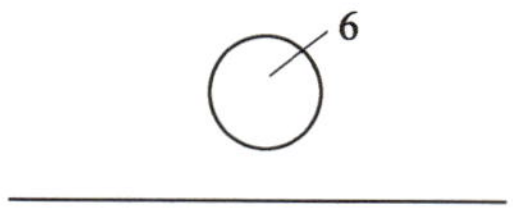 6	6 孔管道线路	
44	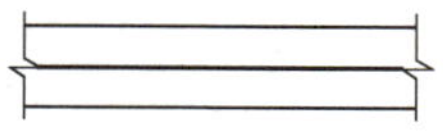	电缆桥架线路	
45	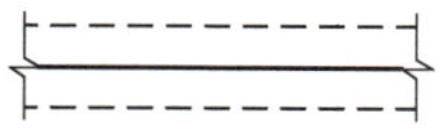	电缆沟线路	
46	单线表示 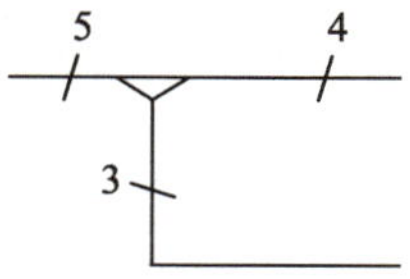 5 4 3 多线表示 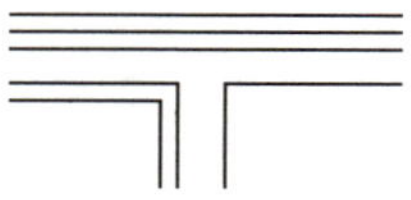	连线示例	

照明系统平面图常用图例			
序号	图例	名称	备注
47	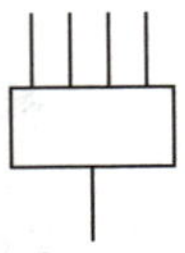	配电中心，示出五根导线	
48	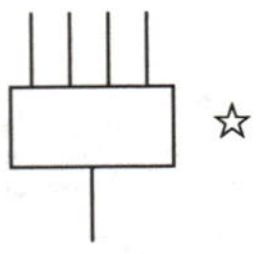 ☆	符号就近标注种类代号“☆”，表示配电柜（屏）、箱、台： 种类代码 AP，表示动力配电箱 种类代码 APE，表示应急电力配电箱 种类代码 AL，表示照明配电箱 种类代码 ALE，表示应急照明配电箱	
49		（电源）插座，一般符号	
50	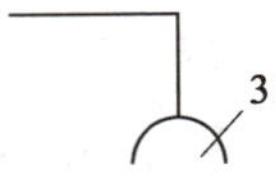 3	（电源）多个插座，示出三个	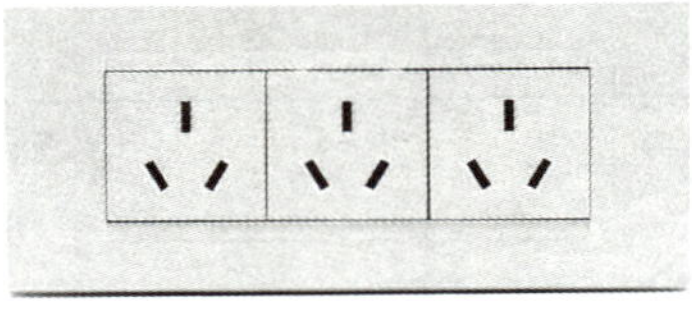
51	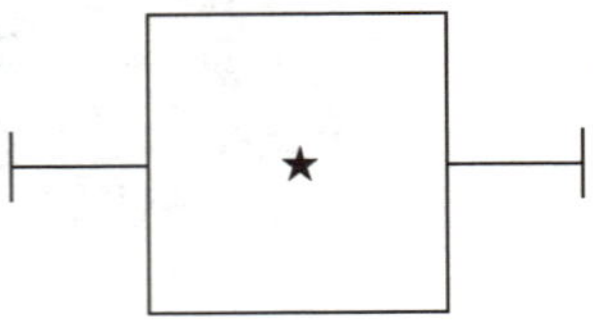 ★	设备（盒）箱 注：“★”被专门的设备符号代替或省略 本图集“★”用下列字母表示设备盒（箱）的种类： F- 开关熔断器组（负荷开关）熔断器盒 K- 刀开关箱 Q- 断路器箱，母线槽插接箱 XT- 接线端子箱	
52	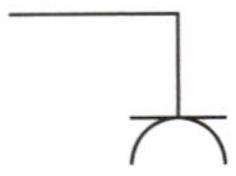	带保护接点（电源）插座	
53	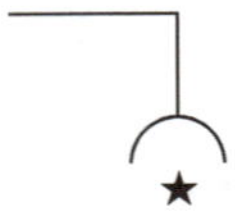 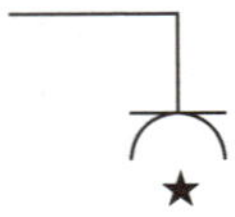 ★ ★	根据需要可在“★”处用下述文字区别不同插座： 1P- 单相（电源）插座 3P- 三相（电源）插座 1C- 单相暗敷（电源）插座 3C- 三相暗敷（电源）插座 1EX- 单相防爆（电源）插座 3EX- 三相防爆（电源）插座 1EN- 单相密闭（电源）插座 3EN- 三相密闭（电源）插座	
54	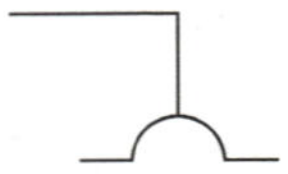	具有保护板（电源）插座	
55	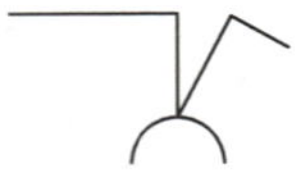	具有单极开关（电源）插座	
56		三相四孔插座	
57		开关，一般符号	

照明系统平面图常用图例			
序号	图例	名称	备注
58	 ★	根据需要在“★”处用下述文字标注在图形符号旁边，以区别不同类型开关： C- 暗装开关 EX- 防爆开关 EN- 密闭开关	
59		带指示灯的开关	
60		单控单联跷板开关	
61		单控双联跷板开关	
62	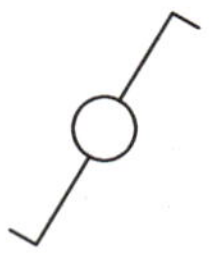	双控单联跷板开关	
63	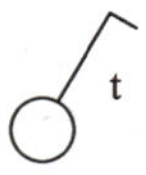 t	单极延时开关	
64		调光器	
65	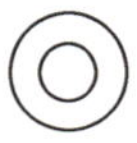	按钮	
66		带指示灯的按钮	
67		避雷针	
68	LP	避雷线、避雷带、避雷网	

2. 线路和设备的文字标注

（1）室内配电线路的表示方法

线路敷设标注的格式：$a\text{–}b\text{–}c \times d\text{–}e\text{–}f$。

其中：a—线路编号或线路用途；

b—导线型号（见表 4–2）；

c—导线根数；

d—导线截面积，mm^2；

e—导线敷设方式（标注的文字代号见表 4–3）和穿管直径，mm；

f—导线敷设部位（标注的文字代号见表 4–4）。

例如，WL1–BV–（2×25+1×16）–SC40–FC 表示：WL1 支路，导线型号为铜芯聚氯乙烯绝缘导线，2 根截面积为 25 mm^2 和 1 根截面积为 16 mm^2 的导线，穿管直径为 40 mm 的钢管，沿地面暗敷设。

表 4–2　　常用导线的型号和规格

类别		型号	电压 /V	名称	线芯标称截面积 /mm^2
塑料绝缘导线	聚氯乙烯绝缘	BV	500	铜芯聚氯乙烯绝缘导线	1.0、1.5、2.5、4、6、10、16、25、35、50、70、95
		BLV	500	铝芯聚氯乙烯绝缘导线	
		BVV	500	铜芯聚氯乙烯绝缘聚氯乙烯护套导线	1.0、1.5、2.5、4、6、10
		BLVV	500	铝芯聚氯乙烯绝缘聚氯乙烯护套导线	
	氯丁橡胶绝缘	BXF	500	铜芯氯丁橡胶绝缘导线	1.0、1.5、2.5、4、6、10、16、20、25、35、50、70、95
		BLXF	500	铝芯氯丁橡胶绝缘导线	1.5、2.5、4、6、8、10、16、20、25、35、50、70、95
橡胶绝缘导线		BXHF	500	铜芯橡胶绝缘氯丁护套导线	1.0、1.5、2.5、4、6、10、16、25、35、50、70、95
		BLXF	500	铝芯橡胶绝缘氯丁护套导线	2.5、4、6、10、16、25、50、70、95
		BX	500	铜芯橡胶绝缘导线	1.0、1.5、2.5、4、6、10、16、25、35、50、70、95、120、150、185、240、300、400
		BLX	500	铝芯橡胶绝缘导线	1.0、1.5、2.5、4、6、10、16、25、35、50、70、95、120、150、185、240、300、400
		BBX	500	铜芯玻璃丝编织橡胶绝缘导线	1.0、1.5、2.5、4、6、10、16、25、35、70、95
		BBX	250	铜芯玻璃丝编织橡胶绝缘导线	1.0、1.5、2.5、4
		BBLX	500	铝芯玻璃丝编织橡胶绝缘导线	2.5、4、6、10、16、25、35、50、70、95
		BBLX	250	铝芯玻璃丝编织橡胶绝缘导线	2.5、4
		BXR	500	铜芯橡胶绝缘软线	1.0、1.5、2.5、4、6、10、16、25、35、50、70、95
		RXS	250	橡胶绝缘棉纱编织双绞软线	0.2、0.3、0.4、0.5、0.75、1.0、1.5、2.0、2.5

表 4–3　　线路敷设方式标注的文字代号

中文名称	英文代号（新）	拼音代号（旧）	备注
钢管配线	SC	G	
电线管配线	TC	DG	
硬塑料管配线	PC	VG	

续表

中文名称	英文代号（新）	拼音代号（旧）	备注
阻燃半硬塑料管配线	FPC	ZVG	
阻燃塑料管配线	PVC	—	
瓷夹配线	PL	CJ	
塑料夹配线	PCL	VJ	
瓷瓶配线	K	CP	
塑料线槽配线	PR	XC	
金属线槽配线	MR	GC	
铝卡片配线	AL	QD	
电缆桥架配线	CT	—	
钢索配线	M	S	
蛇皮管配线	CP	SPG	
明敷	E	M	
暗敷	C	A	

表 4-4　线路敷设部位标注的文字代号

中文名称	英文代号（新）	拼音代号（旧）
暗敷设在地面（板）内	FC	DA
暗敷设在墙内	WC	QA
暗敷设在柱内	CLC	ZA
暗敷设在梁内	BC	LA
暗敷设在屋面或顶板内	CC	PA
暗敷设在不能进入的吊顶内	ACC	PNA
沿墙面敷设	WE	QM
沿天棚面或顶板敷设	CE	PM
沿柱或跨柱敷设	CLE	ZM
在能进入的吊顶内敷设	ACE	PNM

（2）用电设备的表示方法

用电设备（电动机出线口处）的标注格式为：$\frac{a}{b}$。

其中：a—设备编号；

b—额定功率，kW。

如：某设备出线口标注 $\frac{1}{7.5}$，表示编号为 1 号设备，额定功率为 7.5 kW。

（3）电力或照明设备的表示方法

电力或照明设备的标注格式为：$a\frac{b}{c}$或 a–b–c。

其中：a—设备编号；

b—设备型号；

c—设备容量，kW。

如：在配电箱旁标注 $3\frac{\text{XL–53–1}}{32}$，表示 3 号动力配电箱，XL–53–1 型，落地安装，功率为 32 kW。

（4）开关及熔断器的表示方法

开关及熔断器的标注格式为：$a\frac{b}{c/i}$或 a–b–c/i。

其中：a—设备编号；

b—设备型号；

c—额定电流，A；

i—熔体额定电流，A。

如：$2\frac{\text{HH4–100/3}}{100/80}$，表示 2 号设备是一个铁壳开关，型号为 HH4–100/3，额定电流为 100 A，熔体额定电流为 80 A。

（5）照明灯具的表示方法

照明灯具的标注格式为：a–$b\frac{c\times d\times l}{e}f$。

其中：a—照明的套数数量；

b—灯具型号或代号；

c—每盏灯具中的灯泡（管）数；

d—每个灯泡的容量，W；

e—安装高度，m；

f—灯具安装方式（标注的文字代号见表 4–5）；

l—灯源种类（可省略不写）。

如：12–PKY508 $\frac{2\times 40}{2.5}$P，表示有 12 套 PKY508 型荧光灯，每盏灯中有 2 个 40 W 的荧光灯管，安装高度为 2.5 m，管吊式安装方式。

表 4–5　照明灯具安装方式标注的文字代号

表达内容	标注代号		备注
	英文代号	汉语拼音代号	
线吊式	CP		
自在器线吊式	CP	X	
固定线吊式	CP1	X1	
防水线吊式	CP2	X2	
吊线器式	CP3	X3	
链吊式	CH	L	
管吊式	P	G	

续表

表达内容	标注代号		备注
	英文代号	汉语拼音代号	
吸顶式或直附式	S	D	
嵌入式（嵌入不可进入的顶板）	R	R	
顶棚内安装	CR	DR	
墙壁内安装	WR	BR	
台上安装	T	T	
支架上安装	SP	J	
壁装式	W	B	
柱上安装	CL	Z	
座装	HM	ZH	

三、电气系统图识读

系统图集中反映了动力及照明工程的安装容量，计算容量，配电方式，管线规格、敷设方式，开关、断路器和计量仪表等元件的型号、规格等。

以某办公楼为例，如图 4–11 所示为该办公楼系统图。办公楼为三层，AL 为配电箱，1AP1 为动力配电箱，1AL1、2AL1 和 3AL1 为每层的分配电箱。

如图 4–11a 所示为总配电箱系统图。“AL/135 kW”表明全楼的总负荷容量为 135 kW，“P_e”（总功率）、“K_x”（需要系数）、“P_{js}”（总计算功率）等为配电箱的计算参数；电源进户电缆 YJV–（3 × 150+1 × 95）–SC100–FC，进户线标的 3 N–50 Hz 表明电源为三相四线制；箱内装有总开关、总电表、总断路器和 5 个分支断路器；WL1 ～ WL4 为总配电箱的三相出线回路，为后续的动力箱和楼层分配电箱提供三相电源，WL5 仅作备用，并不接出线路；线路上标注各自的配线及敷设方式，如 BV–（4 × 25+1 × 16）–SC50–FC，表示 4 根截面积 25 mm^2 和 1 根截面积 16 mm^2 的铜芯聚氯乙烯绝缘导线，穿直径 50 mm 的钢管沿地面暗敷设。

如图 4–11b 所示为分配电箱系统图，该图为首层分配电箱 1AL1 系统图。该箱负责控制首层的用电负荷，箱体电源由总配电箱引来，W1 ～ W9 为单相出线回路，为后端照明和插座提供单相电源，W10 ～ W12 为三相出线回路，为本层空调插座提供三相电源，W13 ～ W15 为备用回路，并不接出线路；所有回路均采用 BV 线（铜芯聚氯乙烯绝缘导线）穿钢管敷设，照明管线沿顶敷设，插座管线沿地敷设；W7 ～ W12 的插座支路均选用带漏电保护的断路器。在分配电箱中要完成“配电”的工作，即把引入箱内的三相电源分配成多路单相电源给后端设备使用，分配原则是尽量保持三相平衡，使三相电的每一相所带负载尽量均衡。图中 L1、L2、L3 代表三相，每条支路的负载都已经被依次分配到这三相上，以确保三相负荷平衡。

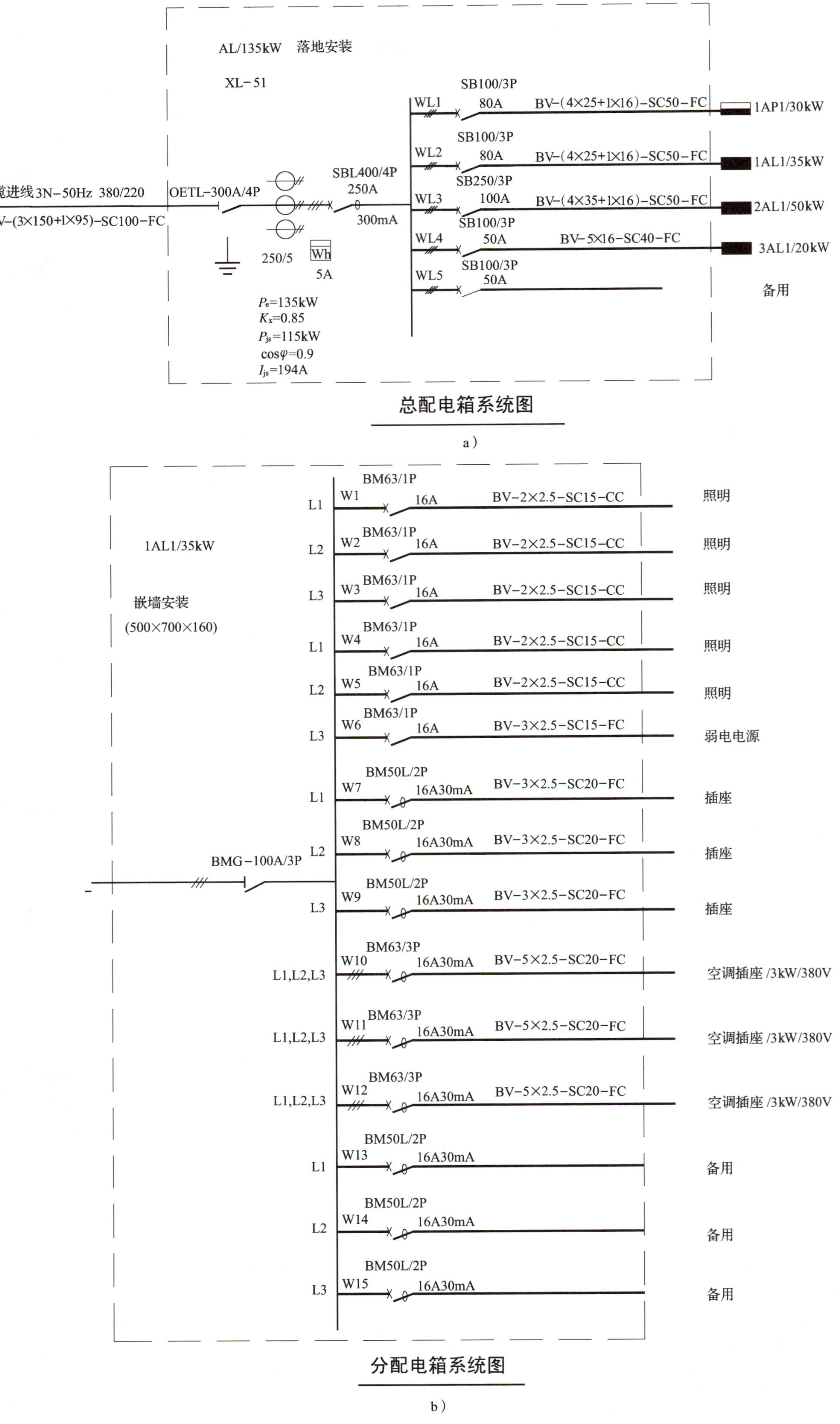

图 4-11 某办公楼系统图

四、电气平面图识读

平面图表示动力、照明线路的敷设位置、敷设方式和管线规格，同时还标出各种用电设备（照明灯、插座、空调等）的型号、数量、安装方式和相对位置。

如图 4-12a 所示是一层插座平面图，如图 4-12b 所示是一层照明平面图。识读平面图时要结合系统图，由总到分按照进户线→总配电箱→干线→分配电箱→支线→用电设备的顺序，这样可以比较容易地把系统理顺。

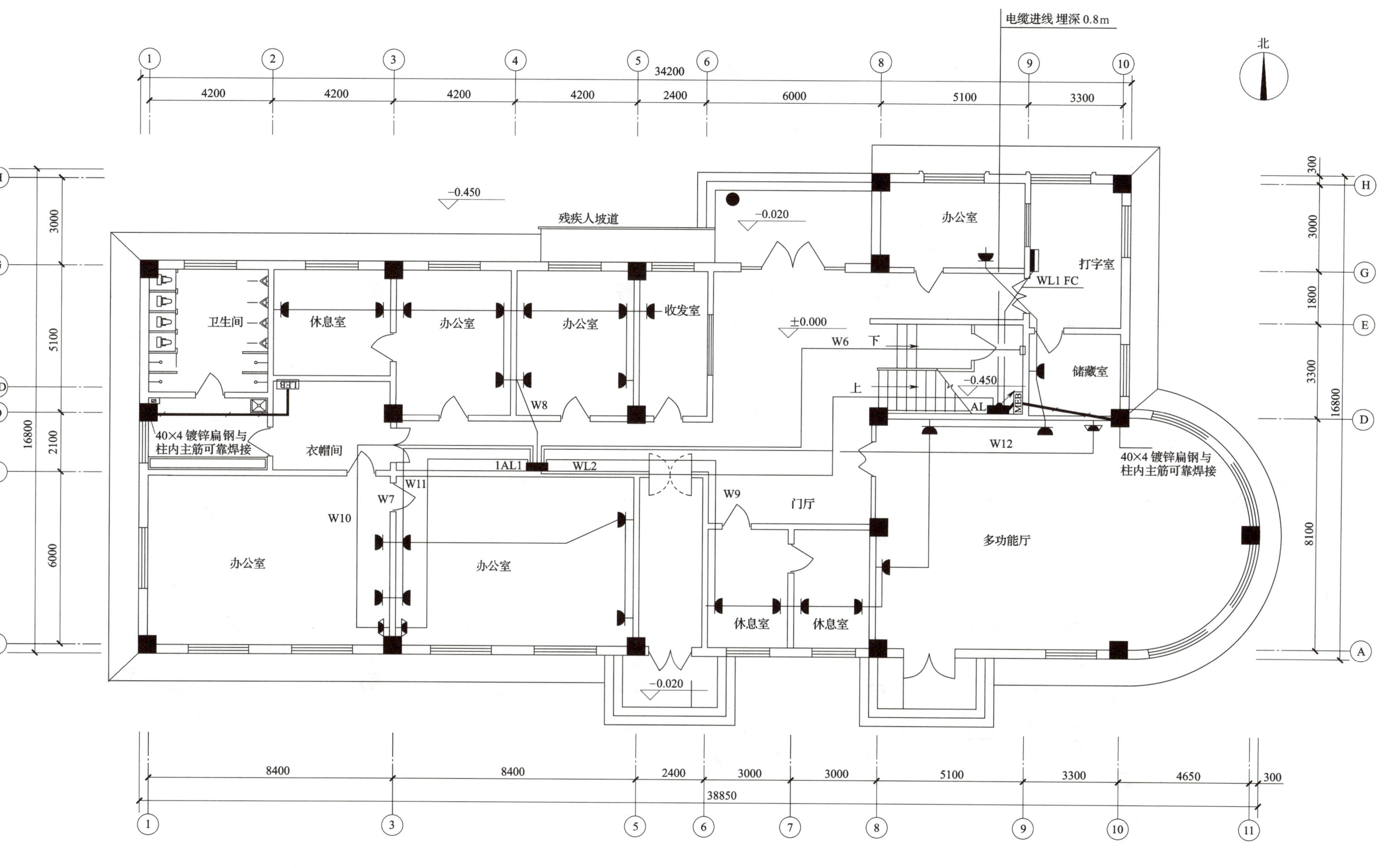

一层插座平面图 1：100

a）

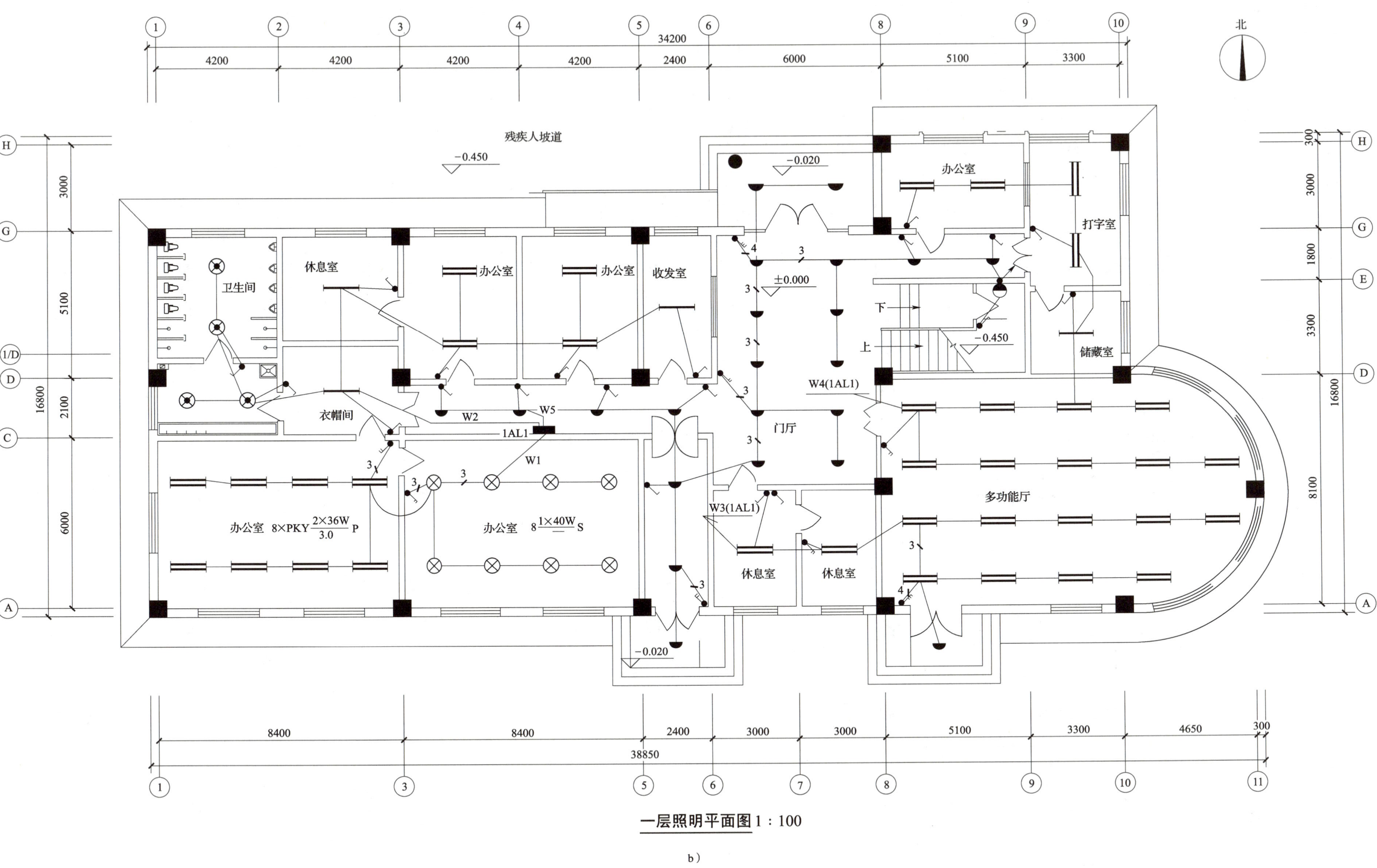

一层照明平面图 1 : 100

b）

图 4-12 电气平面图

进户线：从室外埋设入户，引到楼梯间墙上的总配电箱 AL。

总配电箱：结合系统图可知总配电箱 AL 引出的干线，一条连接至位于打字室的动力配电箱，一条连接至位于Ⓒ轴走廊墙上的分配电箱 1AL1。在总配电箱 AL 上有一个上引的箭头 ，表示从此处引出连接二层、三层分配电箱的线路。总配电箱右侧接出的 40 mm × 4 mm 的镀锌扁钢用作连接系统的电气接地。

干线：干线是由总配电箱引出连接至分配电箱的楼内电气主干线路。本层平面图画出的是连接 1AP1 的 WL1 和连接 1AL1 的 WL2，这两条线路均是沿地暗敷。

分配电箱、支线、用电设备：本层的分配电箱 1AL1 共引出 12 条支路，每条为不同的房间提供用电负荷。所有回路均采用 BV 线穿钢管敷设，照明管线沿顶暗敷，插座管线沿地暗敷。读图时应该从图中看出每条线路的路径及所带设备的型号、数量和安装方式。图中 $8\frac{1\times 40\ \mathrm{W}}{—}\mathrm{S}$ 表示 8 套功率为 40 W 的白炽灯，S 表示吸顶安装；$8\times \mathrm{PKY}\frac{2\times 36\ \mathrm{W}}{3.0}\mathrm{P}$ 表示 8 套 PKY 型双管荧光灯，每根灯管功率为 36 W，P 表示管吊式安装，下沿距地 3.0 m。由于图纸空间限制，一些标注需要查看系统图及图例列表（见表 4–6），如插座的安装高度等。在看照明支路时要注意，平面图上的单根连线表示有两根导线连接，多根导线连接时要在连接线上加数字标注。作为安装人员，还应知道每条线的作用，以图 4–13 为例，原理接线图中的标注是对平面图中各条线路功能的说明，图中 L 为火线，N 为零线，C1 为双联开关的 1 路控制线，C2 为双联开关的 2 路控制线。同样是管内穿的 3 根线，区别功能以后可以看出它们是不同的。实际图纸中不会提供原理接线图，需要设备安装人员自行判断。

表 4–6　图例列表

序号	图例	名称	说明	备注
1		动力箱	底边距地 1.4 m　暗装	
2		断路器		
3		隔离开关		
4		带漏电保护器的低压断路器		
5		照明配电箱	底边距地 1.4 m　暗装	
6		暗装单相三孔插座	见说明	
7		暗装单极、二极、三极开关	底边距地 0.3 m　暗装	
8		吸顶灯	吸顶安装	
9		壁灯　1 × 40 W	距地 2.4 m　壁装 卫生间内距地 2.0 m　壁装	
10		防水防尘灯　1 × 18 W	吸顶安装	
11		白炽灯　1 × 40 W	吸顶安装	
12		单管日光灯　1 × 36 W	管吊距地 3.0 m	
13		二管日光灯　2 × 36 W	管吊距地 3.0 m	
14		空调插座　380 V　15 A	底边距地 1.8 m　暗装	

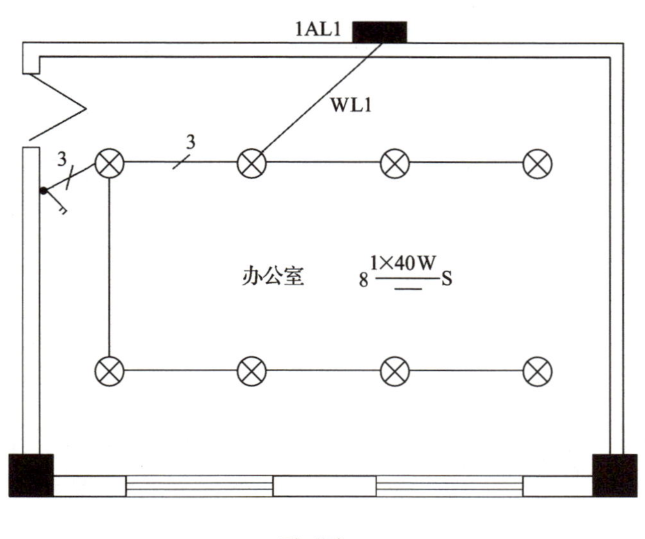

平面图

原理接线图

图 4–13　导线作用示例

第三节 防雷工程图识读方法

一、防雷系统的组成

1. 雷电对建筑物的危害

天空中聚集大量带电的雷云，雷云之间或雷云与大地之间进行强烈的放电形成雷电。雷电会对建筑物内部人员、设备造成威胁，最常见的危害形式有直击雷、感应雷和雷电波侵入。

针对不同的危害形式，可以采取相应的防护措施加以保护。防止直击雷需要在屋角、屋脊、女儿墙或屋檐上装设避雷针、避雷带、避雷网等接闪器，如图 4-14 和图 4-15 所示。防止感应雷可以在楼内进行等电位联结。防止雷电波侵入可以在架空线路和配电箱柜内安装避雷器。

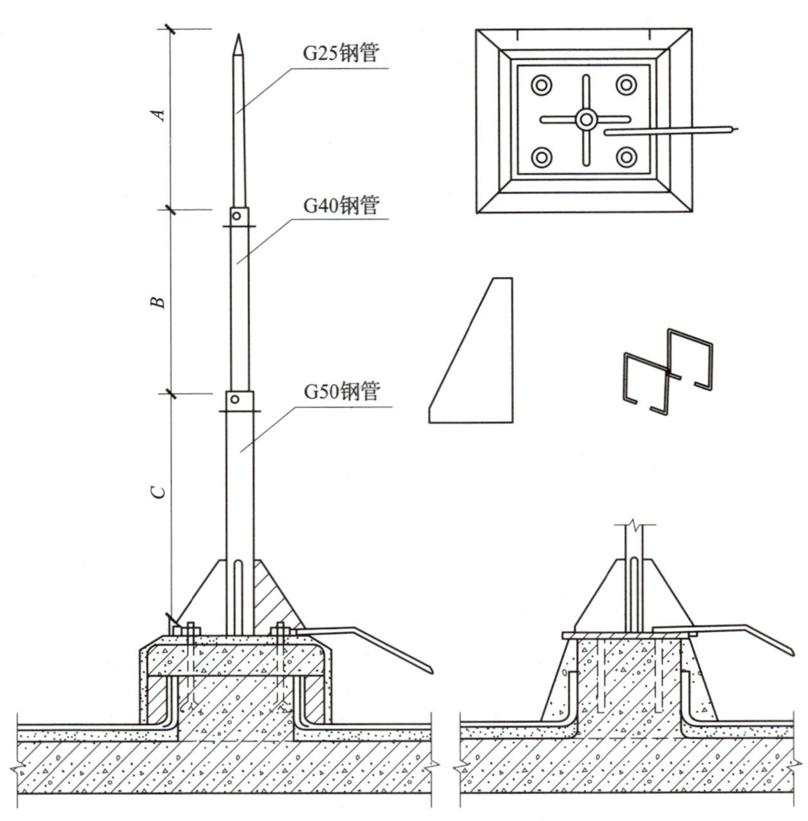

图 4-14　避雷针做法示意图

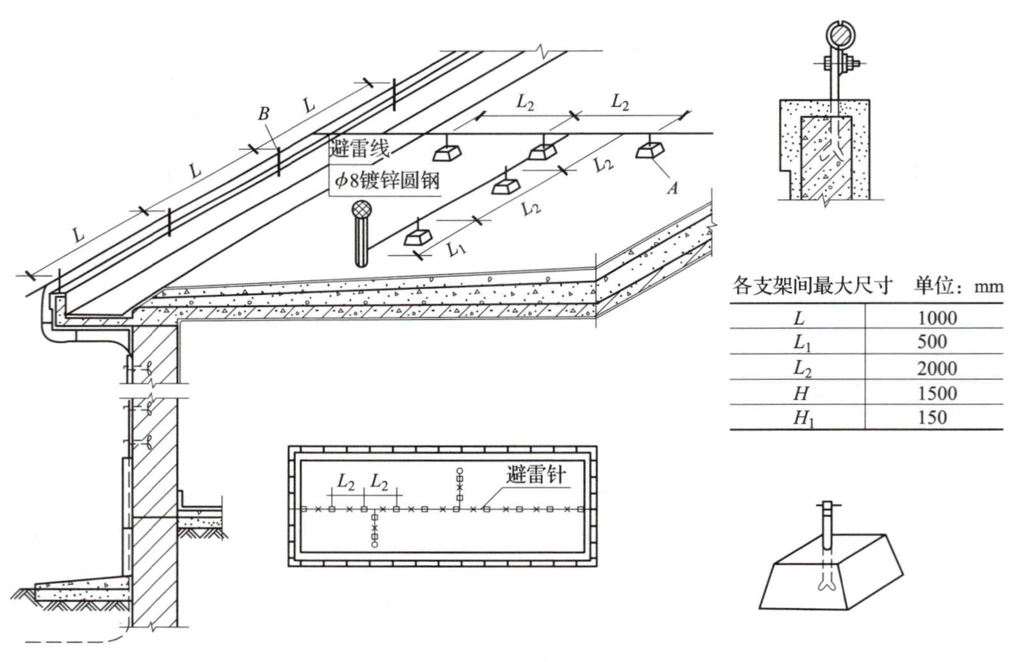

图 4-15　避雷带做法示意图

2. 防雷系统的组成

建筑物需要一套完整的防雷系统，将接收到的雷电通过预设的传导路径引泄入地，使建筑物免遭雷击。因此，防雷系统至少需要包括接闪器、引下线和接地装置三个部分，如图 4-16 所示。

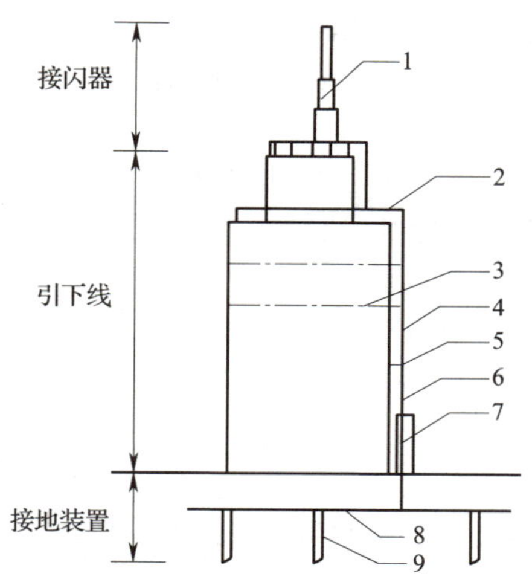

1—避雷针；2—避雷网；3—避雷带；4—引下线；5—引下线卡子；6—断接卡子；7—引下线保护管；8—接地母线；9—接地极。

图 4-16　防雷系统组成示意图

二、防雷工程图的组成与内容

1. 接闪器

接闪器就是专门用来接受雷云放电的金属物体，它使建筑物其他部位避开雷电攻击。接闪器的类型有避雷针、避雷带、避雷网等。

所有接闪器都必须经过引下线与接地装置相连。接闪器利用其金属特性，当雷云先导接近时，它与雷云之间的电场强度最大，因而可将雷云“诱导”到接闪器本身，并经引下线和接地装置将雷电流安全地泄放到大地，从而起到保护物体免受雷击的作用。

如图 4-17 所示采用的是避雷网作为接闪器。避雷带和避雷网主要适用于建筑物。避雷带通常是沿着建筑物易受雷击的部位（如屋脊、屋檐、屋角等处）装设的带形导体。

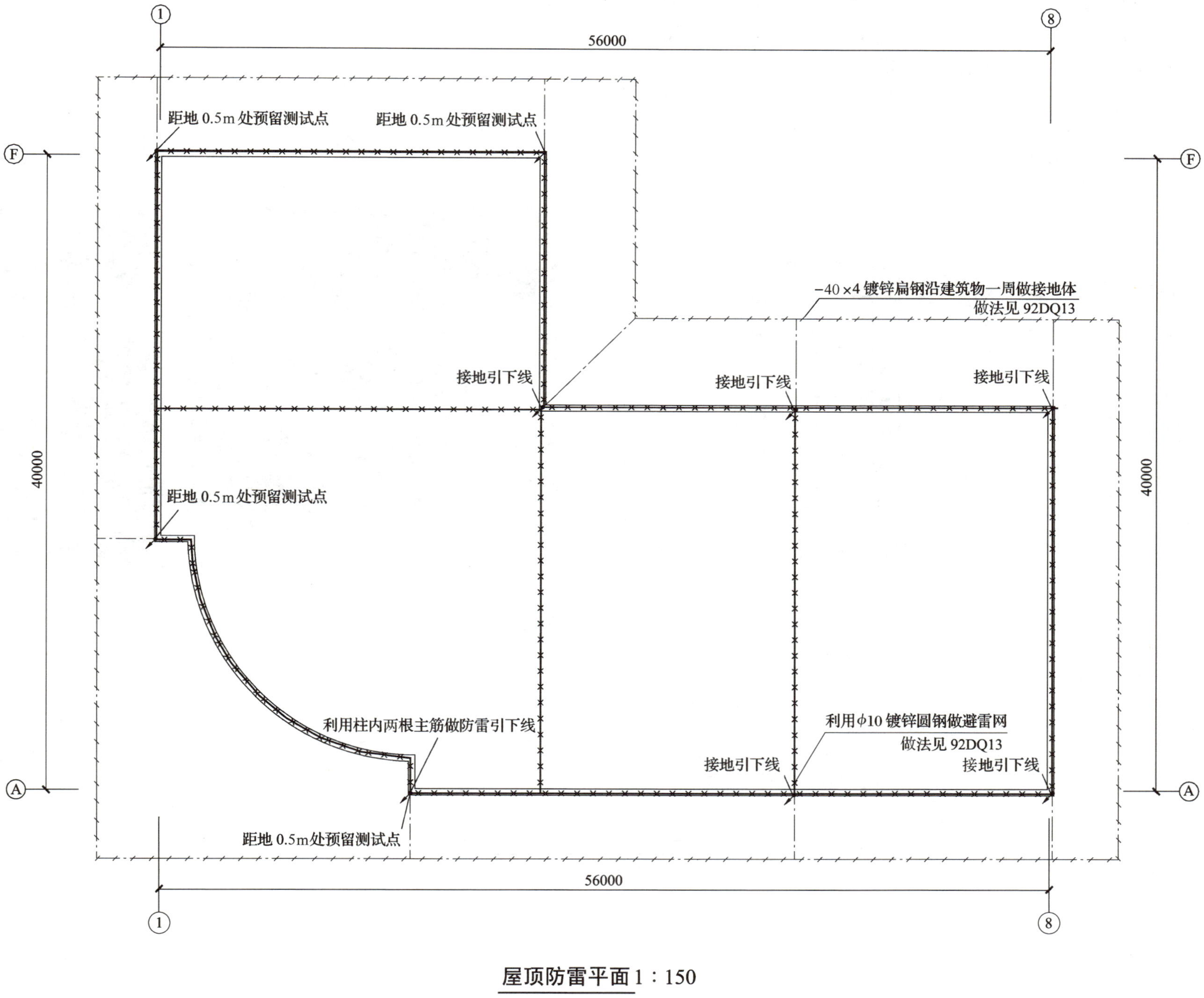

①　⑧
56000
距地 0.5m 处预留测试点　距地 0.5m 处预留测试点
Ⓕ　Ⓕ
−40×4 镀锌扁钢沿建筑物一周做接地体
做法见 92DQ13
接地引下线　接地引下线　接地引下线
40000　40000
距地 0.5m 处预留测试点
利用柱内两根主筋做防雷引下线
利用 ϕ10 镀锌圆钢做避雷网
做法见 92DQ13
接地引下线　接地引下线
Ⓐ　Ⓐ
距地 0.5m 处预留测试点
56000
①　⑧

屋顶防雷平面 1：150

图 4-17　屋顶防雷平面

避雷带和避雷网可以采用圆钢或扁钢制成，但应优先采用圆钢。圆钢直径不得小于 8 mm，扁钢厚度不得小于 4 mm，截面积不得小于 48 mm^2。避雷带和避雷网的安装方法分为明装和暗装。避雷带和避雷网一般无须计算保护范围。

2. 引下线

引下线是指连接接闪器与接地装置的金属导体，其作用是构成雷电能量向大地泄放的通道。引下线一般采用圆钢或扁钢制成，并要求镀锌处理。引下线应满足机械强度、耐腐蚀和热稳定性的要求。

引下线可以专门敷设，也可以利用建筑物内的金属构件。引下线应沿建筑物外墙敷设，并经最短路径接地。引下线采用圆钢时，直径应不小于 8 mm；引下线采用扁钢时，截面积应不小于 48 mm^2，厚度不小于 4 mm。引下线暗装时截面积应放大一级。

在我国高层建筑中，优先利用柱或剪力墙中的主钢筋作为引下线。当钢筋直径不小于 16 mm 时，应用两根主钢筋（绑扎或焊接）作为一组引下线；当钢筋直径为 10 mm 及以上时，应用四根钢筋（绑扎或焊接）作为一组引下线。建筑物在屋顶敷设的避雷网和防侧击的接闪环应和引下线连成一体，以利于雷电流的分流。

为了便于测量接地电阻和检查引下线与接地装置的连接情况，人工敷设的引下线宜在引下线距地面 0.3 ~ 1.8 m 的位置设置断接卡子。当利用混凝土内钢筋、钢柱作为自然引下线并同时采用基础接地时，不设断接卡子。但利用钢筋作引下线时，应在室内或室外的适当地点设置若干连接板，该连接板可供测量、接人工接地体和做等电位联结用。引下线做法如图 4–18 所示。

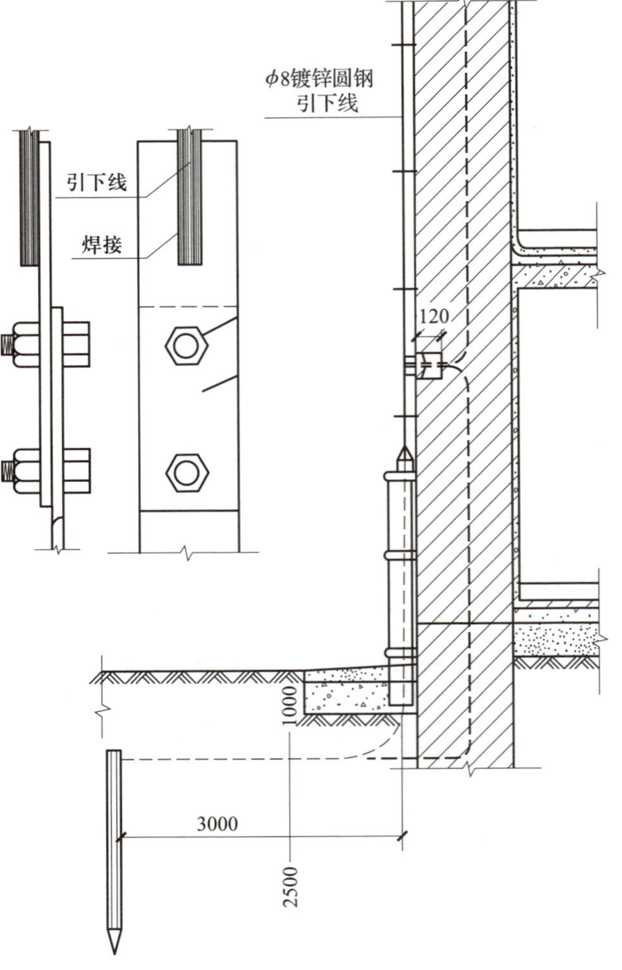

图 4–18　引下线做法示意图

3. 接地装置

接地装置包括接地体和接地母线两部分，它是防雷装置的重要组成部分。接地装置的主要作用是向大地均匀地泄放电流，使防雷装置对地电压不至于过高。

接地体一般分为自然接地体和人工接地体。自然接地体是指兼作接地用的直接与大地接触的各种金属体，如利用建筑物基础内的钢筋构成的接地系统。有条件时应首先利用自然接地体，因为它具有接地电阻较小、稳定可靠、节省材料和安装维护费用的优点。自然接地体做法如图 4–19 所示。

人工接地体是指专门作为接地用的接地体，安装时需要配合土建施工进行，在基础开挖时也同时挖好接地沟，并将人工接地体按设计要求埋设好。自然接地体做法如图 4–20 所示。

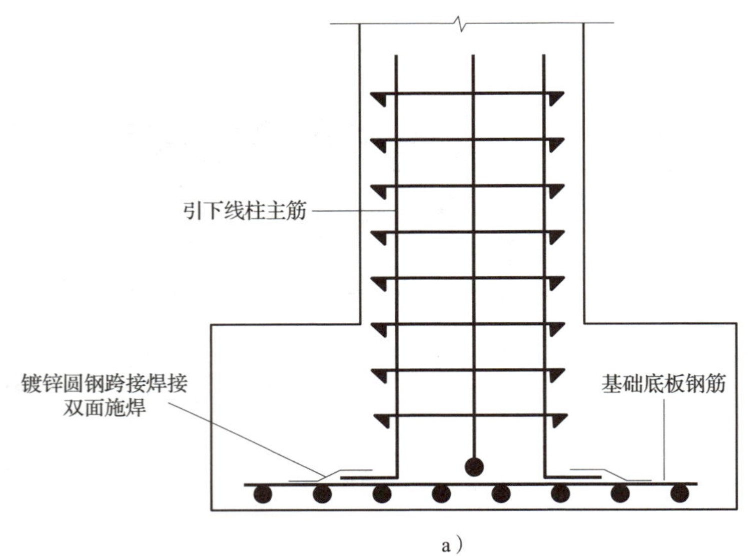

a）

b）

图 4–19　自然接地体做法示意图

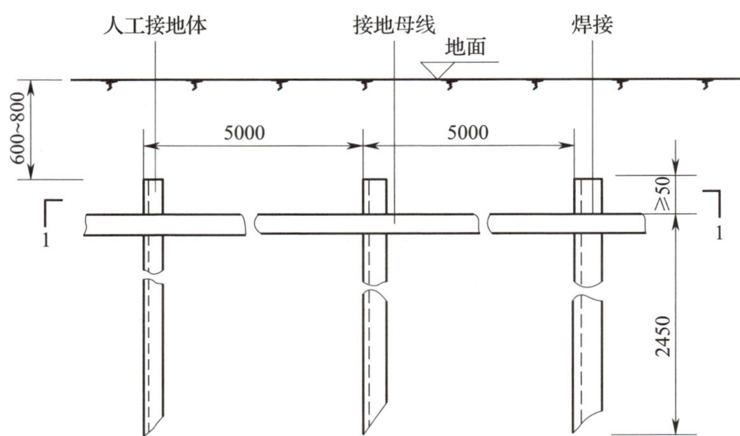

图 4–20　人工接地体做法示意图

接地母线是指连接接地体和引下线或电气设备接地部分的金属导体，接地母线材料一般选用扁钢和圆钢。采用扁钢作为接地母线时，其截面积应不小于 25 mm × 4 mm；采用圆钢作为接地母线时，其直径应不小于 10 mm。接地母线敷设于地下时需挖沟埋设，搭接处需按要求焊接。接地母线埋设如图 4–21 所示。

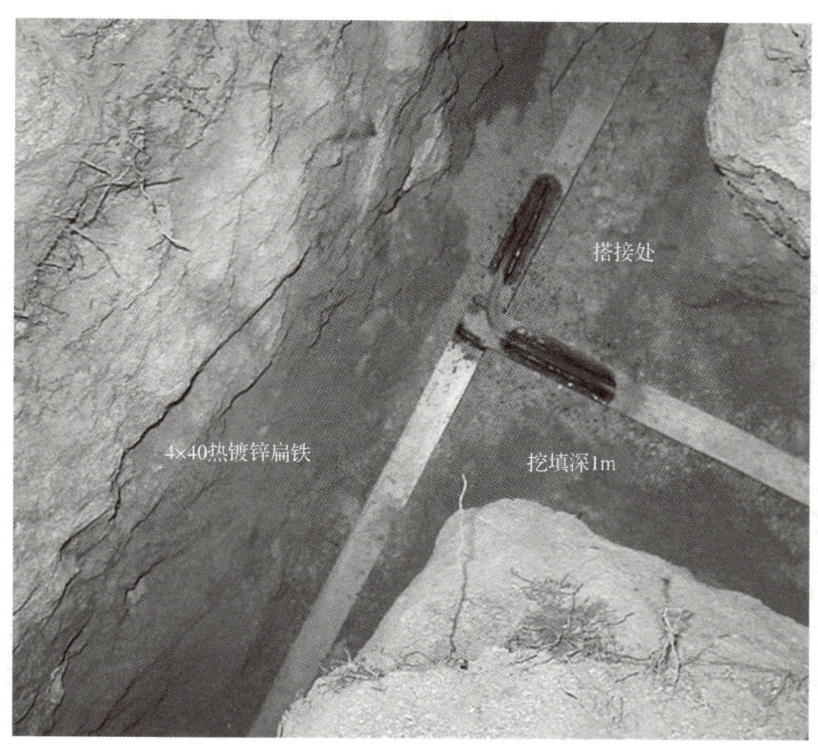

图 4–21　接地母线埋设

三、防雷平面图的识读

结合图 4–17 和设计说明中的要求，能够了解接闪器、引下线和接地装置的布设位置、做法及材料型号。

1. 本工程按照三类建筑物设置防雷保护措施。

2. 本工程采用避雷带（网）作为防雷接闪器，在屋顶沿女儿墙、屋檐、檐角等易受雷击的部位设置避雷带，避雷带采用 ϕ10 mm 圆钢，避雷带与引下线应可靠连接。

3. 本工程利用结构基础作为防雷接地装置，并利用墙身转角处构造柱的对角主钢筋作为防雷引下线；外墙引下线在室外地面下 1 m 处引出与室外围绕建筑物的环形接地体连接。本工程防雷保护与电气设备保护接地共用同一接地体，接地电阻不大于 1 Ω。

4. 作为引下线的柱内主钢筋的连接处及它和接地底板接地网钢筋的连接处均应可靠焊接，钢筋的焊接长度大于钢筋直径的 6 倍（钢筋直径不等时以较大的为准）。

5. 部分引下线距地 0.5 m 处做接地测试卡（室外）。

6. 屋顶所有金属设备、金属围栏及正常运行不带电的金属部分均应和避雷带可靠连接。

该建筑用 ϕ10 mm 的圆钢安装在女儿墙上作避雷带。从图中可以看出，为了保证避雷带的防护效果，在屋面上又增加了 3 条纵向的避雷带，构成了避雷网状的接闪器。图中有 9 处下引的箭头，表示做引下线的位置。引下线利用建筑物的结构主筋（2 根直径大于 10 mm 的钢筋作为一条），所有钢筋连接处应可靠焊接，有几处引下线标出要做断接卡子，以便进行接地电阻测试。在建筑物的外侧埋设了一圈环形接地体（40 mm × 4 mm 的镀锌扁钢）作为接地装置，所有的引下线末端都要和接地体焊接。

第四节　有线电视系统工程图识读方法

一、有线电视系统工程图的组成与内容

有线电视系统又称 CATV 系统，它由前端装置、传输分配网络及用户终端构成。

前端装置负责对信号源（包括卫星信号、有线台、自办节目等）进行技术处理，将它们合成在一起，混合为一路后对后端输出。

传输分配网络的作用是将有线电视信号通过传输干线传输到区域分配网络，再传输到用户终端。传输介质采用同轴电缆，为保证信号强度，传输过程中要使用放大器、均衡器等设备。

用户终端为有线电视网和电视机的连接提供接口，需要安装电视插座板。为电视机提供的终端信号应该在（68 ± 6）dB 范围内。

常用的电视系统图例见表 4–7。

表 4-7 常用电视系统图例

序号	图例	名称	备注
1		天线，一般符号	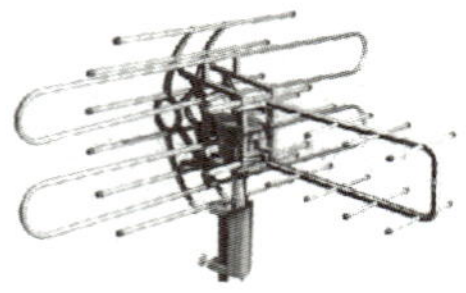
2		抛物面天线	
3	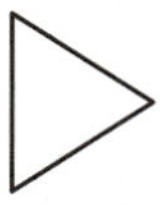	放大器	
4		均衡器	
5	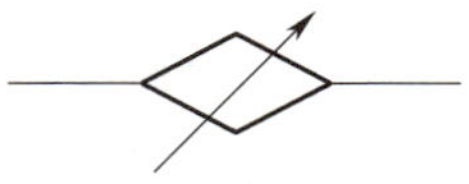	可变均衡器	
6	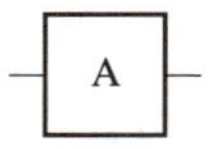 A	固定衰减器	
7	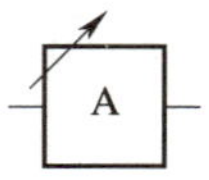 A	可变衰减器	
8	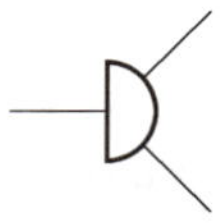	分配器（两路），一般符号	
9	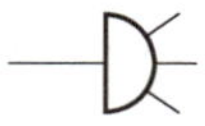	三路分配器	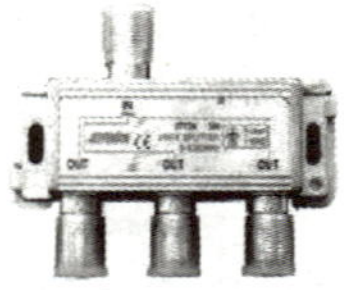
10	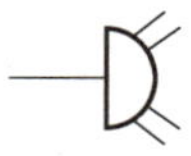	四路分配器	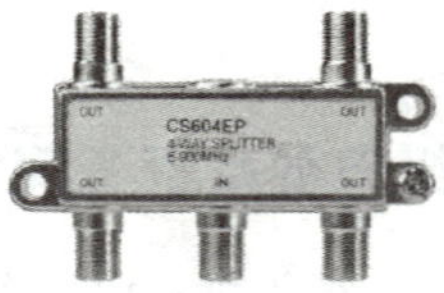
11	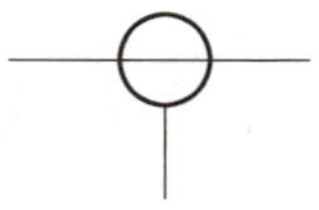	分支器，一般符号	
12	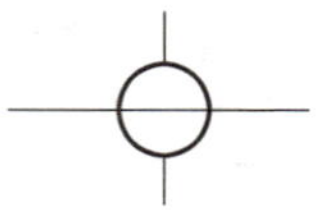	二分支器	

续表

序号	图例	名称	备注
13		四分支器	
14		系统出线端	
15		匹配终端电阻	
16	VH	前端设备箱	
17	VF	中间设备箱	
18	VP	分支设备箱	
19	TV	电视用户插座	
20	SYV	同轴电缆	

二、有线电视系统图的识读

如图 4-22 所示是某三层办公楼的有线电视系统图。进户电缆使用同轴电缆 SYKV-75-9 型（75 为电缆特性阻抗，9 为电缆线直径），穿管径 25 mm 的钢管，沿地埋设入户。进户电缆接入首层分支设备箱 VP1，首先经过放大器以保证信号强度，放大器的电源引自首层照明配电箱 1AL1。楼内每层设电视分支设备箱，分支设备箱之间的干线用 SYKV-75-9 型同轴电缆连接，干线末端需安装与线缆特性阻抗相匹配的 75 Ω 终端电阻。每层分支设备箱内安装分支器和分配器，将电视信号分成多路分支连通到各屋的用户终端。

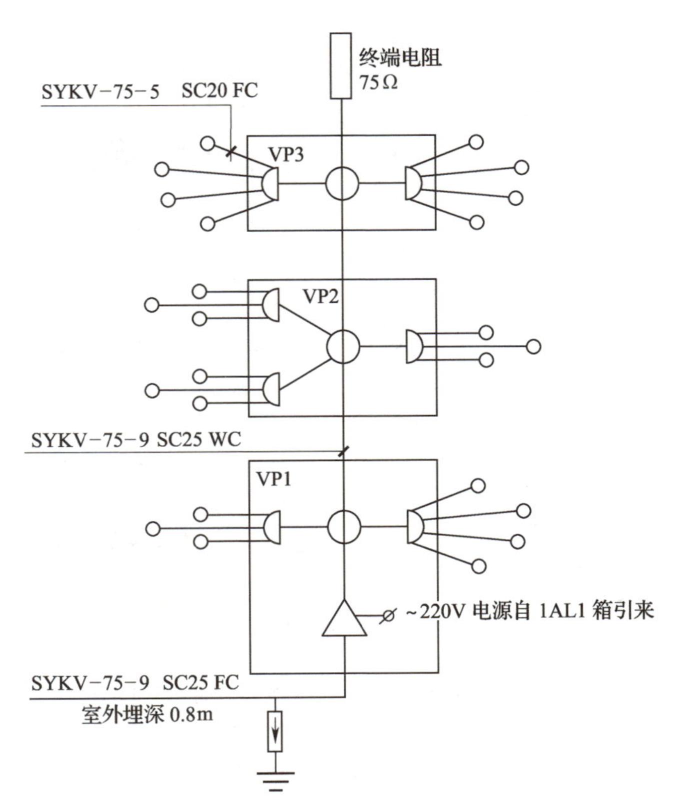

图 4-22 某三层办公楼的有线电视系统图

三、有线电视平面图的识读

如图 4-23 所示是一层电视平面图，有线电视电缆由室外弱电竖井引至一层分支设备箱 VP1，VP1 安装在楼梯间Ⓔ轴隔墙上，箱体明装，安装高度底边距地 0.5 m。从 VP1 引 1 条干线，先沿地暗敷至Ⓓ轴和④轴交点，再向上沿墙暗敷至二层 VP2，干线电缆为 SYKV-75-9，穿管径 25 mm 的钢管。从 VP1 引出 7 条支路到各房间的用户插座，为了避免电视信号支路之间的串扰，每条电视支路独立穿管敷设，分支电缆为 SYKV-75-5，穿管径 20 mm 的钢管。支路末端连接到各屋的电视用户插座，用户插座底边距地 0.3 m 暗装。终端用户电平为 64 dB，要求图像清晰。

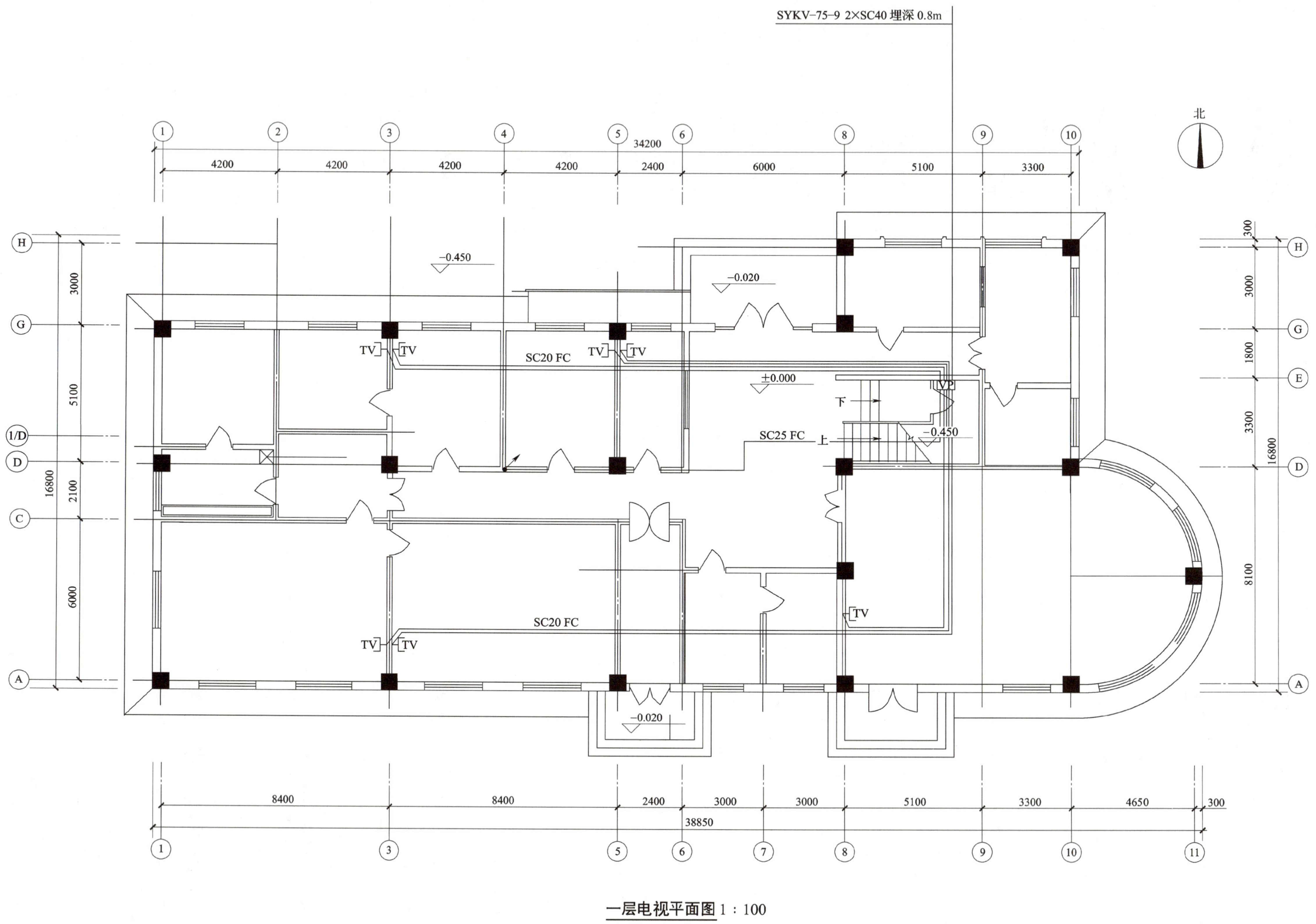

SYKV-75-9 2×SC40 埋深 0.8m

SC20 FC

SC25 FC

SC20 FC

TV

VP

±0.000

-0.450

-0.020

上

下

北

34200

4200 4200 4200 4200 2400 6000 5100 3300

8400 8400 2400 3000 3000 5100 3300 4650 300

38850

16800

3000 5100 2100 6000

300 3000 1800 3300 8100

一层电视平面图 1：100

图 4-23　一层电视平面图

第五节 电话系统工程图识读方法

一、电话系统工程图的组成与内容

电话系统已经成为现代建筑必备的组成部分。电话信号的传输与电力传输最显著的区别是：电力传输的电源可以分出多条支路，同时提供给多个用户使用，而电话信号是独立的，两部电话之间必须有独立的连接线路，每条电话线路需要两条导线。电话线路都是成对制作的，为减少干扰，长距离的电话线路使用 RVS 双绞线，短距离的电话线路可使用 RVB 扁平线。

电话信号的传输过程如图 4–24 所示。电话机是电话信号的信号源，也是信号的接收终端，交换机和电话局负责中间信号的交换。远距离的信号传输使用大对数电缆，建筑内的电话系统干线使用电话电缆，支线使用双绞线。

常用的电话系统图例见表 4–8。

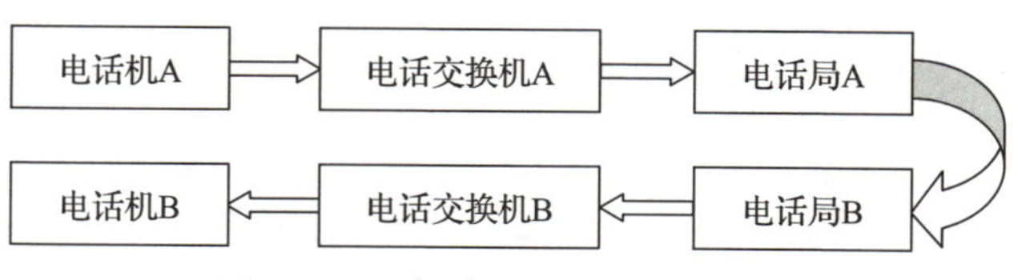

图 4–24　电话信号传输过程示意图

表 4–8　常用的电话系统图例

序号	图例	名称	备注
1		总配线架	
2		中间配线架	
3		架空交接箱	
4		落地交接箱	
5		壁龛交接箱	
6	TP	电话出线口	
7	HYV	电话电缆	

二、电话系统图的识读

如图 4–25 所示是某三层办公楼的电话系统图。从图中可知，进户线从室外引入，线路标注为 HYV–50（2×0.5）–SC50–FC，表示对数为 50 的电话电缆，穿管径 50 mm 的钢管保护，埋设入户。每层安装壁龛式电话组线箱，箱体标注为 STO–XX，STO 是电话组线箱的型号，XX 表示箱子的容量（即可以在箱内进行配线的线对数）。各层电话组线箱之间的干线使用 30 对的电话电缆，穿钢管沿

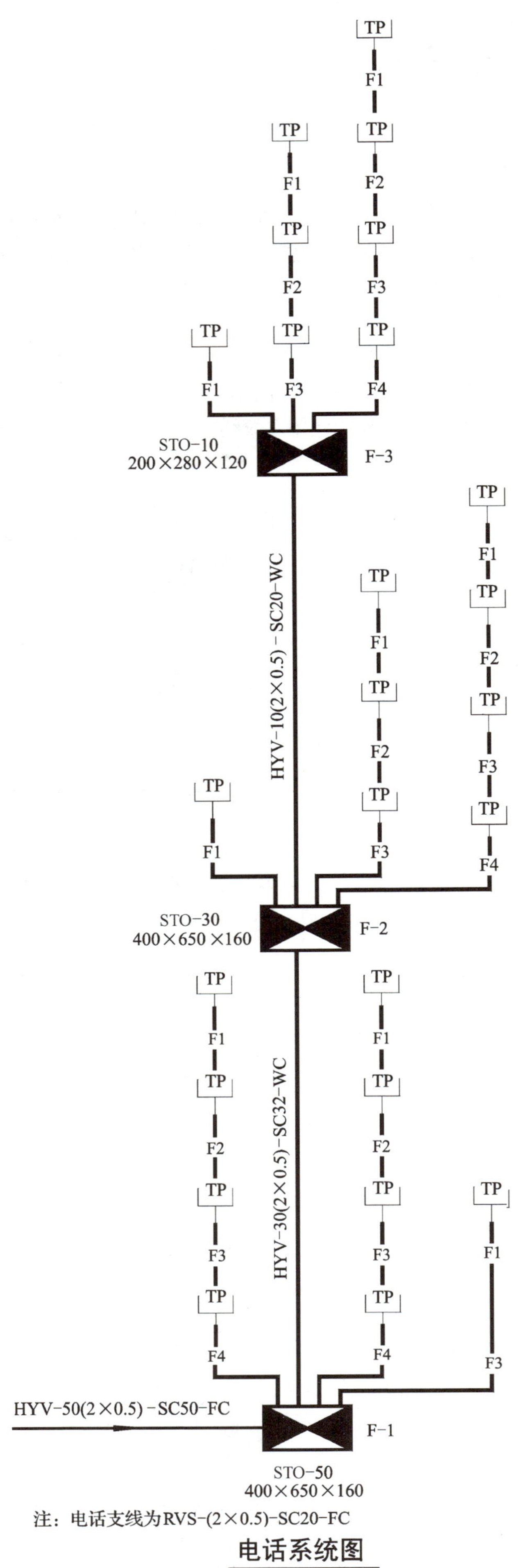

图 4-25 · 某三层办公楼的电话系统图

墙暗敷。支线使用截面积为 2 × 0.5 mm^2 的 RVS 双绞线，穿管径 20 mm 的钢管，沿地暗敷。支线末端连接电话出线口。支线上标注的 FX 表示管内穿电话线的对数，如 F3 表示这段管内穿了 3 对电话线。某条支路从箱内出线的时候可能包含多对电话线，但随着支路中的电话线不断接到电话出线口，支路中的电话线对数越来越少。

三、电话平面图的识读

如图 4-26 所示是电话平面图，电话电缆由室外弱电竖井引至一层电话组线箱 F-1，F-1 安装在楼梯间Ⓔ轴隔墙上，箱体明装，安装高度底边距地 0.5 m。从 F-1 引 1 条干线，先沿地暗敷至Ⓓ轴和④轴交点，再向上沿墙暗敷至二层电话组线箱 F-2，干线电缆为 HYV-30（2 × 0.5）型，穿管径 32 mm 的钢管。从 F-1 引出 3 条支路到各房间的 9 个电话出线口。支路采用的是 RVS-2 × 0.5 的双绞线，在穿管时支路前段管内线对数较多，所以使用管径 20 mm 的钢管，后段为节约材料选用管径 15 mm 的钢管。支路末端连接到各屋的电话出线口，出线口底边距地 0.3 m 暗装。

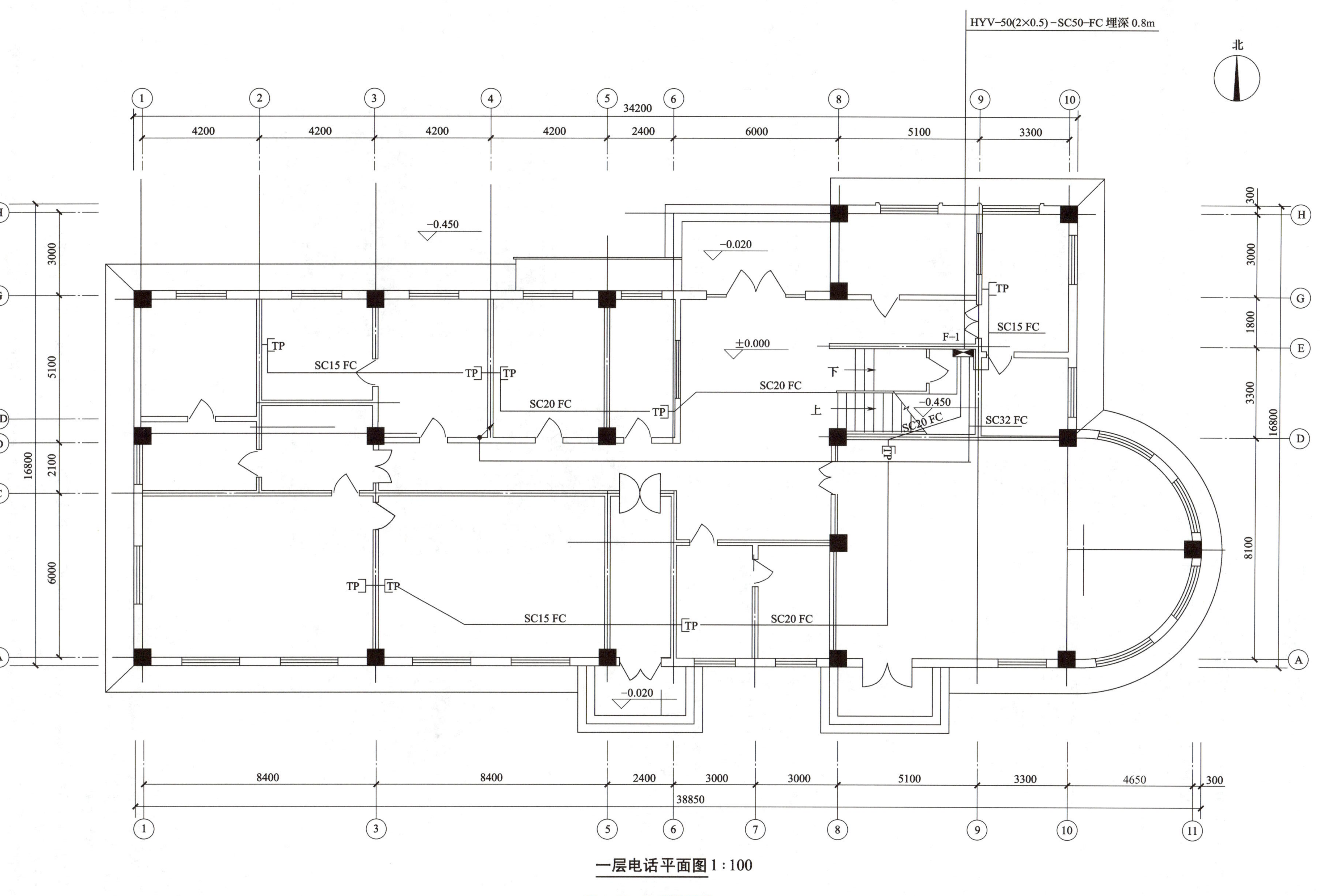

一层电话平面图 1 : 100

图 4-26　电话平面图

第六节 火灾自动报警及联动控制系统工程图识读方法

一、火灾自动报警及联动控制系统的组成

火灾自动报警及联动控制系统通常由火灾探测报警系统和消防联动控制系统两部分组成，如图 4–27 所示。其中，火灾探测报警系统负责在火灾发生时，通过火灾探测器做出火灾报警判断，将报警信息传输到火灾报警控制器；消防联动控制系统接收火灾报警控制器的联动指令，控制被保护区域的联动设备进行工作，以达到减灾、灭火的目的。

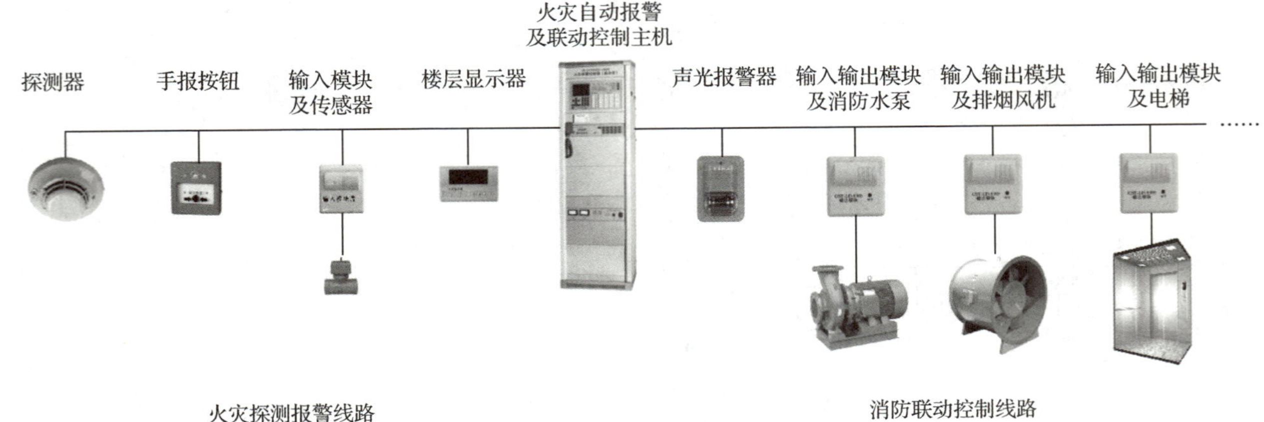

图 4–27 火灾自动报警及联动控制系统组成

1. 火灾探测报警系统

火灾探测报警系统由火灾报警控制器、触发器件（火灾探测器、手报按钮、传感器等）和火灾警报装置等组成。探测器会将生成的报警信号通过总线传递给火灾报警控制器。一栋建筑物通常有数量众多的探测器，它们需要通过地址编码来区分。对于不具备编码功能的传感器，可由输入模块代其进行地址编码和信号传递。

（1）火灾报警控制器

火灾报警控制器是指为火灾探测器供电并接收、转换、处理和传递火灾报警信号，进行声光报警，并对自动消防等装置发出控制信号的报警装置。当系统规模较小时，控制器通常采用壁装箱体的形式；当系统规模较大时，控制器通常采用落地安装的柜体形式。火灾报警控制器如图 4–28 所示。

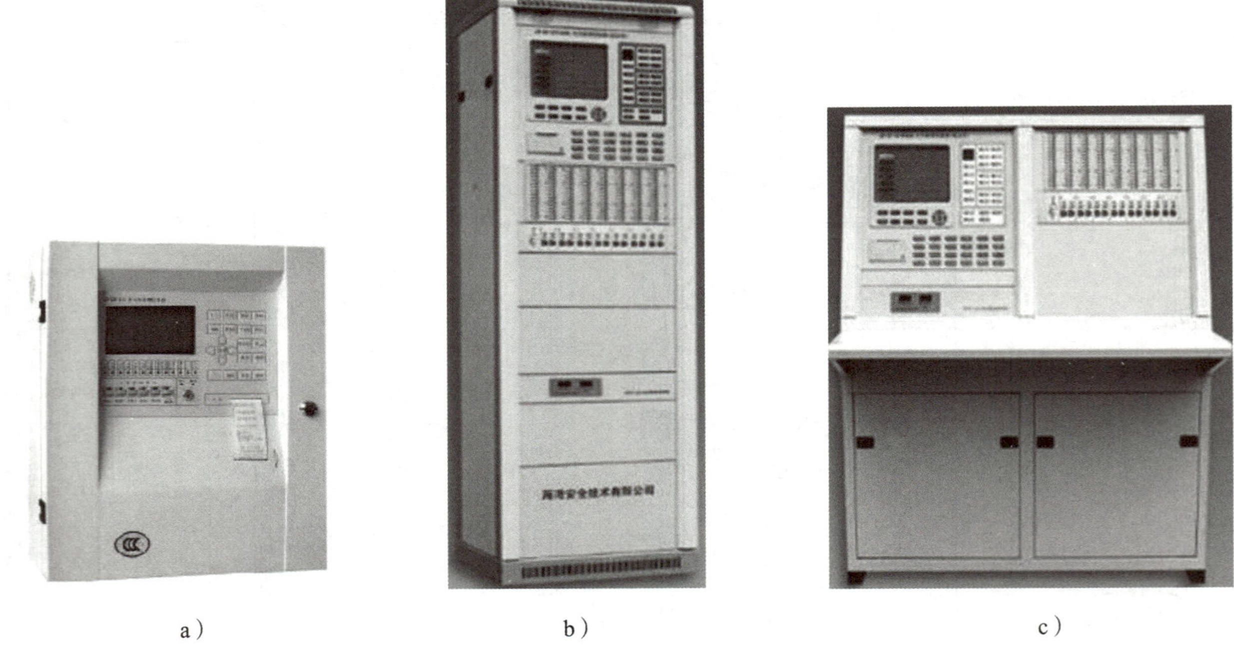

a） b） c）

图 4–28 火灾报警控制器

a）壁装箱体控制器 b）落地柜式控制器 c）落地琴台式控制器

（2）火灾探测器

火灾探测器对被保护区域进行不间断的监视和探测，把火灾初期阶段能引起火灾的烟、热及光等信息转化成报警信号，及时通知控制器。火灾探测器如图 4–29 所示。

（3）手报按钮

手动按压手报按钮按键产生报警信号，向火灾控制器及管理人员报警。手报按钮如图 4–30 所示。

（4）声光报警器

当收到控制器信号时，声光报警器产生报警鸣叫及爆闪，提示周围人员有消防警情需迅速撤离。声光报警器如图 4–31 所示。

（5）消防模块

消防模块与传感器或联动设备相连，代替它们进行地址编码并与控制器进行指令通信。消防模块如图 4–32 所示。

图 4–29　火灾探测器

a）感烟探测器　b）感温探测器　c）红外火焰感光探测器　d）可燃气体探测器

图 4–30　手报按钮

图 4–31　声光报警器

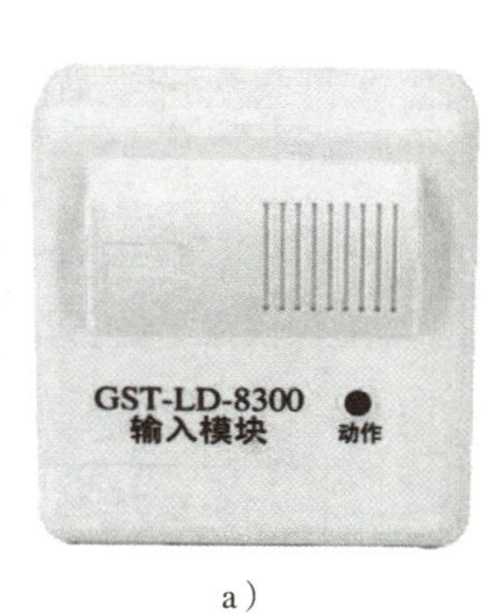

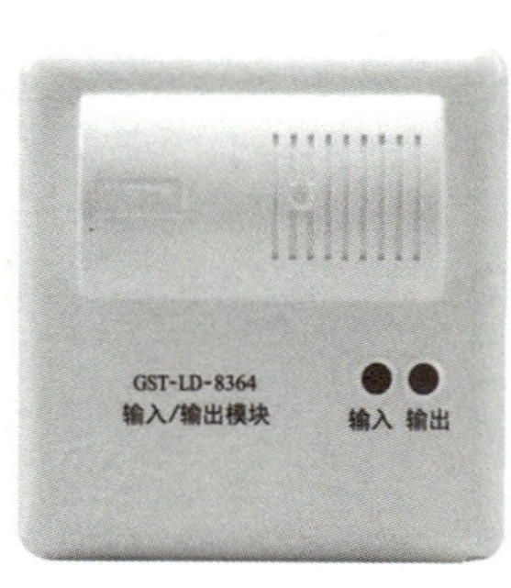

a）　b）　c）

图 4–32　消防模块

a）输入模块　b）输出模块　c）输入 / 输出模块

火灾发生时，安装在保护区域现场的火灾探测器将火灾产生的烟雾、热量和光辐射等火灾特征参数转变为电信号，经数据处理后，将火灾特征参数信息传输至火灾报警控制器，或直接由火灾探测器做出火灾报警判断，将报警信息传输到火灾报警控制器。火灾探测报警系统的工作原理如图 4–33 所示。

2. 消防联动控制系统

消防联动控制系统在接收到火灾报警控制器的报警信息后，由消防联动控制器按照预设程序进行判断，启动相应的联动设备进行工作，以达到减灾、灭火的目的。可以联动的设备包括消防水泵、防火卷帘、电梯、排烟风机、消防广播、消防电话等。这些被联动的设备通常由不同厂家生产，为了能统一按照消防联动控制器的指令工作，需要为它们配备具有地址编码功能的消防模块来帮助联络。消防联动控制系统的工作原理如图 4–34 所示。

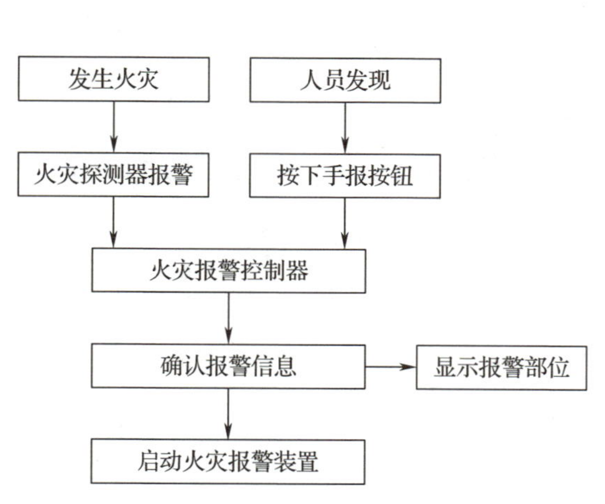

图 4–33　火灾探测报警系统工作原理图

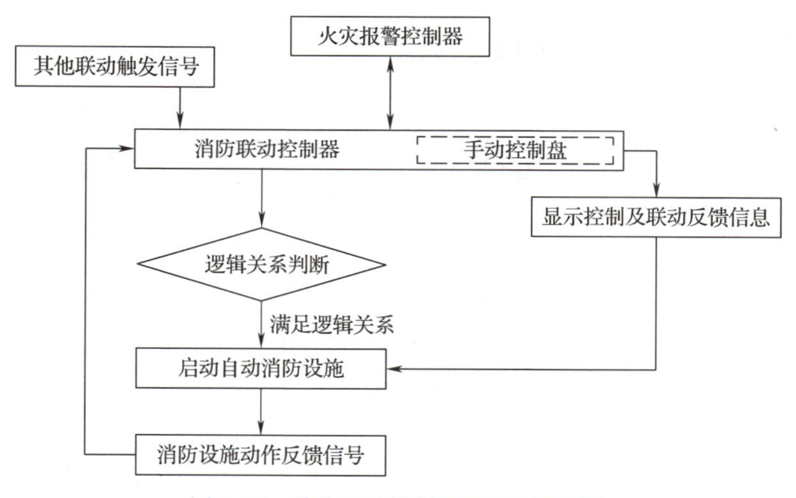

图 4–34　消防联动控制系统工作原理图

3. 火灾自动报警及联动控制系统分类

火灾自动报警及联动控制系统按建筑物的规模和需求不同，可以分为区域报警系统、集中报警系统和控制中心报警系统。

（1）区域报警系统

区域报警系统用于仅需要报警，不需要联动自动消防设备的小型建筑。区域报警系统组成示意图如图 4–35 所示。

（2）集中报警系统

集中报警系统适用于具有联动要求的高层宾馆、商务楼、综合楼等建筑。集中报警系统组成示意图如图 4–36 所示。

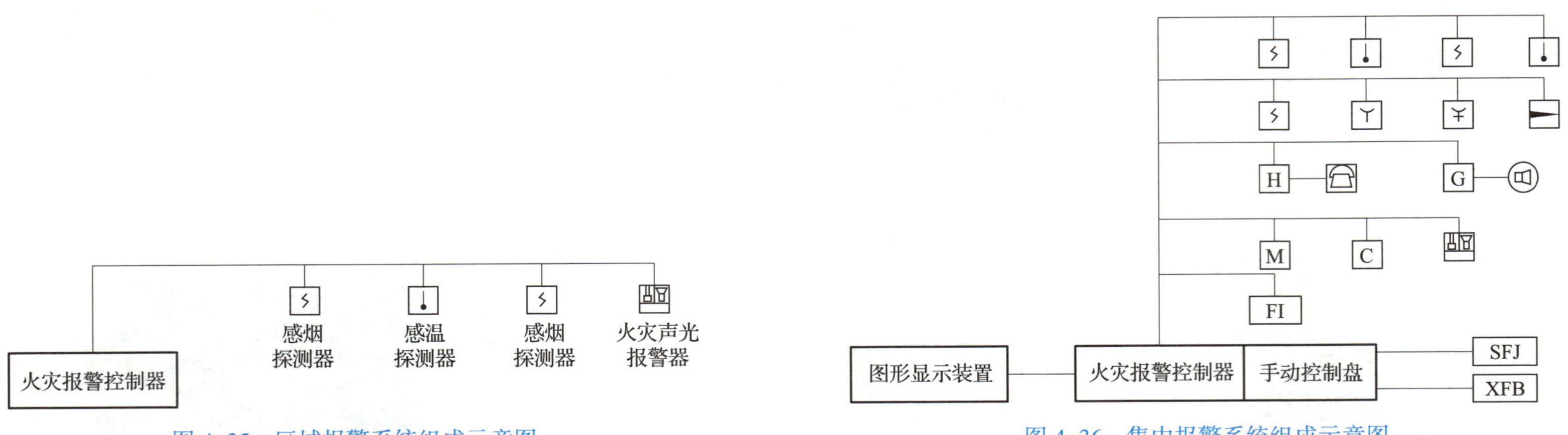

图 4–35　区域报警系统组成示意图

图 4–36　集中报警系统组成示意图

（3）控制中心报警系统

控制中心报警系统包含两个及两个以上集中报警系统，一般适用于建筑群或体量很大的保护对象，这些保护对象中可能设置多个消防控制室，其中的主控制室连接其他控制室形成控制中心，并进行全局管理。控制中心报警系统组成示意图如图 4–37 所示。

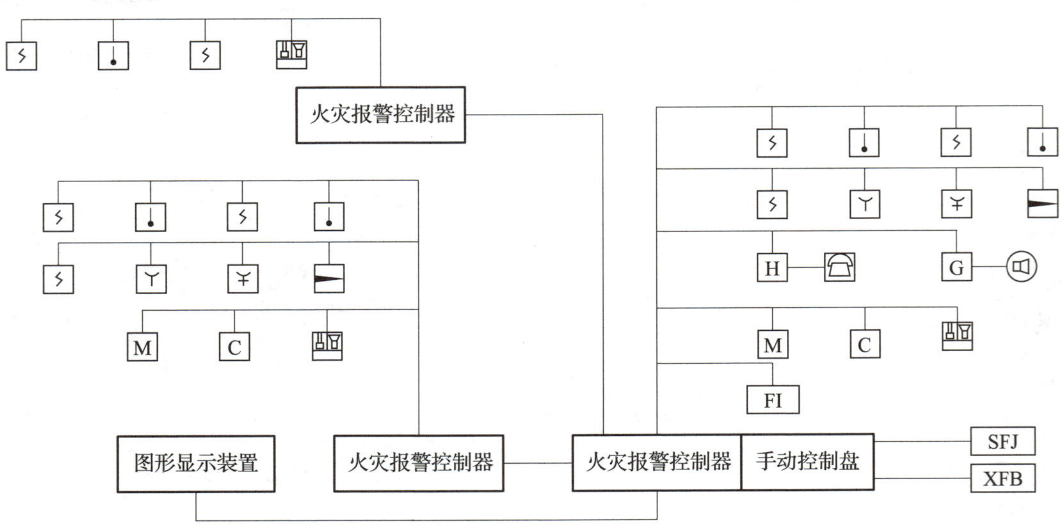

图 4–37　控制中心报警系统组成示意图

二、火灾自动报警及联动控制系统的组成与内容

火灾自动报警及联动控制系统是现代建筑新兴的一种火灾防范技术。这套系统能够及时地发现火情、通报火情，并通过联动启动消防喷淋系统进行自动扑救。火灾自动报警系统由模块化的结构组成，它的核心是火灾报警控制器，由火灾报警控制器对火险信号做出判断并指挥消防联动。

火灾自动报警及联动控制系统的工作过程如下：在火灾初起阶段，一般会产生烟雾、高温、火光及可燃气体。利用不同敏感元件探测各种火灾参数，并转换成电信号的传感器，称为探测器。探测器信号通过传输线路送达火灾报警控制器，火灾报警控制器对监控现场探测到的火灾信号进行分析、判断、确认并发布控制命令，打开消防广播、声光报警器进行人员疏散，接通消防电话通知消防部门，启动消防泵、喷淋泵进行自动救助。火灾联动控制的对象有灭火设施（消防泵等）、防排烟设施、防火卷帘、防火门、电梯、非消防电源的断电控制等。

常用的火灾自动报警系统图例见表 4–9。

表 4–9　　常用火灾自动报警系统图例

序号	图例	名称	备注
1		感烟探测器	
2	N	非编码感烟探测器	
3		感温探测器	
4	N	非编码感温探测器	

续表

序号	图例	名称	备注
5		可燃气体探测器	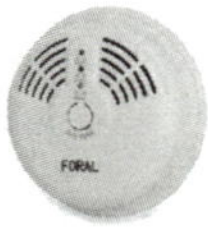
6		感光火焰探测器	
7	O	输出模块	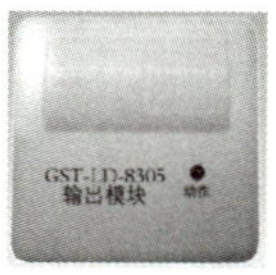
8	I	输入模块	
9	I/O	输入 / 输出模块	
10	SI	短路隔离器	
11	P	压力开关	
12		手动报警按钮	
13		带手动报警按钮的火灾电话插孔	
14		消火栓起泵按钮	
15		火灾警铃	
16		火灾光报警器	
17	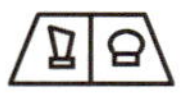	火灾声光报警器	

序号	图例	名称	备注
18		火灾报警电话机	
19	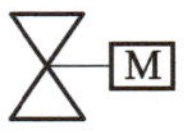 M	电磁阀	
20	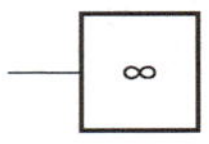 ∞	风扇，示出引线	
21	M	电动机	
22	G	发电机	
23	HM	热能表	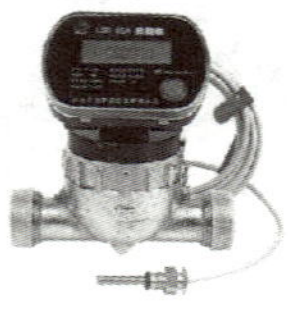
24	GM	燃气表	
25	WM	水表	
26	Wh	电度表	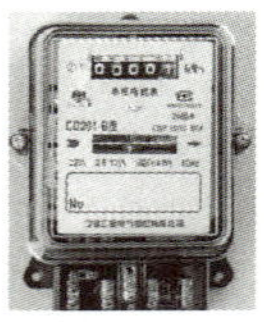
27	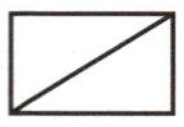	窗式空调器	
28	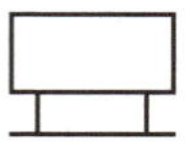	风机盘管	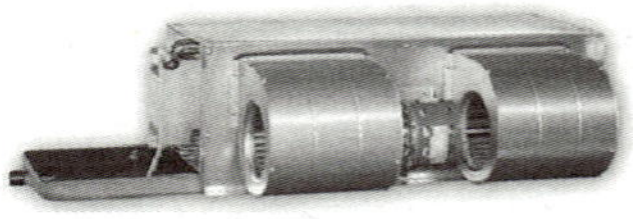
29	T 温度	温度传感器	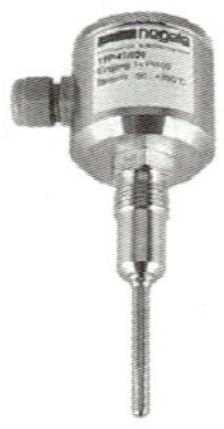
30	H 湿度	湿度传感器	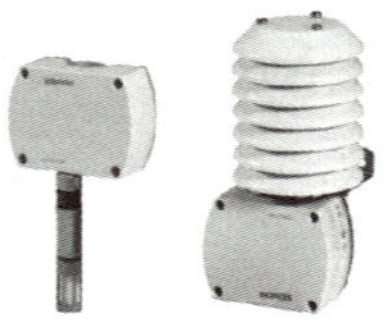

续表

序号	图例	名称	备注
31	P 压力	压力传感器	
32	ΔP 压差	压差传感器	
33	C	集中型火灾报警控制器	
34	Z	区域型火灾报警控制器	
35	FT	楼层显示器	
36	RS	防火卷帘门控制器	
37	RD	防火门磁释放器	
38	M	模块箱	

三、火灾自动报警及联动控制系统图、平面图的识读

火灾自动报警及联动控制系统图主要由系统图和平面图组成，图中设备用图形符号表示。读图时应先熟悉图中列出的图形符号及其含义，才能更顺利地识读图纸。此外，火灾自动报警及联动控制系统的结构较为复杂，涉及的知识内容也较多，建议读图时参照相关国家规范，这样更有助于理解。

我国有关的主要设计规范和标准为：

《火灾自动报警系统设计规范》(GB 50116—2013)

《建筑设计防火规范》(2018 年版)(GB 50016—2014)

《全国民用建筑工程设计技术措施：电气》(2009 年版)

《自动喷水灭火系统设计规范》(GB 50084—2017)

如图 4–38、图 4–39 所示是某住宅楼的火灾自动报警及联动控制系统的系统图和平面图。该住宅楼地上 8 层、地下 2 层，火灾自动报警系统的保护等级为二级，消防负荷供电采用双电源末端自投，采用集中报警保护方式设防。

消防控制中心设于地下二层，各层消防报警及联动信号均引至消防控制中心。消防控制中心设火灾自动报警控制系统主机、联动控制台、消防电话设备、消防电源、CRT 显示器、打印机等设备。火灾自动报警系统及消防联动控制系统选用智能总线式设备。

本工程中各层均设置感烟探测器。各层楼梯出口及适当位置设置火灾声光报警器、手动报警按钮及对讲电话插孔，火灾声光报警器距地 2.4 m，手动报警按钮及对讲电话插孔距地 1.4 m。消火栓内设消火栓按钮，该按钮接线盒设在消火栓开门侧。控制模块和监视模块分散安装于被控设备附近，火灾报警线路穿钢管暗敷，线路均预埋管径 15 mm 的钢管。从系统图和平面图可以看出，由于探测器带有地址编码，所以各个模块间可以串联，安装并不复杂。

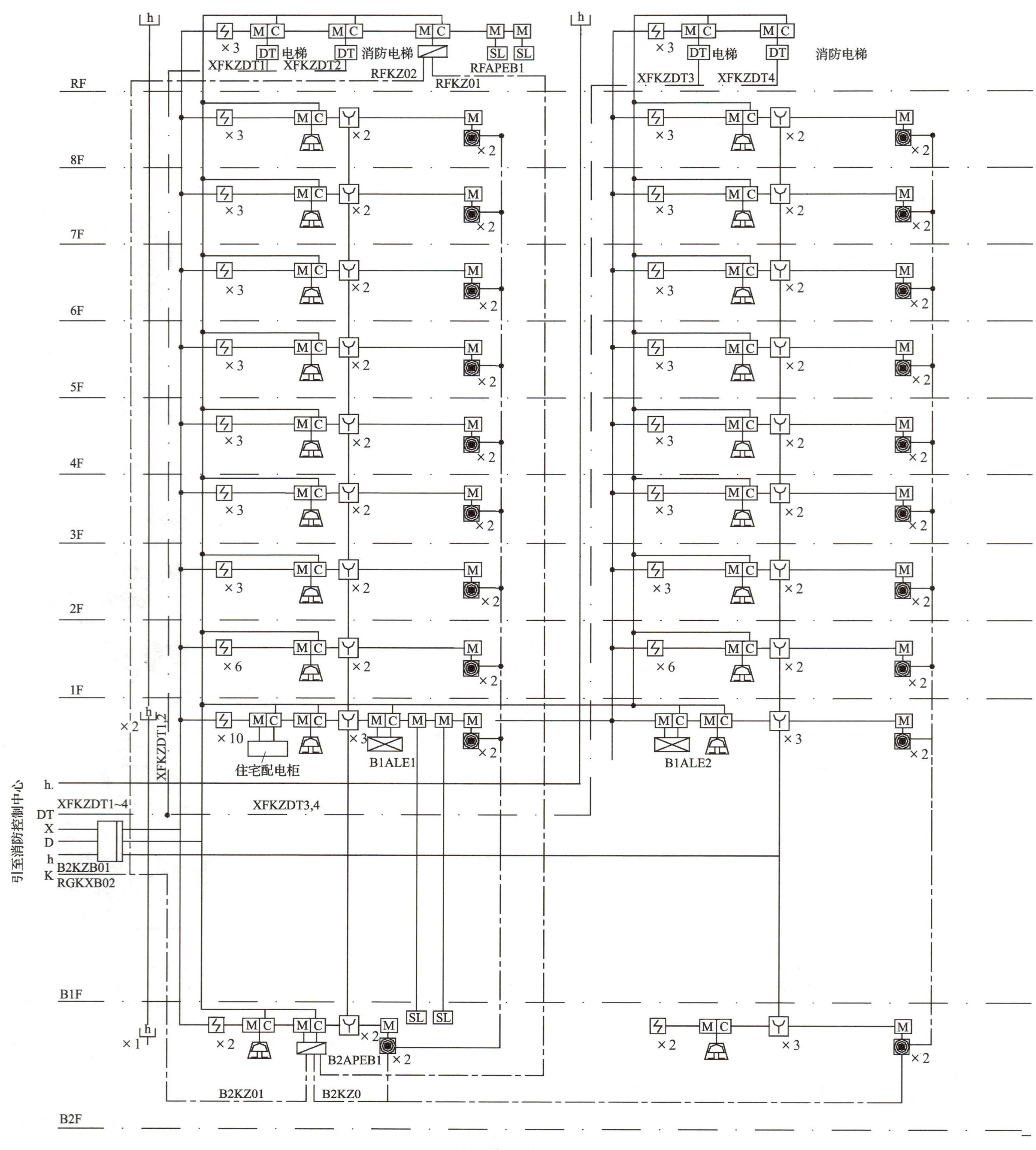

火灾报警系统图

图例

- 火灾报警控制器
- 感烟探测器（带地址码）
- M 监视模块
- C 控制模块
- 手动报警器，带电话插孔
- DT 电梯
- h 消防固定电话
- 消火栓按钮
- 声光报警控制器
- 消火栓泵 控制箱
- 应急照明配电箱
- SL 消防水池或水箱液位信号
- —— K —— 消防控制线
- —— X —— 消防报警总线 ZR-RVS-2×1.5
- —— h —— 消防电话插口线 ZR-RVVP-2×1.5
- —— h. —— 消防专用电话线 ZR-RVVP-2×1.5
- —— D —— 24V 电源线 ZR-BV-2×1.5

控制电缆表

电缆编号	起点	终点	电缆规格
B2KZ0	消火栓按钮	消防水泵房	NHKVV-4×1.5
B2KZ01	消防水泵房	消防控制中心	NHKVV-7×1.5
BFKZ01	屋顶水箱间	消防水泵房	NHKVV-7×1.5
BFKZ02	屋顶水箱间	消防控制中心	NHKVV-7×1.5
XFKZDT1	电梯房	消防控制中心	电梯厂提供
XFKZDT2	电梯房	消防控制中心	电梯厂提供
XFKZDT3	电梯房	消防控制中心	电梯厂提供
XFKZDT4	电梯房	消防控制中心	电梯厂提供

图 4-38　火灾报警系统图

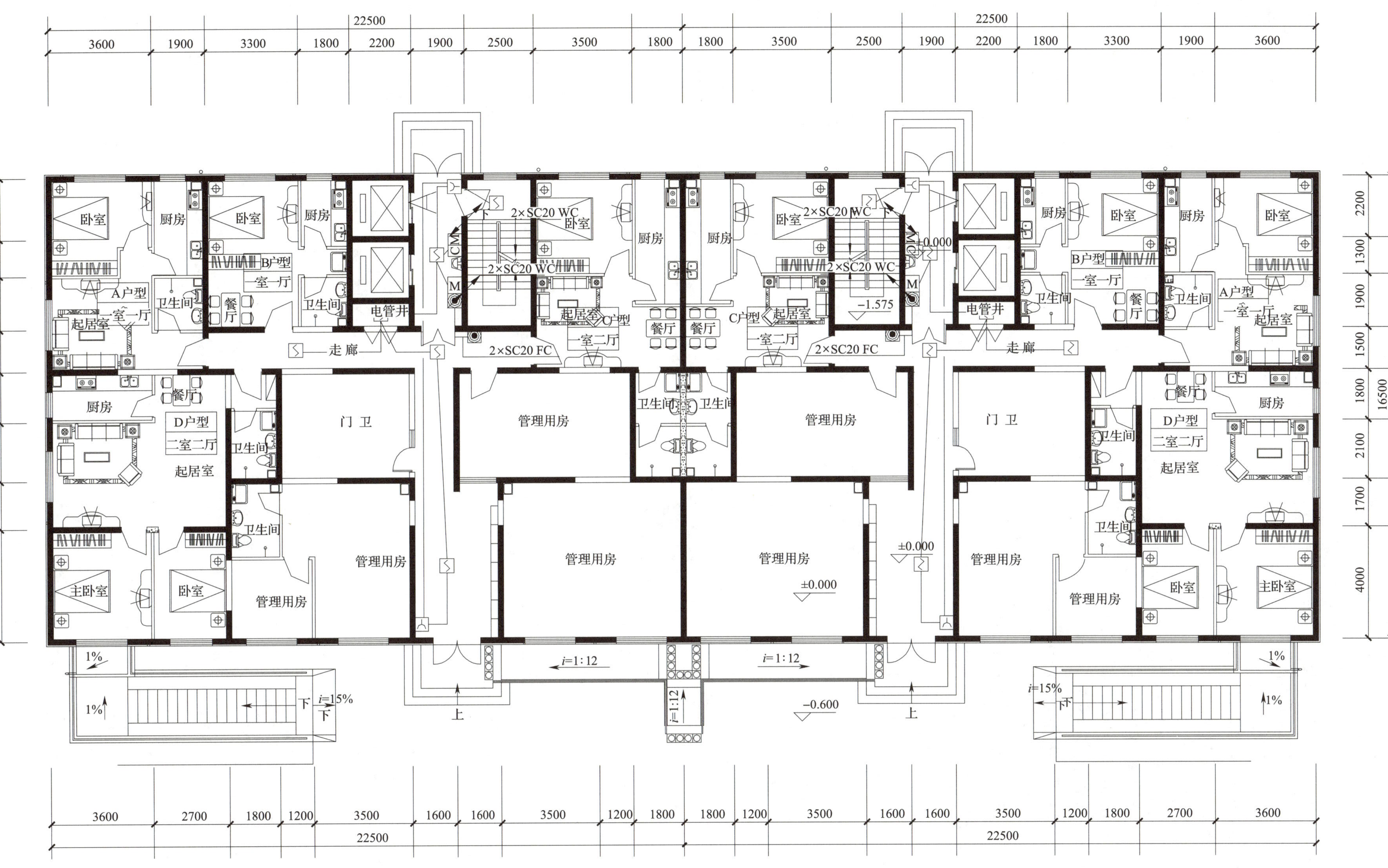

首层电气消防平面图 1:100

图 4-39 火灾报警平面图

复习思考题

1. 常用的电气施工图有哪几大类？每类图纸的作用是什么？
2. 电气工程项目如何分类？各项工程包括的主要工作内容有哪些？
3. 概括说明电气施工图的特点及读图的基本步骤。
4. 解释以下线路标注的含义：

   BV-（2×25+1×16）-SC40-FC

   BV-3×10-SC25-FC（WC）

   BV-3×2.5-PVC20-WC

   YJV-（4×185+1×95）-CT100-CE

   RVS-10（2×0.5）-SC40-WC

   KVV-7×1.5-SC25-FC
5. 照明系统图的识读包含哪些内容，应注意什么问题？
6. 参照图 4-13 的原理接线图，为图 4-2 的电气平面图绘制原理接线图。
7. 电气图纸中的灯具、设备、配电箱如何标注？
8. 识读照明施工图的方法、步骤是什么？
9. 识读防雷施工图的方法、步骤是什么？
10. 识读电视、电话施工图的方法、步骤是什么？

第五章 施工图识读实例

第一节 建筑施工图识读

图纸目录

由图纸目录可以清楚地看到，该项目的工程名称为永乐住宅小区扩建 10# 楼，项目的建筑面积为 6 300 m^2。全套施工图由建筑、结构、水暖、电气四个专业组成，其中建筑专业 19 张图纸，结构专业 11 张图纸，水暖专业 19 张图纸，电气专业 22 张图纸。目录中同时把每个专业的图纸编号、图纸名称都清晰地表示出来，以便大家查询。

建施 -01 总平面图

1. 总平面的图纸比例为 1：1 000。

2. 由图中可以看到，永乐住宅小区扩建 10# 楼都是用粗实线绘制的，表示 10# 楼为新建建筑（细实线表示原有建筑）。建筑层数为 11 层，建筑的外轮廓尺寸为 40.100 m × 15.700 m。

3. 由图中还可以看出，建筑首层地面的相对标高 ±0.000 相当于绝对标高 24.500 m。建筑物的四角分别给出了测量坐标值，并且给出了与建筑道路红线的尺寸关系，这些数据均作为新建建筑的定位依据。

4. 由图中的指北针可以清楚地得到，永乐住宅小区扩建 10# 楼的朝向为坐北朝南。

5. 由总平面图还可以看出，新建建筑周边的交通情况，汽车、自行车的停车位，绿化、景观、公共的运动场所等内容。

建施 -02 建筑设计说明

1. 设计总说明的开头部分介绍了本工程的设计依据。

2. 介绍本工程的工程概况，包括工程的位置、面积、工程性质等。工程性质包括使用年限、建筑高度、防水等级、建筑工程等级等信息。

3. 材料做法说明：包括防水、防火、节能、内外装饰材料做法等。

4. 部分构件的做法要求：主要是墙（包括隔墙）、屋面、安全护栏等。

5. 室内工程做法表在设计说明中有所介绍。

6. 设计中所需要的图集编号。

建施 -03 地下一层平面图

1. 表示了建筑物地下部分的总长和总宽，分别为 40.100 m × 15.700 m。

2. 可以清楚地看出地下部分房间的内部布局，同时可以看到集水坑、窗井的位置等。

3. 表示门窗的编号、门窗的开启方向及洞口的尺寸，还有自行车坡道入口的位置、楼梯间的位置等。

4. 表示地下室地面的标高为 -3.300 m。

5. 表示地下室的墙厚，外墙为 300 mm，外偏 100 mm，内偏 200 mm，内墙为 200 mm，未标注的均为居中布置。

6. 由首层平面图右上角的指北针可以看出单元入口是朝南的。

建施 -04、建施 -05 首层平面图、2 ~ 11 层平面图

1. 平面图使用的比例是 1：100。

2. 由各层的平面图图名下方的注释可以看出每一层的建筑面积，由此可以计算出整栋建筑的总建筑面积。

3. 由墙的分隔及楼梯的位置可以清楚地看出房屋、内房间的分隔情况。

4. 表示门窗的编号、门窗的开启方向及洞口的尺寸，阳台、空调板、楼梯间、电梯间的位置。

5. 平面图一般是三道尺寸线，最外面的一道尺寸表示建筑物的总宽和总长，再往里的第二道尺寸就是房屋中的墙、柱、大梁等定位轴线间的尺寸，而第三道尺寸所表示的就是门窗、洞口等的细部尺寸。

6. 图中只有剖切符号 1—1，1—1 剖面是沿着建筑物宽度方向由上至下剖切，然后向右看所得到的。

7. 屋顶平面图中有索引，索引代表的含义前面内容中已做过详细的介绍，这里不再解释，索引的具体内容在后面的图纸中加以详细说明。

8. 由首层平面图中可以看到散水的宽度和位置，而散水的高度将在墙身详图中有所表示。

9. 表示残疾人坡道的位置在①~③、㉑~㉓/Ⓐ~Ⓑ轴之间。

建施 -06、建施 -07　机房水箱间层组合平面图、屋顶层组合平面图

1. 表示突出屋面的机房层的标高和位置。
2. 表示屋面的形状尺寸和排水情况，可以结合立面图一起看屋面的形式和屋面的坡度。
3. 表示女儿墙、屋顶水箱间、楼梯间、检查孔等的位置。

建施 -08、建施 -09、建施 -10、建施 -11　立面图

1. 立面图同样采用 1∶100 的比例。
2. 由几个立面图可以看到门窗、阳台、窗台、高度、宽度及具体位置，具体尺寸见图纸的标注。
3. 图中还可以看到标高，通常要注室外地坪、出入口地坪、勒脚、窗台、檐口、女儿墙及突出屋面部分的标高。
4. 图中可以看到每个立面外墙装饰的做法。
5. 三道尺寸：最外面的一道尺寸表示建筑总高度 30.80 m，第二道尺寸表示室内外高差 0.900 m、层高 2.80 m、女儿墙高度 1.400 m，第三道尺寸表示门窗、窗台等的高度，具体尺寸见图。
6. 图中的索引及注释。

建施 -12　外墙窗护栏详图

1. 剖面图同样采用 1∶20 的比例。
2. 由图可知起居室、楼梯、电梯外墙窗的护栏位置及尺寸。

建施 -13　剖面图

1. 剖面图同样采用 1∶100 的比例。
2. 结合平面图可知 1-1 剖面的剖切位置，从剖面图中可以看到门窗的具体位置关系，各层梁、板的结构形式、位置及墙之间的关系。
3. 外部尺寸：图中标出了室外地坪、勒脚、窗台、檐口等处的具体标高和尺寸。
4. 内部尺寸：图中标出了每个标准层的标高，内部的门窗等的具体位置均标注得很清楚。
5. 图中的索引及注释。

建施 -14、建施 -15　单元平面图

平面图包括楼梯平面图、坡道平面图、墙身平面图和门窗平面图。

建施 -16　楼梯详图

1. 楼梯平面图

一般每一层都应该有一个楼梯平面图。三层以上的屋面，如果中间各层的楼梯都相同，往往只画出首层、中间层和顶层平面即可。如果有地下室，用地下一层、地下二层等平面表示。本例是 11 层，中间 2 ~ 10 层楼梯是完全一样的，只有一层和顶层有所不同，所以分为三个标准层，分别是首层楼梯平面图、标准层楼梯平面图和顶层楼梯平面图。

2. 楼梯剖面图

楼梯剖面图中表示楼梯间轴线编号及轴线间的尺寸，应标注地面、休息平台面、楼面等的标高和梯段、栏杆的高度尺寸，以及楼梯门窗洞口的标高及尺寸。

建施 -17　坡道详图及门窗表

1. 表示坡道的具体位置和材料做法等。
2. 表示图纸中门窗的大小和开启方式。

建施 -18、建施 -19　外墙详图

1. 首先对照平面图中相应的剖切编号，对应相应的详图编号。
2. 外墙详图

（1）房屋的屋面、楼面、地面、楼板与墙的连接，门窗洞口顶部、窗台、勒脚和散水等处的构造做法。
（2）楼板与墙身连接部分，可了解各层楼板和梁等搁置方向及与墙身的关系。
（3）从檐口部位可以看到屋面防水、排水、保温的具体做法。
（4）从勒脚部位可以看到房屋防水、防潮和排水的做法。
（5）墙身图中也对窗台、过梁等有详细的标注。
（6）墙身详图的比例为 1∶20。
（7）在层数比较多的建筑中，若中间各层的墙身情况相同，可只画出底层、中间层和顶层剖面图，中间用折断线分开。

第二节 结构施工图识读

结施 -01 图纸说明

1. 工程概况包括结构形式、层数、有无地下室、基础类型等。
2. 结构设计的主要依据包括各种国家规范、标准图集和地方性规范及结构计算软件等。
国家规范以 G 开头，地方性规范以 D 开头。
3. 写明地质勘查部门名称及勘察编号：说明地基概况，对不良地基处理措施及技术要求、抗液化、冰冻深度要求等。
4. 结构的安全等级和设计使用年限，混凝土结构耐久性和砌体施工质量等级。
5. 建筑场地类别、基础液化等级、建筑抗震设防烈度。如果是钢筋混凝土房屋，应注明抗震等级。
6. 设计时所采用的设计荷载取值情况，包括风荷载、雪荷载、楼屋面允许使用荷载及特殊部位的最大使用荷载标准值。
7. 结构构件所采用的材料品种、规格、型号、强度等级等，包括混凝土、钢筋、水泥、砂、砌块等工程中出现的各种材料。
8. 为提高施工的质量，结构设计说明中经常注写一些构件的施工规范要求，还有一些针对特殊部位采用特殊做法的要求。

结施 -02 基础平面布置图

1. 图纸比例为 1：100。
2. 本工程基坑长 39.800 m，宽 15.700 m。
3. 本工程采用的基础形式是钢筋混凝土筏板基础，筏板厚度 550 mm，筏板配筋见图。
4. 外墙均为 360 mm 厚，内墙均为 240 mm 厚，与轴线的关系参见建筑图中的标注。
5. 集水坑、排水沟等详图。

结施 -03、结施 -04、结施 -05 地下一层墙体平面布置图、1 ~ 3 层墙体平面布置图、4 ~ 11 层墙体平面布置图及机房层墙平面布置图

1. 图纸比例为 1：100。
2. 表示连梁的编号、位置、尺寸和配筋。
3. 表示暗柱的编号和位置，暗柱的具体尺寸和配筋见结施 -06 和结施 -07 图。
4. 表示各层结构楼面的标高。
5. 墙体的配筋信息。

结施 -06、结施 -07 剪力墙柱表（暗柱详图）

主要是对应结施 -03、结施 -04、结施 -05 中的暗柱编号，对每种暗柱的尺寸进行放大，并且表示配筋情况。

结施 -08、结施 -09、结施 -10 地下一层顶板配筋图、1 ~ 10 层顶板配筋图、屋面板配筋图

1. 板配筋图中反映了板的厚度、跨度不同，板的配筋也不同，其中结施 -08 和结施 -09 均为双层双向布置的钢筋，也就是上下均为两层钢筋。而结施 -10 中⑫轴两侧的板配筋是对称的，所以只表示① ~ ⑫轴的板配筋情况。

2. 看钢筋编号，每种钢筋编号代表一种类型的钢筋，相同编号的钢筋是一样的。图中所有的 2 号钢筋均采用钢筋直径为 12 mm 的螺纹钢，钢筋间距为 180 mm，钢筋的长度如图中标注。

3. 由板配筋图还可以看出楼梯间的位置。
4. 阳台、雨篷的位置及配筋图中均有剖面详图。
5. 各种索引代表的意义在详图中有所介绍。
详图包括楼梯和暗柱详图。

结施 -11 楼梯详图

1. 楼梯剖面图表示楼梯的踏步高、踏步宽及楼梯梁的位置。
2. 楼梯平面图表示楼梯的开间、进深、楼梯扶手宽度、休息平台和楼层平台的宽度，以及楼梯间所在的轴线号等内容。
3. 看楼梯图要将平面图结合剖面图一起看，这样才能把握构件的准确位置。

第三节 给排水系统施工图识读

水施 -02 地下一层给排水平面图

该图表示地下一层给排水系统的平面布置。

从图中可以了解到：给水引入管、污水排出管的平面位置、平面定位尺寸、管径及系统编号，给排水干管、立管的位置、管径及立管编号，消防系统的干管、立管的位置、管径及立管编号，消火栓、水泵接合器的位置，给水泵房、消防泵房中水泵的布置等。

水施 -03　首层给排水组合平面图

该图表示首层给排水系统的平面布置。

从图中可以了解到：卫生器具的类型及位置，污水排出管的平面位置、平面定位尺寸、管径及系统编号，给排水立管的位置、管径及立管编号，消火栓的位置等。

水施 -04　标准层给排水组合平面图

该图表示标准层给排水系统的平面布置。

从图中可以了解到：2 ~ 10 层中卫生器具的类型及位置，给排水立管的位置及立管编号，消火栓的位置等。

水施 -05　顶层给排水组合平面图

该图表示顶层给排水系统的平面布置。

从图中可以了解到：11 层中卫生器具的类型及位置，给排水立管的位置及立管编号，消火栓的位置等。

水施 -06　机房层给排水组合平面图

该图表示机房层给排水系统的平面布置。

从图中可以了解到：排水立管的位置及立管编号，消火栓的位置，泵房中管道的布置等。

水施 -07　单元给排水详图

该图表示一个单元给排水系统的详细情况。

从图中可以了解到：厨房、卫生间中卫生器具的具体位置，给排水立管、支管的详细布置等。

水施 -08　水池及水泵房给排水详图

该图表示水池及水泵房给排水系统的详细情况。

从图中可以了解到：生活泵房、屋顶水箱间、消防水池及消防泵房中给排水管道及设备的详细布置。

水施 -09　消火栓系统图

该图表示消防系统的详细情况。

从图中可以了解到：消火栓系统的作用原理，消火栓立管的详细布置。

水施 -10　给水系统图

该图表示给水系统的空间位置及上下各层之间、前后左右之间的关系。

从图中可以了解到：给水系统的空间走向和布置情况，各种设备的接管情况、设置位置和标高，各个立管、支管的管径、标高及立管编号，给水系统中水表、阀门、水龙头等附件的设置情况。

水施 -11　排水系统图

该图表示排水系统的空间位置及上下各层之间、前后左右之间的关系。

从图中可以了解到：排水系统的空间走向和布置情况；各种设备的接管情况、设置位置和标高、连接方式及规格；管道的管径、标高、坡向、系统编号及立管编号；排水系统中存水弯、地漏、清扫口、检查口等附件的位置；排水系统中通气管的设置方式、与排水立管的连接方式，通气帽的设置及标高。

第四节　采暖系统施工图识读

暖施 -02　地下一层采暖平面图

该图表示地下一层采暖系统的平面布置。

从图中可以了解到：热力入口位置及设置的各种附件，供、回水干管的位置、管径、坡度及坡向，供、回水总立管的位置及编号，各采暖房间中散热器的布置等。

暖施 -03　首层单元采暖平面图

该图表示一个单元首层采暖系统的详细情况。

从图中可以了解到：首层各采暖房间散热器的布置和规格，各户采暖供、回水干管的走向和管径等。

暖施 -04　标准层单元采暖平面图

该图表示一个单元中各层采暖系统的详细情况。

从图中可以了解到：标准层各采暖房间散热器的布置和规格，各户采暖供、回水干管的走向和管径等。

暖施 -05　顶层单元采暖平面图

该图表示一个单元顶层采暖系统的详细情况。
从图中可以了解到：顶层各采暖房间散热器的布置和规格，各户采暖供、回水干管的走向和管径等。

暖施 -06　采暖干管系统图

该图表示采暖系统干管的详细情况。
从图中可以了解到：从热力入口到各层采暖干管的详细布置，包括管道的位置、管径、坡度和坡向，以及各种附件的设置等。

暖施 -07　单元采暖系统图

该图表示各户采暖系统的详细情况。
从图中可以了解到：A、B、C 三种户型中，采暖干管、支管的布置和管径，散热器的位置和做法等。

暖施 -08　机房层采暖平面图

该图表示机房层采暖系统的平面布置。
从图中可以了解到：机房层供、回水立管、支管及散热器的布置情况。

第五节　电气施工图识读

电施 -01　图纸目录、图例说明、消防报警及联动控制系统图

图纸目录中列出了全套电气施工图所含的图纸名称及图纸编号。图例说明列出了图纸中出现的各种电气设备的表示符号、名称及安装方式，方便安装人员从中查找。

电施 -02　电气施工设计说明

介绍了工程概况和各种分部、分项工程在施工中应注意的主要问题。在后面的平面图中，由于图纸空间限制，不可能对每条线路的敷设情况都详细标注，所以在设计说明里对平面图中未做标注的线路给出了默认说明，如“照明回路采用 BV-2×25 穿 PVC16 管敷设的，图中均不再标注”。

电施 -03　照明系统图（一）

左侧的系统图展现了总配电箱 AA1 与各楼层配电箱之间的连接关系，右侧的配电箱系统图具体说明了不同型号配电箱内电气系统的构成。

电施 -04　照明系统图（二）

楼内动力设备及公用设施的供电情况。

电施 -05　计算机网络系统图

接入各户的计算机网络的布设情况。网络配线设备（配线架、交换机）安放在弱电室内，由弱电室引至各楼层的网络主干线路采用穿钢制线槽敷设的形式。

电施 -06　有线电视系统图

接入各户的有线电视线路的布设情况。电视前端设备箱（VH 箱）安放在弱电室内，上方的系统图展示了楼内电视线路的连接关系，下方的四个图展示了各型号电视设备箱的箱内系统。

电施 -07　门禁对讲系统图

接入各户的门禁对讲系统的布设情况。

电施 -08　电话系统图

接入各户的电话系统的布设情况。

电施 -09　地下室电源干线平面图

图纸右侧的配电间是全楼的电力总室；电力电缆由室外引入，埋设入户；配电间内各配电柜分别负责不同设备或楼层的电力负荷（可参照系统图）；电源干线穿钢制线槽连接到各分配电箱。

电施 -10　地下室照明平面图

地下室的灯具、开关和插座的布置情况。

电施 -11　地下层弱电干线平面图

电视总箱、电话总箱和网络总箱安放在弱电间内，进户线埋设入户，干线均穿钢制线槽，沿楼梯间外墙（Ⓓ轴）向上引干线线路。

电施 -12　地下室消防报警平面图

火灾报警控制器安装在消防控制室内，注意各种探测器、手报按钮、警铃等的安装位置。

电施 -13　首层公共通道照明平面图

首层公共通道内照明灯具和指示灯的布置。

电施 -14　首层公共通道弱电平面图

首层公共通道内手报按钮、声光报警器等的布置。

电施 -15　单元首层照明平面图

单元首层的灯具、开关和插座的布置情况。由于左、右两个单元的户型是完全对称的，所以只画出了左侧的布置情况。

电施 -16　单元首层弱电平面图

单元首层的电视、电话和网络出线口的布置情况。

电施 -17　单元标准层照明平面图

单元各标准层的灯具、开关和插座的布置情况。

电施 -18　单元标准层弱电平面图

单元各标准层的电视、电话和网络出线口的布置情况。

电施 -19　顶层设备用房照明平面图

单元顶层的灯具、开关和插座的布置情况。

电施 -20　顶层设备用房电力干线平面图

为顶层设备提供电源的配电箱及电源插座的布置情况。

电施 -21　顶层设备用房消防报警平面图

单元顶层的各种探测器、手报按钮、警铃等的布置情况。

电施 -22　避雷装置平面图

标示出了楼顶避雷带的敷设范围、引下线的位置、接地电阻测试点的位置及接地装置的安装形式。

永乐住宅小区扩建 10# 楼

施　工　图

北京市 ×× 区建筑勘察设计所

2024 年 2 月

×××建筑勘察设计所

工程设计图纸目录

工程名称　永乐住宅小区扩建10#楼　　　工程编号　2023-02-1

建筑面积　6 300 m^2（其中地下面积505 m^2）　　　建筑造价　××× 万元

建筑			结构			设备			电气		
序号	图号	图名	序号	图号	图名	序号	图号	图名	序号	图号	图名
01	建施-01	总平面图	01	结施-01	结构设计总说明	01	暖施-01	设计说明、图例及图纸目录	01	电施-01	图纸目录　图例说明　消防报警及联动控制系统图
02	建施-02	建筑设计说明	02	结施-02	基础平面布置图	02	暖施-02	地下一层采暖平面图	02	电施-02	电气施工设计说明
03	建施-03	地下一层平面图	03	结施-03	地下一层墙平面布置图	03	暖施-03	首层单元采暖平面图	03	电施-03	照明系统图(一)
04	建施-04	首层组合平面图	04	结施-04	1~3层墙平面布置图	04	暖施-04	标准层单元采暖平面图	04	电施-04	照明系统图(二)
05	建施-05	2~11层组合平面图	05	结施-05	机房层墙平面布置图 4~11层墙平面布置图	05	暖施-05	顶层单元采暖平面图	05	电施-05	计算机网络系统图
06	建施-06	机房水箱间层组合平面图	06	结施-06	剪力墙柱表(一)	06	暖施-06	采暖干管系统图	06	电施-06	有线电视系统图
07	建施-07	屋顶层组合平面图	07	结施-07	剪力墙柱表(二)	07	暖施-07	单元采暖系统图	07	电施-07	门禁对讲系统图
08	建施-08	西立面图	08	结施-08	地下一层顶板配筋图	08	暖施-08	机房层采暖平面图	08	电施-08	电话系统图
09	建施-09	北立面图	09	结施-09	1~10层顶板配筋图	09	水施-01	设计说明、图例及图纸目录	09	电施-09	地下室电源干线平面图
10	建施-10	东立面图	10	结施-10	屋面板配筋图	10	水施-02	地下一层给排水平面图	10	电施-10	地下室照明平面图
11	建施-11	南立面图	11	结施-11	楼梯详图	11	水施-03	首层给排水组合平面图	11	电施-11	地下层弱电干线平面图
12	建施-12	⑤⑥窗护栏详图				12	水施-04	标准层给排水组合平面图	12	电施-12	地下室消防报警平面图
13	建施-13	1—1剖面图				13	水施-05	顶层给排水组合平面图	13	电施-13	首层公共通道照明平面图
14	建施-14	首层单元平面图				14	水施-06	机房层给排水组合平面图	14	电施-14	首层公共通道弱电平面图
15	建施-15	标准层单元平面图				15	水施-07	单元给排水详图	15	电施-15	单元首层照明平面图
16	建施-16	楼梯详图				16	水施-08	水池及水泵房给排水详图	16	电施-16	单元首层弱电平面图
17	建施-17	自行车坡道及踏步详图　门窗表　门窗详图				17	水施-09	消火栓系统图	17	电施-17	单元标准层照明平面图
18	建施-18	外墙详图(一)				18	水施-10	给水系统图	18	电施-18	单元标准层弱电平面图
19	建施-19	外墙详图(二)				19	水施-11	排水系统图	19	电施-19	顶层设备用房照明平面图
									20	电施-20	顶层设备用房电力干线平面图
									21	电施-21	顶层设备用房消防报警平面图
									22	电施-22	避雷装置平面图

变更记录	

负责人：×××　　　　2024年02月20日

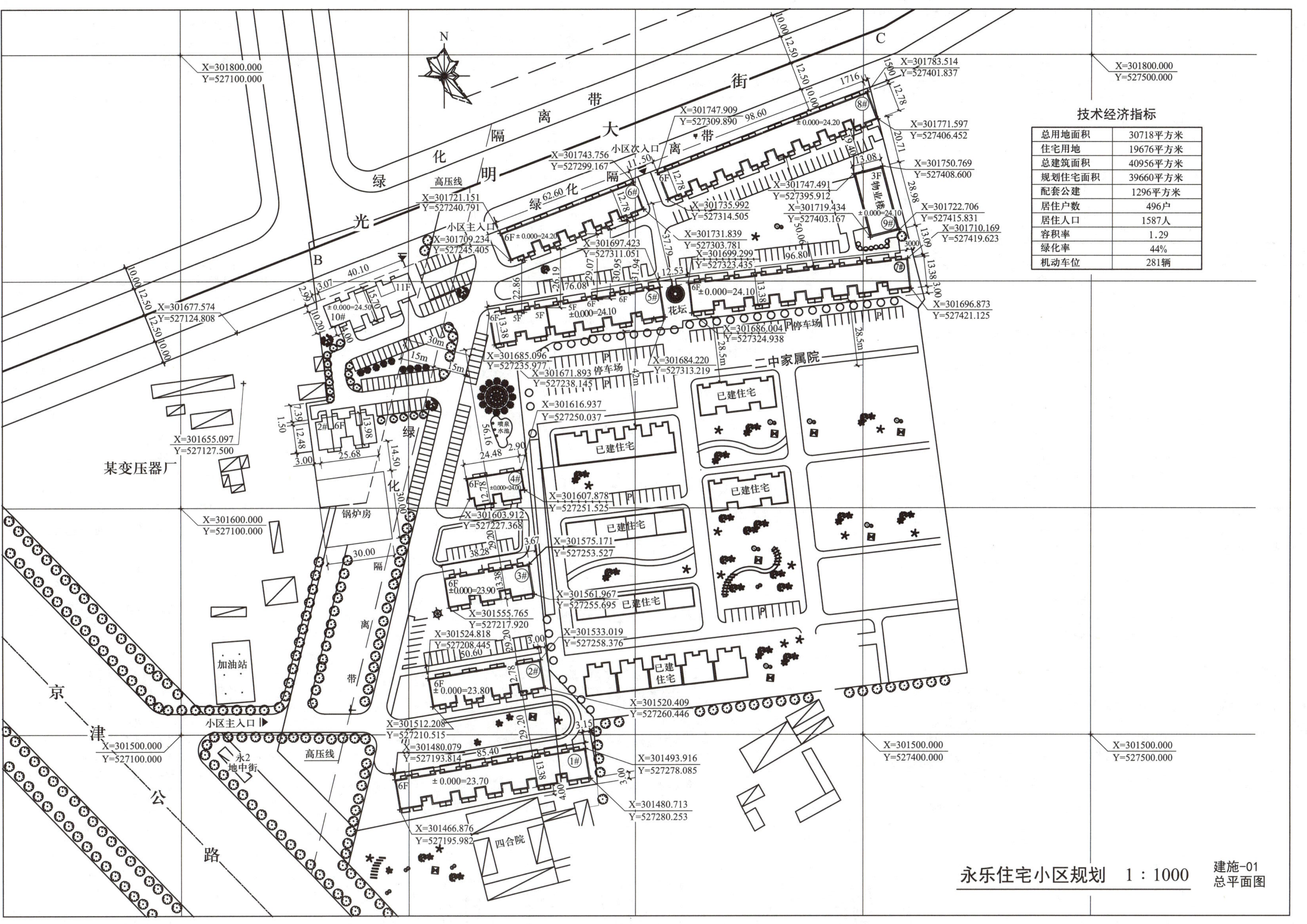

技术经济指标

技术经济指标	
总用地面积	30718平方米
住宅用地	19676平方米
总建筑面积	40956平方米
规划住宅面积	39660平方米
配套公建	1296平方米
居住户数	496户
居住人口	1587人
容积率	1.29
绿化率	44%
机动车位	281辆

永乐住宅小区规划 1∶1000

建施-01
总平面图

建筑设计说明

一、设计依据

1. 甲方关于永乐住宅小区的设计要求。
2. 北京市××区规划局审定设计方案通知书。
3. 北京市××区规划局批准的用地钉桩坐标及地形图。
4. 北京市×××建筑工程勘察设计所提供的永乐住宅小区二期10#楼岩土工程勘察报告，工程编号：2023j008。
5. 北京市消防局消防设施设计防火审核意见书。
6. 《住宅设计规范》（GB 50096—2011）。
7. 《北京市"九五"住宅建筑设计标准》。
8. 《建筑设计防火规范》（2018年版）（GB 50016—2014）。
9. 华北地区现行通用图集（华北标BJ系列等）。
10. 国家现行有关标准及规范。

二、图纸说明

1. 图中所注尺寸均以毫米为单位,标高以米为单位。
2. 图例:本工程是以《建筑制图标准》（GB/T 50104—2010）和《房屋建筑制图统一标准》（GB/T 50001—2017）为依据绘制的施工图，由于制图比例不同，本工程说明如下:

1:100比例的图

钢筋混凝土墙

100厚轻质陶粒混凝土条板隔墙

≥1:50比例的图

100厚轻质陶粒混凝土条板隔墙

150厚或200厚加气混凝土砌块墙

钢筋混凝土墙

3. 本工程内外饰面材料及油漆的色彩，在施工前需由建设单位会同设计公司协商决定。

三、工程概况

1. 位置

永乐住宅小区 工程位于北京市××区，具体位置详见总平面图。

2. 性质

本次施工的住宅楼为10#楼，地上为住宅，地下一层为设备用房。

结构体系为高层剪力墙结构　首层层高2.8 m　2–11 层层高2.8 m　地下室层高3.30 m

建筑分类：二类建筑　　抗震设防烈度：8 度

耐火等级：地上二级，地下一级　　建筑耐久年限：50 年

建筑高度：32.20 m（檐口）　　屋面防水等级：II 级

3. 建筑面积

总建筑面积：　6300 m²

地上：11层　　地下：1层　　总户数：66 户

4. 本工程相对标高±0.000 m，相当于绝对标高 24.50 m。室内外高差为 900 mm，室外地坪绝对标高 23.60 m。

四、主要用料说明

1. 防水

本工程地下室防水等级为一级，三道防水设防要求；

地下室防水做法参见《08J6–1》22页①，其中柔性防水选《05J1–1》L9页I6(空铺或冷粘一层APP改性沥青防水卷材与两层聚氯乙烯防水卷材组合：厚度为4+1.5+1.5厚)。

防水层外做5厚 聚乙烯泡沫塑料片保护层（容重≥20 kg/m³）。

地下消防水池内壁（六个面）做环氧树脂玻璃钢内衬（刷901瓷釉），三布五釉。

屋面防水：SBS改性沥青防水卷材与SBS改性沥青防水涂膜组合（一道高聚物改性沥青卷材与一道高聚物改性沥青涂膜组合,卷材厚≥4,涂膜厚≥3）。

凡出屋面管道、设备基础及女儿墙等转角处均需加铺卷材一道。

2. 建筑节能与保温

平屋面保温采用40厚C20细石混凝土和100厚聚苯板（容重≥18 kg/m³）。

墙体外保温采用90厚，具体做法详见 88J2–4 的 WT2。

变形缝处外墙保温:60厚软聚乙烯泡沫塑料黏结在26号镀锌钢板上。

无采暖楼梯间与住户分隔墙应做保温（20厚保温砂浆）。

未注明的外门窗均为塑钢门窗，且均为5厚双层玻璃。

3. 墙体

本工程为钢筋混凝土剪力墙结构，地上部分剪力墙200厚；地下部分外墙300厚，内墙200厚。室内及阳台隔墙采用100厚预制陶粒混凝土隔墙板及200厚加气混凝土砌块，构造柱及门窗过梁见结构图。

外墙大面积施工前必须按照给定色标，做出大于900×900 的样板，外饰面颜色经设计人员与甲方共同认可后方可施工。

楼内墙体阳角必须做1500 高1：2 水泥砂浆护角（R=10）。

注：所有墙身防潮及防水做法

① 非密实性材料者墙身除注明外，均在标高–0.060 m处做1：20厚水泥砂浆加5%（相当于水泥重量）防水剂的防潮层。

② 墙身为钢筋混凝土等密实性材料或在室内地坪以下0.060 m范围内为钢筋混凝土基础或基础圈梁时，可不做防潮层。

4. 内、外装修

凡内外装修材料，包括花岗岩板、面砖、油漆、地砖、喷涂材料等，均应在施工前提供样品或做样板。经与设计院协商，并做质量、色彩比较后，再大批订货与施工。

5. 门窗

外门立樘均按门框与外墙取平；外窗立樘均按窗框居中，内门立樘均按门框与门开起方向墙取平；内窗立樘均按窗框居中。

（1）外门窗统一采用带有密封胶带的塑钢窗，要选用国家批准的定点厂配套产品，厂家按我院提供的门窗尺寸、要求进行构造设计加工门窗。所有外窗为双层中空玻璃且带纱扇，塑钢窗所选用颜色由甲方指定，所有门窗应注意成品保护，严格按安装程序施工。单元入口设置电控防盗门。电控防盗门由甲方确定厂家。

（2）内门：不包括特殊装修处的门。

1）一般木门：选自《88J13–3》木门图集，请按本工程提供的尺寸、编号等要求进行选购。

2）防火门：按防火规范的要求设置防火门，按需要分别选用了木质或钢质防火门。但设在走道、楼梯间、前室及设在防火墙上的防火门要安装自动闭门器。

有关门窗编号、洞口尺寸、门型、数量等详见本工程门窗表及门窗立面图。

6. 防火

地上部分耐火等级二级，按单元划分防火分区。

地下设备层耐火等级一级，按单元划分防火分区。相邻分区之间为防火墙，并用甲级防火门相连，每个分区均有两个安全出口。首层与地下室入口处设置甲级防火门，配电室为甲级防火门，管井检查门为丙级防火门。防火门应符合防火规范的要求。

所有砌体墙（除说明者外）均砌至梁底或板底。所有管井待管道安装后，在楼板处用后浇板做防火分割；管道穿隔墙、楼板时，应采用不燃烧材料将其周围的缝隙填塞密实。

其他有关消防措施见各专业。

7. 油漆材料和颜色待定，做法参见05J1–1油漆做法。

8. 厨房设备和卫生洁具：位置、尺寸详见单元放大图，洁具色彩待定。做法由建设单位提供样板，与设计单位协商决定。

五、其他

1. 防火处理

所有内隔墙、砌块墙均应做到板(梁)底，并堵严塞紧。电缆及管道竖井（送风、排烟除外）安装完毕后，在每层楼板处现浇不少于80厚钢筋混凝土楼板。穿墙管线待安装完毕后，墙身必须用C20细石混凝土填实补严。凡室内装修用木材处均应先做防火处理。

2. 隔声处理：靠近电梯间的户内墙，地下室的水箱间内墙、顶棚均做隔声处理。
3. 室内有水的房间中穿楼板的立管应预埋套管，套管高出楼面30，管间缝隙用防水材料填实。所有预留孔洞预埋件不能后凿后做，应严格按各有关工种及设备厂家提出的施工图预留。凡管道外包墙者待管道安装完毕后再做。
4. 预埋木砖(包括与砌块、砖或混凝土接触面)及铁件均应做防腐、防锈蚀处理，排水管(包括暗管)均应做防锈处理。
5. 凡设地漏、排水明沟的房间，楼地面必须坡向地漏或明沟。
6. 凡两种材料的墙身交接处，在做墙面饰面材料前必须加钉钢板网，防止裂缝。
7. 露明铁件一律刷防锈漆两道，再做面层油漆。
8. 凡本工程选购的内外装修材料、墙体、防水材料、保温材料、轻型墙体、吊顶、活动地板、门窗等，请施工单位与设计院协商后再订货。
9. 凡内外装修材料，包括花岗岩板、面砖、油漆、地砖、喷涂材料等，均应在施工前提供样品或做样板。经与设计院协商，并做质量、色彩比较后，再大批订货与施工。
10. 本施工图未尽事宜按国家标准及有关施工验收规范和产品生产厂家的技术要求进行施工，或在施工中与设计院共同协商解决。
11. 首层住宅的安全防范措施：各外窗、封闭阳台的窗均参考《08BJ3–1》的A31页。
12. 安全栏杆：窗台距室内楼、地面小于900，窗台加安全栏杆，护窗栏杆应采用垂直杆件，且净空不应大于0.11 m。
13. 单块玻璃大于1.5 m²者采用安全玻璃，安全玻璃应符合《建筑用安全玻璃　第3部分：夹层玻璃》（GB 15763.3—2009）和《建筑用安全玻璃　第2部分：钢化玻璃》（GB 15763.2—2005）。
14. 电梯由巨人电梯公司提供，载重量为800 kg(10人)。
15. 冷凝水管采用32UPVC 管，位置详见水施图。
16. 信报箱按DBJ01–609–2002北京市标准执行，由物业统一管理。
17. 垃圾收集采用移动式垃圾桶，由物业定时清运。

室内工程做法表

房间名称	楼 面	踢 脚	内 墙	顶 棚	备 注
起居室、卧室、餐厅	楼 2BQ		内墙4B–1	棚2B–1	《88J1–2》
厨房 北阳台	楼1F		内墙38B–2	棚7B–1	表中做法均选自88J1–1工程做法
卫生间 屋顶水箱间	楼8F2–2		内墙38B–2	棚7B–1	
厨 房	楼8F1–2		内墙38B–2	棚7B–1	
南 阳 台	楼8E–1		内墙4B–1	棚2B–1	
楼 梯 间	楼8C–5	踢6B–2	内墙4B–1	棚2B–1	
公共楼梯、走廊	楼8A	踢6B–2	内墙4B–1	棚2B–1	
电梯机房	楼2D	踢2C–1	内墙4B–1	棚2B–1	
地下设备房	楼1B	踢2C–1	内墙4B–1	喷50厚聚氨酯发泡塑料	阻燃型燃烧性能达A级

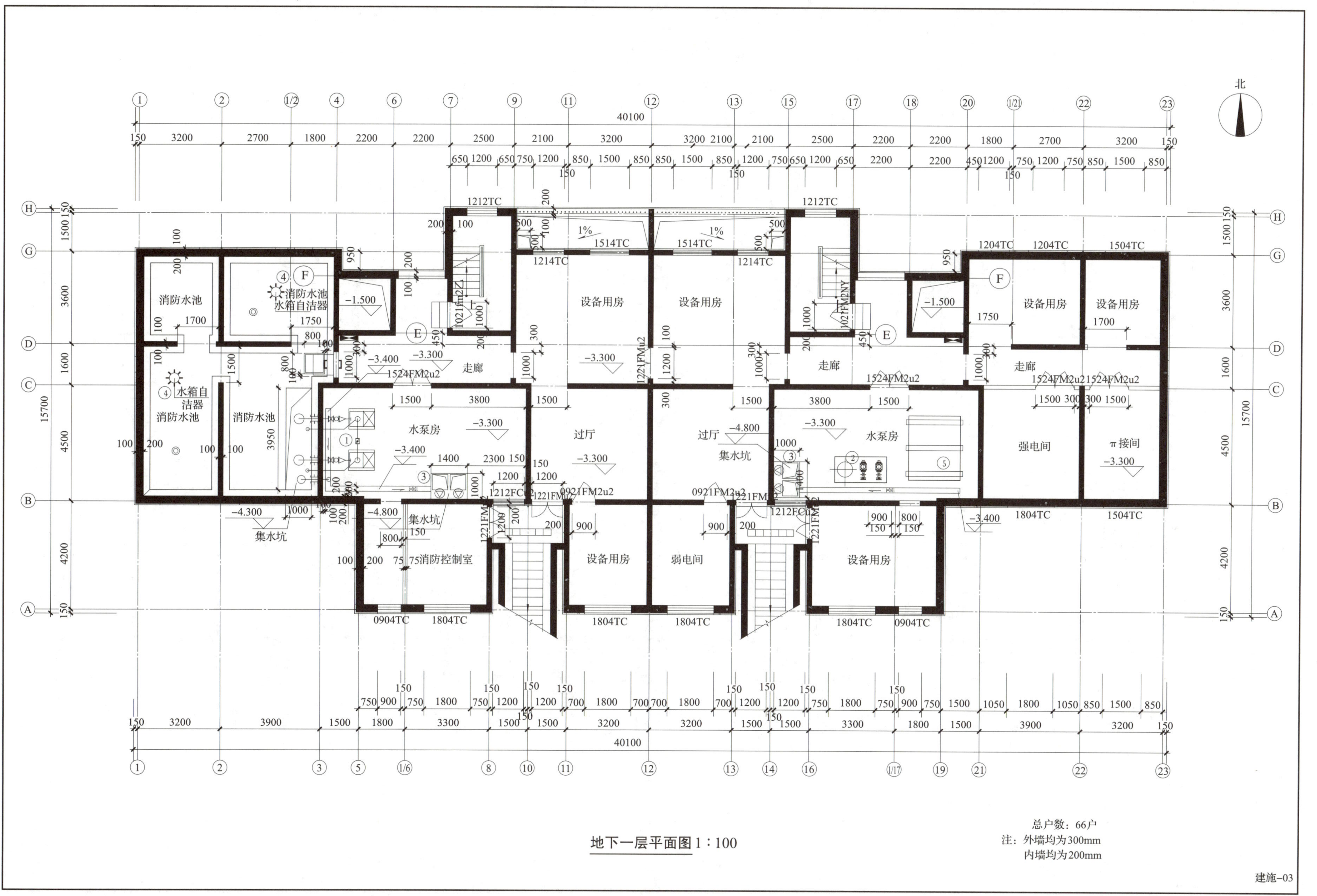

北
设备用房
消防水池
水箱自洁器
走廊
水泵房
过厅
集水坑
强电间
π接间
消防控制室
弱电间
40100
15700
地下一层平面图 1:100
总户数：66户
注：外墙均为300mm
内墙均为200mm
建施-03

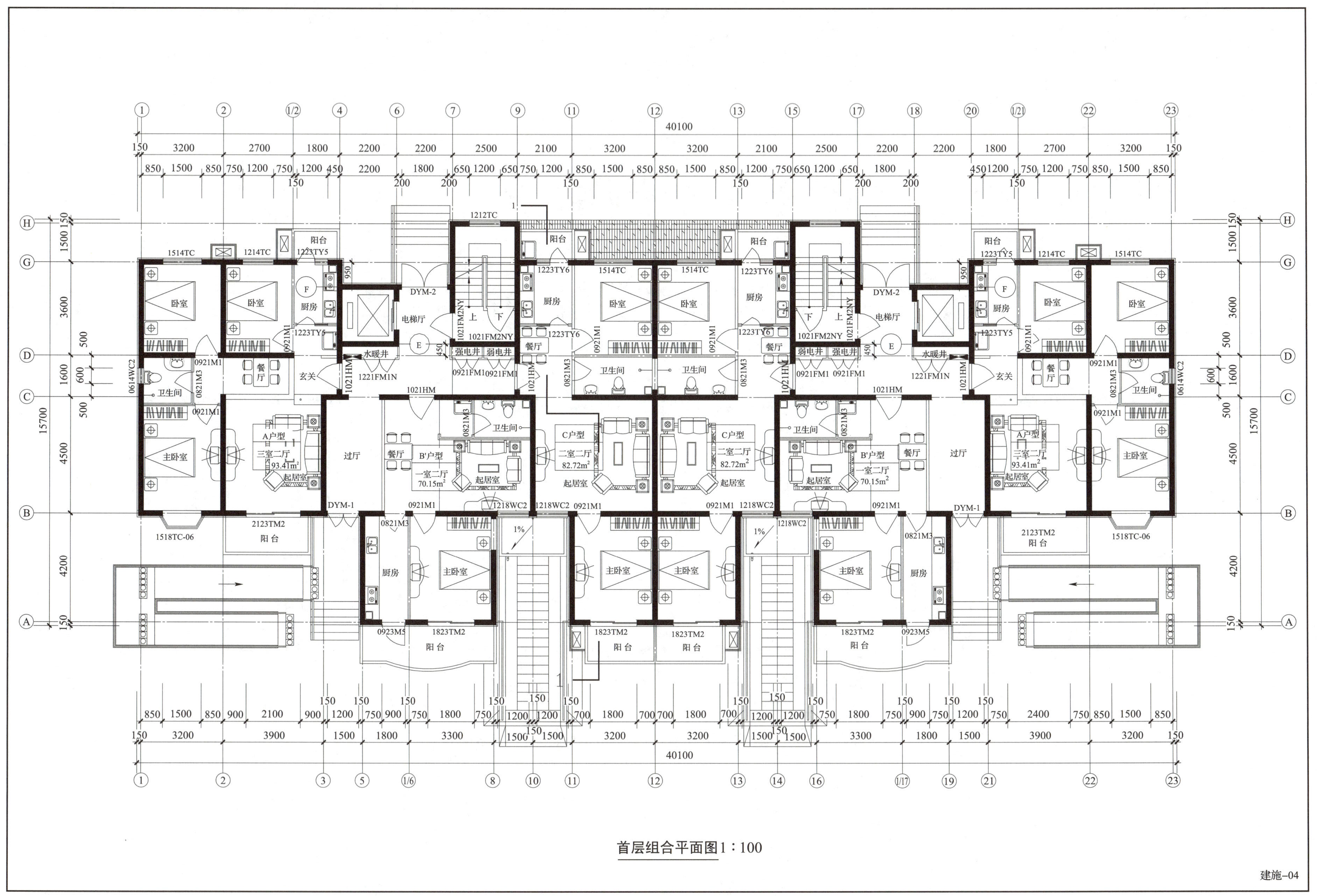

首层组合平面图 1∶100

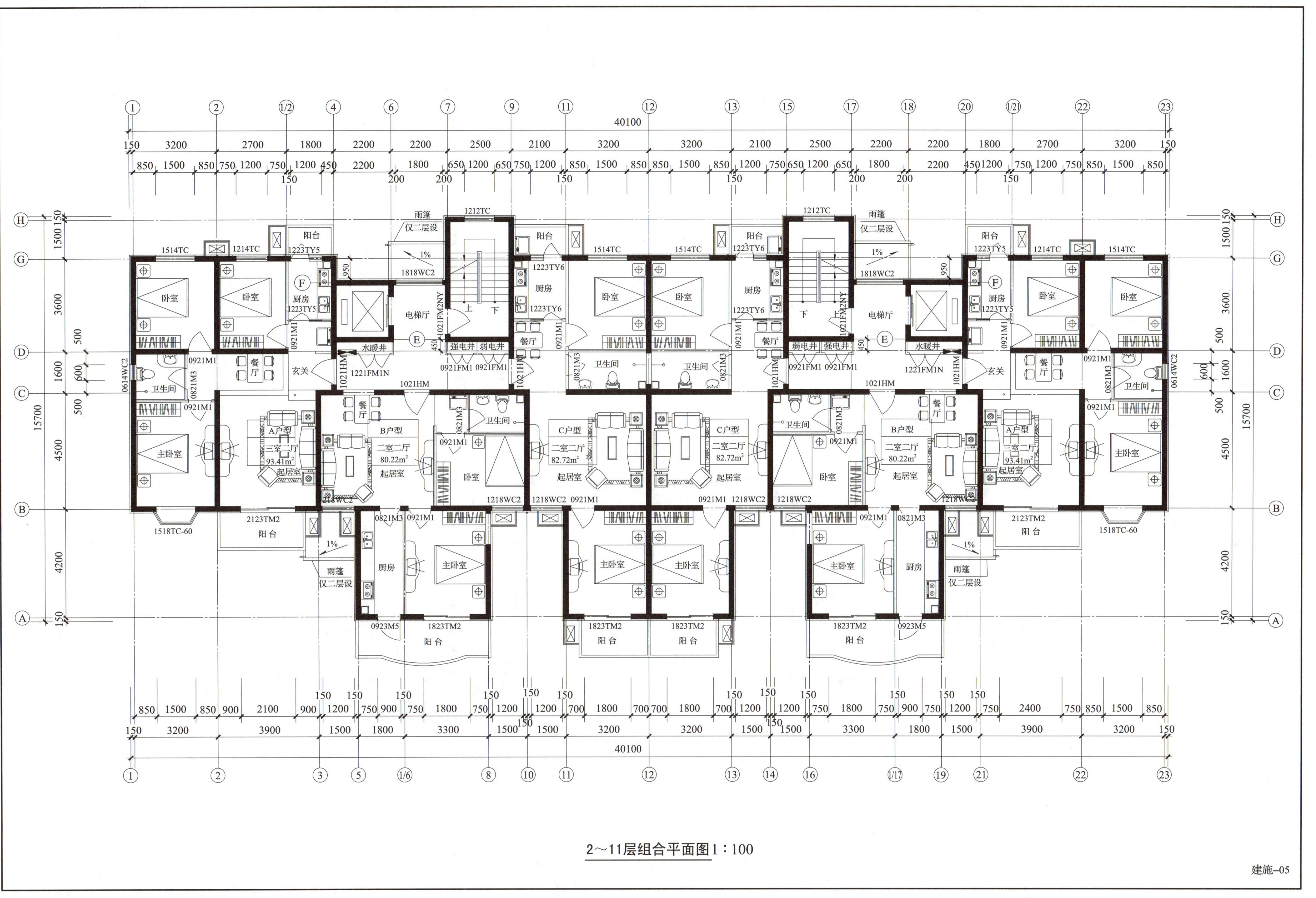

2～11层组合平面图 1：100

建施–05

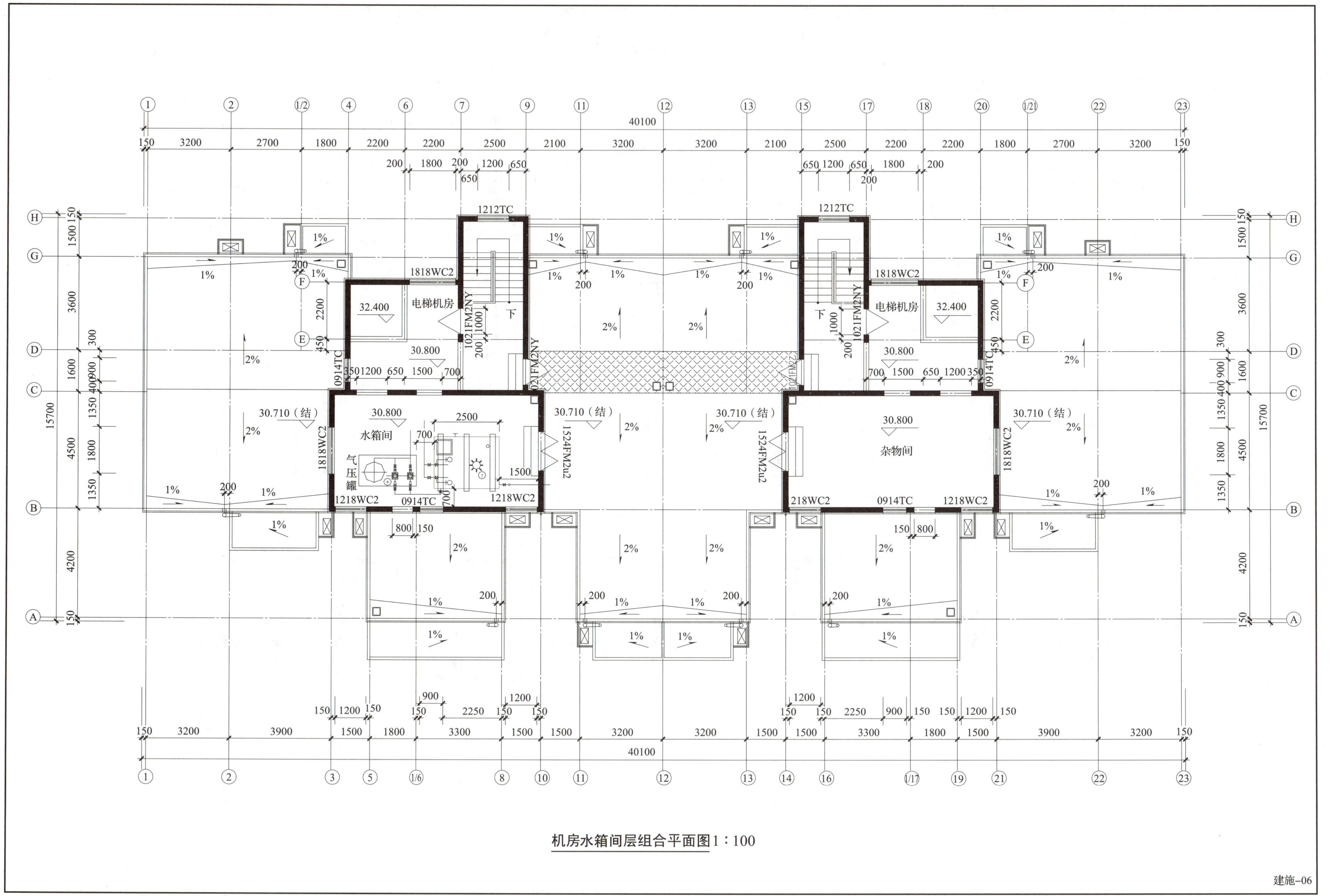

机房水箱间层组合平面图1：100

建施–06

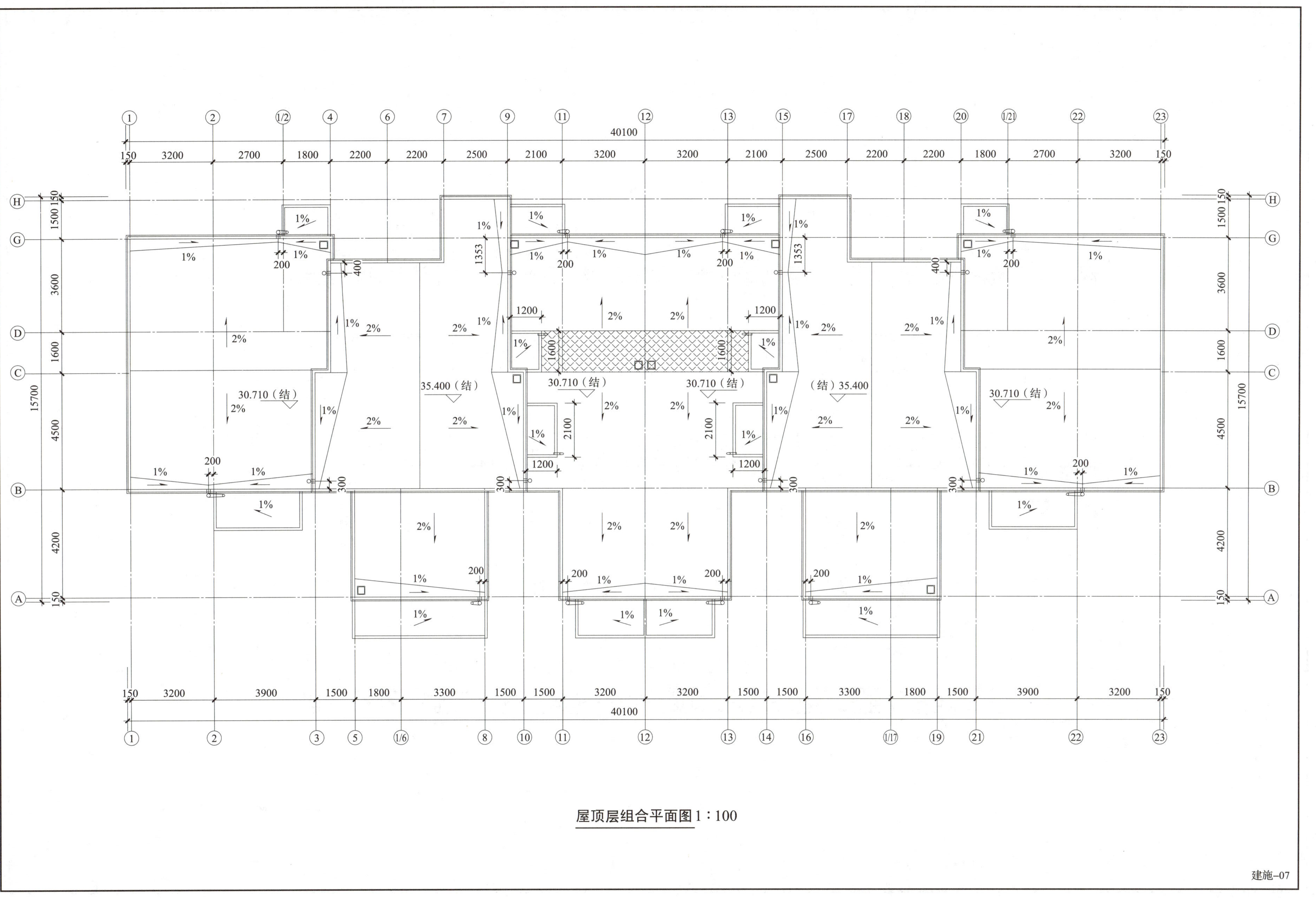

屋顶层组合平面图 1∶100

建施-07

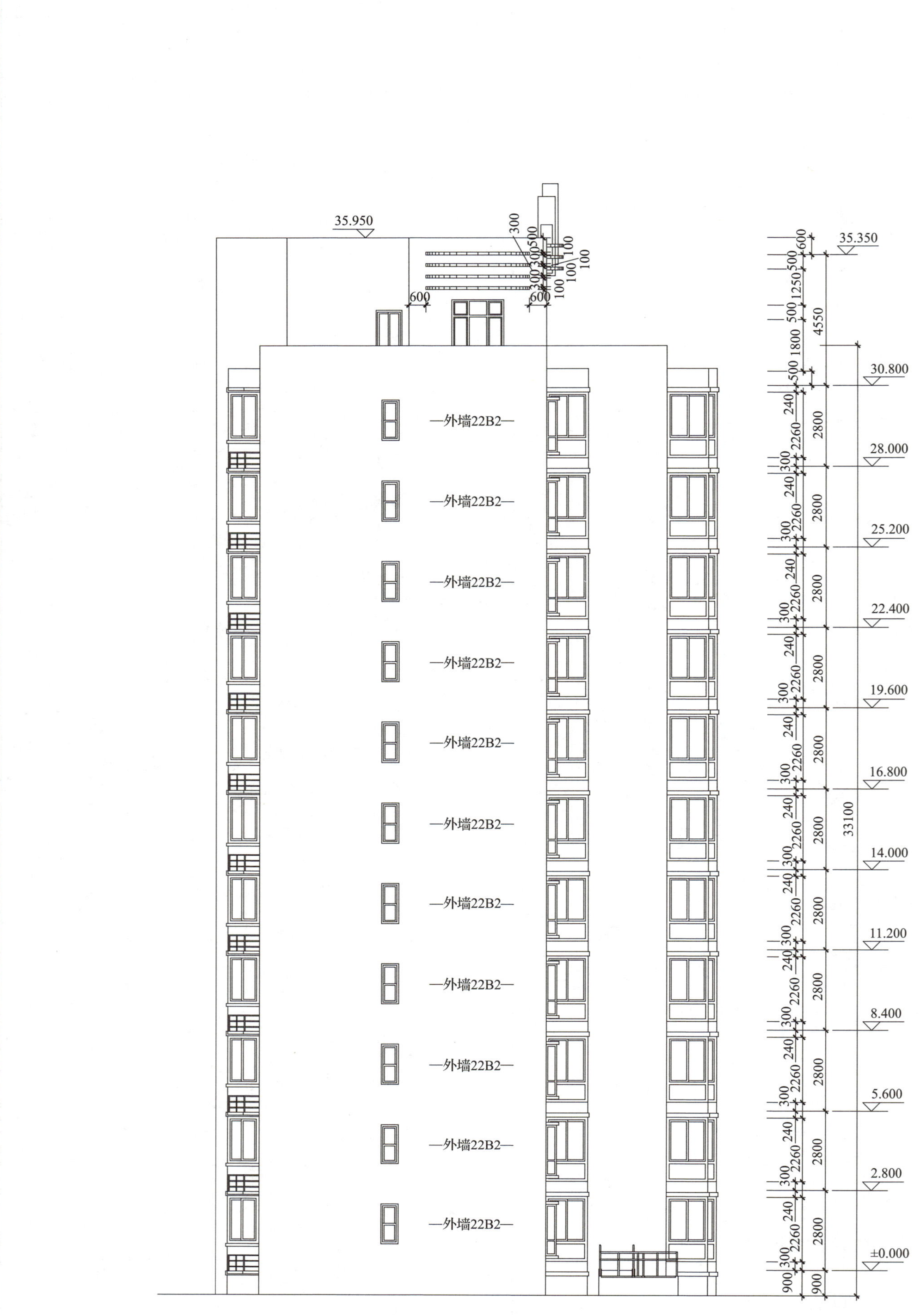

西立面图1：100

建施-08

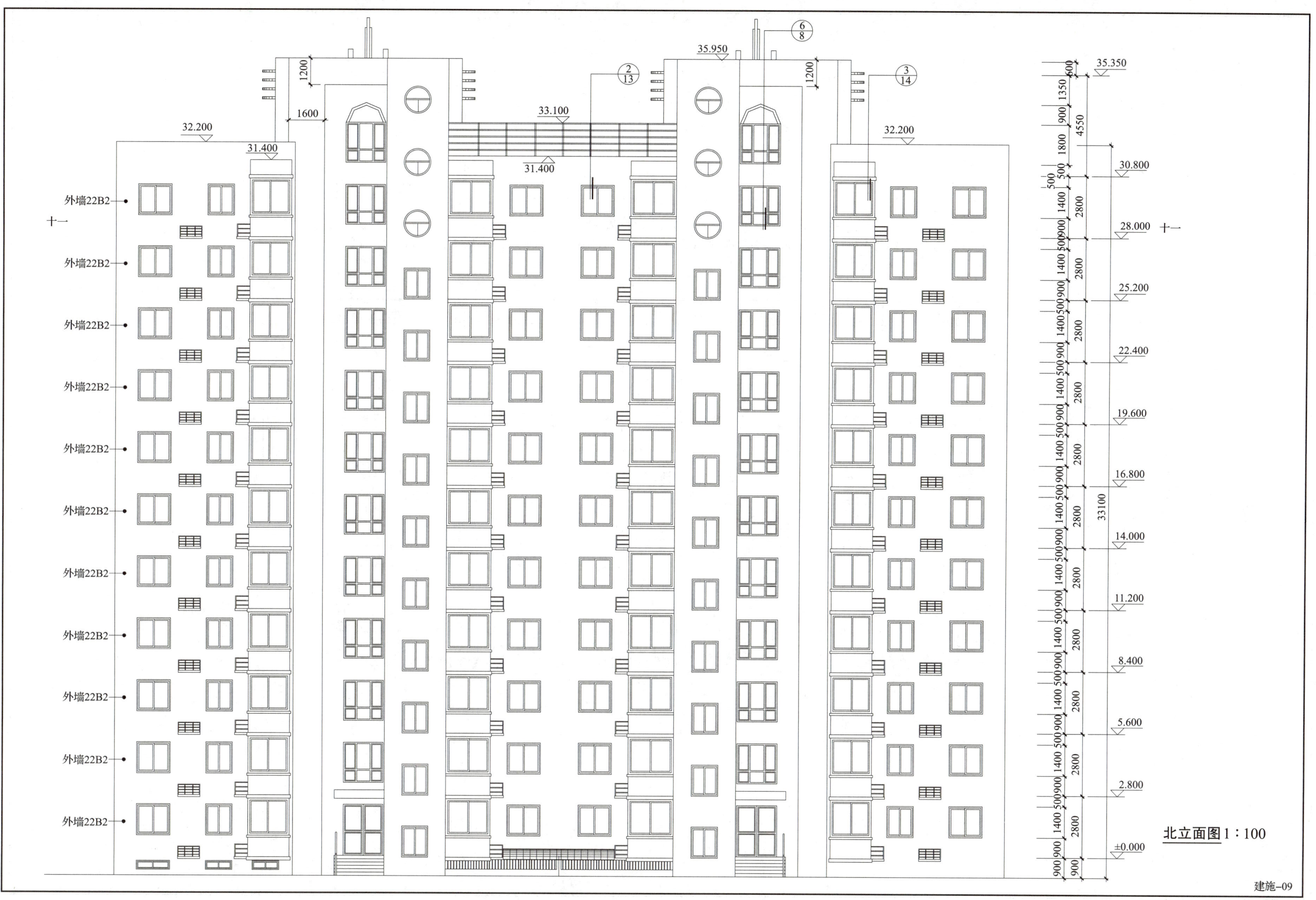
北立面图 1∶100
建施–09
外墙22B2
35.950
35.350
33.100
32.200
31.400
30.800
28.000
25.200
22.400
19.600
16.800
14.000
11.200
8.400
5.600
2.800
±0.000
33100
4550

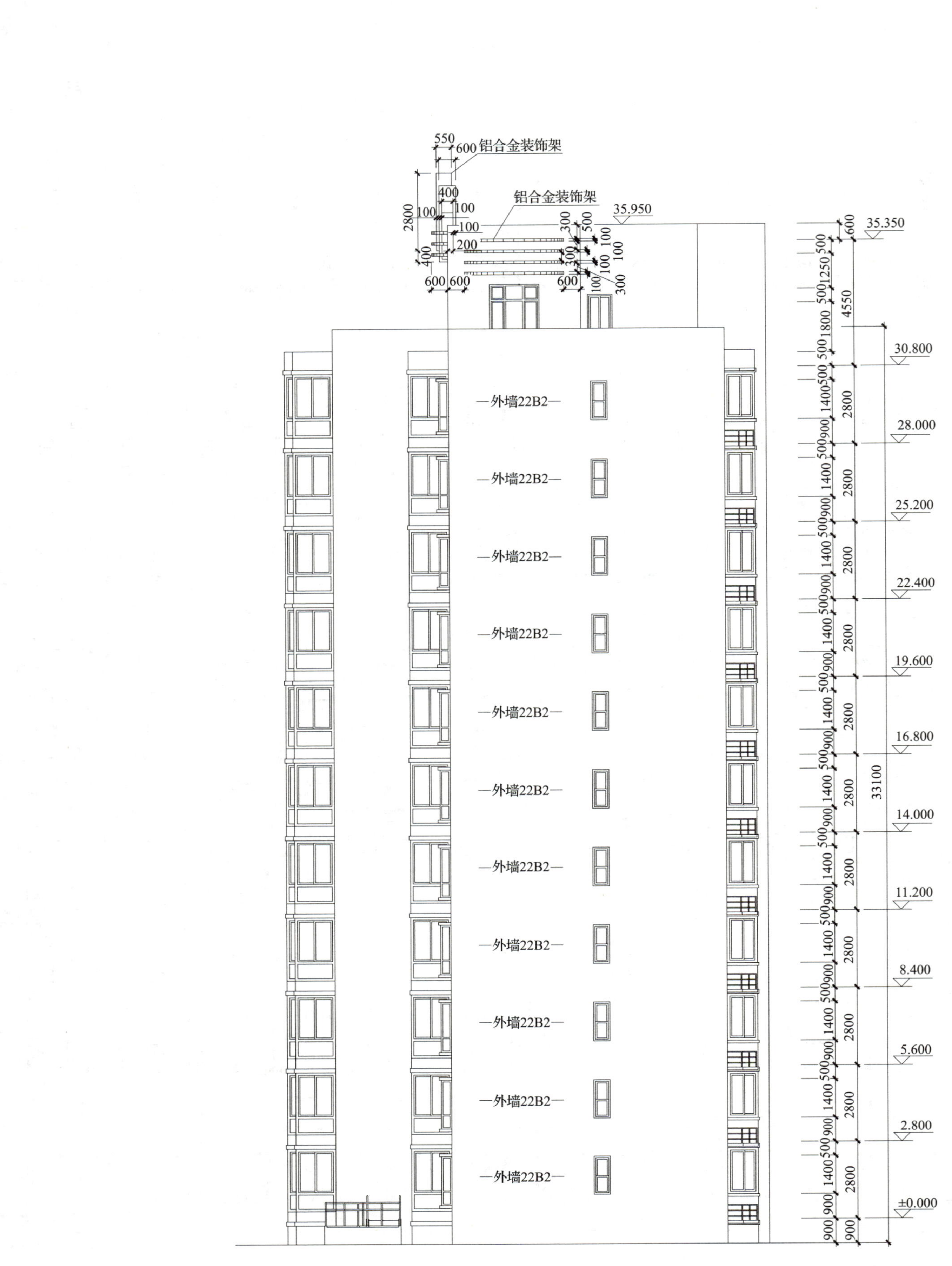

东立面图1∶100

建施-10

铝合金装饰架
铝合金装饰架
铝合金装饰窗
铝合金装饰架
35.950
35.950
32.200
35.350
30.800
28.000
25.200
22.400
19.600
16.800
14.000
11.200
8.400
5.600
2.800
±0.000
33100
4550
外墙22B2
外墙22B2
外墙22B2
外墙22B2
外墙22B2
外墙22B2
外墙22B2
外墙22B2
外墙22B2
外墙22B2
外墙22B2
南立面图1：100
建施-11

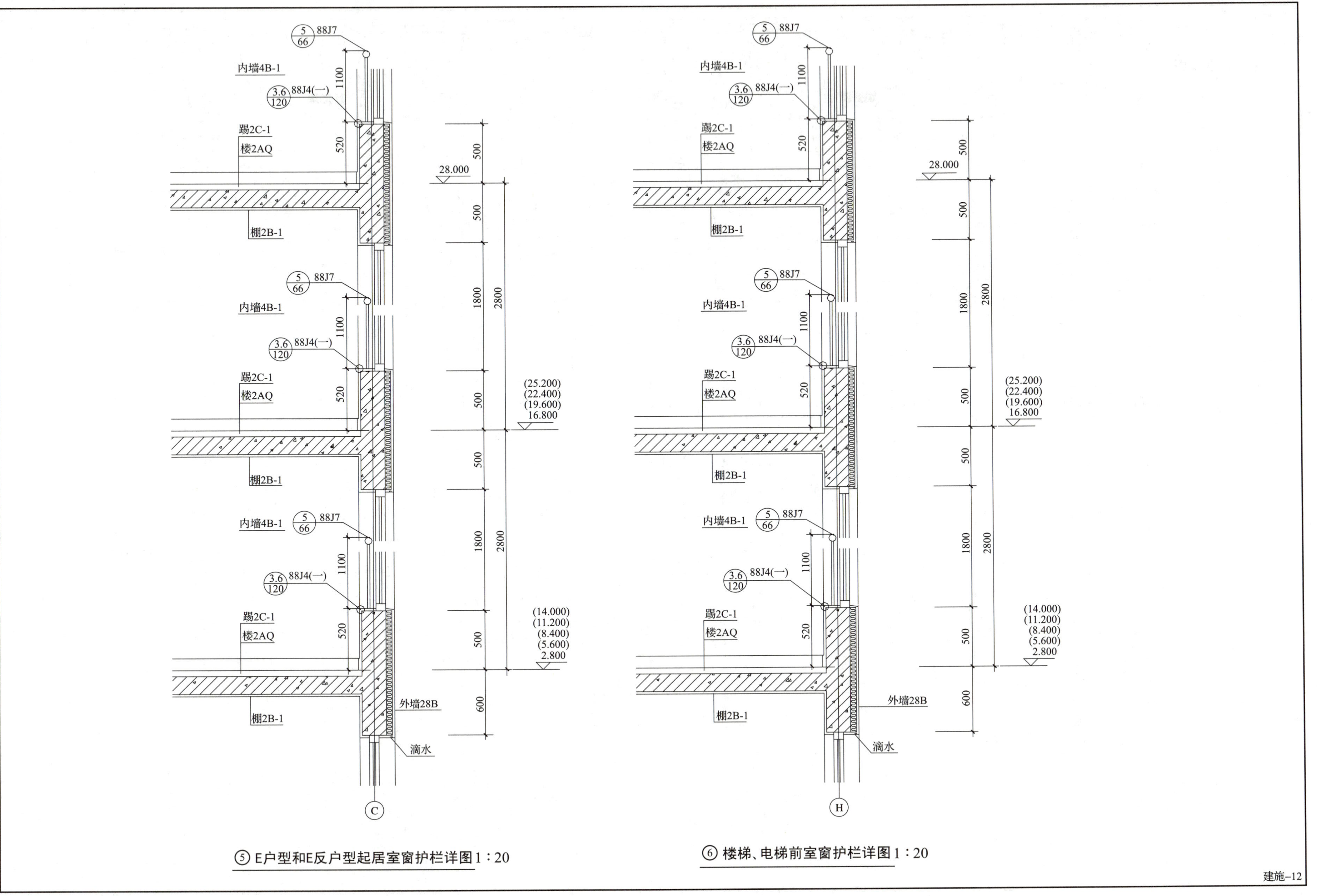

⑤ E户型和E反户型起居室窗护栏详图 1∶20

⑥ 楼梯、电梯前室窗护栏详图 1∶20

建施-12

卧室
起居室
走廊
厨房
设备机房
窗井
35.350
35.950
30.800
28.000
25.200
22.400
19.600
16.800
14.000
11.200
8.400
5.600
2.800
±0.000
-0.900
-3.300负一层
33100
4550
A
G
建施-13

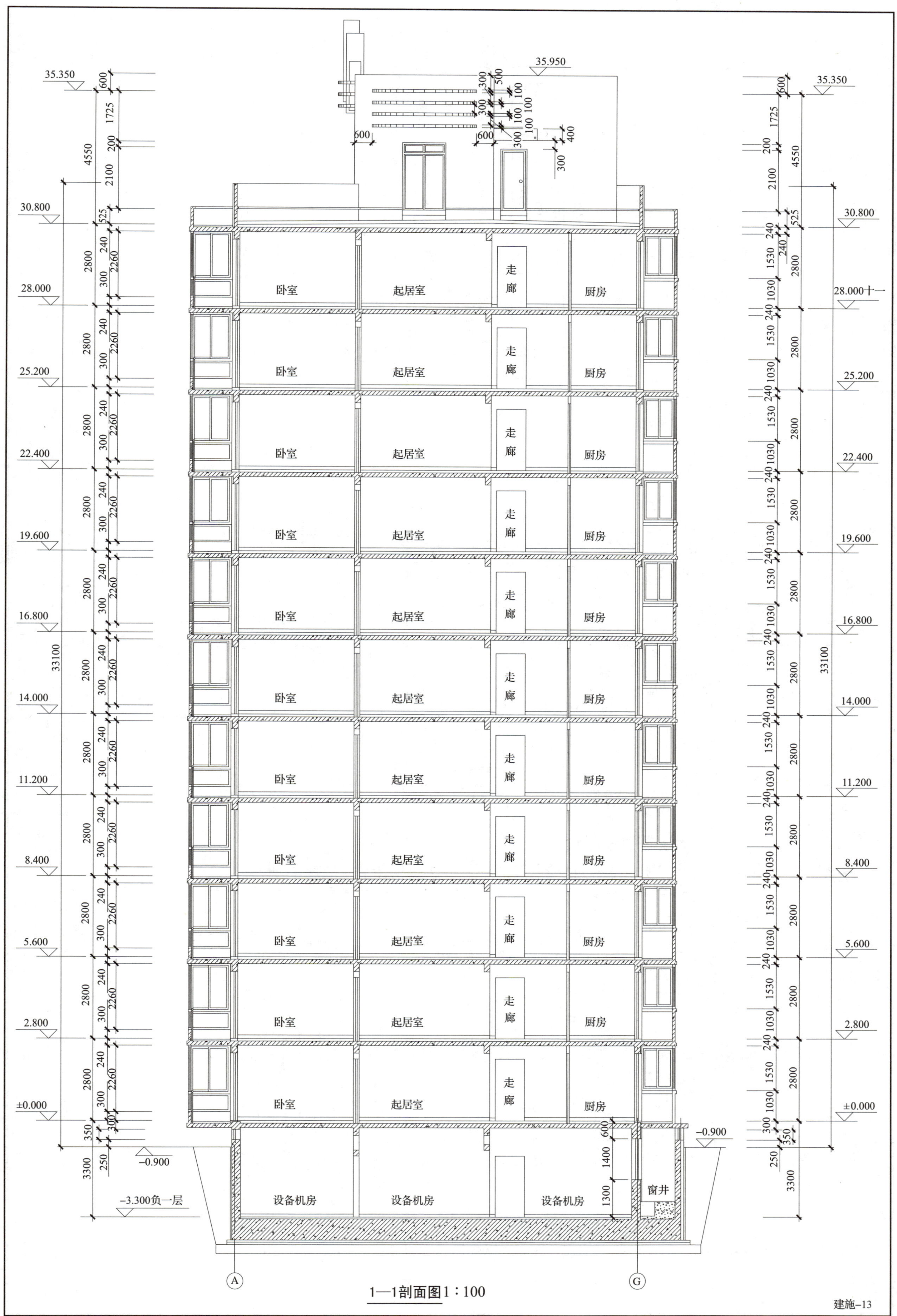

1—1剖面图1∶100

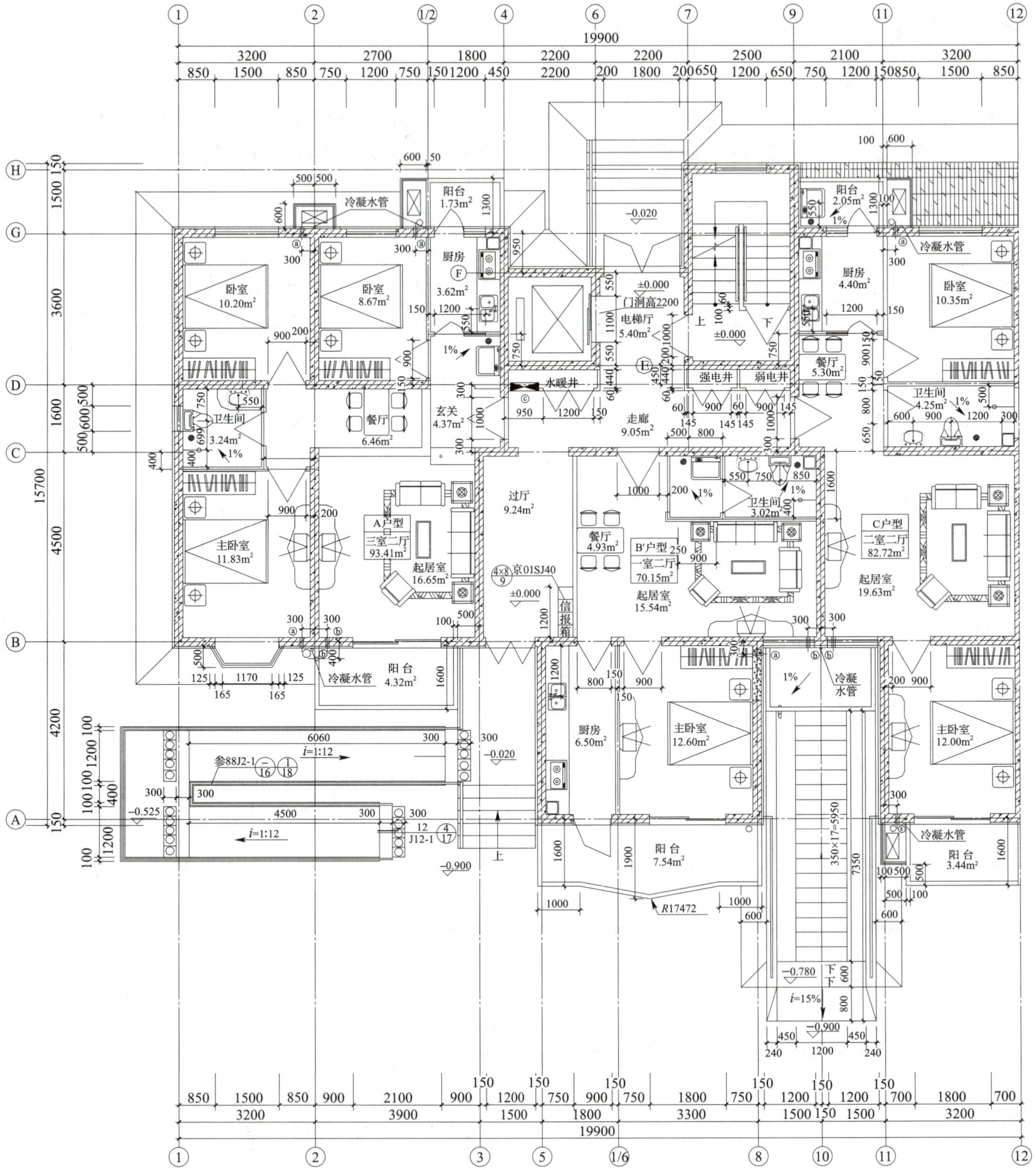

风道明细表

编号	壁厚	外形尺寸	楼板留洞尺寸	使用房间	选用图集
CTC18	12~15	300×320	350×370	厨房	01QB8
WTB18	12~15	300×320	350×370	卫生间	01QB8

注:1.卫生间标高比本层低0.02 m，地漏位置以设施为准，且向地漏找坡1%，防水层沿墙壁卷高250。

2.预埋空调硬塑料套管ϕ=90，ⓐ中心距地2100，ⓑ中心距地100，内高外低(>10)，冷凝水管安装方法详见《京00SJ36》$\frac{2}{48}$ $\frac{1}{48}$，且各房间冷凝水插入口与空调硬塑料套管的安装高度相同。

3.剪力墙厚为180，与轴线关系见结施，隔墙厚为100，与轴线关系见本图所注，未注明的均为轴线居中。

4.空调板宽600，长及具体定位见本图所注。

5.配电盘及配电箱详见电气图，消火栓详见设备图。

首层单元平面图1：50

建施-14

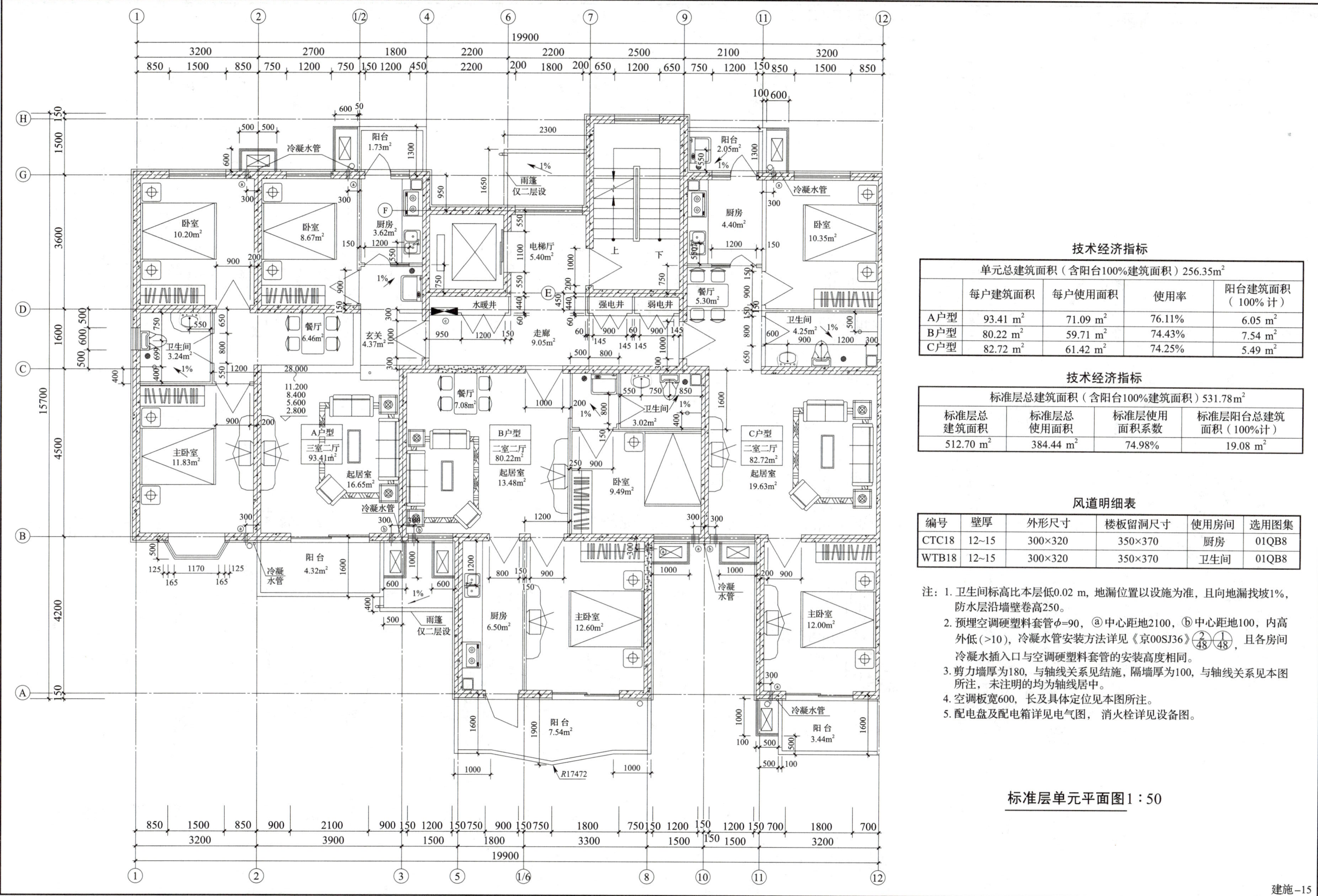

技术经济指标

单元总建筑面积（含阳台100%建筑面积）256.35m²				
	每户建筑面积	每户使用面积	使用率	阳台建筑面积（100%计）
A户型	93.41 m²	71.09 m²	76.11%	6.05 m²
B户型	80.22 m²	59.71 m²	74.43%	7.54 m²
C户型	82.72 m²	61.42 m²	74.25%	5.49 m²

技术经济指标

标准层总建筑面积（含阳台100%建筑面积）531.78m²			
标准层总建筑面积	标准层总使用面积	标准层使用面积系数	标准层阳台总建筑面积（100%计）
512.70 m²	384.44 m²	74.98%	19.08 m²

风道明细表

编号	壁厚	外形尺寸	楼板留洞尺寸	使用房间	选用图集
CTC18	12~15	300×320	350×370	厨房	01QB8
WTB18	12~15	300×320	350×370	卫生间	01QB8

注：1. 卫生间标高比本层低0.02 m，地漏位置以设施为准，且向地漏找坡1%，防水层沿墙壁卷高250。
2. 预埋空调硬塑料套管ϕ=90，ⓐ中心距地2100，ⓑ中心距地100，内高外低（>10），冷凝水管安装方法详见《京00SJ36》$\frac{2}{48}$ $\frac{1}{48}$，且各房间冷凝水插入口与空调硬塑料套管的安装高度相同。
3. 剪力墙厚为180，与轴线关系见结施，隔墙厚为100，与轴线关系见本图所注，未注明的均为轴线居中。
4. 空调板宽600，长及具体定位见本图所注。
5. 配电盘及配电箱详见电气图，消火栓详见设备图。

标准层单元平面图1：50

建施-15

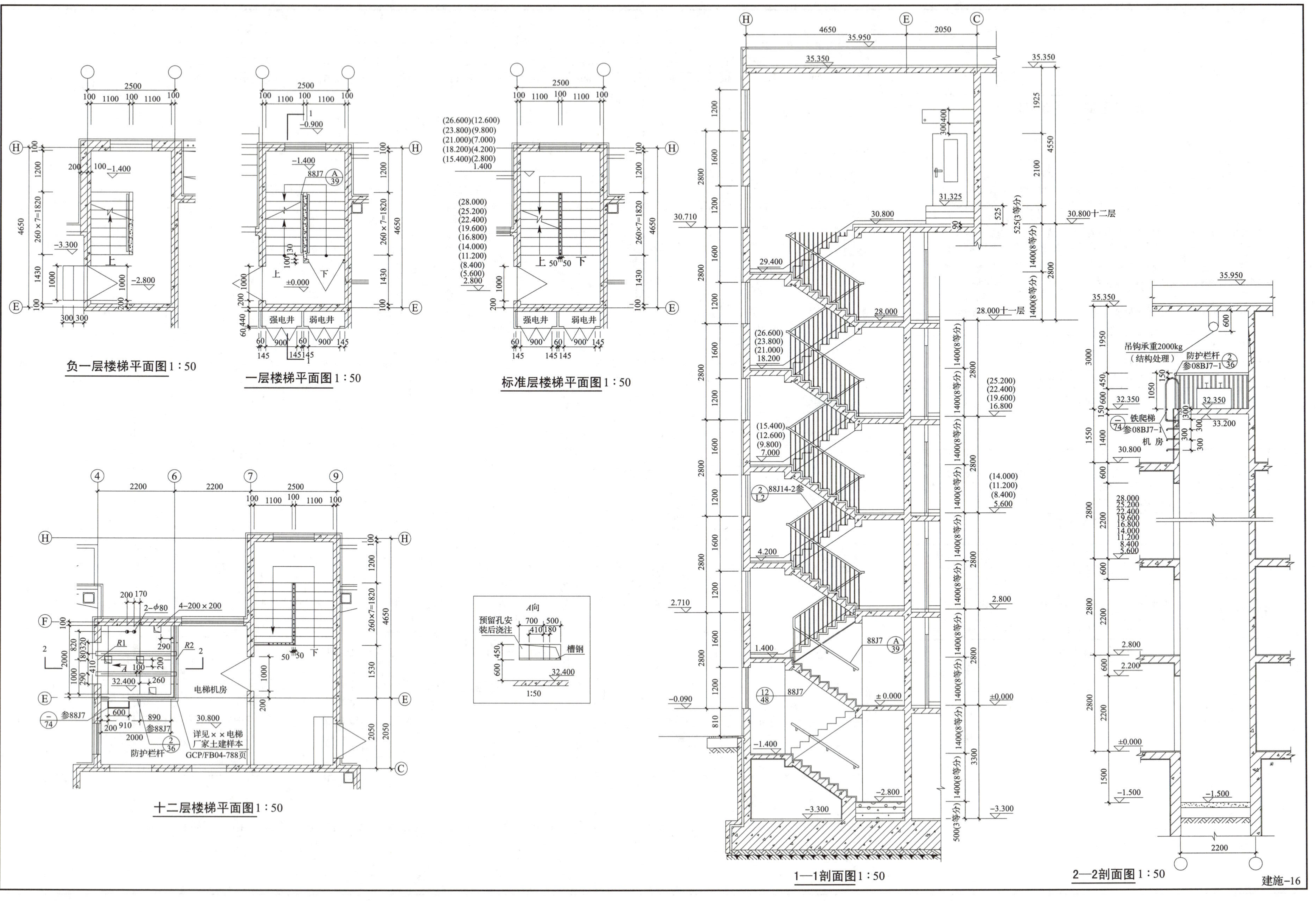
负一层楼梯平面图 1:50
一层楼梯平面图 1:50
标准层楼梯平面图 1:50
十二层楼梯平面图 1:50
电梯机房
预留孔安装后浇注
槽钢
1—1剖面图 1:50
吊钩承重2000kg
（结构处理）
防护栏杆
铁爬梯
机房
2—2剖面图 1:50
建施-16

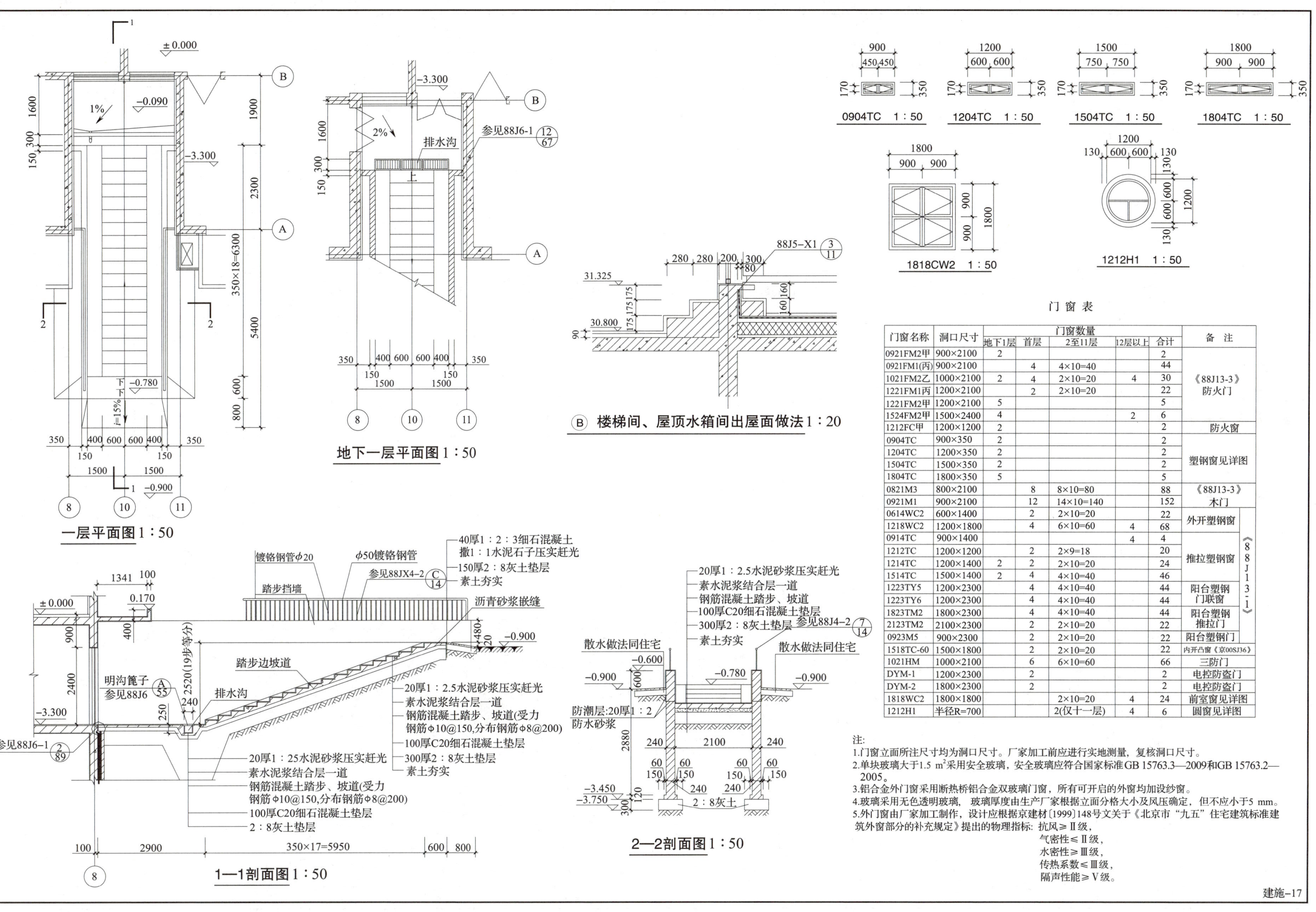

门 窗 表

门窗名称	洞口尺寸	门窗数量 地下1层	首层	2至11层	12层以上	合计	备 注
0921FM2甲	900×2100	2				2	《88J13-3》防火门
0921FM1(丙)	900×2100		4	4×10=40		44	
1021FM2乙	1000×2100	2	4	2×10=20	4	30	
1221FM1丙	1200×2100		2	2×10=20		22	
1221FM2甲	1200×2100	5				5	
1524FM2甲	1500×2400	4			2	6	
1212FC甲	1200×1200	2				2	防火窗
0904TC	900×350	2				2	塑钢窗见详图
1204TC	1200×350	2				2	
1504TC	1500×350	2				2	
1804TC	1800×350	5				5	
0821M3	800×2100		8	8×10=80		88	《88J13-3》木门
0921M1	900×2100		12	14×10=140		152	
0614WC2	600×1400		2	2×10=20		22	外开塑钢窗 《88J13-1》
1218WC2	1200×1800		4	6×10=60	4	68	
0914TC	900×1400				4	4	推拉塑钢窗
1212TC	1200×1200		2	2×9=18		20	
1214TC	1200×1400	2	2	2×10=20		24	
1514TC	1500×1400	2	4	4×10=40		46	
1223TY5	1200×2300		4	4×10=40		44	阳台塑钢门联窗
1223TY6	1200×2300		4	4×10=40		44	
1823TM2	1800×2300		4	4×10=40		44	阳台塑钢推拉门
2123TM2	2100×2300		2	2×10=20		22	
0923M5	900×2300		2	2×10=20		22	阳台塑钢门
1518TC-60	1500×1800		2	2×10=20		22	内开凸窗《京00SJ36》
1021HM	1000×2100		6	6×10=60		66	三防门
DYM-1	1200×2300		2			2	电控防盗门
DYM-2	1800×2300		2			2	电控防盗门
1818WC2	1800×1800			2×10=20	4	24	前室窗见详图
1212H1	半径R=700			2(仅十一层)	4	6	圆窗见详图

注:
1.门窗立面所注尺寸均为洞口尺寸。厂家加工前应进行实地测量，复核洞口尺寸。
2.单块玻璃大于1.5 m^2采用安全玻璃，安全玻璃应符合国家标准GB 15763.3—2009和GB 15763.2—2005。
3.铝合金外门窗采用断热桥铝合金双玻璃门窗，所有可开启的外窗均加设纱窗。
4.玻璃采用无色透明玻璃，玻璃厚度由生产厂家根据立面分格大小及风压确定，但不应小于5 mm。
5.外门窗由厂家加工制作，设计应根据京建材〔1999〕148号文关于《北京市"九五"住宅建筑标准建筑外窗部分的补充规定》提出的物理指标：抗风≥Ⅱ级，
气密性≤Ⅱ级，
水密性≥Ⅲ级，
传热系数≤Ⅲ级，
隔声性能≥Ⅴ级。

建施–17

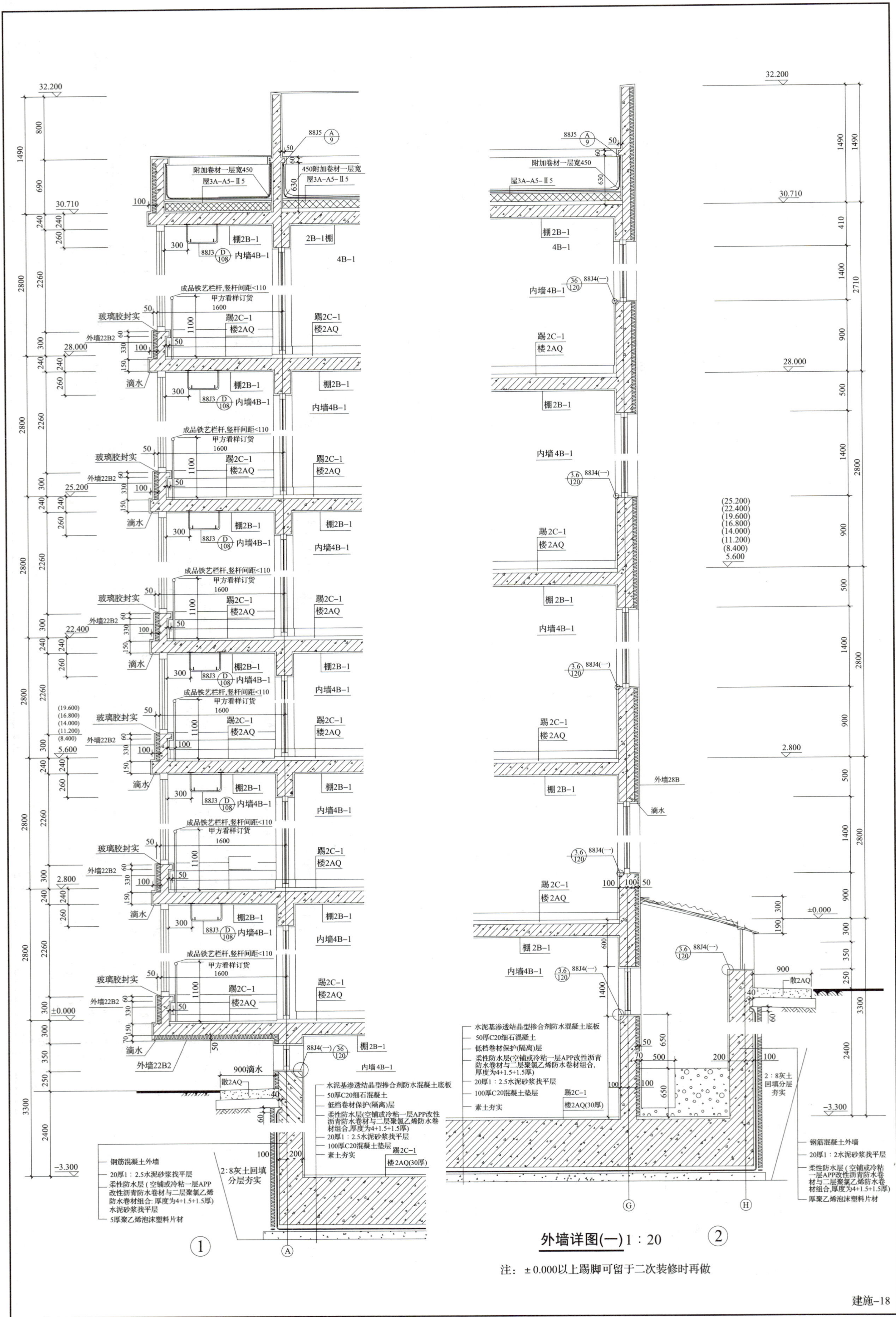

外墙详图(一) 1：20

注：±0.000以上踢脚可留于二次装修时再做

建施-18

③

④

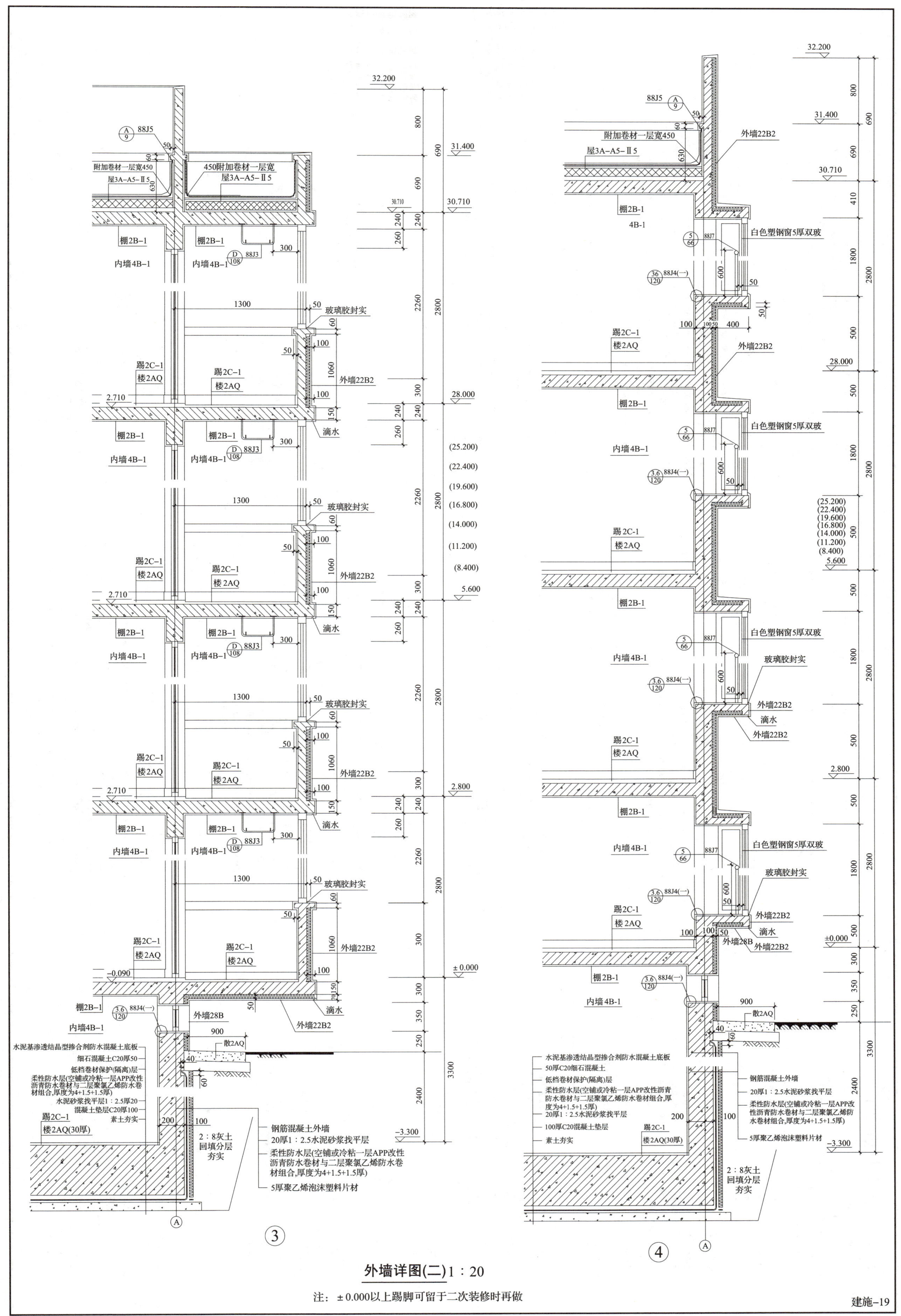

外墙详图(二) 1：20

注：±0.000以上踢脚可留于二次装修时再做

建施-19

结构设计总说明

一、工程概况和总则

1. 本工程地下1层，地上11层，室内外高差900 mm，建筑物高度(室外地面至主要屋面板的板顶)30.71 m。设计标高±0.000，相当于绝对标高24.500 m。本工程总体位置见建筑总平面图。
2. 上部结构体系：现浇钢筋混凝土剪力墙结构。
3. 计量单位(除注明外)：长度：mm；角度：度；标高：m；强度：N/mm^2。
4. 本建筑物应按建筑图中注明的使用功能，未经技术鉴定或设计许可，不得改变结构的用途和使用环境。
5. 凡预留洞、预埋件应严格按照结构图并配合其他工种图纸进行施工，未经结构专业许可，严禁擅自留洞或事后凿洞。
6. 结构施工图中除特别注明外，均以本总说明为准。
7. 本总说明未详尽处，请遵照现行国家有关规范与规程规定和当地标准中的有关条款施工。

二、设计依据

1. 本设计采用的现行国家标准规范、规程及标准图集，结构分析电算程序主要有：

建筑结构可靠度设计统一标准 GB 50068—2018；　北京地区建筑地基基础勘察设计规范 DBJ 11-501—2009
建筑抗震设防分类标准 GB 50223—2008　建筑地基处理技术规范 JGJ 79—2012
建筑结构荷载规范 GB 50009—2012；　地下工程防水技术规范 GB 50108—2008
建筑抗震设计规范 GB 50011—2010；　混凝土结构设计规范 GB 50010—2010
建筑地基基础设计规范 GB 50007—2011　高层建筑混凝土结构技术规程 JGJ 3—2010
混凝土结构施工图平面整体表示方法制图规则和构造详图 22G101-1
建筑物抗震构造详图 20G329-1
结构分析电算程序采用建研院PKPM系列SATWE高层建筑空间有限元分析软件

2. 永乐住宅小区
岩土工程勘察报告(由　北京市×××建筑工程勘察设计所　提供)
3. 结构设计主要参数

基本风压	基本雪压	基本冻深	地基承载力设计值	结构设计使用年限	建筑结构安全等级
0.45 kN/m^2	0.40 kN/m^2	0.80 m	150 kPa	50年	二级
建筑场地类别	抗震设防烈度	抗震设防类别	地下工程防水等级	地基基础设计等级	建筑耐火等级
Ⅲ类	8度 第一组	丙类	二级	乙级	二级
钢筋混凝土结构抗震等级					
剪力墙:二级					

4. 楼面和屋面活荷载
按《建筑结构荷载规范》(GB 50009—2012)取值，具体数值(标准值)如下表所示；
楼层房间应按照建筑图中注明内容使用，未经设计单位同意，不得任意更改使用用途，不得在楼层梁和板上增设建筑图中未标注的隔墙。

楼面用途	住宅	楼梯	消防疏散楼梯	住宅阳台	走廊,门厅	卫生间	电梯机房	不上人屋面 (上人屋面)
活荷载(kN/m^2)	2.0	2.5	3.5	2.5	2.5	2.0	7.0	0.5 (2.0)

三、材料选用及要求

1. 混凝土
(1) 结构混凝土强度等级按表1采用

表1 各层结构构件混凝土强度等级

<table>
<tr><td>位置</td><td colspan="5">±0.000　以下部分　(-1层)</td><td>消防水池</td></tr>
<tr><td>构件名称</td><td>基础垫层</td><td>底板</td><td>外墙(柱)</td><td>内墙(柱)</td><td>顶板(梁)</td><td>墙 底板 顶板</td></tr>
<tr><td>强度等级</td><td>C20</td><td>C30 S6抗渗混凝土</td><td>C30 S6抗渗混凝土</td><td>C30</td><td>C30</td><td>C30 S6抗渗混凝土</td></tr>
<tr><td>位置</td><td colspan="2">1层至5层</td><td colspan="2">6层至11层</td><td></td><td>墙壁构件</td><td></td></tr>
<tr><td>构件名称</td><td>墙(柱)</td><td>顶板(梁)</td><td>墙(柱)</td><td>顶板(梁)</td><td>楼梯</td><td>构造柱等小构件</td><td></td></tr>
<tr><td>强度等级</td><td>C30</td><td>C30</td><td>C25</td><td>C25</td><td>同顶板(梁)</td><td>C20</td><td></td></tr>
</table>

注：连梁混凝土强度等级与同标高处的柱(墙)混凝土强度等级相同。

(2) 结构混凝土耐久性要求

环境类别		最大水灰比	最少水泥用量(kg/m^3)	最大氯离子含量(%)	最大含碱量(kg/m^3)	结构构件位置
一		0.65	225	1.0	不限制	±0.000 m 以上室内正常环境
二	a	0.60	250	0.3	3.0	±0.000 m 以上室内潮湿环境
	b	0.55	275	0.2	3.0	±0.000 m 以上外露构件 ±0.000 m 以下与水土直接接触部分

(3) ±0.000以下外墙及底板混凝土其抗渗等级为0.6 MPa。建议采用低碱型微膨胀添加剂8%UEA。抗渗混凝土不宜过早拆模，拆模时混凝土强度必须超过设计强度的70%。
(4) 柱(墙)混凝土强度等级高于梁(板)且相差>5 MPa时，梁(板)柱(墙)节点区混凝土强度等级应与柱(墙)同，不同强度等级的混凝土交界面应按图1施工。
(5) 梁柱(含剪力墙暗柱与连梁、转换层大梁)等节点钢筋过密的部位，须采用同强度等级的细石混凝土振捣密实。
(6) C35和C35以上混凝土，应采用碎石级配，不许采用碎卵石代替。

2. 钢筋、型材及焊条
(1) 结构使用钢筋、型材及焊条按表2采用：

表2 结构使用钢筋、型材及焊条

普通钢筋		型钢及钢板	焊条		吊钩
Φ	Φ(HRB400)	HPB300 (Q235)	E43型	E50型	HPB300级
HPB300级	HRB400级		HPB300级与钢板	HRB400级与钢板	

(2) 受力预埋件的锚筋应采用HPB300级(Ⅰ级)或HRB400级(Ⅲ级)钢筋，严禁采用冷加工钢筋。吊环应采用HPB300(Ⅰ级)钢筋制作，严禁采用冷加工钢筋。吊环埋入混凝土的深度不应小于30d，并应焊接或绑扎在钢筋骨架上。
(3) 抗震等级为一、二级的框架结构，其纵向受力钢筋采用普通钢筋时，钢筋的抗拉强度实测值与屈服强度实测值的比值不应小于1.25；且钢筋的屈服强度实测值与强度标准值的比值不应大于1.3。

3. 填充墙
本工程填充墙采用陶粒空心砌块(容重不大于8 kN/m^3)，用Mb5砌块专用砂浆砌筑。内隔墙采用100厚陶粒空心板，做法详见建筑图。

四、地基基础

1. 据地质报告，拟建场地土属中软场地类型，场地类别为Ⅲ类。本工程的基础形式采用钢筋混凝土筏板基础。
2. 基坑开挖，验槽，人工复合地基的检测
(1) 若采用机械开挖基槽，应于槽底预留200~300 mm厚土层，以免扰动地基土，而后采用人工清槽，并挖至设计标高。
(2) 本工程应进行沉降观测，观测点位置需与观测单位协商后确定。沉降观测应自基础开始，有关沉降观测的具体要求见《建筑物变形测量规程》（JGJ 8—2016）。
3. 基础垫层及基坑回填土
基底下设100 mm厚C20素混凝土垫层，每边各宽出基础外廓100 mm。垫层剖面详见基础图。
基坑回填土应采用3∶7灰土分层夯填，其压实系数λc不得小于0.95。
4. 地下水：本工程设防水位标高为（绝对标高）17.900 m。施工期间应注意监测水位变化并采用相应的降水措施，且应待地下室顶板施工完毕后方可停止降水。

五、主体结构

1. 本工程采用“平面整体表示法”绘制施工图，制图规则及有关构造做法等详见国家现行标准图集22G101。梁、柱、墙构造大样按图集22G101中的相应抗震等级选用。本工程结构构件抗震构造按国家标准图集《建筑物抗震构造详图》(20G329-1)要求施工；填充墙与主体结构连接构造按国家标准图集22J102-2、22G614和20G329-1要求施工。

2. 主要结构构件混凝土保护层厚度（单位：mm）
(1) 纵向受力的普通钢筋，其混凝土保护层厚度(钢筋外边缘至混凝土表面的距离)不应小于钢筋的公称直径，且应符合下表规定：未注明者按《混凝土结构设计规范》（GB 50010—2010）第9.2.1条选用。

构件名称	基础底板		基础梁(JCL)	墙体		板		梁	柱
保护层厚度	迎水面	背水面		地下室外墙外侧	主体墙体其余部位	主体	雨篷	主体	主体
	50	35	35	50	15	15	25	25	30

(2) 板、墙、壳中分布钢筋的保护层厚度不应小于表中相应数值减10 mm，且不应小于10 mm；梁、柱中箍筋和构造钢筋的保护层厚度不应小于15 mm。

3. 钢筋锚固：纵向受拉钢筋的最小锚固长度L_a和抗震锚固长度L_{aE}详见22G101-1页33、34。
4. 钢筋连接
（1）结构构件中凡直径d≥22 mm的钢筋连接，均应采用机械连接接头。
（2）受力钢筋接头的位置应相互错开，同一截面内有接头（指非机械连接接头）的受力钢筋截面面积占受力钢筋总截面面积的百分比：受拉区≤25%，受压区≤50%。
（3）筏基底板的顶部钢筋不得在板跨中部1/3范围内搭接，其在支座处的锚固长度不应小于10d，板底部钢筋不得在支座处1/3范围内搭接，位于边支座处板底筋的锚固长度应为45d（d为纵筋直径）。
（4）楼（屋面）板的底部钢筋不得在板跨中部1/3范围内搭接，其在支座处的锚固长度不应小于10d，且伸至梁中心线；板顶部钢筋不得在支座处1/3范围内搭接，非支座处板顶筋的下弯长度为板厚减15 mm，位于边支座处板顶筋的锚固长度应为L_a。
（5）基础底板纵筋搭接位置：上铁在支座两侧1/3范围内，下铁在梁跨中部1/3范围内。
（6）梁纵筋搭接位置：上铁在梁跨中部1/3范围内，下铁在支座两侧各1/3范围内。
5. 楼板
（1）图中未注明的分布钢筋在屋面板和外露构件内为Φ6@150，其余均为Φ6@200。
（2）板上洞口应按图准确预留，凡洞口尺寸（直径）≤300 mm者，应将板内钢筋由洞口边绕过，不得截断或损伤；800 mm≥洞口尺寸（直径）≥300 mm者，应于每边各增设加强筋（详见结构构造图）或按图纸设加强筋。楼板浇筑前应设置足够的支铁、垫块，以确保板内钢筋位置的准确。
（3）楼板短边净跨≥4 m，应在楼板中心起拱。起拱值为2/1000净跨。
（4）建筑物外沿阳角的楼（屋面）板，其板面应配置附加斜向构造钢筋，钢筋平行于该板的角平分线，长度为0.5L_0(L_0为板的短向跨度)且不小于1300，做法见图2。
（5）电气及设备埋管应置于板的中部，当板内埋管处板面没有钢筋时，应增设Φ6@200钢筋于板面。各露天现浇混凝土板内埋塑料电线管时，管的混凝土保护层不应小于30 mm。
6. 梁、柱、墙
（1）本工程底部加强部位为地下一层至二层。约束边缘构件延伸至三层顶板，三层顶板以上楼层墙柱为构造边缘构件。约束边缘构件和构造边缘构件截面尺寸及配筋构造要求详见22G101-1页18。
（2）梁跨≥4 m，梁跨中起拱值为3/1000净跨。
（3）当梁侧边与墙或柱侧边平齐时，梁侧边钢筋的混凝土保护层厚度应相应增加。纵筋应内弯锚入墙、柱内。
（4）钢筋搭接处箍筋按100 mm间距加密，直径不变。
（5）混凝土墙内双排分布钢筋之间的拉筋采用Φ6@600，并按梅花形布置。
（6）混凝土墙上各边长度≤800 mm的非连续小洞口，应在洞口周边配置2Φ16（且不少于被切断钢筋面积之半）的加强筋，剪力墙及连梁洞口加强筋构造做法及洞口边缘构件纵筋锚固做法详见20G329-1页28。
（7）混凝土墙结构所留洞口尺寸沿竖向大于建筑尺寸者，应在建筑洞顶(底)处附加过(圈)梁一道，纵筋4Φ14(4Φ12)箍筋Φ8@150(Φ6@150)钢筋长度为洞宽加1 000 mm，梁底(顶)标高同洞顶(底)标高，梁截面为墙宽×250。建筑图上所示小于300 mm墙垛配筋为4Φ12，Φ6@150，其他均同墙体配筋。
（8）钢筋混凝土外墙门连窗（或窗）处，窗台下部分除标注外，可采用预埋钢筋二次浇灌混凝土的方案，配筋见图3。
7. 管道井板的钢筋照常设置，但不浇注。待管道安装完毕后再用与本层楼板同强度等级的混凝土浇筑。管道安装时尽可能不切断钢筋，如必须切断，被切断的钢筋应与洞边加强钢筋绑扎，加强钢筋参见结构构造大样。
8. 所有悬挑构件须在上部结构全部施工完毕，同时混凝土强度达到设计强度的100%后，按由上至下的顺序拆除支撑。后砌隔墙须在结构施工完毕后，按由上至下的顺序砌筑。
9. 外露现浇挑檐板、女儿墙及通长阳台板，每隔12 m应设置温度缝，缝宽10 mm(钢筋可不切断)。

10. 砌体
（1）填充墙构造应遵守22J102-2、22G614相关规定。
（2）到顶之填充墙，顶部砌一层斜立砌块与梁或板底顶紧，必须待下部砌体沉实(至少7天)后再砌斜立砌块；不到顶之填充墙，顶部设钢筋混凝土压顶，压顶高200，内配4Φ12，箍筋Φ6@200。
（3）门窗洞口四周均设置钢筋混凝土抱框和过梁并与周围梁柱墙连接。门窗混凝土抱框与门窗安装节点详见22J102-2、22G614第20页。门窗洞口两侧混凝土抱框150×墙厚，内配4Φ12/Φ6@200。
（4）沿墙高设置水平混凝土带60(高)×墙厚，内配3Φ8/Φ6@250，混凝土带间距≯@1100（一般为窗台一道，门窗上口一道）；填充墙高度超过4 m时，应在墙高中部或洞口顶标高处设通长混凝土墙梁一道代替混凝土带，梁宽同墙厚，梁高150 mm，内配4Φ10通长纵筋及箍筋Φ6@200。
（5）填充墙应在转角及沿墙长<3.5 m(带形窗下<2m)设置砼构造柱(墙厚×250，配筋4Φ12箍筋Φ6@200)，并应先砌墙，后浇柱。构造柱和混凝土抱框上下端楼层处应注意留出插筋(>35d)，或者采用“后钻孔建筑胶生根”方式。
*注：文中d为钢筋直径，L_a为钢筋锚固长度。

六、其他

1. 电梯按浙江巨人电梯有限公司电梯样本设计（载重800 kg，速度1 m/s），井道和电梯机房位置、净空间尺寸及预留洞预埋件参数均应完全符合厂家样本，并且应经实际供货电梯厂家核准盖章后，方可发图施工。
2. 施工中应按有关图纸预留洞口、预埋管件和预埋插筋等，不得遗漏；若无特殊要求，设备、电气等管件按相关专业图纸预留。混凝土结构构件中不得预埋铝制管件，若必须使用铝制管件，则其表面必须有有效的防护层。混凝土浇筑前应对上述所有预留洞口、预埋管件、预埋插筋等的数量及位置予以逐一核实，尽量避免事后开洞。
3. 施工时配合电专业有关图纸做好防雷接地。
4. 本设计未考虑冬期施工和雨期施工。当为冬期施工或雨期施工时，必须按现行规范、规程的规定，采取相应措施，以确保工程质量。
5. 施工中应严格按国内现行有关工程施工验收规范进行施工与验收，并做好隐蔽工程的检查与验收记录。
6. 所有外露铁、钢件的表面均应涂红丹二度及灰色调和漆二度。
7. 结构施工应配合建筑、水、暖、电气等工种的施工图进行，若发现问题，应及时与设计单位协商解决。
8. 凡本说明未涉及之处详见个体说明，若遇本说明与施工图有矛盾处均以施工图为准。

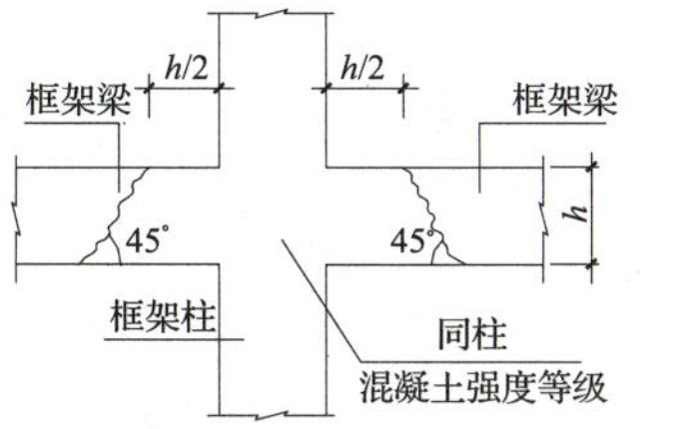

框架梁　h/2　h/2　框架梁　45°　45°　h　框架柱　同柱混凝土强度等级

图1 梁柱节点混凝土的强度
柱混凝土强度-梁混凝土强度>5MPa

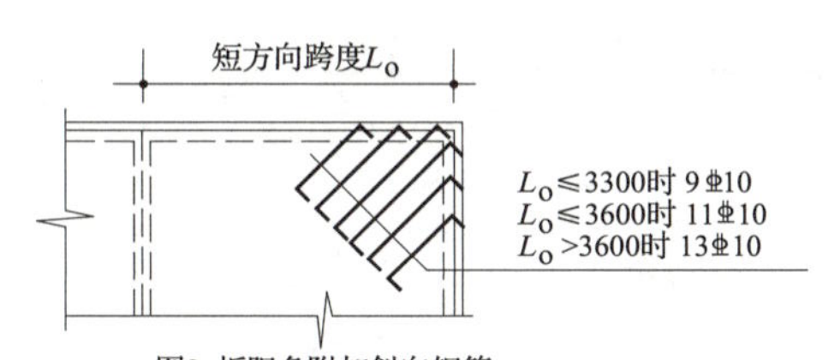

图2 板阳角附加斜向钢筋

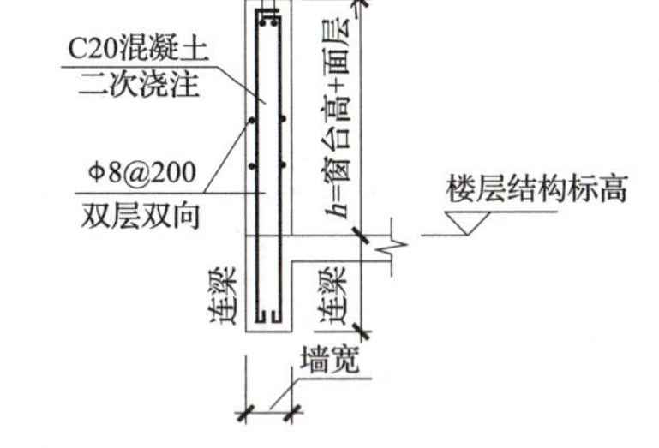

图3 外墙窗台做法

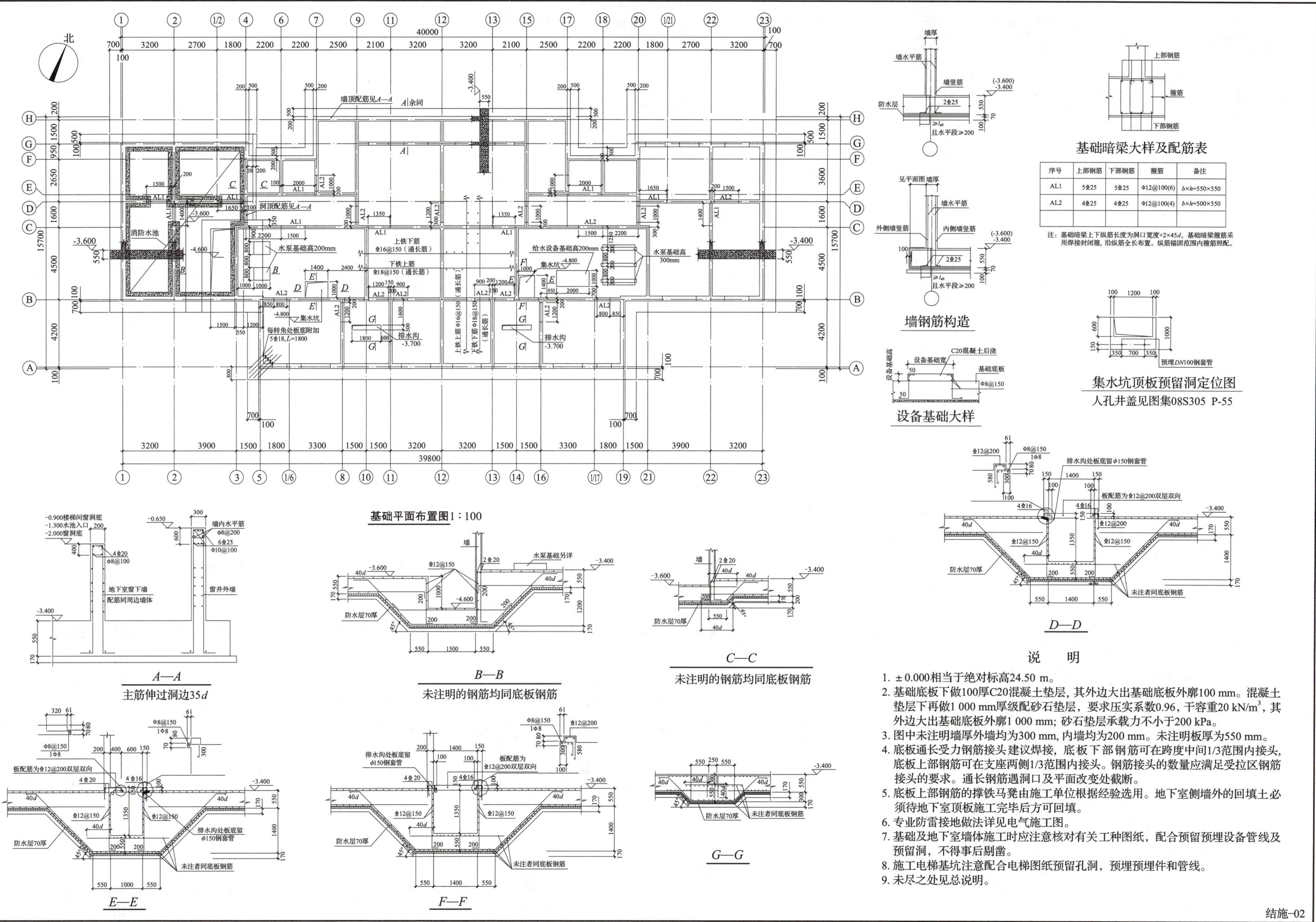

序号	上部钢筋	下部钢筋	箍筋	备注
AL1	5⌀25	5⌀25	Φ12@100(6)	$b×h$=550×550
AL2	4⌀25	4⌀25	Φ12@100(4)	$b×h$=500×550

注：基础暗梁上下纵筋长度为洞口宽度+2×45d。基础暗梁箍筋采用焊接封闭箍，沿纵筋全长布置。纵筋锚固范围内箍筋照配。

说　明

1. ±0.000相当于绝对标高24.50 m。
2. 基础底板下做100厚C20混凝土垫层，其外边大出基础底板外廓100 mm。混凝土垫层下再做1 000 mm厚级配砂石垫层，要求压实系数0.96，干容重20 kN/m^3，其外边大出基础底板外廓1 000 mm；砂石垫层承载力不小于200 kPa。
3. 图中未注明墙厚外墙均为300 mm，内墙均为200 mm。未注明板厚为550 mm。
4. 底板通长受力钢筋接头建议焊接，底板下部钢筋可在跨度中间1/3范围内接头，底板上部钢筋可在支座两侧1/3范围内接头。钢筋接头的数量应满足受拉区钢筋接头的要求。通长钢筋遇洞口及平面改变处截断。
5. 底板上部钢筋的撑铁马凳由施工单位根据经验选用。地下室侧墙外的回填土必须待地下室顶板施工完毕后方可回填。
6. 专业防雷接地做法详见电气施工图。
7. 基础及地下室墙体施工时应注意核对有关工种图纸，配合预留预埋设备管线及预留洞，不得事后剔凿。
8. 施工电梯基坑注意配合电梯图纸预留孔洞，预埋预埋件和管线。
9. 未尽之处见总说明。

结施-02

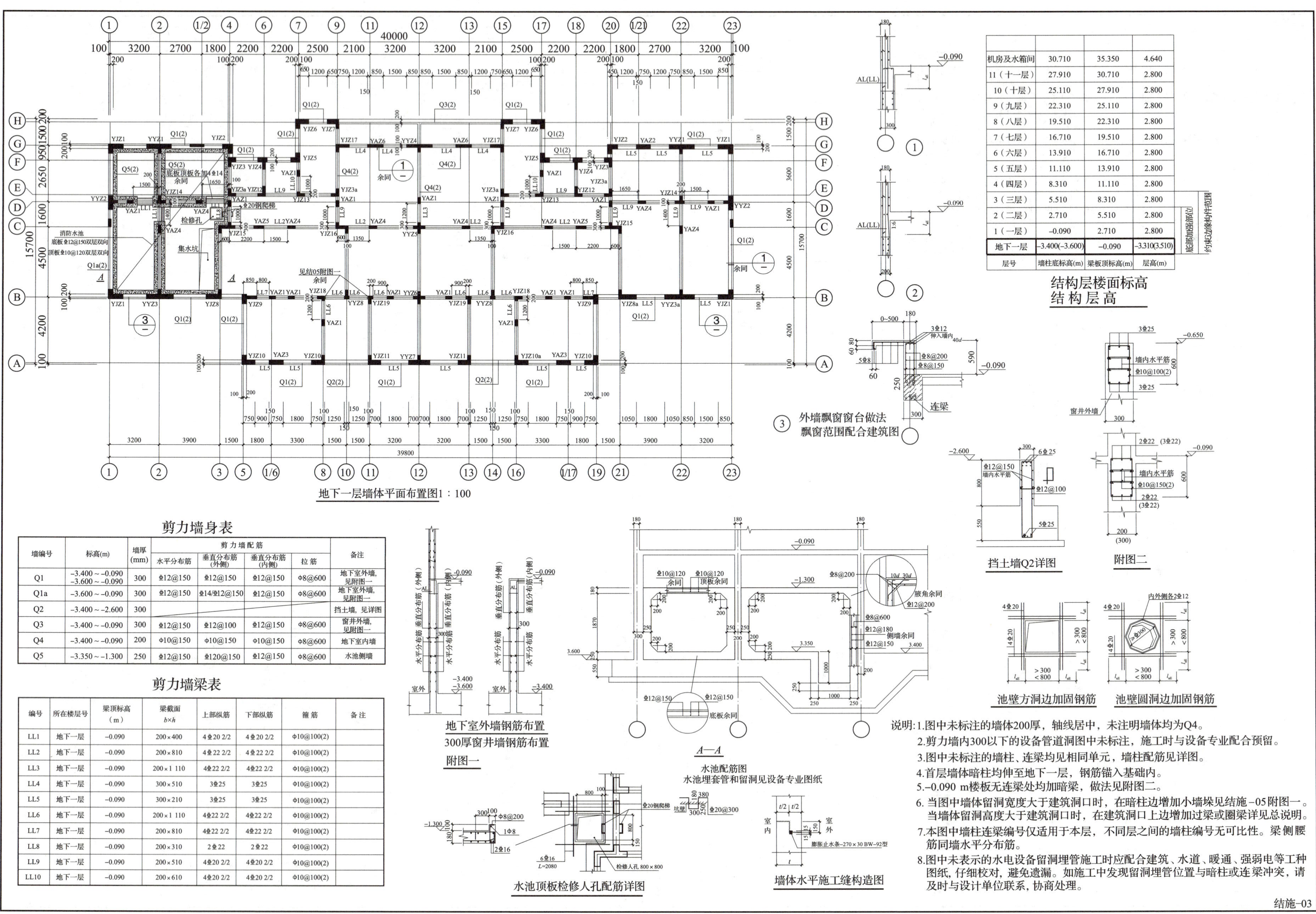

结构层楼面标高 结构层高

层号	墙柱底标高(m)	梁板顶标高(m)	层高(m)
机房及水箱间	30.710	35.350	4.640
11（十一层）	27.910	30.710	2.800
10（十层）	25.110	27.910	2.800
9（九层）	22.310	25.110	2.800
8（八层）	19.510	22.310	2.800
7（七层）	16.710	19.510	2.800
6（六层）	13.910	16.710	2.800
5（五层）	11.110	13.910	2.800
4（四层）	8.310	11.110	2.800
3（三层）	5.510	8.310	2.800
2（二层）	2.710	5.510	2.800
1（一层）	-0.090	2.710	2.800
地下一层	-3.400(-3.600)	-0.090	-3.310(3.510)

剪力墙身表

墙编号	标高(m)	墙厚(mm)	剪力墙配筋：水平分布筋	垂直分布筋(外侧)	垂直分布筋(内侧)	拉筋	备注
Q1	-3.400～-0.090 -3.600～-0.090	300	⌀12@150	⌀12@150	⌀12@150	Φ8@600	地下室外墙，见附图一
Q1a	-3.600～-0.090	300	⌀12@150	⌀14/⌀12@150	⌀12@150	Φ8@600	地下室外墙，见附图一
Q2	-3.400～-2.600	300					挡土墙，见详图
Q3	-3.400～-0.090	300	⌀12@150	⌀12@100	⌀12@150	Φ8@600	窗井外墙，见附图一
Q4	-3.400～-0.090	200	Φ10@150	Φ10@150	Φ10@150	Φ8@600	地下室内墙
Q5	-3.350～-1.300	250	⌀12@150	⌀120@150	⌀12@150	Φ8@600	水池侧墙

剪力墙梁表

编号	所在楼层号	梁顶标高(m)	梁截面 $b \times h$	上部纵筋	下部纵筋	箍筋	备注
LL1	地下一层	-0.090	200×400	4⌀20 2/2	4⌀20 2/2	Φ10@100(2)	
LL2	地下一层	-0.090	200×810	4⌀22 2/2	4⌀22 2/2	Φ10@100(2)	
LL3	地下一层	-0.090	200×1 110	4⌀22 2/2	4⌀22 2/2	Φ10@100(2)	
LL4	地下一层	-0.090	300×510	3⌀25	3⌀25	Φ10@100(2)	
LL5	地下一层	-0.090	300×210	3⌀25	3⌀25	Φ10@100(2)	
LL6	地下一层	-0.090	200×1 110	4⌀22 2/2	4⌀22 2/2	Φ10@100(2)	
LL7	地下一层	-0.090	200×810	4⌀22 2/2	4⌀22 2/2	Φ10@100(2)	
LL8	地下一层	-0.090	200×310	2⌀22	2⌀22	Φ10@100(2)	
LL9	地下一层	-0.090	200×510	4⌀20 2/2	4⌀20 2/2	Φ10@100(2)	
LL10	地下一层	-0.090	200×610	4⌀20 2/2	4⌀20 2/2	Φ10@100(2)	

说明：1.图中未标注的墙体200厚，轴线居中，未注明墙体均为Q4。
2.剪力墙内300以下的设备管道洞图中未标注，施工时与设备专业配合预留。
3.图中未标注的墙柱、连梁均见相同单元，墙柱配筋见详图。
4.首层墙体暗柱均伸至地下一层，钢筋锚入基础内。
5.-0.090 m楼板无连梁处均加暗梁，做法见附图二。
6.当图中墙体留洞宽度大于建筑洞口时，在暗柱边增加小墙垛见结施-05附图一。当墙体留洞高度大于建筑洞口时，在建筑洞口上边增加过梁或圈梁详见总说明。
7.本图中墙柱连梁编号仅适用于本层，不同层之间的墙柱编号无可比性。梁侧腰筋同墙水平分布筋。
8.图中未表示的水电设备留洞埋管施工时应配合建筑、水道、暖通、强弱电等工种图纸，仔细校对，避免遗漏。如施工中发现留洞埋管位置与暗柱或连梁冲突，请及时与设计单位联系，协商处理。

结施-03

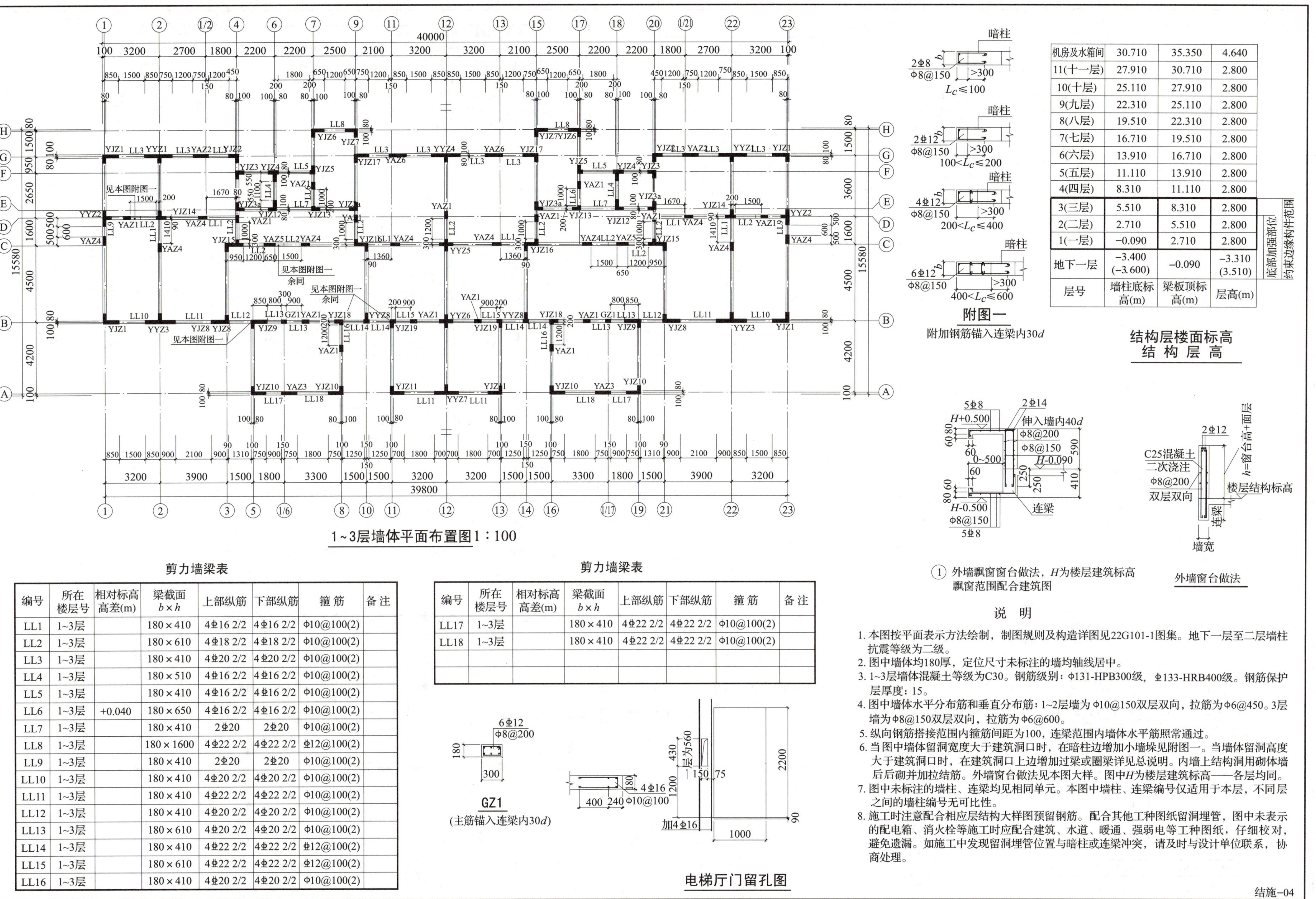

结构层楼面标高 结构层高

层号	墙柱底标高(m)	梁板顶标高(m)	层高(m)	
机房及水箱间	30.710	35.350	4.640	
11(十一层)	27.910	30.710	2.800	
10(十层)	25.110	27.910	2.800	
9(九层)	22.310	25.110	2.800	
8(八层)	19.510	22.310	2.800	
7(七层)	16.710	19.510	2.800	
6(六层)	13.910	16.710	2.800	
5(五层)	11.110	13.910	2.800	
4(四层)	8.310	11.110	2.800	
3(三层)	5.510	8.310	2.800	底部加强部位 约束边缘构件范围
2(二层)	2.710	5.510	2.800	
1(一层)	-0.090	2.710	2.800	
地下一层	-3.400 (-3.600)	-0.090	-3.310 (3.510)	

剪力墙梁表

编号	所在楼层号	相对标高高差(m)	梁截面 $b\times h$	上部纵筋	下部纵筋	箍筋	备注
LL1	1~3层		180×410	4⌀16 2/2	4⌀16 2/2	Φ10@100(2)	
LL2	1~3层		180×610	4⌀18 2/2	4⌀18 2/2	Φ10@100(2)	
LL3	1~3层		180×410	4⌀20 2/2	4⌀20 2/2	Φ10@100(2)	
LL4	1~3层		180×510	4⌀16 2/2	4⌀16 2/2	Φ10@100(2)	
LL5	1~3层		180×410	4⌀16 2/2	4⌀16 2/2	Φ10@100(2)	
LL6	1~3层	+0.040	180×650	4⌀16 2/2	4⌀16 2/2	Φ10@100(2)	
LL7	1~3层		180×410	2⌀20	2⌀20	Φ10@100(2)	
LL8	1~3层		180×1600	4⌀22 2/2	4⌀22 2/2	⌀12@100(2)	
LL9	1~3层		180×410	2⌀20	2⌀20	Φ10@100(2)	
LL10	1~3层		180×410	4⌀20 2/2	4⌀20 2/2	Φ10@100(2)	
LL11	1~3层		180×410	4⌀22 2/2	4⌀20 2/2	Φ10@100(2)	
LL12	1~3层		180×410	4⌀20 2/2	4⌀20 2/2	Φ10@100(2)	
LL13	1~3层		180×610	4⌀20 2/2	4⌀20 2/2	Φ10@100(2)	
LL14	1~3层		180×410	4⌀22 2/2	4⌀22 2/2	⌀12@100(2)	
LL15	1~3层		180×610	4⌀22 2/2	4⌀22 2/2	⌀12@100(2)	
LL16	1~3层		180×410	4⌀20 2/2	4⌀20 2/2	Φ10@100(2)	

剪力墙梁表

编号	所在楼层号	相对标高高差(m)	梁截面 $b\times h$	上部纵筋	下部纵筋	箍筋	备注
LL17	1~3层		180×410	4⌀22 2/2	4⌀22 2/2	Φ10@100(2)	
LL18	1~3层		180×410	4⌀22 2/2	4⌀22 2/2	Φ10@100(2)	

说明

1. 本图按平面表示方法绘制，制图规则及构造详图见22G101-1图集。地下一层至二层墙柱抗震等级为二级。
2. 图中墙体均180厚，定位尺寸未标注的墙均轴线居中。
3. 1~3层墙体混凝土等级为C30。钢筋级别：Φ131-HPB300级，⌀133-HRB400级。钢筋保护层厚度：15。
4. 图中墙体水平分布筋和垂直分布筋：1~2层墙为Φ10@150双层双向，拉筋为Φ6@450。3层墙为Φ8@150双层双向，拉筋为Φ6@600。
5. 纵向钢筋搭接范围内箍筋间距为100，连梁范围内墙体水平筋照常通过。
6. 当图中墙体留洞宽度大于建筑洞口时，在暗柱边增加小墙垛见附图一。当墙体留洞高度大于建筑洞口时，在建筑洞口上边增加过梁或圈梁详见总说明。内墙上结构洞用砌体墙后后砌并加拉结筋。外墙窗台做法见本图大样。图中H为楼层建筑标高——各层均同。
7. 图中未标注的墙柱、连梁均见相同单元。本图中墙柱、连梁编号仅适用于本层，不同层之间的墙柱编号无可比性。
8. 施工时注意配合相应层结构大样图预留钢筋。配合其他工种图纸留洞埋管，图中未表示的配电箱、消火栓等施工时应配合建筑、水道、暖通、强弱电等工种图纸，仔细校对，避免遗漏。如施工中发现留洞埋管位置与暗柱或连梁冲突，请及时与设计单位联系，协商处理。

结施-04

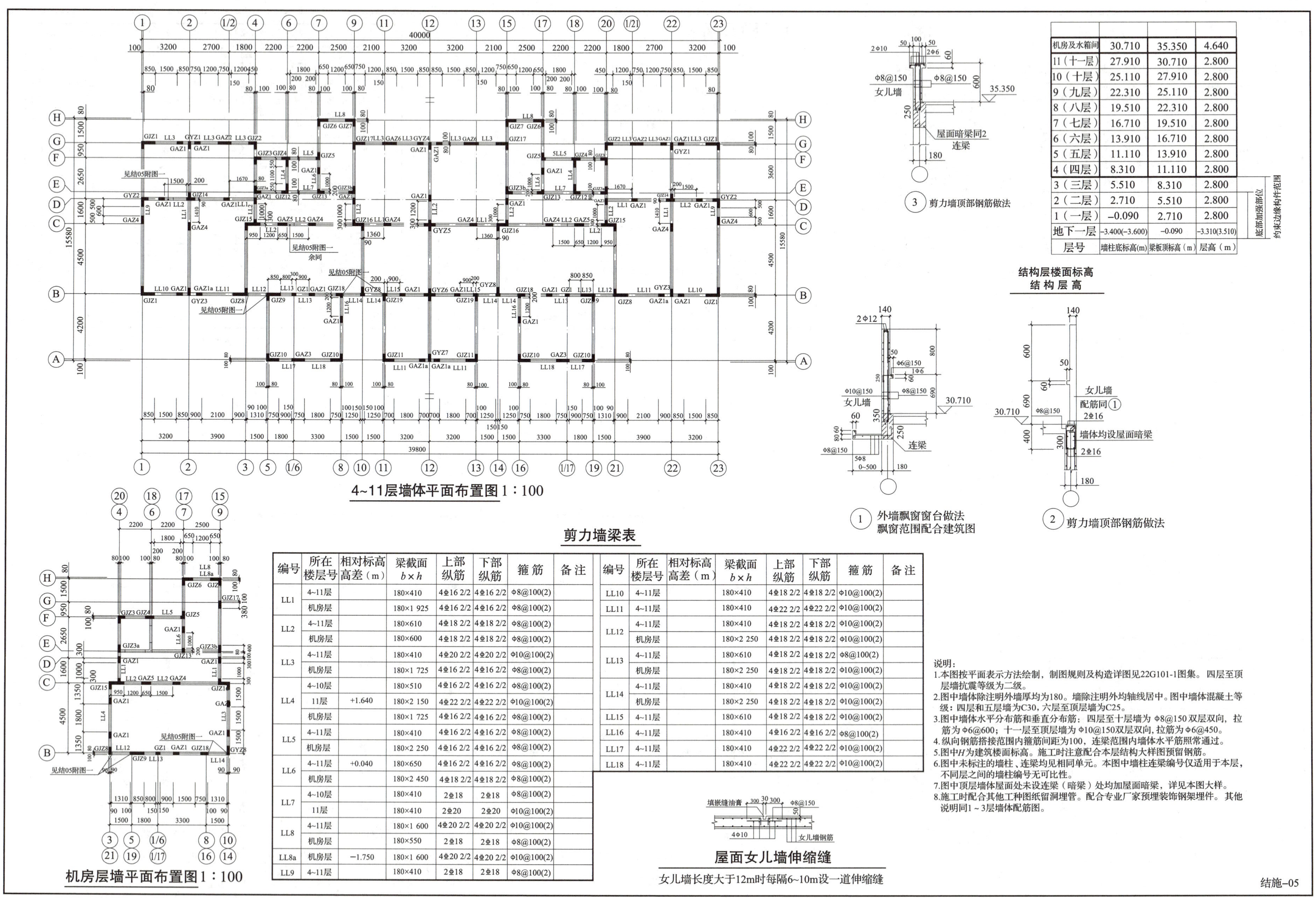

4~11层墙体平面布置图1:100

机房层墙平面布置图1:100

① 外墙飘窗窗台做法 飘窗范围配合建筑图

② 剪力墙顶部钢筋做法

③ 剪力墙顶部钢筋做法

屋面女儿墙伸缩缝

女儿墙长度大于12m时每隔6~10m设一道伸缩缝

结构层楼面标高 结构层高

层号	墙柱底标高(m)	梁板顶标高（m）	层高（m）
机房及水箱间	30.710	35.350	4.640
11（十一层）	27.910	30.710	2.800
10（十层）	25.110	27.910	2.800
9（九层）	22.310	25.110	2.800
8（八层）	19.510	22.310	2.800
7（七层）	16.710	19.510	2.800
6（六层）	13.910	16.710	2.800
5（五层）	11.110	13.910	2.800
4（四层）	8.310	11.110	2.800
3（三层）	5.510	8.310	2.800
2（二层）	2.710	5.510	2.800
1（一层）	−0.090	2.710	2.800
地下一层	−3.400(−3.600)	−0.090	−3.310(3.510)

底部加强部位；约束边缘构件范围

剪力墙梁表

编号	所在楼层号	相对标高高差（m）	梁截面 $b \times h$	上部纵筋	下部纵筋	箍筋	备注
LL1	4~11层		180×410	4⌀16 2/2	4⌀16 2/2	Φ8@100(2)	
	机房层		180×1 925	4⌀16 2/2	4⌀16 2/2	Φ8@100(2)	
LL2	4~11层		180×610	4⌀18 2/2	4⌀18 2/2	Φ8@100(2)	
	机房层		180×600	4⌀18 2/2	4⌀18 2/2	Φ8@100(2)	
LL3	4~11层		180×410	4⌀20 2/2	4⌀20 2/2	Φ10@100(2)	
	机房层		180×1 725	4⌀16 2/2	4⌀16 2/2	Φ8@100(2)	
LL4	4~10层		180×510	4⌀16 2/2	4⌀16 2/2	Φ8@100(2)	
	11层	+1.640	180×2 150	4⌀22 2/2	4⌀22 2/2	Φ10@100(2)	
	机房层		180×1 725	4⌀16 2/2	4⌀16 2/2	Φ8@100(2)	
LL5	4~11层		180×410	4⌀16 2/2	4⌀16 2/2	Φ8@100(2)	
	机房层		180×2 250	4⌀16 2/2	4⌀16 2/2	Φ8@100(2)	
LL6	4~11层	+0.040	180×650	4⌀16 2/2	4⌀16 2/2	Φ8@100(2)	
	机房层		180×2 450	4⌀18 2/2	4⌀18 2/2	Φ8@100(2)	
LL7	4~10层		180×410	2⌀18	2⌀18	Φ8@100(2)	
	11层		180×410	2⌀20	2⌀20	Φ10@100(2)	
LL8	4~11层		180×1 600	4⌀20 2/2	4⌀20 2/2	Φ10@100(2)	
	机房层		180×550	2⌀18	2⌀18	Φ8@100(2)	
LL8a	机房层	−1.750	180×1 600	4⌀20 2/2	4⌀20 2/2	Φ10@100(2)	
LL9	4~11层		180×410	2⌀18	2⌀18	Φ8@100(2)	
LL10	4~11层		180×410	4⌀18 2/2	4⌀18 2/2	Φ10@100(2)	
LL11	4~11层		180×410	4⌀22 2/2	4⌀22 2/2	Φ10@100(2)	
LL12	4~11层		180×410	4⌀18 2/2	4⌀18 2/2	Φ10@100(2)	
	机房层		180×2 250	4⌀18 2/2	4⌀18 2/2	Φ10@100(2)	
LL13	4~11层		180×610	4⌀18 2/2	4⌀18 2/2	Φ8@100(2)	
	机房层		180×2 250	4⌀18 2/2	4⌀18 2/2	Φ10@100(2)	
LL14	4~11层		180×410	4⌀18 2/2	4⌀18 2/2	Φ10@100(2)	
	机房层		180×2 250	4⌀18 2/2	4⌀18 2/2	Φ10@100(2)	
LL15	4~11层		180×610	4⌀18 2/2	4⌀18 2/2	Φ10@100(2)	
LL16	4~11层		180×410	4⌀16 2/2	4⌀16 2/2	Φ8@100(2)	
LL17	4~11层		180×410	4⌀22 2/2	4⌀22 2/2	Φ10@100(2)	
LL18	4~11层		180×410	4⌀22 2/2	4⌀22 2/2	Φ10@100(2)	

说明：

1. 本图按平面表示方法绘制，制图规则及构造详图见22G101-1图集。四层至顶层墙抗震等级为二级。
2. 图中墙体除注明外墙厚均为180。墙除注明外均轴线居中。图中墙体混凝土等级：四层和五层墙为C30，六层至顶层墙为C25。
3. 图中墙体水平分布筋和垂直分布筋：四层至十层墙为 Φ8@150 双层双向，拉筋为 Φ6@600；十一层至顶层墙为 Φ10@150双层双向，拉筋为 Φ6@450。
4. 纵向钢筋搭接范围内箍筋间距为100，连梁范围内墙体水平筋照常通过。
5. 图中H为建筑楼面标高。施工时注意配合本层结构大样图预留钢筋。
6. 图中未标注的墙柱、连梁均见相同单元。本图中墙柱连梁编号仅适用于本层，不同层之间的墙柱编号无可比性。
7. 图中顶层墙体屋面处未设连梁（暗梁）处均加屋面暗梁，详见本图大样。
8. 施工时配合其他工种图纸留洞埋管。配合专业厂家预埋装饰钢架埋件。其他说明同1～3层墙体配筋图。

结施–05

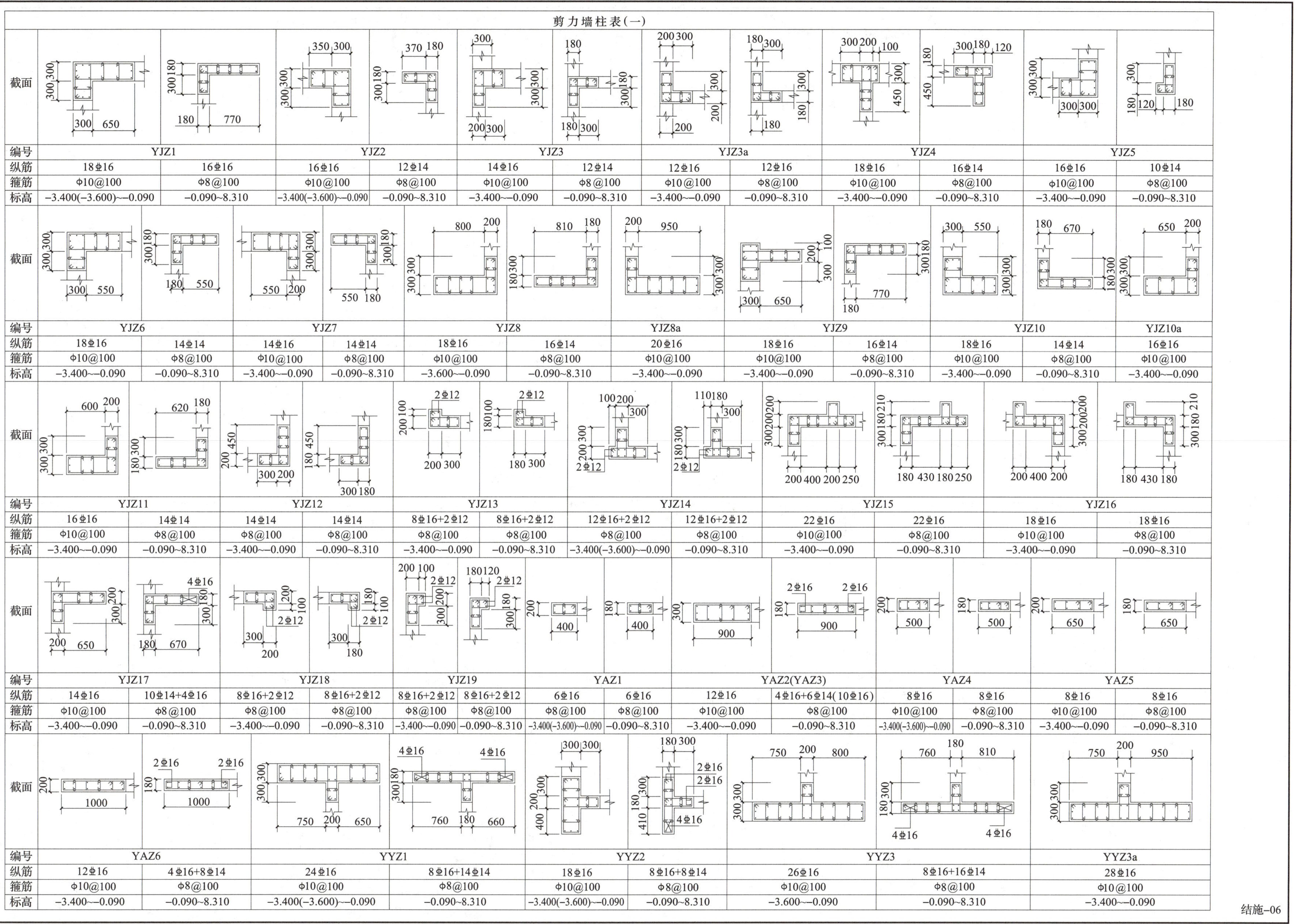

剪力墙柱表(一)

编号	YJZ1		YJZ2		YJZ3		YJZ3a		YJZ4		YJZ5	
纵筋	18Φ16	16Φ16	16Φ16	12Φ14	14Φ16	12Φ14	12Φ16	12Φ16	18Φ16	16Φ14	16Φ16	10Φ14
箍筋	Φ10@100	Φ8@100	Φ10@100	Φ8@100	Φ10@100	Φ8@100	Φ10@100	Φ8@100	Φ10@100	Φ8@100	Φ10@100	Φ8@100
标高	-3.400(-3.600)~-0.090	-0.090~8.310	-3.400(-3.600)~-0.090	-0.090~8.310	-3.400~-0.090	-0.090~8.310	-3.400~-0.090	-0.090~8.310	-3.400~-0.090	-0.090~8.310	-3.400~-0.090	-0.090~8.310

编号	YJZ6		YJZ7		YJZ8		YJZ8a	YJZ9		YJZ10		YJZ10a
纵筋	18Φ16	14Φ14	14Φ16	14Φ14	18Φ16	16Φ14	20Φ16	18Φ16	16Φ14	18Φ16	14Φ14	16Φ16
箍筋	Φ10@100	Φ8@100	Φ10@100	Φ8@100	Φ10@100	Φ8@100	Φ10@100	Φ10@100	Φ8@100	Φ10@100	Φ8@100	Φ10@100
标高	-3.400~-0.090	-0.090~8.310	-3.400~-0.090	-0.090~8.310	-3.600~-0.090	-0.090~8.310	-3.400~-0.090	-3.400~-0.090	-0.090~8.310	-3.400~-0.090	-0.090~8.310	-3.400~-0.090

编号	YJZ11		YJZ12		YJZ13		YJZ14		YJZ15		YJZ16	
纵筋	16Φ16	14Φ14	14Φ14	14Φ14	8Φ16+2Φ12	8Φ16+2Φ12	12Φ16+2Φ12	12Φ16+2Φ12	22Φ16	22Φ16	18Φ16	18Φ16
箍筋	Φ10@100	Φ8@100	Φ8@100	Φ8@100	Φ8@100	Φ8@100	Φ8@100	Φ8@100	Φ10@100	Φ8@100	Φ10@100	Φ8@100
标高	-3.400~-0.090	-0.090~8.310	-3.400~-0.090	-0.090~8.310	-3.400~-0.090	-0.090~8.310	-3.400(-3.600)~-0.090	-0.090~8.310	-3.400~-0.090	-0.090~8.310	-3.400~-0.090	-0.090~8.310

编号	YJZ17		YJZ18		YJZ19		YAZ1		YAZ2(YAZ3)		YAZ4		YAZ5	
纵筋	14Φ16	10Φ14+4Φ16	8Φ16+2Φ12	8Φ16+2Φ12	8Φ16+2Φ12	8Φ16+2Φ12	6Φ16	6Φ16	12Φ16	4Φ16+6Φ14(10Φ16)	8Φ16	8Φ16	8Φ16	8Φ16
箍筋	Φ10@100	Φ8@100	Φ8@100	Φ8@100	Φ8@100	Φ8@100	Φ8@100	Φ8@100	Φ10@100	Φ8@100	Φ10@100	Φ8@100	Φ10@100	Φ8@100
标高	-3.400~-0.090	-0.090~8.310	-3.400~-0.090	-0.090~8.310	-3.400~-0.090	-0.090~8.310	-3.400(-3.600)~-0.090	-0.090~8.310	-3.400~-0.090	-0.090~8.310	-3.400(-3.600)~-0.090	-0.090~8.310	-3.400~-0.090	-0.090~8.310

编号	YAZ6		YYZ1		YYZ2		YYZ3		YYZ3a
纵筋	12Φ16	4Φ16+8Φ14	24Φ16	8Φ16+14Φ14	18Φ16	8Φ16+8Φ14	26Φ16	8Φ16+16Φ14	28Φ16
箍筋	Φ10@100	Φ8@100	Φ10@100	Φ8@100	Φ10@100	Φ8@100	Φ10@100	Φ8@100	Φ10@100
标高	-3.400~-0.090	-0.090~8.310	-3.400(-3.600)~-0.090	-0.090~8.310	-3.400(-3.600)~-0.090	-0.090~8.310	-3.600~-0.090	-0.090~8.310	-3.400~-0.090

结施-06

剪力墙柱表(二)

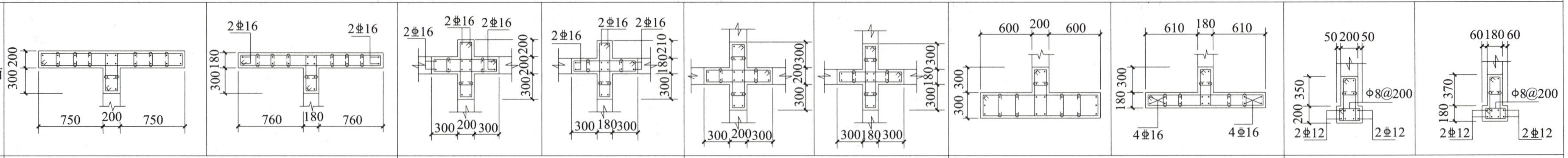

编号	YYZ4		YYZ5		YYZ6		YYZ7		YYZ8	
截面										
纵筋	24⌀16	4⌀16+20⌀14	6⌀16+12⌀14	6⌀16+12⌀14	20⌀14	20⌀14	22⌀16	8⌀16+12⌀14	8⌀16+4⌀12	8⌀16+4⌀12
箍筋	Φ10@100	Φ8@100	Φ8@100	Φ8@100	Φ8@100	Φ8@150	Φ10@100	Φ8@100	Φ10@100	Φ8@100
标高	-3.400~-0.090	-0.090~8.310	-3.400~-0.090	-0.090~8.310	-3.400~-0.090	-0.090~8.310	-3.400~-0.090	-0.090~8.310	-3.400~-0.090	-0.090~8.310

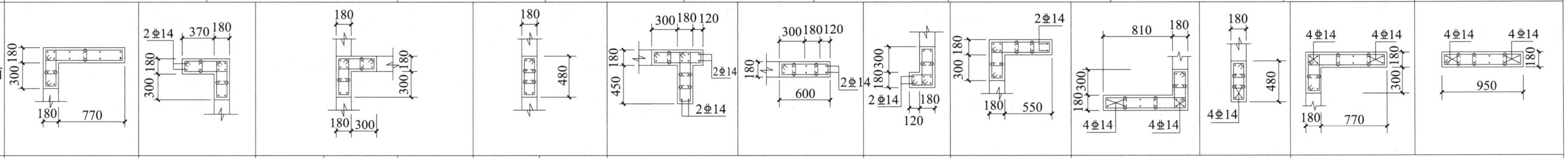

编号	GJZ1	GJZ2	GJZ3	GJZ3a	GJZ3b	GJZ3a	GJZ3b	GJZ4		GJZ5	GJZ6 GJZ7	GJZ8		GJZ9	
截面															
纵筋	16⌀14	2⌀14+10⌀12	12⌀12	12⌀12	12⌀12	8⌀14	8⌀14	4⌀14+12⌀12	2⌀14+8⌀12	2⌀14+8⌀12	2⌀14+12⌀12	8⌀14+8⌀12	4⌀14+4⌀12	8⌀14+8⌀12	8⌀14+4⌀12
箍筋	Φ8@150	Φ8@150	Φ8@150	Φ8@150	Φ8@150	Φ8@100	Φ8@100	Φ8@150	Φ8@150	Φ8@150	Φ8@150	Φ8@150	Φ8@100	Φ8@150	Φ8@100
标高	8.310~结构顶	8.310~结构顶	8.310~结构顶	8.310~32.350	8.310~30.710	32.350~结构顶	30.710~结构顶	8.310~32.350	32.350~结构顶	8.310~结构顶	8.310~结构顶	8.310~30.710	30.710~结构顶	8.310~30.710	30.710~结构顶

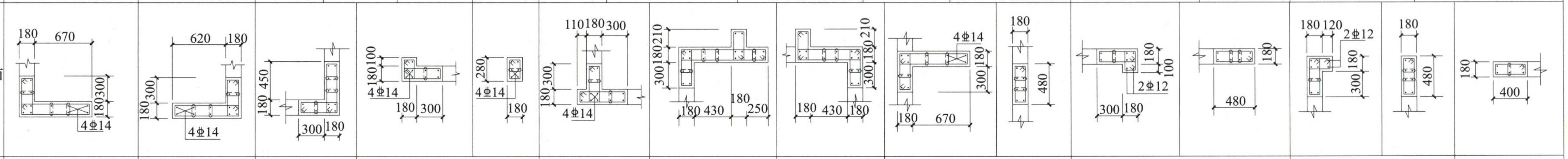

编号	GJZ10	GJZ11	GJZ12	GJZ13		GJZ14	GJZ15	GJZ16	GJZ17		GJZ18		GJZ19		GAZ1 (GAZ1a)
截面															
纵筋	4⌀14+10⌀12	4⌀14+10⌀12	12⌀12	4⌀14+6⌀12	4⌀14+2⌀12	4⌀14+10⌀12	22⌀14	18⌀14	10⌀12+4⌀14	8⌀12	8⌀14+2⌀12	8⌀14	8⌀14+2⌀12	8⌀14	6⌀14
箍筋	Φ8@100	Φ8@100	Φ8@150	Φ8@150	Φ8@100	Φ8@150	Φ8@150	Φ8@150	Φ8@150	Φ8@150	Φ8@150	Φ8@100	Φ8@150	Φ8@100	Φ8@150(Φ8@100)
标高	8.310~结构顶	8.310~结构顶	8.310~32.350	8.310~30.710	30.710~结构顶	8.310~结构顶	8.310~结构顶	8.310~结构顶	8.310~30.710	30.710~结构顶	8.310~30.710	30.710~结构顶	8.310~30.710	30.710~结构顶	8.310~结构顶

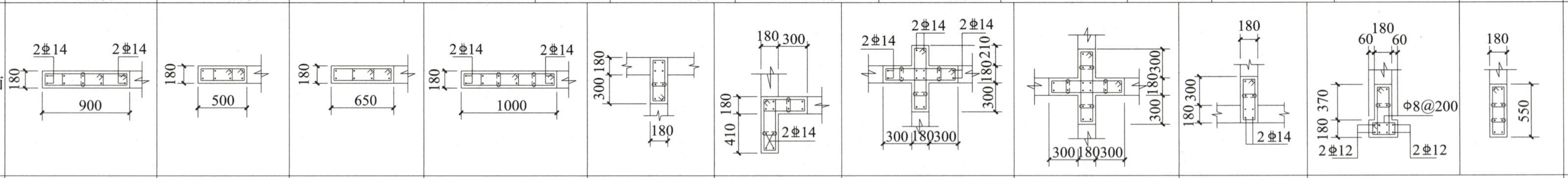

编号	GAZ2 (GAZ3)	GAZ4	GAZ5	GAZ6	GYZ1 GYZ3 GYZ4	GYZ2	GYZ5	GYZ6	GYZ7	GYZ8		
截面												
纵筋	4⌀14+6⌀12 (10⌀14)	8⌀14	8⌀14	4⌀14+8⌀12	8⌀12	4⌀14+8⌀12	6⌀14+12⌀12	20⌀12	2⌀14+6⌀12	8⌀14+4⌀12	8⌀14	
箍筋	Φ8@150(Φ8@100)	Φ8@150(Φ8@100)	Φ8@150(Φ8@150)	Φ8@150	Φ8@150	Φ8@150	Φ8@150	Φ8@150	Φ8@150	Φ8@100	Φ8@100	
标高	8.310~结构顶	8.310~27.910 (27.910~结构顶)	8.310~27.910 (27.910~结构顶)	8.310~结构顶	8.310~结构顶	8.310~结构顶	8.310~结构顶	8.310~结构顶	8.310~结构顶	8.310~30.710	30.710~结构顶	

说　明

1. 所有墙柱平面位置详见墙柱平面配筋图。
2. 除一层外，当墙柱从某一层生根时，墙柱主筋应伸入下层墙内；当墙柱从某一层结束时，主筋应伸入本层墙内；其锚固长度按20G329-1第28页要求。
3. 结构顶是指墙柱平面位置处的屋顶板顶标高。

结施-07

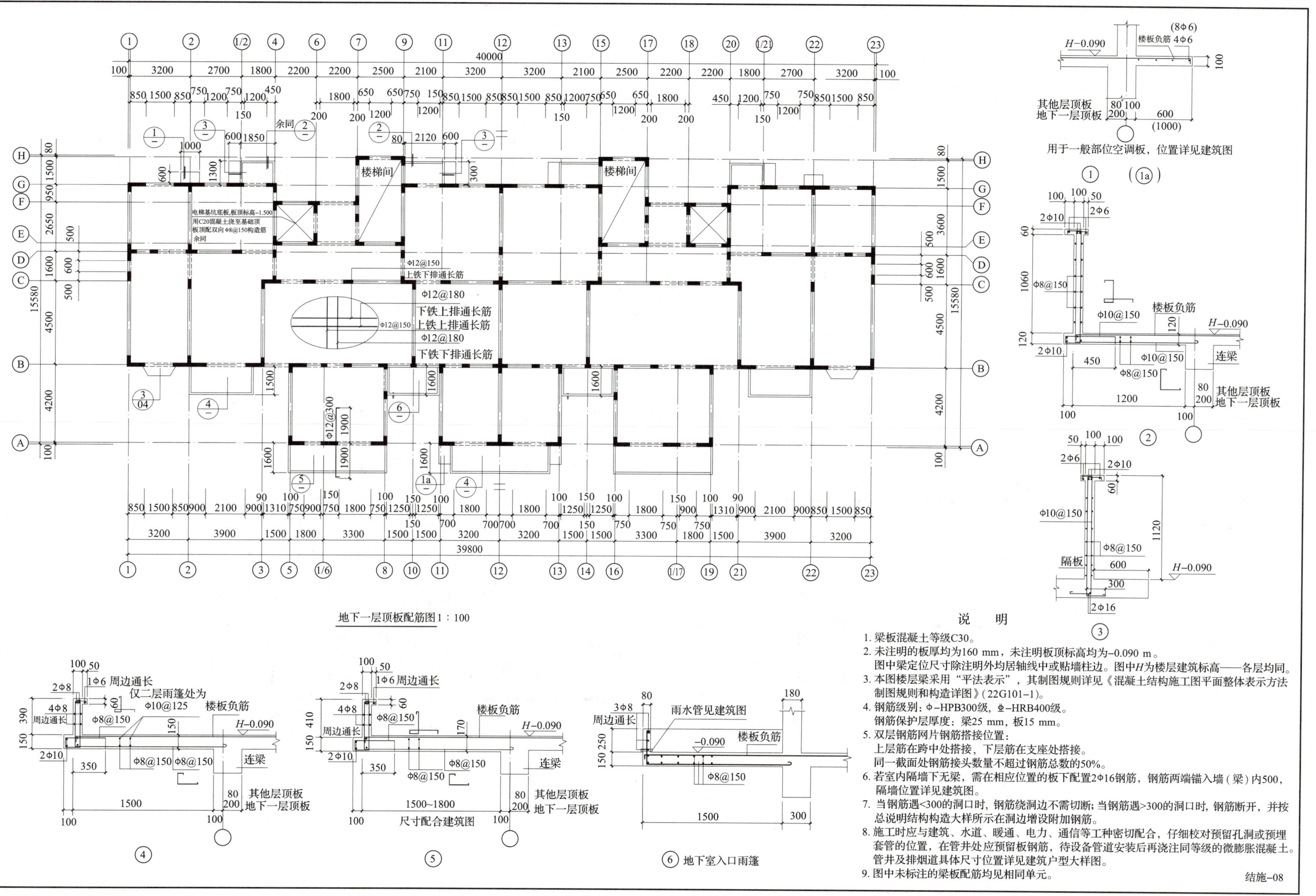

说明

1. 梁板混凝土等级C30。
2. 未注明的板厚均为160 mm，未注明板顶标高均为-0.090 m。
   图中梁定位尺寸除注明外均居轴线中或贴墙柱边。图中H为楼层建筑标高——各层均同。
3. 本图楼层梁采用"平法表示"，其制图规则详见《混凝土结构施工图平面整体表示方法制图规则和构造详图》（22G101-1）。
4. 钢筋级别：Φ-HPB300级，Φ-HRB400级。
   钢筋保护层厚度：梁25 mm，板15 mm。
5. 双层钢筋网片钢筋搭接位置：
   上层筋在跨中处搭接，下层筋在支座处搭接。
   同一截面处钢筋接头数量不超过钢筋总数的50%。
6. 若室内隔墙下无梁，需在相应位置的板下配置2Φ16钢筋，钢筋两端锚入墙（梁）内500，隔墙位置详见建筑图。
7. 当钢筋遇<300的洞口时，钢筋绕洞边不需切断；当钢筋遇>300的洞口时，钢筋断开，并按总说明结构构造大样所示在洞边增设附加钢筋。
8. 施工时应与建筑、水道、暖通、电力、通信等工种密切配合，仔细校对预留孔洞或预埋套管的位置，在管井处应预留板钢筋，待设备管道安装后再浇注同等级的微膨胀混凝土。管井及排烟道具体尺寸位置详见建筑户型大样图。
9. 图中未标注的梁板配筋均见相同单元。

结施-08

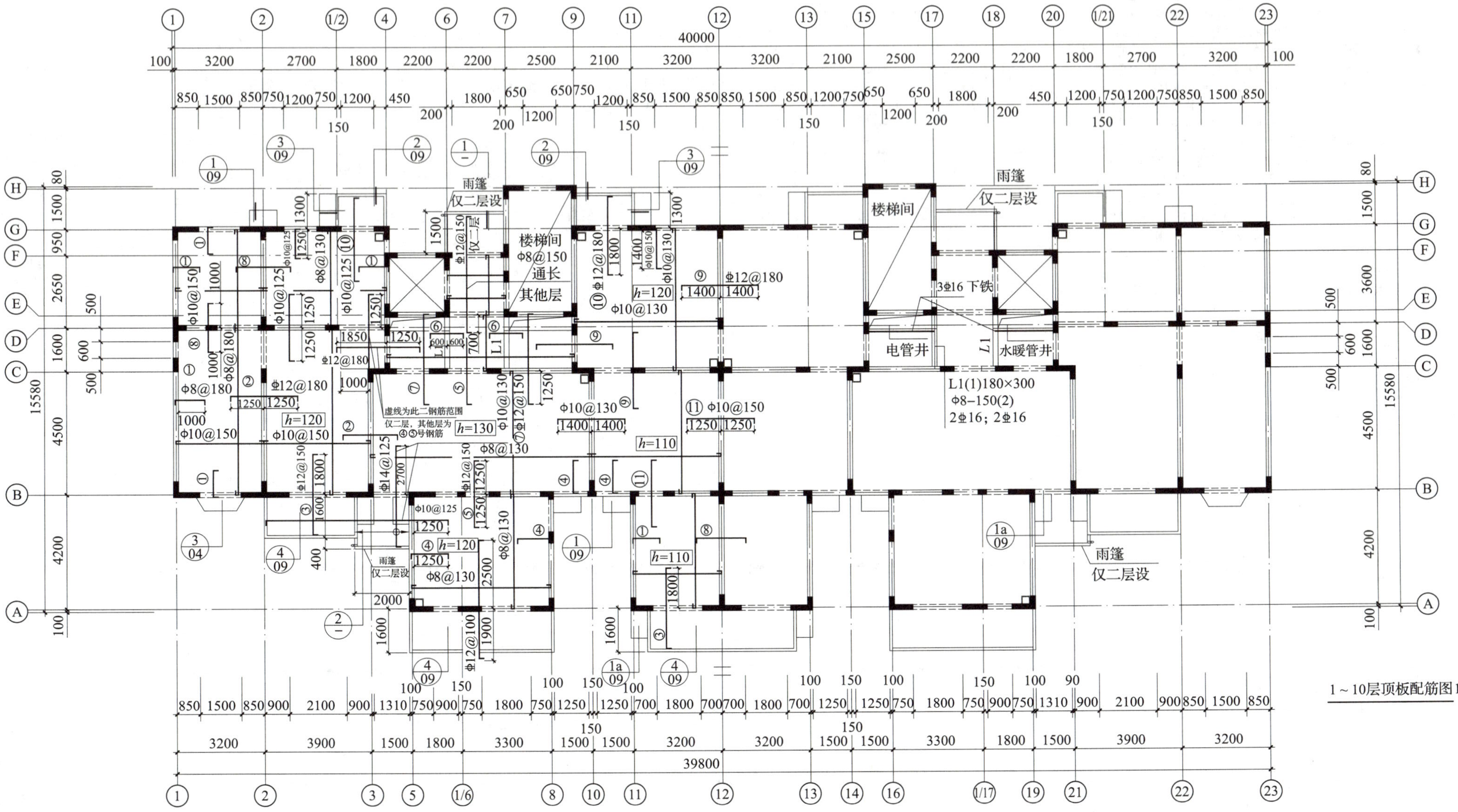

1～10层顶板配筋图1∶100

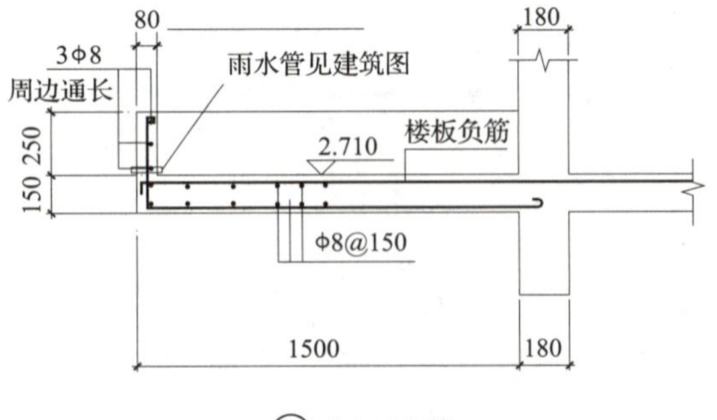

① 北入口雨篷

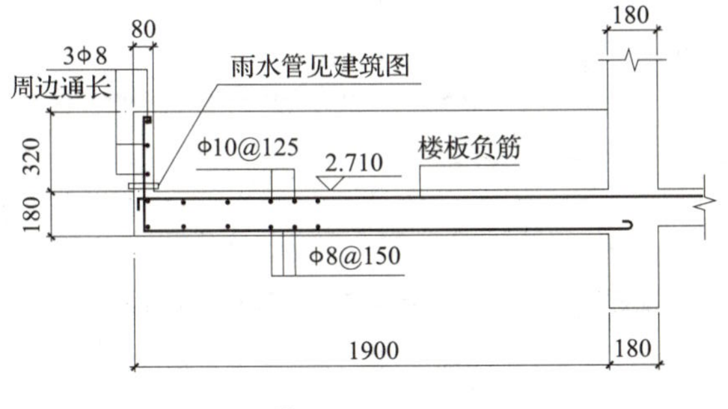

② 南入口雨篷

说明

1. 梁板混凝土等级一层至五层顶板为C30，六层顶板及以上为C25。
2. 未注明的板厚均为100 mm，图中H为各层顶板建筑楼面标高。
3. 钢筋级别：Φ–HPB300级，Φ–HRB400级。
   钢筋保护层厚度：梁25，板15。
4. 若室内隔墙下无梁，需在相应位置的板下配置2Φ16钢筋，钢筋两端锚入墙（梁）内500，隔墙位置详见建筑图。
5. 当钢筋遇<300的洞口时，钢筋绕洞边不需切断；当钢筋遇>300的洞口时，钢筋断开，并按总说明结构构造大样所示在洞边增设附加钢筋。
6. 施工时应与建筑、水道、暖通、电力、通信等工种密切配合，仔细校对预留孔洞或预埋套管的位置。在管井处应预留板钢筋，待设备管道安装后再浇注。
7. 图中未标注的梁板配筋均见相同单元。

结施–09

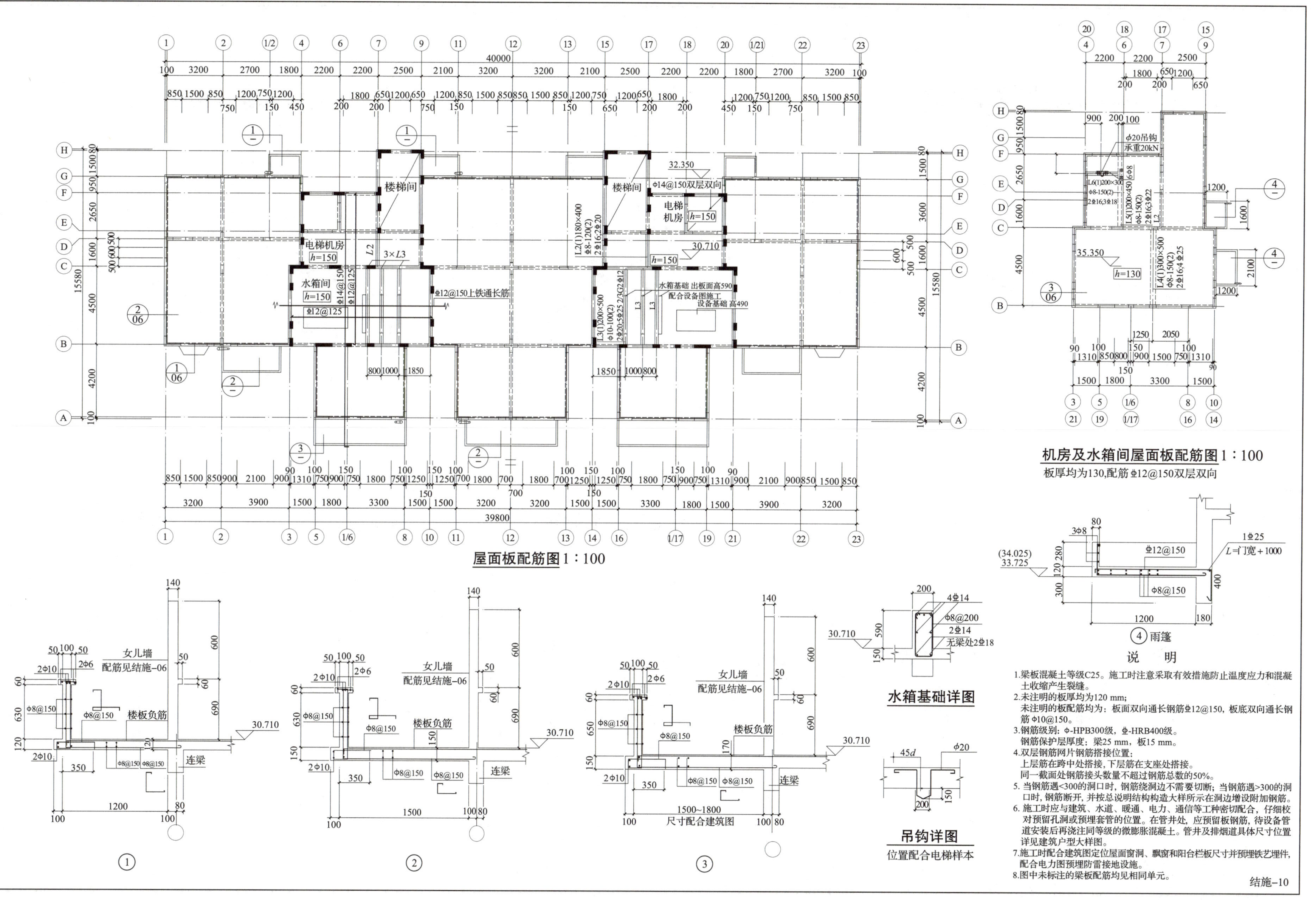

说　明

1.梁板混凝土等级C25。施工时注意采取有效措施防止温度应力和混凝土收缩产生裂缝。

2.未注明的板厚均为120 mm;
未注明的板配筋均为：板面双向通长钢筋⌀12@150，板底双向通长钢筋 ϕ10@150。

3.钢筋级别：ϕ-HPB300级，⌀-HRB400级。
钢筋保护层厚度：梁25 mm，板15 mm。

4.双层钢筋网片钢筋搭接位置：
上层筋在跨中处搭接，下层筋在支座处搭接。
同一截面处钢筋接头数量不超过钢筋总数的50%。

5. 当钢筋遇<300的洞口时，钢筋绕洞边不需要切断；当钢筋遇>300的洞口时，钢筋断开，并按总说明结构构造大样所示在洞边增设附加钢筋。

6. 施工时应与建筑、水道、暖通、电力、通信等工种密切配合，仔细校对预留孔洞或预埋套管的位置。在管井处，应预留板钢筋，待设备管道安装后再浇注同等级的微膨胀混凝土。管井及排烟道具体尺寸位置详见建筑户型大样图。

7.施工时配合建筑图定位屋面窗洞、飘窗和阳台栏板尺寸并预埋铁艺埋件，配合电力图预埋防雷接地设施。

8.图中未标注的梁板配筋均见相同单元。

结施-10

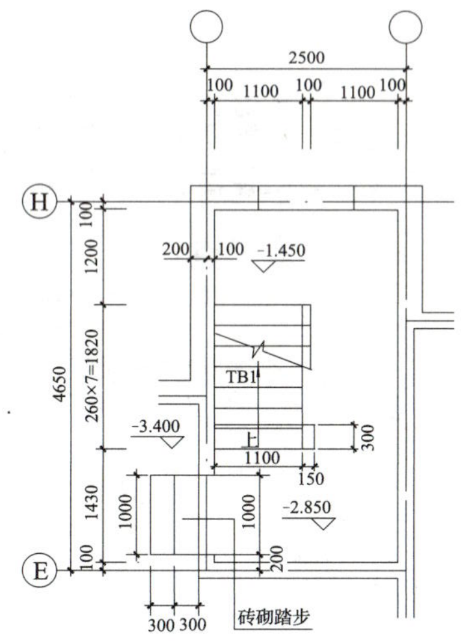

地下一层楼梯平面图1：50

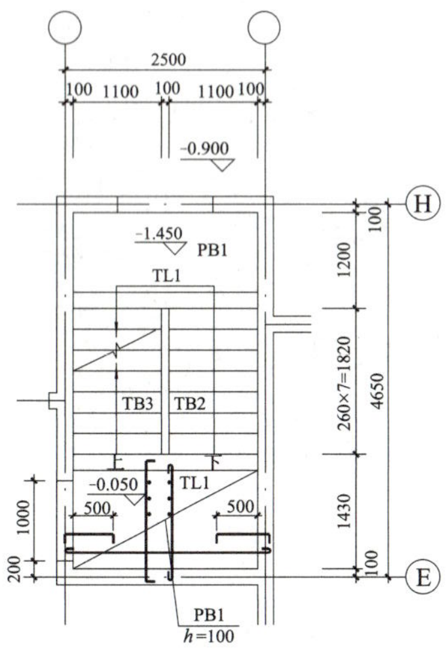

一层楼梯平面图1：50

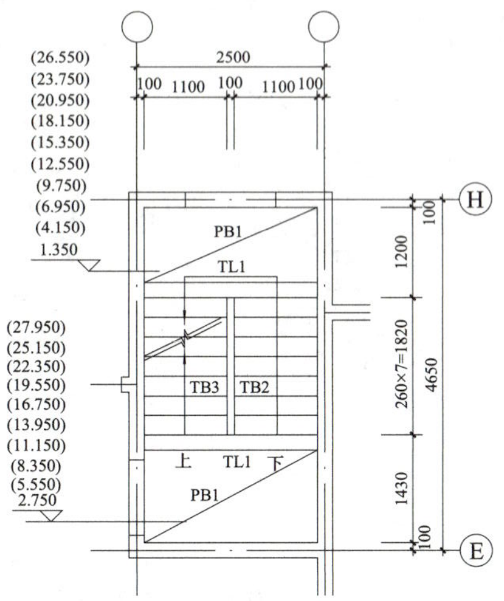

标准层楼梯平面图1：50

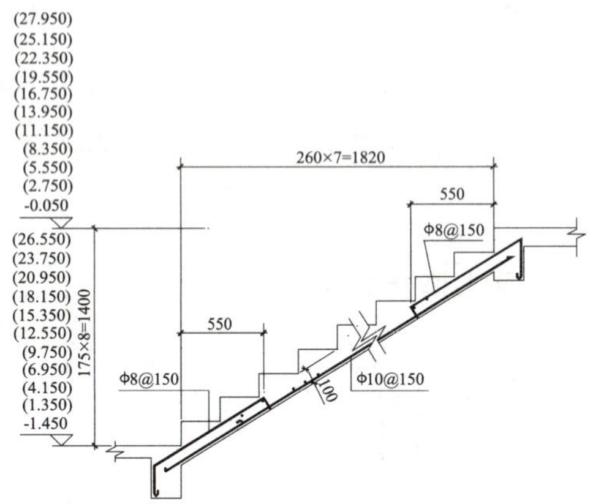

TB2

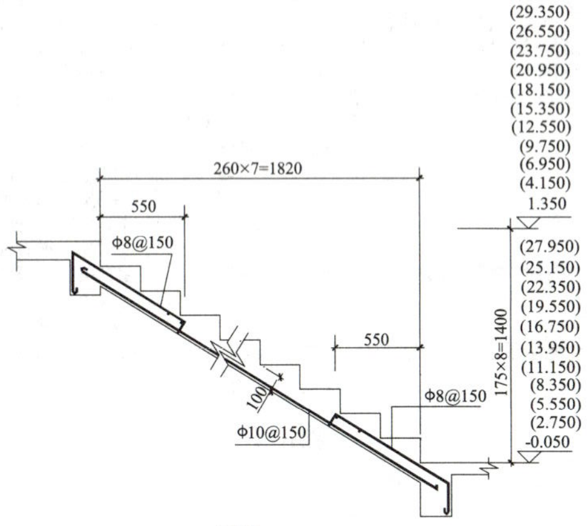

TB3

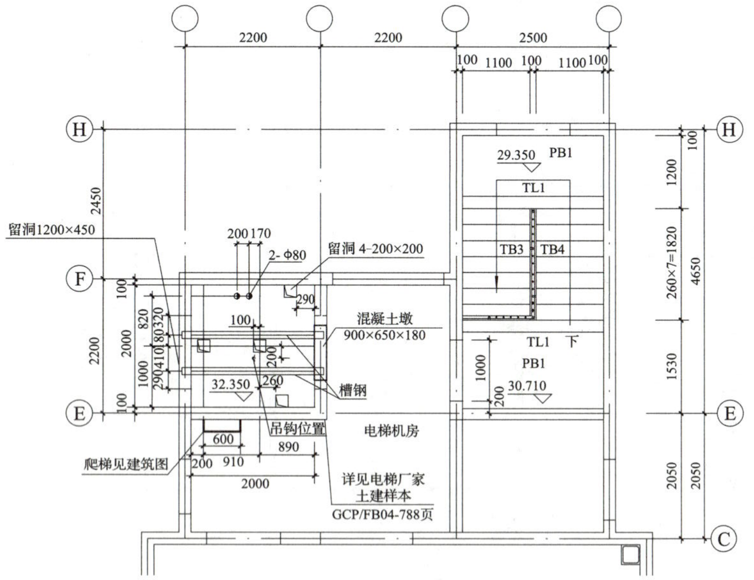

电梯机房层楼梯平面图1：50

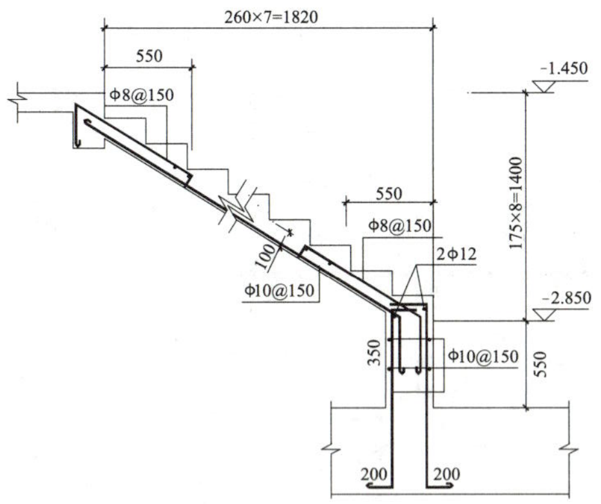

TB1

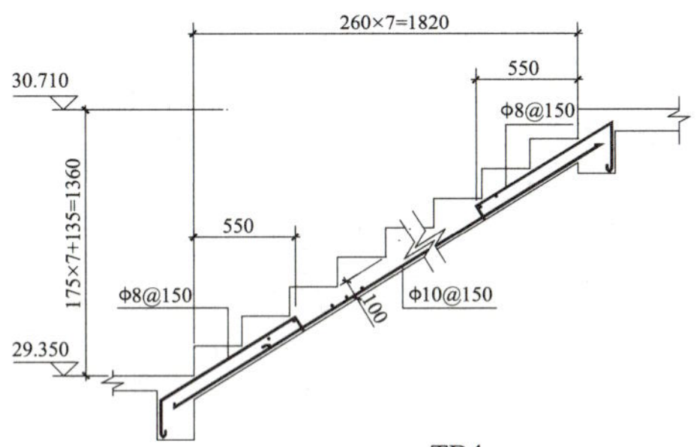

TB4

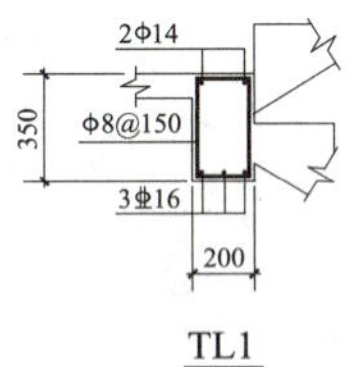

TL1

说　明

1. 图中未注明的板厚均为100mm。
2. 未注明的配筋均为ϕ8@150，楼板及梯段分布筋为ϕ6@200。
3. 楼梯预埋铁件参照有关标准图施工。

结施-11

给排水设计说明

一、工程概述

本工程为北京市××区永乐住宅小区10# 楼工程，总建筑面积约 6 600 m^2。地上十一层为住宅，层高 2.8 m；地下一层为设备用房，层高3.3 m。室内外高差 0.9 m。总户数为66户，每户计算人数为3.5人，计算居住人口为231人。最高用水定额为 200 L/(人·天)，小时变化系数为 2.5，最高日用水量为 46 m^3/d，最大小时用水量为 4.8 m^3/h。本设计内容为消防、生活给水、生活污水等。

二、设计依据

1. 建筑专业提供的平剖面图。
2. 建设单位提供的区域给排水管网资料和情况。市政给水供水压力为 0.30 MPa。
3. 国家现行有关规范及北京市有关规定，甲方委托任务书及相关设计要求。
4. 执行规范：(1)《建筑设计防火规范》(2018 年版)(GB 50016—2014)
   (2)《建筑灭火器配置设计规范》(GB 50140—2005)
   (3)《建筑给水排水设计标准》(GB 50015—2019)

三、系统概述

1. 生活给水系统。

生活给水系统分高低区供水。市政给水压力为 0.30 MPa。建筑物周围设环状给水管网，兼作室外消火栓系统。

低区：四层及四层以下由环状给水管网直接供水。

高区：五层以上包括五层高区生活给水系统，由设在地下一层的水泵房内生活供水设备联合供水。

供水设备应有省级以上卫生行政部门颁发的卫生许可证。高区供水最高日用水量为 29.4 m^3/d，最大小时用水量为 3.0 m^3/h。供水压力为 45 m。具体布置见水泵房详图。

生活给水每单元均设水表计量，于每户厨房设IC卡式或远传水表，引至卫生间的管道暗敷于垫层。

预留燃气热水器接口。接燃气热水器的管道应有不小于 400 mm 的金属管道过渡。

2. 消火栓给水系统。

本楼室内消火栓系统用水量为 10 L/s，每支水枪流量 5 L/s。要求同一防火分区内相邻两个消火栓的水枪的充实水柱同时到达被保护范围内的任何部位。室外消火栓用水量 20 L/s，火灾延续时间 2 h。室外消火栓系统由市政给水管网直接供给，市政双路供水，进线管径不小于DN200，压力 0.3 MPa。住宅室内消火栓为临时高压给水系统，由小区室内消火栓给水系统供给，并设置一组 DN100 地下式消防水泵结合器。具体布置详见相关图纸。

地下一层设置 73 m^3 的消防水池，消防泵房内设两台消火栓系统加压泵 XB10-50-HY 型，Q=10 L/s，H=50 m，N=11 kW，一用一备。消火栓系统屋顶消防水箱内贮有 6 m^3 消防水量，位于楼层顶水箱间。由于顶层消火栓静水压小于0.07 MPa，故设增压稳压设备 ZW(L)-I-X-7。稳压泵型号 25LGW3-10X4 消防压力 0.10 MPa，N=1.5 kW。立式隔膜气压罐 SQL800X0.6，详见 17S205/6.11 页。本工程采用带灭火器的组合型双栓消火栓箱，栓口直径DN65，水枪喷嘴 ϕ19，衬胶水带长 25 m。带消防卷盘，带消防启动按钮，着火时可在现场启动消火栓泵。每组消火栓箱设 MFA3 磷酸铵盐干粉灭火器两具。

3. 灭火器配置。

(1) 变配电室按B类火灾中危险级设计，其他各处按A类火灾轻危险级设计。

(2) 灭火器均采用磷酸铵盐干粉灭火剂。除变配电室外，其他均与消火栓一同布置(每处设两具)。

4. 生活污水系统。

住宅厨房、卫生间排水采用单立管系统，首层厨房、卫生间排水管单排出户。

污水排水支管、主立管均采用 UPVC 螺旋消音硬聚氯乙烯管，黏接。排水横支管采用标准坡度0.026。

排水横干管DN>110，敷设坡度 i >0.005。

5. 雨水系统。

屋面采用87 型雨水斗，外排水雨水系统管道均采用UPVC 螺旋消音硬聚氯乙烯管，黏接。

雨水系统均为外排水，详见建筑专业图纸。

四、施工说明

1. 管材及接口。

生活给水管每户水表前(主干管、主立管)采用衬塑复合钢管，丝扣连接；水表后采用 NF-PPR 塑料管，热熔连接。给水管 DN<50 工作压力为 1.6 MPa，≥DN50 工作压力为 1.0 MPa。

消火栓系统管道采用焊接钢管，焊接连接；

埋地排水管采用机制排水铸铁管，A型接口。污水出户部分采用加厚型排水 UPVC 管。

图中所注管径均为公称直径，冷水用 NF-PPR 管选用 S5 系列，对应的管径及壁厚如下：

公称直径/mm	DN15	DN20	DN25
外径/mm	20	25	32
壁厚/mm	1.9	2.3	2.9

2. 阀门与附件。

(1) 生活给水管DN<50 mm 者，采用铜截止阀；DN≥50 mm 者，采用铜芯蝶阀。

(2) 消防管道上阀门采用蝶阀，并有明显的开启标志。

(3) DN75、DN50 排水管道上的清扫口与管道同径，DN>100 排水管道上的清扫口均为DN100。

(4) 地漏的水封高度不小于 50 mm。

3. 所有住宅单元外明装的给水及消防管道均做保温层，排水管道做防结露保温层，保温采用乙丙橡胶闭泡弹性绝热保温材料，保温厚度为 40 mm，防结露厚度为 10 mm。

4. 降噪：本工程所有泵基础均设隔振装置；水泵进出管上设可曲挠橡胶接头，止回阀均采用消声止回阀。

5. 防腐及油漆。

在涂刷底漆前，必须清除表面的灰尘、污垢、锈斑、焊渣等物，涂刷油漆厚度应均匀，不得有脱皮、起泡、流淌和漏涂现象。消防给水管先刷樟丹两道，再进行保温。

6. 厨房卫生间设备。

卫生洁具均应选用节水型设备及配件，具体型号由建设方选型，参见 09S304《卫生设备安装》，接管标高以本图为准。

7. 设备、套管及管道支吊架。

穿地下室外墙的给排水管须配合土建预埋刚性防水套管，穿混凝土水池预埋柔性防水套管。做法参见 02S404。管道穿梁、穿钢筋混凝土墙时，应预埋套管与土建专业配合施工。所有管道支吊架做法参见 03S402。消防管及给排水管应协调好与暖管的安装。管道保温做法参见 16S401。潜污泵安装参见 08S305《小型潜水排污泵选用及安装》。

排水管安装见 19S406《建筑排水用硬聚氯乙烯(UPVC)管道安装》，穿楼板处设置阻火圈，每层在适当位置设置伸缩节。暗装在管井内的管道有阀门或检查口均应在管井相应位置设检修门。管道穿楼板时应预埋套管，施工时应与土建专业密切配合。

8. 本图给排水管道标高均以管中心计，尺寸单位除标高以米计外，其余以毫米计。

9. 未尽事宜，应遵照《建筑给水排水及采暖工程施工质量验收规范》(GB 50242—2002)、《自动喷水灭火系统施工及验收规范》(GB 50261—2017)。

10. 燃气系统由甲方委托专业公司设计。

图　　例

序号	图　例	名　称
1	JL–	低区给水管及其立管
2	JGL–	高区给水管及其立管
3		污水排水管及其立管
4	XL– X	消火栓给水管及其立管
5	YL–	雨水管及其立管
6		存水弯
7		检查口
8		清扫口
9		水泵
10		地漏
11		水表或水表井
12		减压阀
13		柔性防水套管
14		可曲挠橡胶接头
15		闸阀
16		截止阀
17		角阀
18		蝶阀
19		止回阀
20		防回流污染止回阀
21		杠杆式浮球阀
22		水龙头
23		室内消火栓(单口)
24		室内消火栓(双口)
25	MFA	手提式磷酸铵盐干粉灭火器
26	MFA	推车式磷酸铵盐干粉灭火器
27		偏心异径管
28		吸水喇叭口
29		水泵接合器
30		

图纸目录

序号	图号	图　名
1	水施–01	设计说明、图例及图纸目录
2	水施–02	地下一层给排水平面图
3	水施–03	首层给排水组合平面图
4	水施–04	标准层给排水组合平面图
5	水施–05	顶层给排水组合平面图
6	水施–06	机房层给排水组合平面图
7	水施–07	单元给排水详图
8	水施–08	水池及水泵房给排水详图
9	水施–09	消火栓系统图
10	水施–10	给水系统图
11	水施–11	排水系统图
12		

水施–01

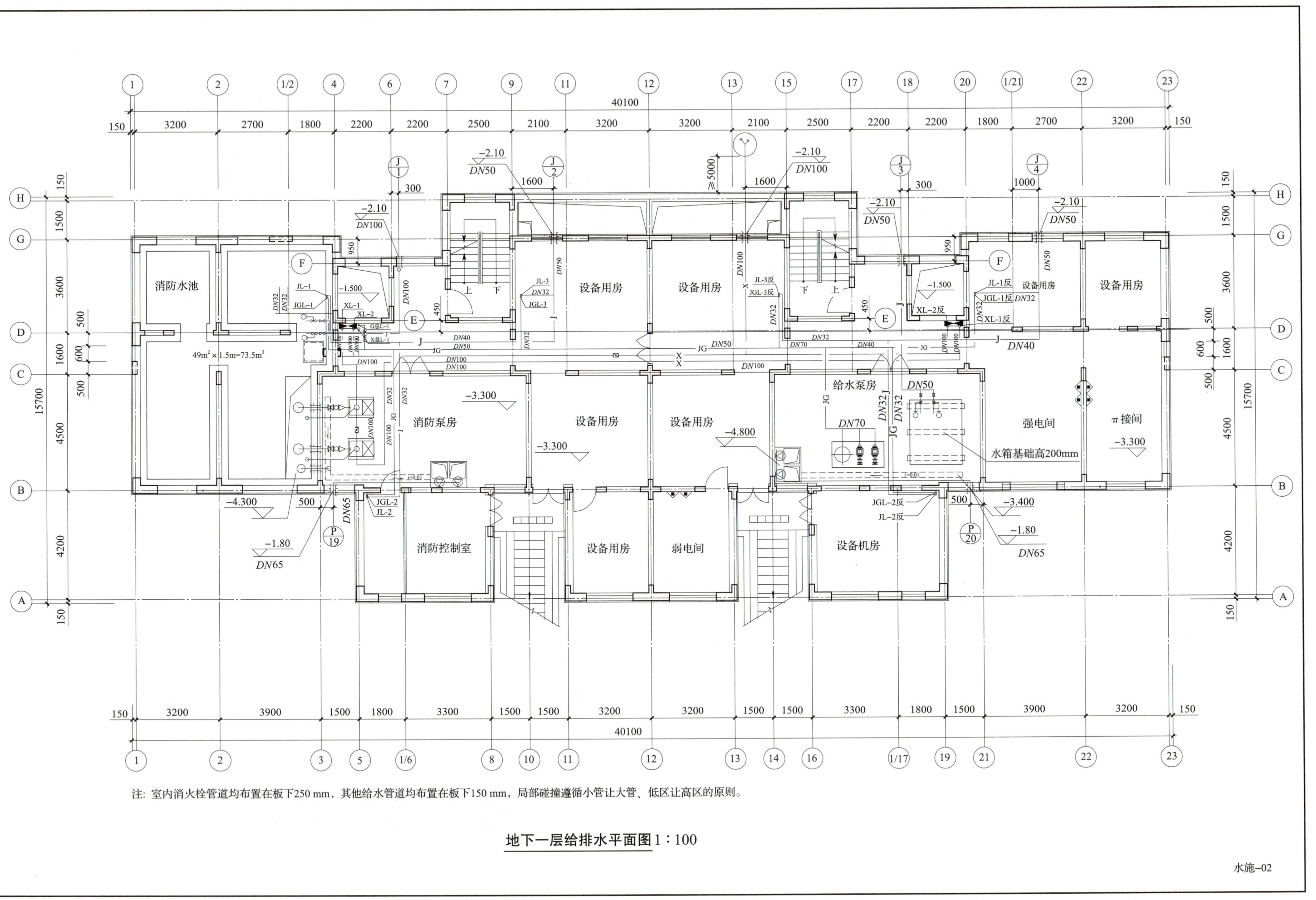

地下一层给排水平面图 1∶100

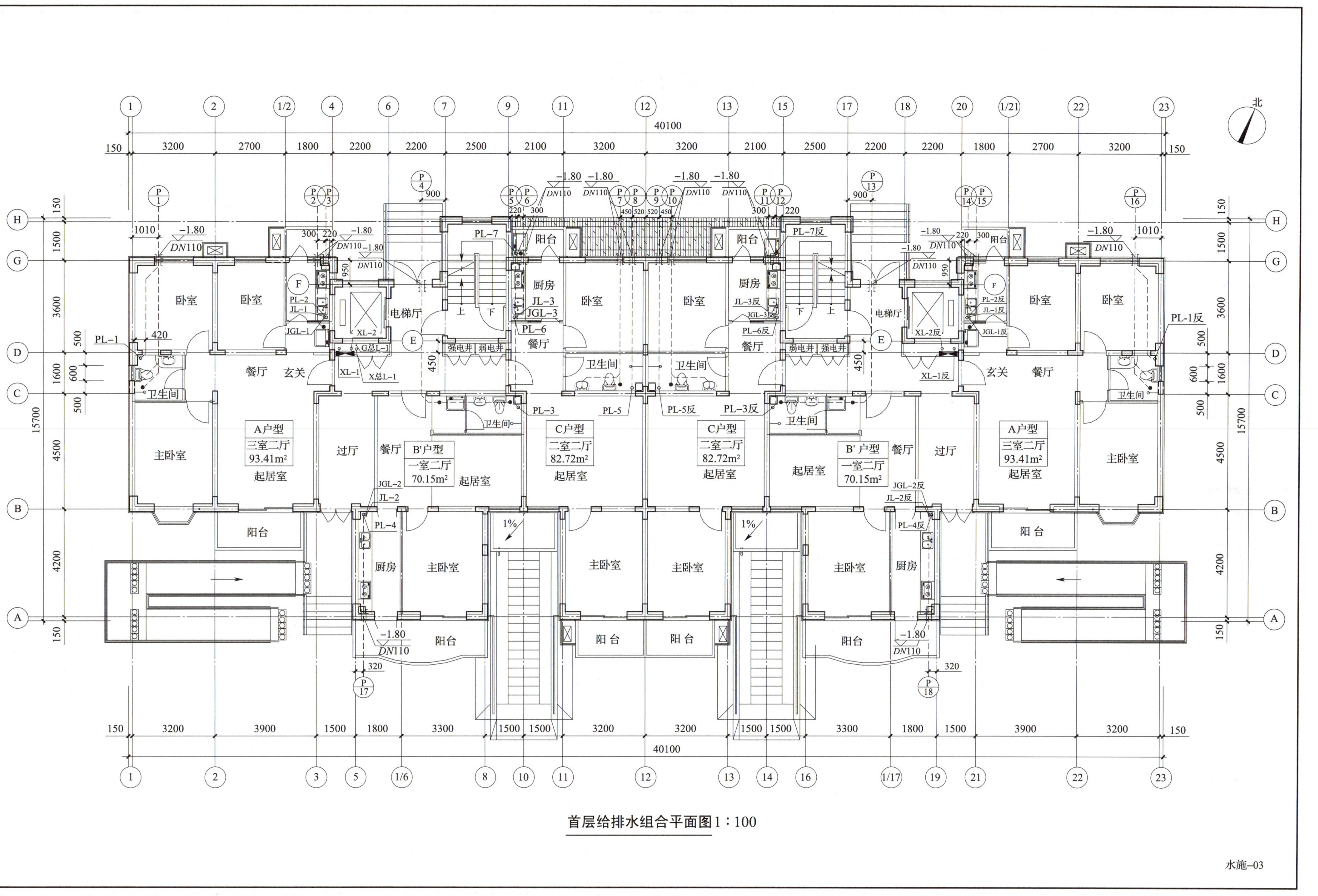

首层给排水组合平面图1∶100

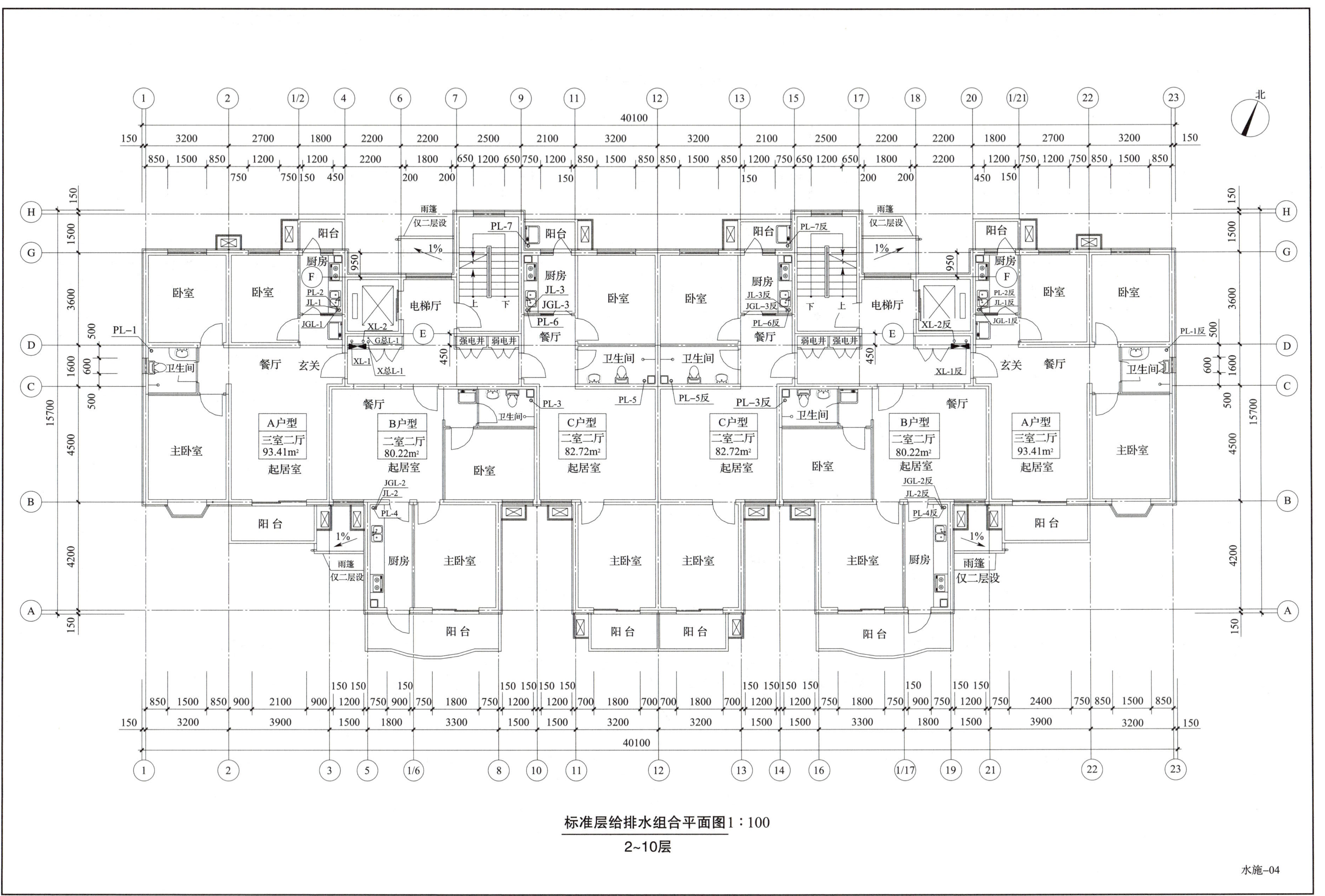

标准层给排水组合平面图1:100

2~10层

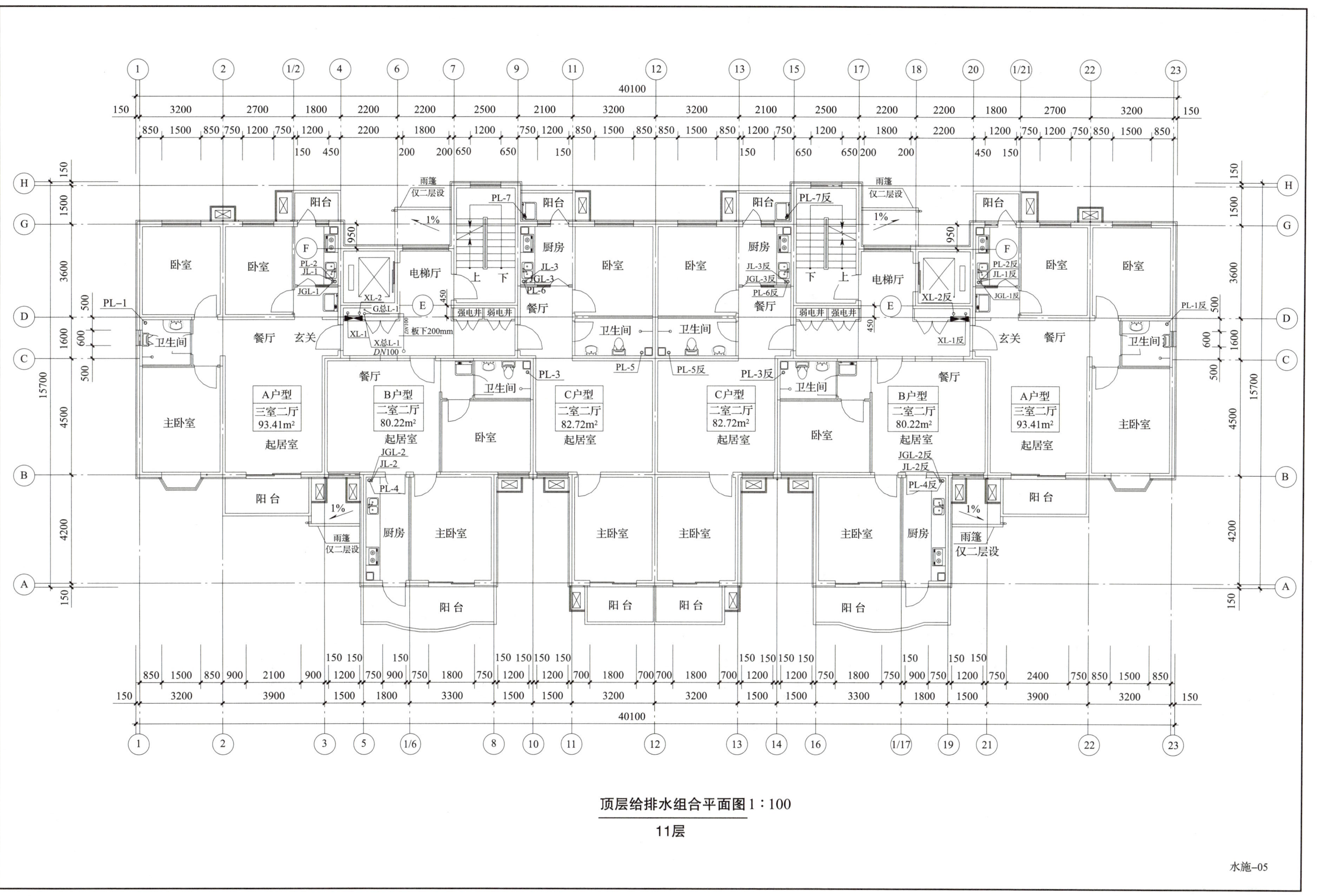

顶层给排水组合平面图 1 : 100
11层
水施–05
A户型
三室二厅
93.41m²
B户型
二室二厅
80.22m²
C户型
二室二厅
82.72m²
卧室
主卧室
卫生间
餐厅
玄关
起居室
阳台
厨房
电梯厅
强电井
弱电井
雨篷
仅二层设
板下200mm
15700
40100

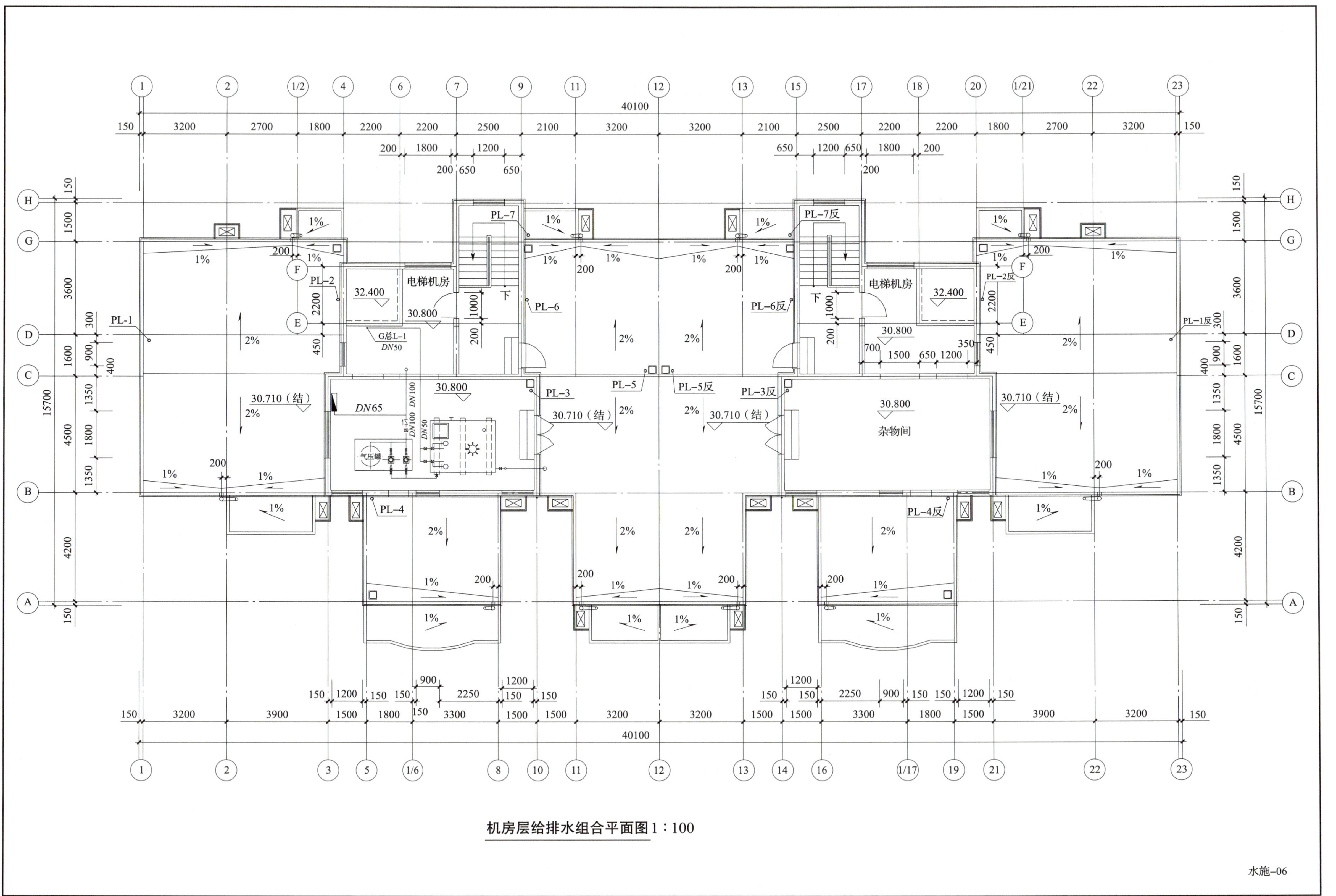

电梯机房
杂物间
PL-1
PL-2
PL-3
PL-4
PL-5
PL-6
PL-7
PL-1反
PL-2反
PL-3反
PL-4反
PL-5反
PL-6反
PL-7反
G总L-1
DN50
DN65
DN100
32.400
30.800
30.710（结）
机房层给排水组合平面图1：100
水施-06

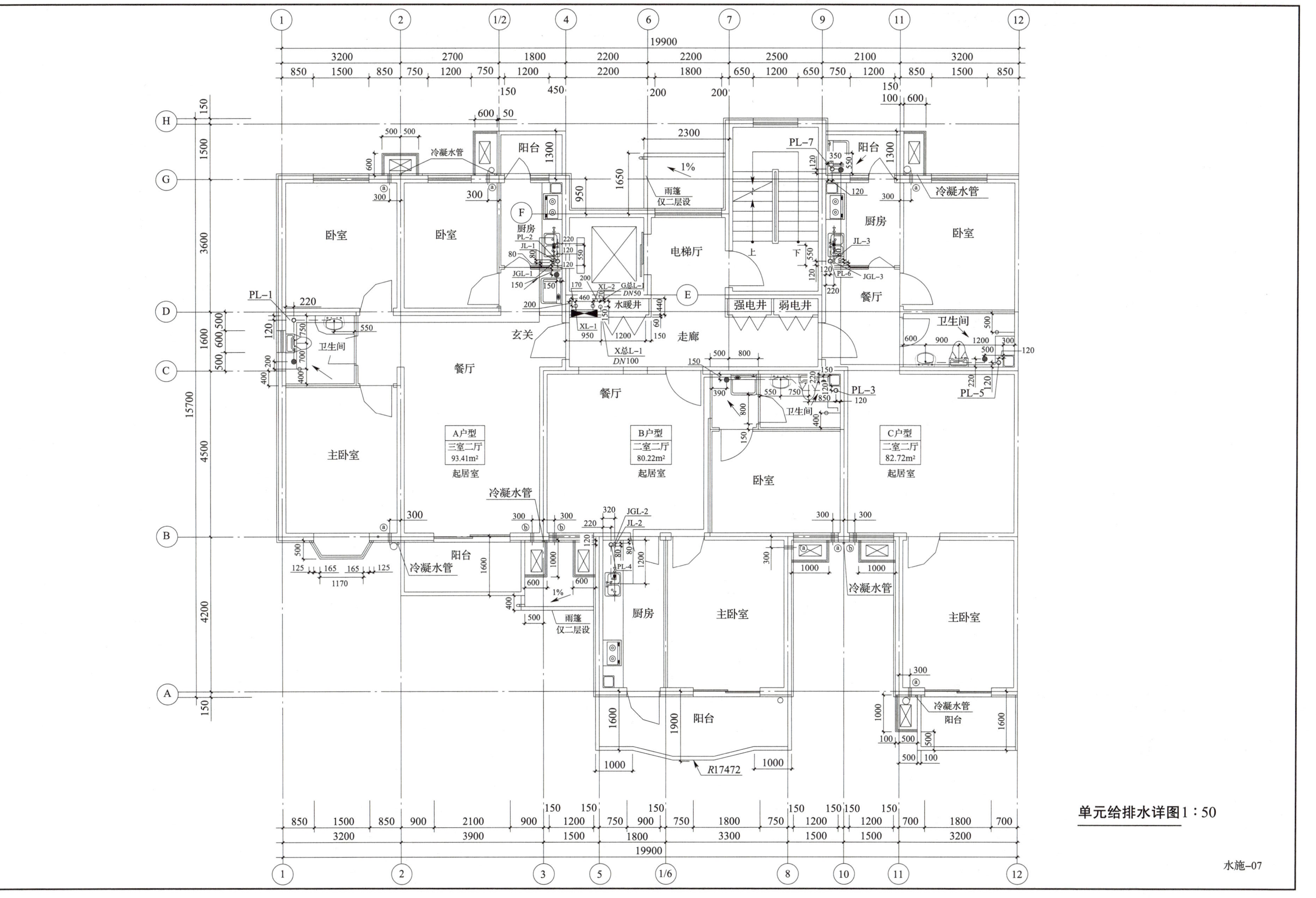

卧室
主卧室
卫生间
厨房
阳台
餐厅
起居室
玄关
走廊
电梯厅
强电井
弱电井
水暖井
冷凝水管
雨篷
仅二层设
A户型
三室二厅
93.41m²
B户型
二室二厅
80.22m²
C户型
二室二厅
82.72m²
PL-1
PL-3
PL-5
PL-7
JL-1
JL-2
JL-3
JGL-1
JGL-2
JGL-3
XL-1
XL-2
X总L-1
DN100
G总L-1
DN50
19900
15700
单元给排水详图1∶50
水施-07

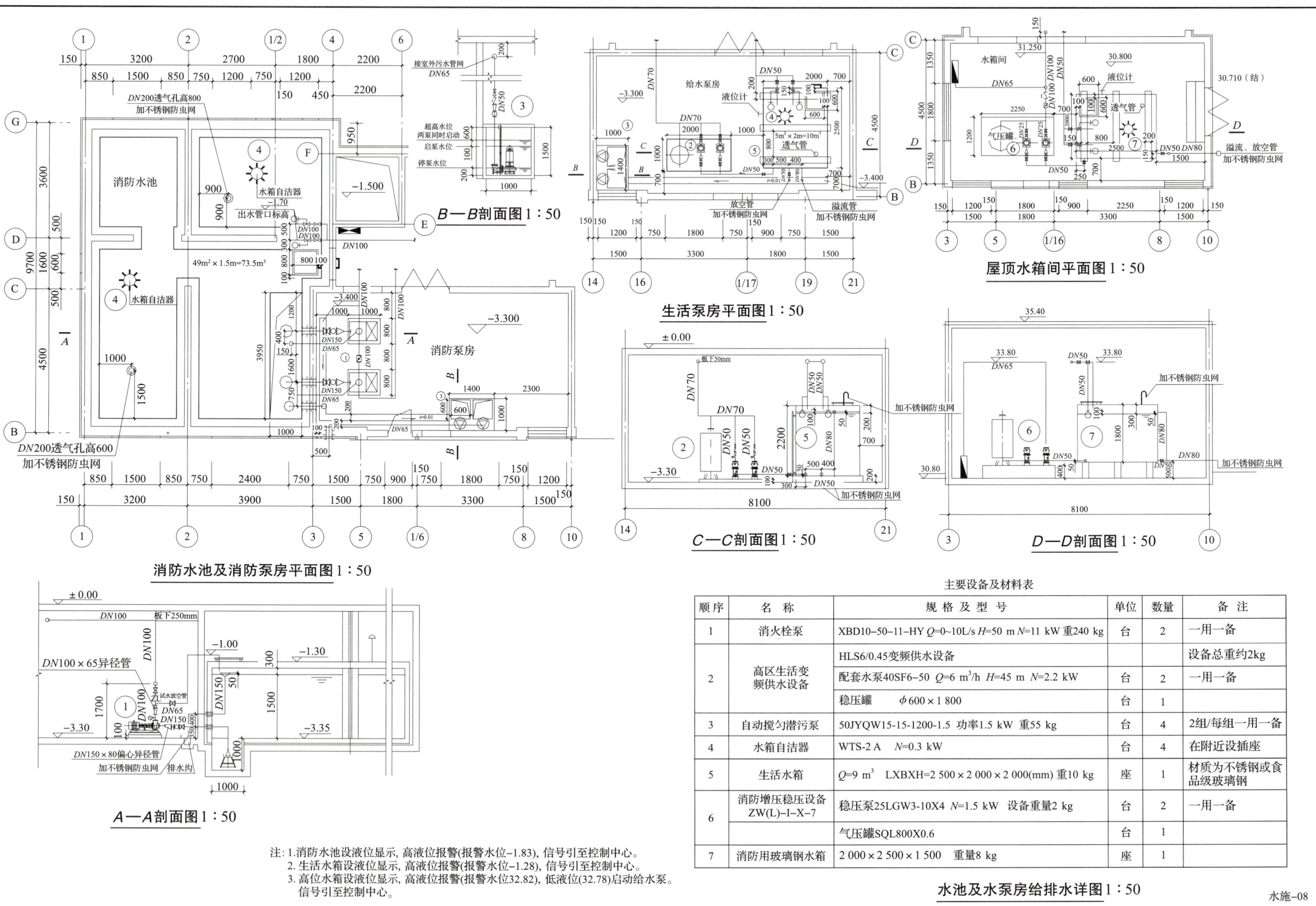

主要设备及材料表

顺序	名 称	规 格 及 型 号	单位	数量	备 注
1	消火栓泵	XBD10–50–11–HY Q=0~10L/s H=50 m N=11 kW 重240 kg	台	2	一用一备
2	高区生活变频供水设备	HLS6/0.45变频供水设备			设备总重约2kg
		配套水泵40SF6–50 Q=6 m³/h H=45 m N=2.2 kW	台	2	一用一备
		稳压罐　ϕ600 × 1 800	台	1	
3	自动搅匀潜污泵	50JYQW15-15-1200-1.5 功率1.5 kW 重55 kg	台	4	2组/每组一用一备
4	水箱自洁器	WTS-2 A　N=0.3 kW	台	4	在附近设插座
5	生活水箱	Q=9 m³　LXBXH=2 500 × 2 000 × 2 000(mm) 重10 kg	座	1	材质为不锈钢或食品级玻璃钢
6	消防增压稳压设备 ZW(L)–I–X–7	稳压泵25LGW3-10X4 N=1.5 kW 设备重量2 kg	台	2	一用一备
		气压罐SQL800X0.6	台	1	
7	消防用玻璃钢水箱	2 000 × 2 500 × 1 500　重量8 kg	座	1	

注：1.消防水池设液位显示，高液位报警(报警水位–1.83)，信号引至控制中心。
2. 生活水箱设液位显示，高液位报警(报警水位–1.28)，信号引至控制中心。
3. 高位水箱设液位显示，高液位报警(报警水位32.82)，低液位(32.78)启动给水泵。信号引至控制中心。

水池及水泵房给排水详图 1：50

水施–08

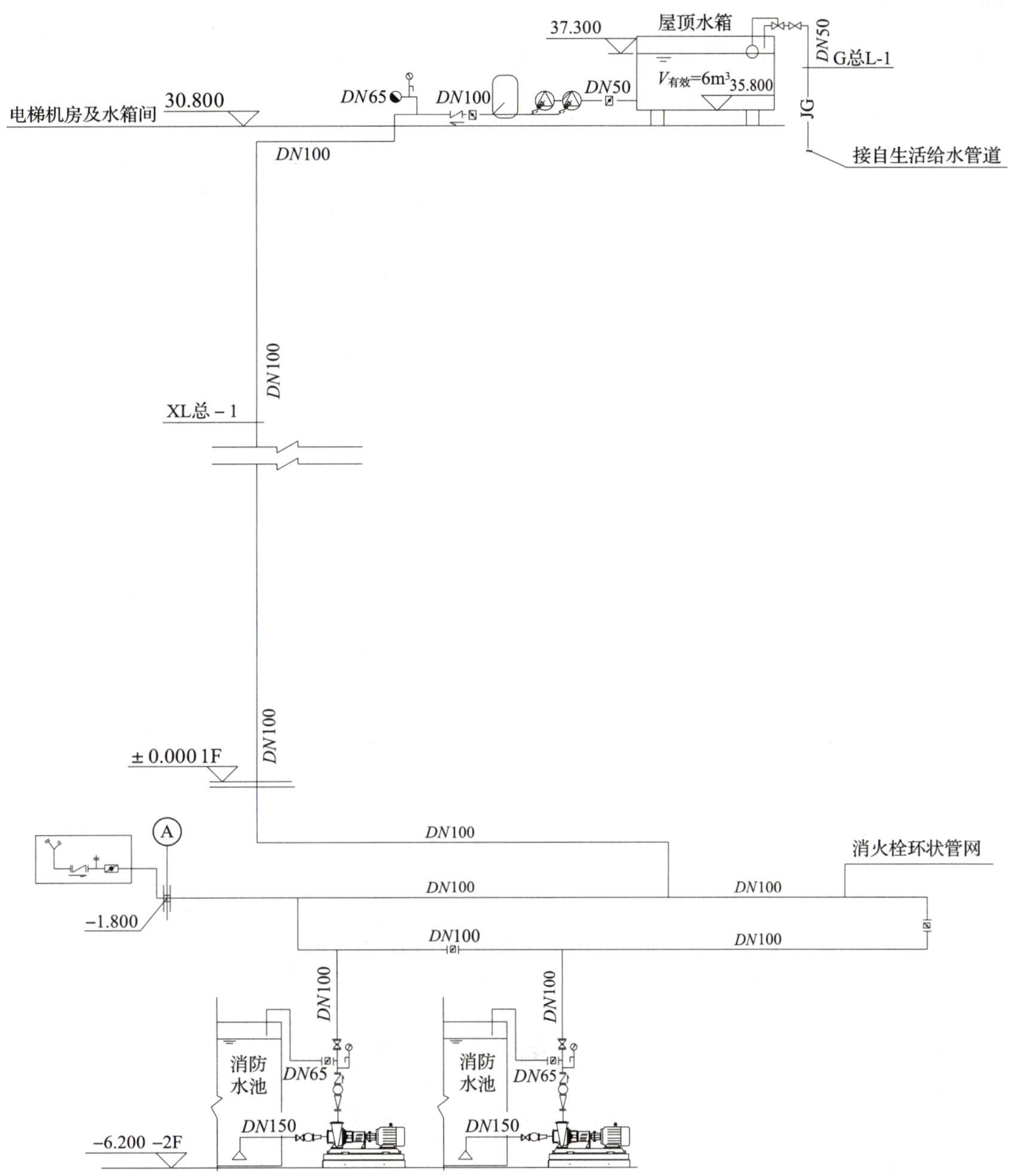

消火栓系统图

消火栓系统原理图

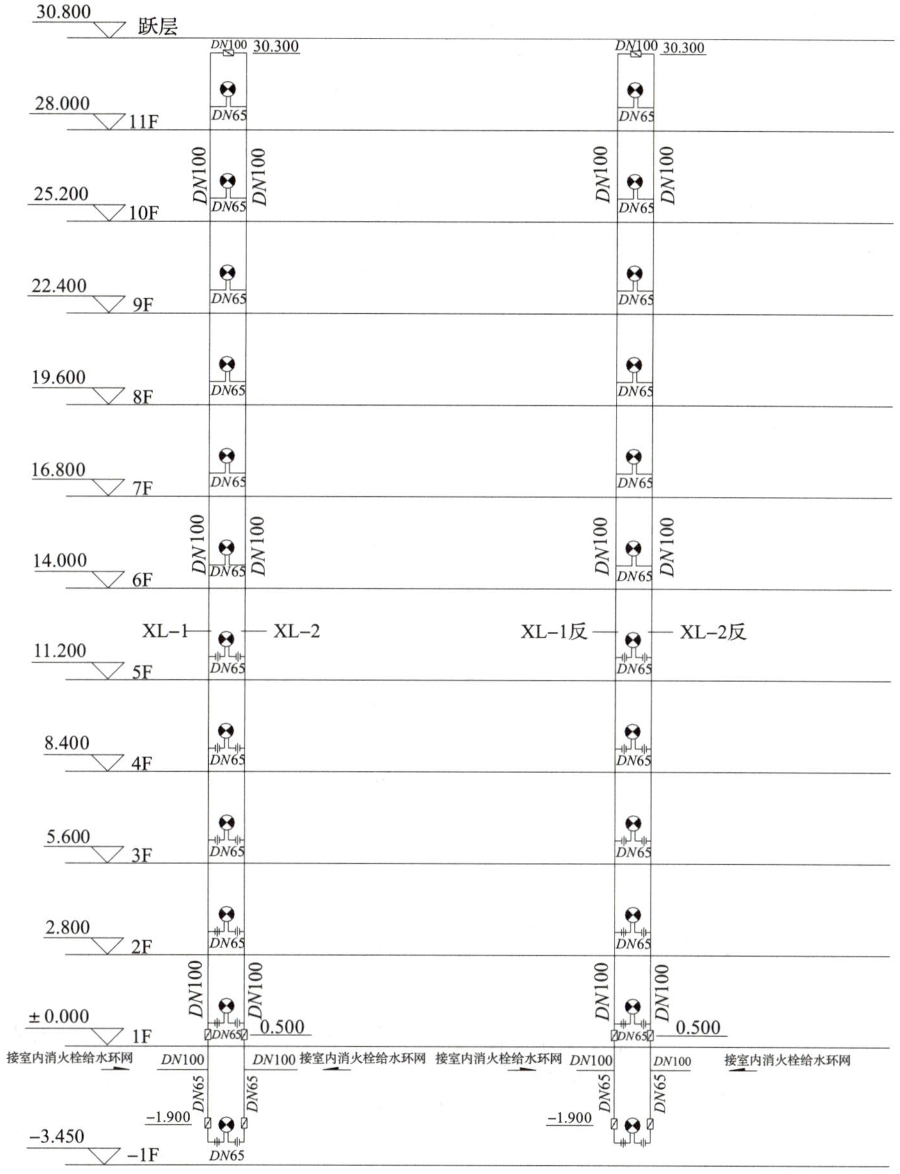

消火栓立管图

水施−09

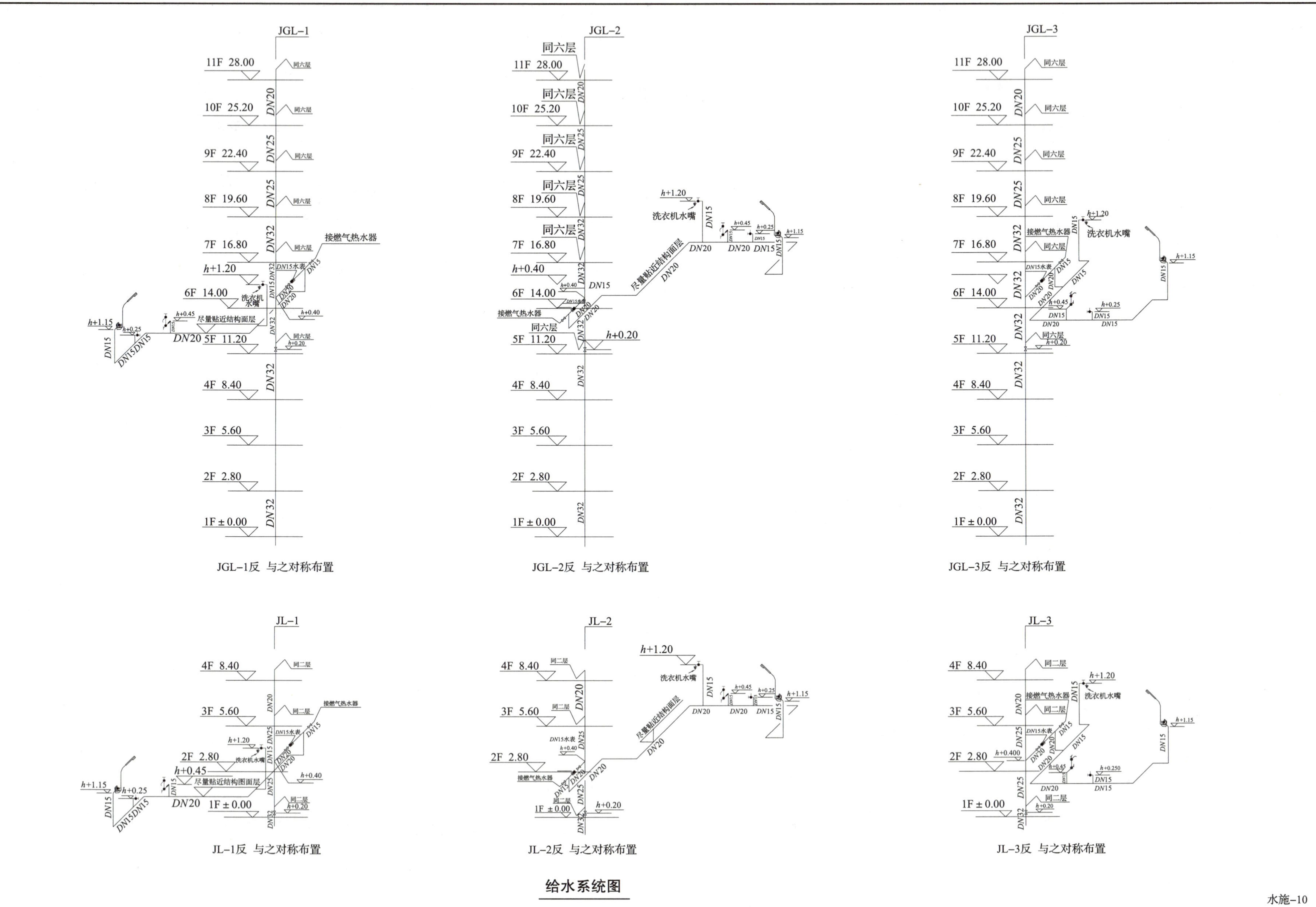
JGL-1
JGL-2
JGL-3
JGL-1反 与之对称布置
JGL-2反 与之对称布置
JGL-3反 与之对称布置
JL-1
JL-2
JL-3
JL-1反 与之对称布置
JL-2反 与之对称布置
JL-3反 与之对称布置
给水系统图
水施-10

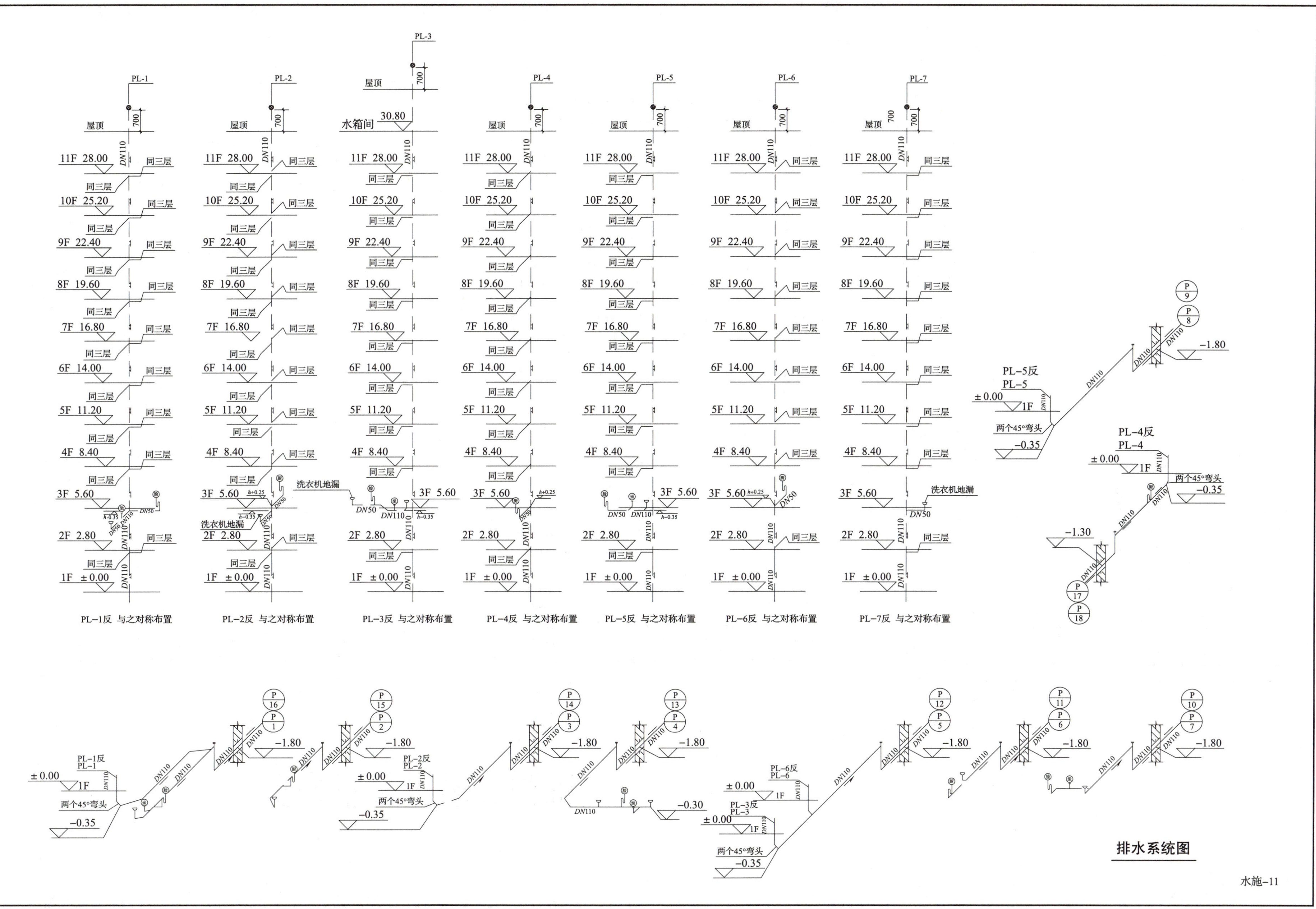

排水系统图
水施-11
PL-1
PL-2
PL-3
PL-4
PL-5
PL-6
PL-7
屋顶
水箱间 30.80
11F 28.00
10F 25.20
9F 22.40
8F 19.60
7F 16.80
6F 14.00
5F 11.20
4F 8.40
3F 5.60
2F 2.80
1F ±0.00
同三层
DN110
DN50
700
洗衣机地漏
PL-1反 与之对称布置
PL-2反 与之对称布置
PL-3反 与之对称布置
PL-4反 与之对称布置
PL-5反 与之对称布置
PL-6反 与之对称布置
PL-7反 与之对称布置
PL-5反
PL-5
PL-4反
PL-4
PL-1反
PL-1
PL-2反
PL-2
PL-6反
PL-6
PL-3反
PL-3
两个45°弯头
-0.35
-1.80
-1.30
-0.30

采暖设计及施工说明

一、工程概述

本工程为北京市××区永乐住宅小区扩建10# 楼工程，总建筑面积约 6 600 m²。地上十一层为住宅，层高 2.8 m；地下一层为设备用房，层高 3.3 m。室内外高差 0.9 m。总户数为 66 户。

本设计内容为住宅部分的采暖设计。

二、设计依据

1.《民用建筑采暖通风与空气调节设计规范》(GB 50736—2012)
2.《新建集中供暖住宅分户热计量设计技术规程》(DBJ 01-605—2000)
3. 建筑专业提供的作业图
4. 甲方设计任务书

三、采暖室内外设计参数

1. 室外空气计算参数：冬季采暖室外计算干球温度：-9 ℃
冬季主导风向：西北风；风速：2.8 m/s
冬季大气压力：1 020.4 kPa
最大冻土深度：850 mm
2. 室内设计温度：起居室、卧室：20 ℃
餐厅：20 ℃
厨房：15 ℃
卫生间：25 ℃

四、采暖系统

1. 供热热源

本工程采暖供回水计算温度为 90/70 ℃，由小区锅炉房提供。本建筑采暖热负荷为 304.2 kW，采暖指标为 46 W/m，热水流量为 11.0 m/h，系统进出口压差为 36 kPa，热水系统的补水及定压由锅炉房解决。

2. 采暖系统形式及散热器选型

住宅部分的采暖为分户热计量形式，每户为一个独立系统，设一个热力入口，与管井内供、回水立管相连接，户内系统为下供下回双管异程系统，在每户热力出口处设置单独的热量表、锁闭阀门等，以便分户计量；地下室等公共部位的采暖应甲方要求，只预留可单独计量的热力接口即可；住宅及公共部分散热器选用 GC-4 钢制高频焊翅片管式散热器，每个散热器带有恒温阀，以便分室控制室温。除图中标注的高度外，其他的散热器高度均为 H=500。

五、施工说明

1. 户内采暖管道选用带有阻氧层的 PB（聚丁烯）管，PB 管管材系列为 S3.2 级；管道敷设在本层结构上的垫层内，垫层内的管道不得有接头，接头部位要预留施工槽，并使用专用连接件进行热熔连接，管道外加塑料套管；公共部分及管道井内的管道采用焊接钢管，管道公称直径 DN≤32 mm 丝接，DN>32 mm焊接。
2. 埋设在垫层内的管道，用保温材料或垫层材料进行隐蔽时，户内系统应保持不小于 0.6 MPa 的压力。
3. 应根据工程施工特点进行中间验收。中间验收过程，从管道敷设和散热器安装完毕进行试压起，至管道隐蔽完成后再次试压止。
4. 在垫层内的管道完成隐蔽的前后，应分别两次进行水压试验。水压试验应符合下列要求：
(1) 水压试验之前，应对管道和构件采取安全有效的固定和保护措施。
(2) 系统工作压力为 0.6 MPa，试验压力应为 0.90 MPa（系统最低点试验压力）。
(3) 如水压试验在冬季进行，请采取有效的防冻措施。
5. 水压试验步骤
(1) 向系统内缓慢注水，同时将管道内的空气经散热器排出。
(2) 充满水后，进行水密性检查。
(3) 采用手动泵缓慢升压，升压时间不得小于 15 min。
(4) 升压至规定试验压力 0.9 MPa 后，停止加压，稳压 1 h 内压力降不大于 0.05 MPa，然后降至工作压力的 1.15 倍后，稳压 2 h，压力降不大于 0.03 MPa，同时各连接处不渗、不漏为合格。
6. 地面层及其找平层施工时，不得剔凿填充层或向填充层楔入任何物件；且在施工完毕后在敷设有管道的地面设置明显标志，并加以妥善保护，严禁在地面上运行重荷载或放置高温物体。
7. 室内管道敷设在如卫生间、厨房等潮湿房间结构板上的垫层内时，垫层以上应作防水层。
8. 管道上必须设置必要的支吊托架，具体形式由安装单位根据现场实际情况确定，做法参见《建筑设备施工安装通用图集》（暖气工程）91SB1。
9. 管道穿过墙壁和楼板应设置钢制套管，安装在卫生间楼板内的套管其顶部应高出地面 50 mm，其他房间高出地面 20 mm，底部与楼板底面相平；安装在墙壁内的套管，其两端应与饰面相平；穿过厨所、厨房等潮湿房间的管道，套管与管道之间应用油麻填实。
10. 管路系统试压合格后应对系统反复冲洗，冲洗时应先拆除过滤器的滤网，同时水流不得经过所有设备，直至出水和进水目测一致方为合格。
11. 所有采暖焊接钢管及附件除锈后刷防锈漆两道，不保温管道再刷调和漆两遍。
12. 暖沟内的采暖管道及穿过楼梯间、管道井、地下室等不采暖房间的管道均需要保温，保温材料用带铝箔超细玻璃棉管壳，保温材料及厚度详见《管道与设备绝热》08K507-1、08R418-1。
13. 图纸中管道系统的标高为管中标高。
14. 凡以上未说明之处，如管道支吊架间距、管道焊接、管道穿楼板的防水做法等项，均应按《通风与空调工程施工质量验收规范》(GB 50243—2016) 及《建筑给水排水及采暖工程施工质量验收规范》(GB 50242—2002)进行施工。

图例

序号	图例	名称
1	NG	采暖供水管
2	NH	采暖回水管
3		截止阀
4		闸阀
5		蝶阀
6		过滤器
7		单管固定支架
8		多管固定支架
9	i=0.3%	坡度及坡向
10		丝堵
11		平衡阀
12		压力表
13		温度计
14		自动排气阀
15		锁闭阀
16		测温球阀
17		热量表
18	PQ-XX	卫生间排气扇
19		
20		

图纸目录

序号	图号	图名	
1	暖施—01	设计说明、图例及图纸目录	
2	暖施—02	地下一层采暖平面图	
3	暖施—03	首层单元采暖平面图	
4	暖施—04	标准层单元采暖平面图	
5	暖施—05	顶层单元采暖平面图	
6	暖施—06	采暖干管系统图	
7	暖施—07	单元采暖系统图	
8	暖施—08	机房层采暖平面图	

暖施—01

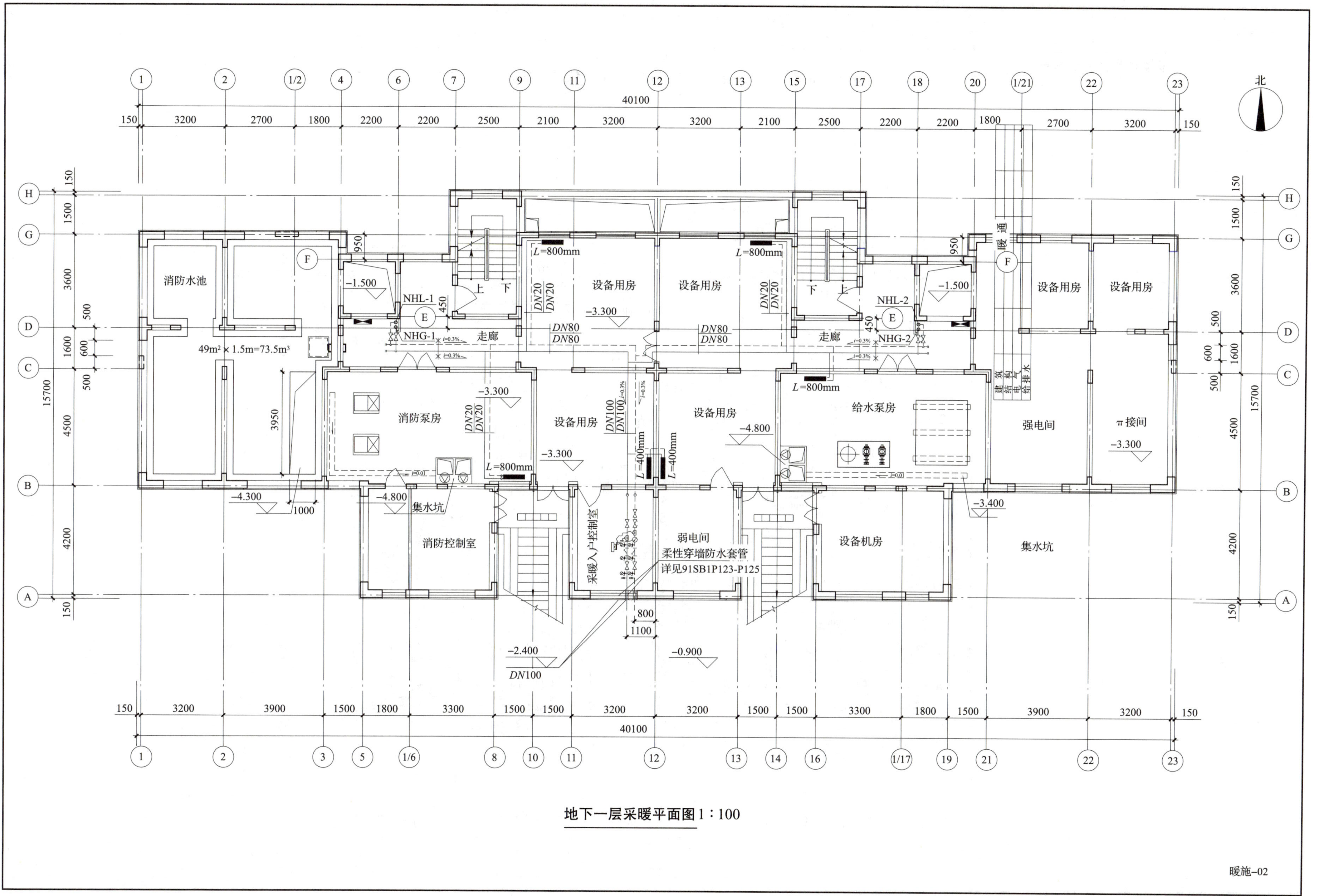

地下一层采暖平面图 1：100

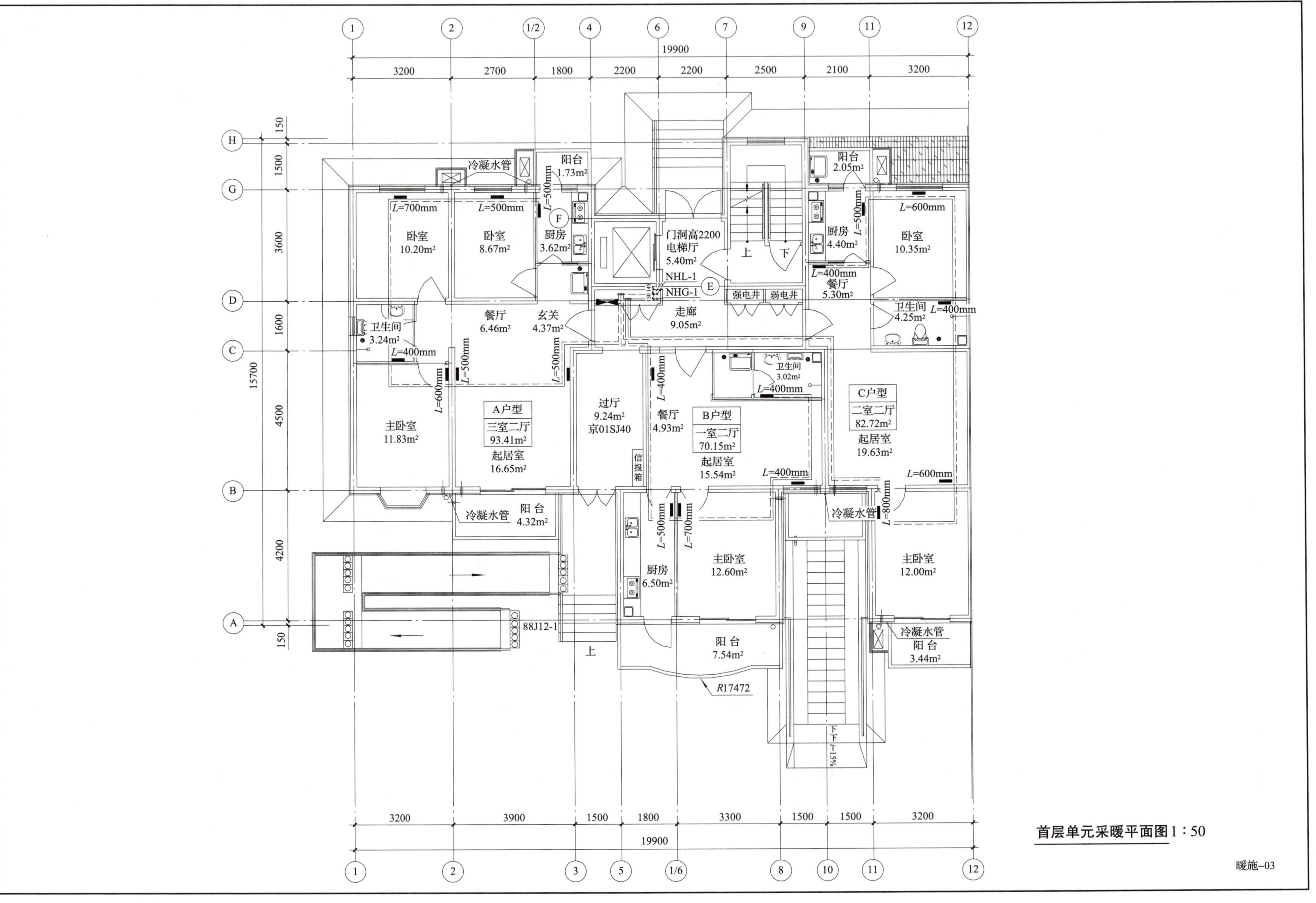

19900
3200
2700
1800
2200
2200
2500
2100
3200
15700
150
1500
3600
1600
4500
4200
150
冷凝水管
阳台 1.73m²
阳台 2.05m²
L=700mm
L=500mm
L=500mm
L=600mm
卧室 10.20m²
卧室 8.67m²
厨房 3.62m²
门洞高2200
电梯厅 5.40m²
上
下
厨房 4.40m²
L=500mm
卧室 10.35m²
NHL-1
NHG-1
强电井
弱电井
L=400mm
餐厅 5.30m²
卫生间 4.25m²
L=400mm
餐厅 6.46m²
玄关 4.37m²
走廊 9.05m²
卫生间 3.24m²
L=400mm
卫生间 3.02m²
L=400mm
L=600mm
L=500mm
L=500mm
L=400mm
过厅 9.24m²
京01SJ40
餐厅 4.93m²
A户型
三室二厅
93.41m²
起居室 16.65m²
B户型
一室二厅
70.15m²
起居室 15.54m²
C户型
二室二厅
82.72m²
起居室 19.63m²
主卧室 11.83m²
信报箱
L=400mm
L=600mm
冷凝水管
阳台 4.32m²
L=500mm
L=700mm
冷凝水管
L=800mm
厨房 6.50m²
主卧室 12.60m²
主卧室 12.00m²
88J12-1
冷凝水管
阳台 3.44m²
阳台 7.54m²
上
R17472
下下
i=15%
3200
3900
1500
1800
3300
1500
1500
3200
19900
首层单元采暖平面图 1:50
暖施-03

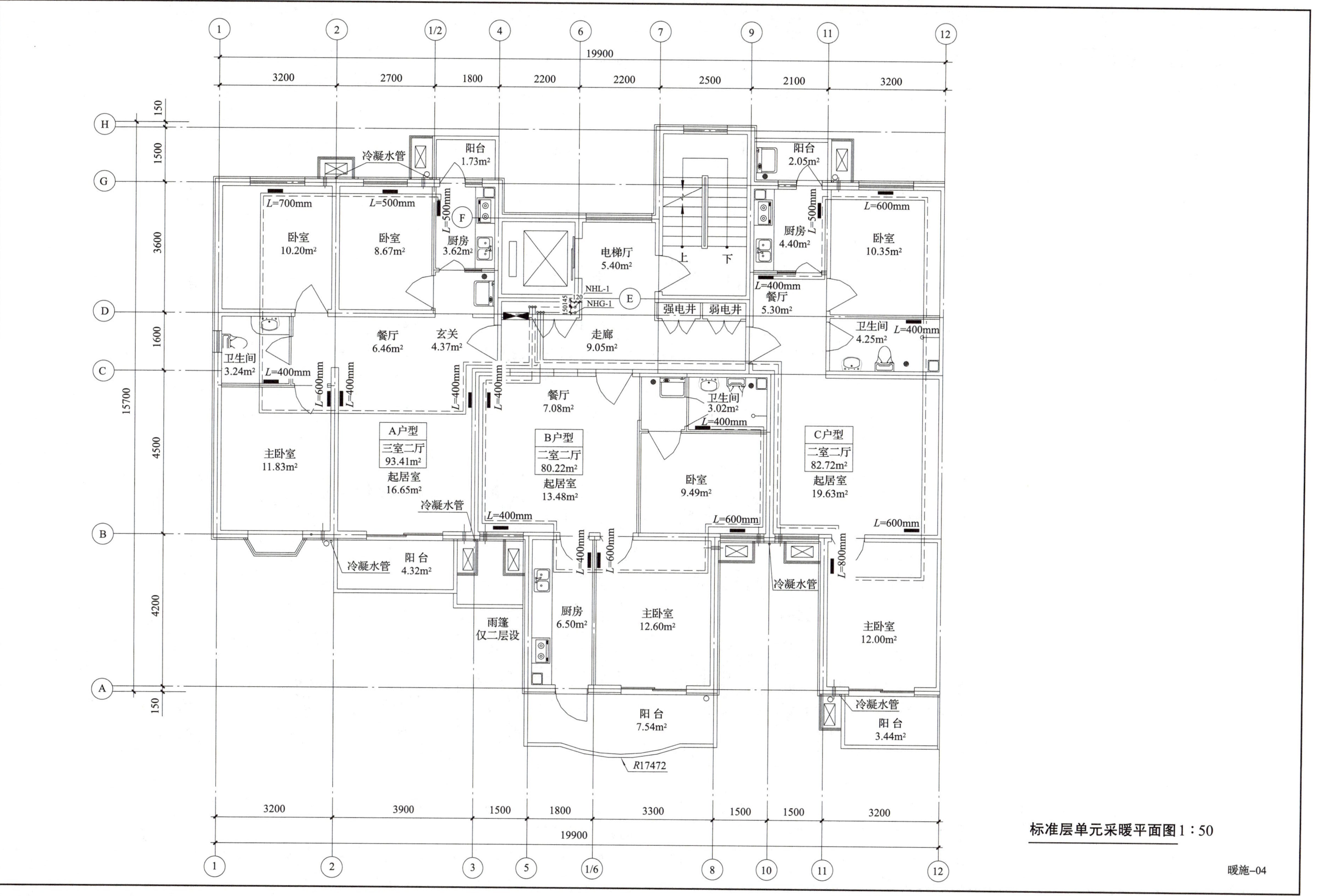
A户型
三室二厅
93.41m²
B户型
二室二厅
80.22m²
C户型
二室二厅
82.72m²
卧室 10.20m²
卧室 8.67m²
厨房 3.62m²
阳台 1.73m²
冷凝水管
电梯厅 5.40m²
走廊 9.05m²
强电井
弱电井
NHL-1
NHG-1
厨房 4.40m²
阳台 2.05m²
卧室 10.35m²
餐厅 5.30m²
卫生间 4.25m²
餐厅 6.46m²
玄关 4.37m²
卫生间 3.24m²
主卧室 11.83m²
起居室 16.65m²
餐厅 7.08m²
起居室 13.48m²
卫生间 3.02m²
卧室 9.49m²
起居室 19.63m²
阳台 4.32m²
雨篷
仅二层设
厨房 6.50m²
主卧室 12.60m²
主卧室 12.00m²
阳台 7.54m²
阳台 3.44m²
R17472
19900
15700
标准层单元采暖平面图 1：50
暖施–04

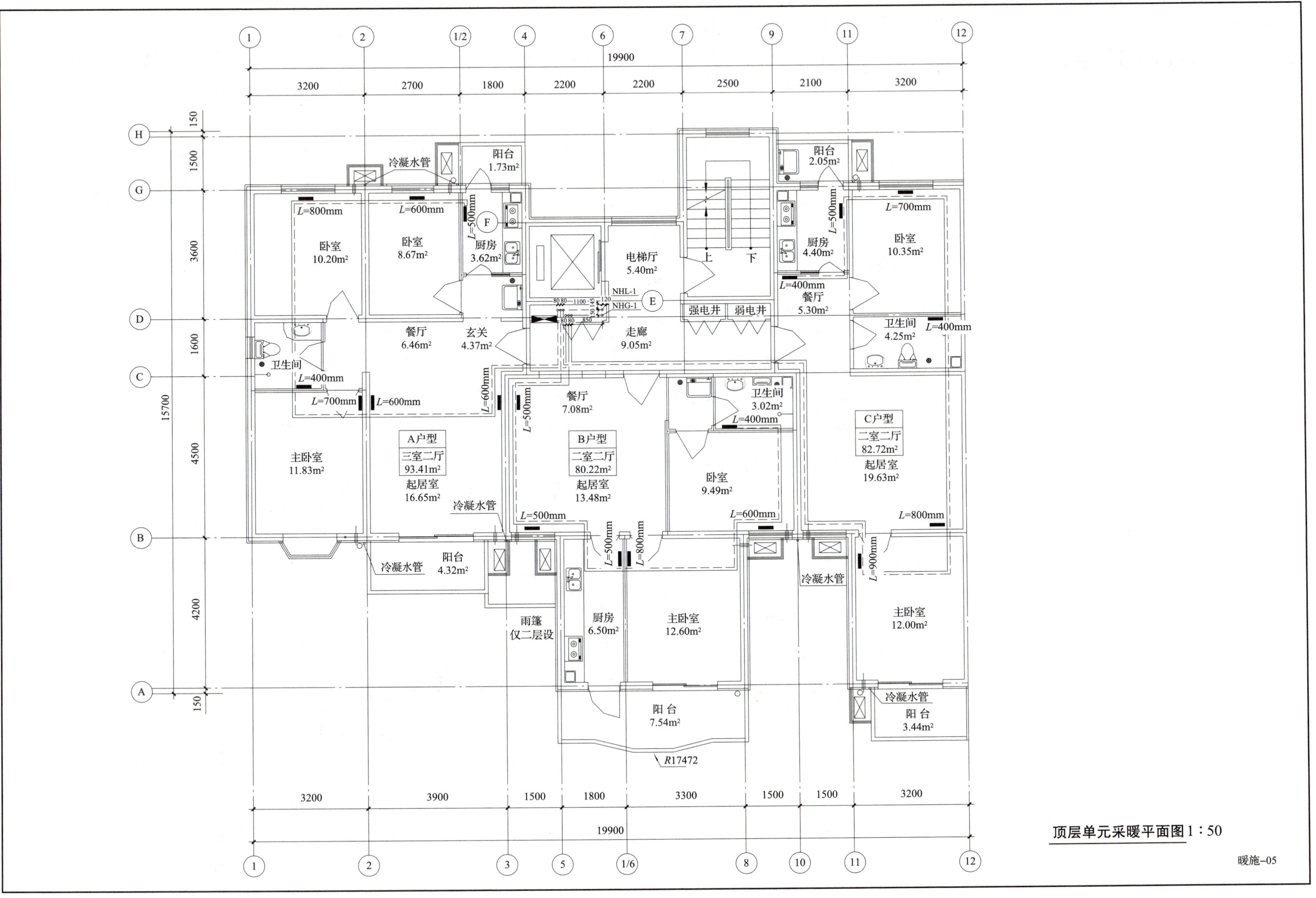
阳台
1.73m²
冷凝水管
卧室
10.20m²
卧室
8.67m²
厨房
3.62m²
电梯厅
5.40m²
NHL-1
NHG-1
走廊
9.05m²
强电井
弱电井
上
下
阳台
2.05m²
厨房
4.40m²
餐厅
5.30m²
卧室
10.35m²
卫生间
4.25m²
餐厅
6.46m²
玄关
4.37m²
卫生间
主卧室
11.83m²
A户型
三室二厅
93.41m²
起居室
16.65m²
餐厅
7.08m²
B户型
二室二厅
80.22m²
起居室
13.48m²
卫生间
3.02m²
卧室
9.49m²
C户型
二室二厅
82.72m²
起居室
19.63m²
阳台
4.32m²
雨篷
仅二层设
厨房
6.50m²
主卧室
12.60m²
主卧室
12.00m²
阳台
7.54m²
阳台
3.44m²
R17472
L=800mm
L=600mm
L=500mm
L=700mm
L=400mm
L=900mm
19900
15700
顶层单元采暖平面图 1:50
暖施-05

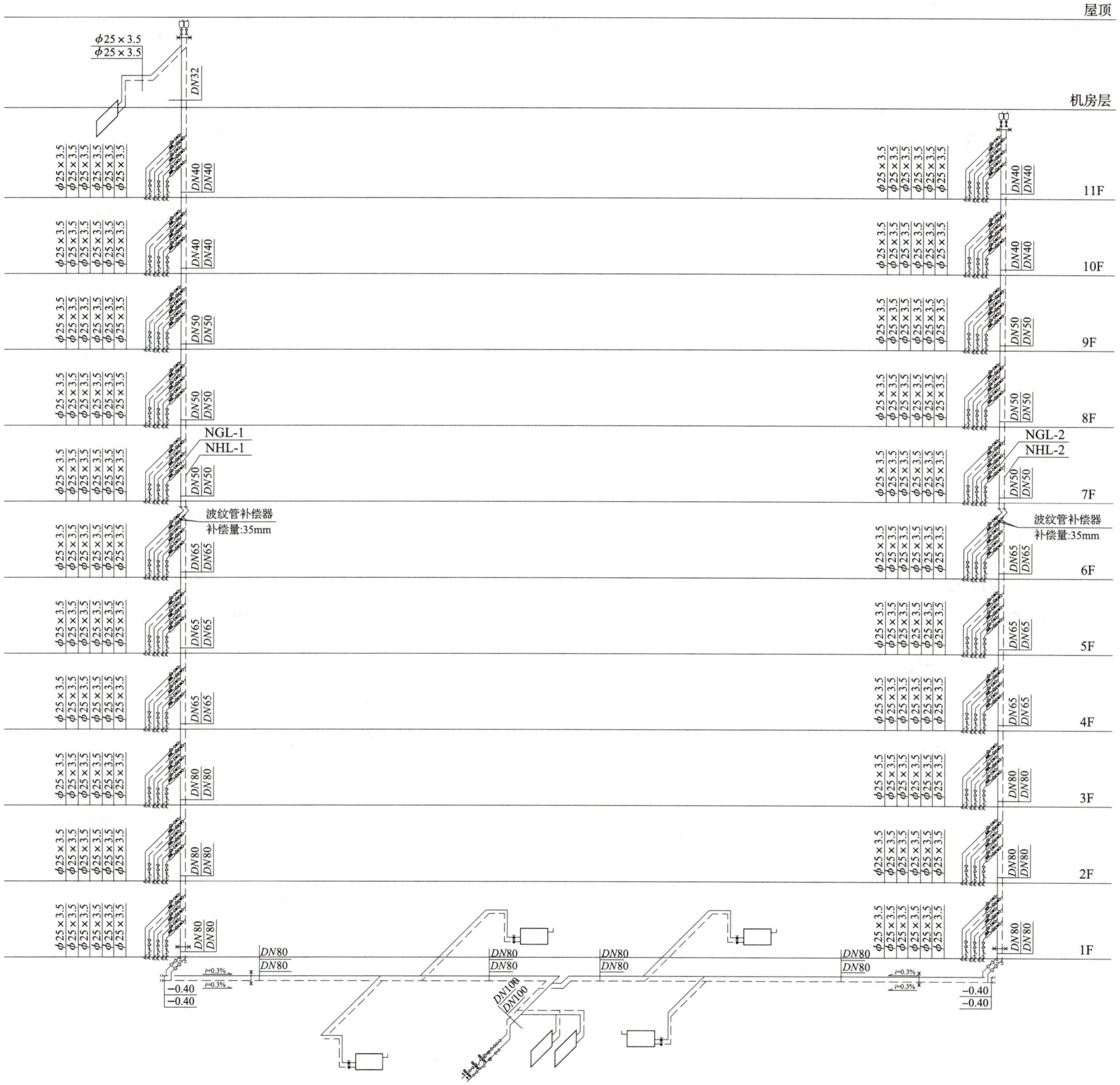

屋顶

$\phi 25\times3.5$

$\phi 25\times3.5$

DN32

机房层

11F DN40 DN40

10F DN40 DN40

9F DN50 DN50

8F DN50 DN50

NGL-1

NHL-1

NGL-2

NHL-2

7F DN50 DN50

波纹管补偿器

补偿量:35mm

6F DN65 DN65

5F DN65 DN65

4F DN65 DN65

3F DN80 DN80

2F DN80 DN80

1F DN80 DN80

DN80

DN80

DN100

DN100

i=0.3%

−0.40

−0.40

$\phi 25\times3.5$

采暖干管系统图

暖施−06

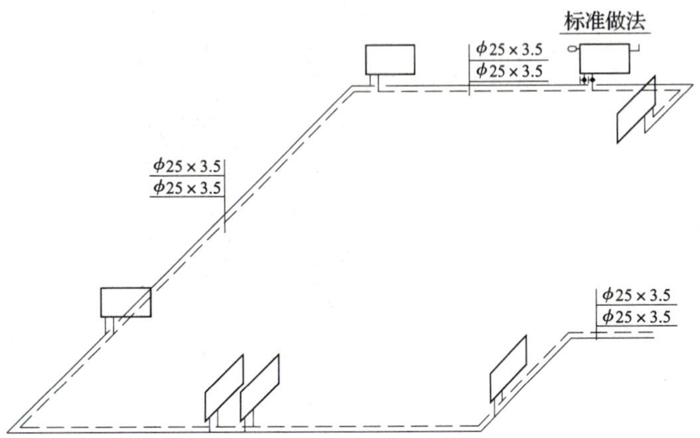

A户型采暖系统图

1~11层

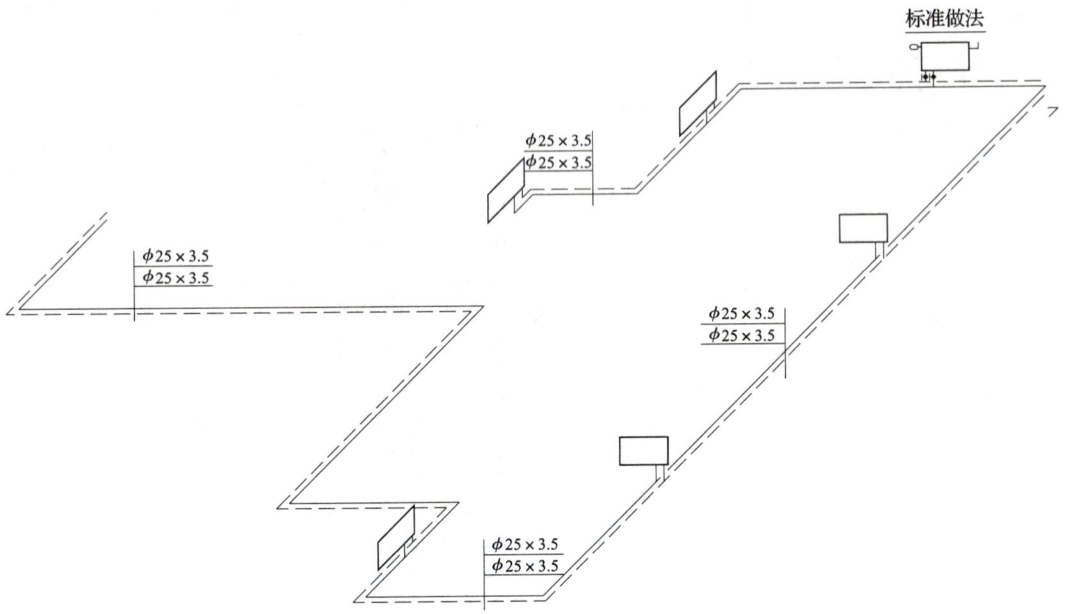

C户型采暖系统图

1~11层

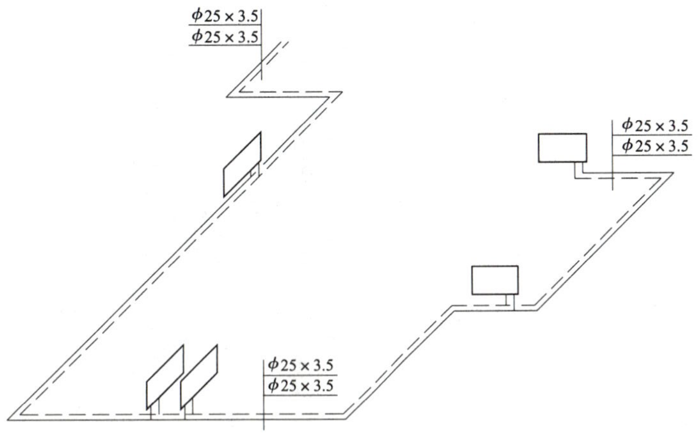

B户型采暖系统图

首层

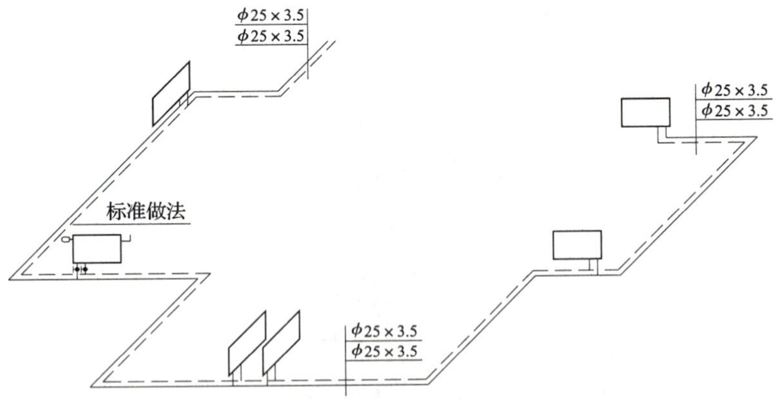

B户型采暖系统图

2~11层

单元采暖系统图

暖施-07

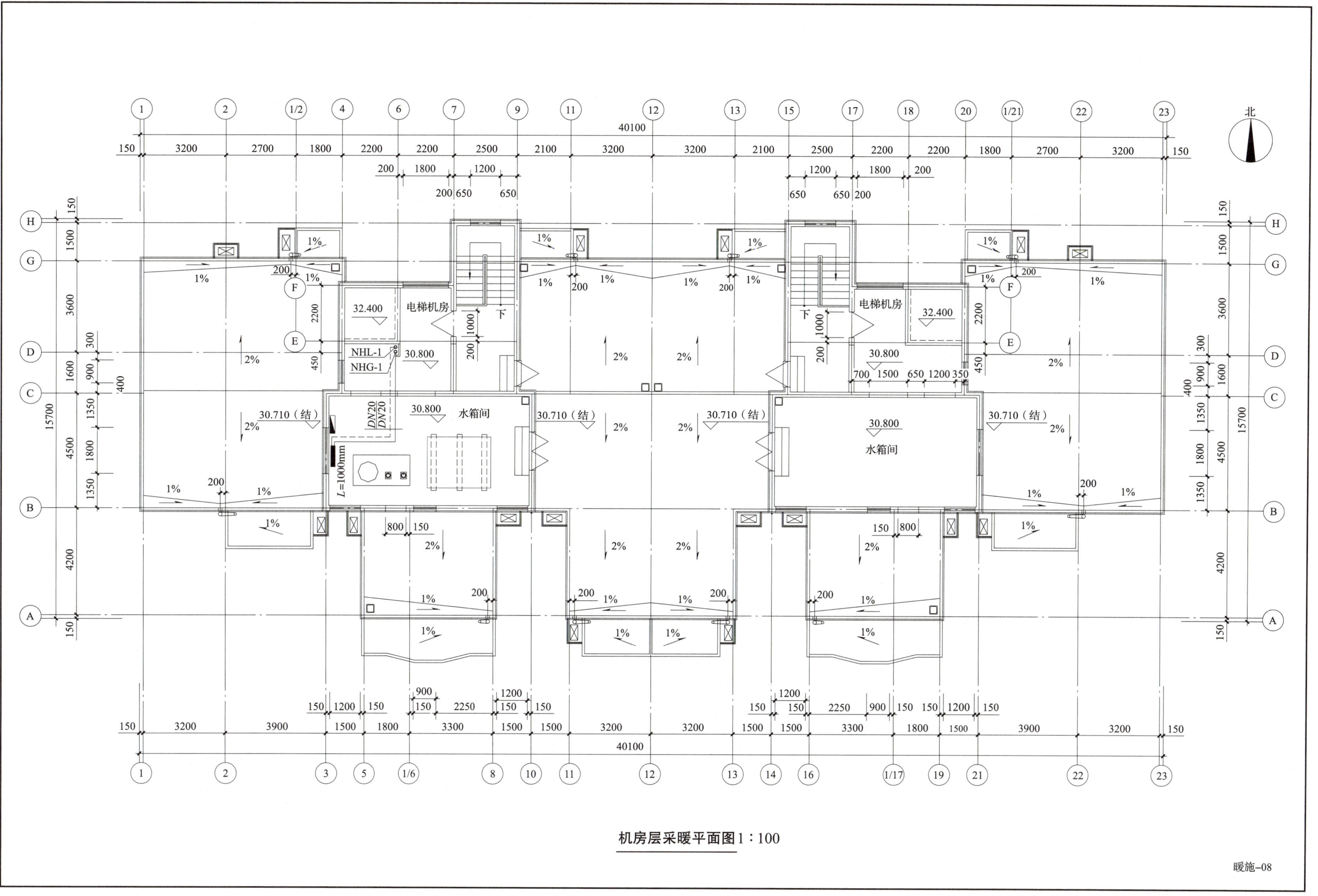

机房层采暖平面图 1：100

暖施-08

永乐住宅小区扩建10#楼
工程设计图纸目录

序号	图号	电气 图名
1	电施-01	图纸目录 图例说明 消防报警及联动控制系统图
2	电施-02	电气施工设计说明
3	电施-03	照明系统图(一)
4	电施-04	照明系统图(二)
5	电施-05	计算机网络系统图
6	电施-06	有线电视系统图
7	电施-07	门禁对讲系统图
8	电施-08	电话系统图
9	电施-09	地下室电源干线平面图
10	电施-10	地下室照明平面图
11	电施-11	地下室弱电干线平面图
12	电施-12	地下室消防报警平面图
13	电施-13	首层公共通道照明平面图
14	电施-14	首层公共通道弱电平面图
15	电施-15	单元首层照明平面图
16	电施-16	单元首层弱电平面图
17	电施-17	单元标准层照明平面图
18	电施-18	单元标准层弱电平面图
19	电施-19	顶层设备用房照明平面图
20	电施-20	顶层设备用房电力干线平面图
21	电施-21	顶层设备用房消防报警平面图
22	电施-22	避雷装置平面图
23		
24		
25		
26		
27		
28		
29		
30		
31		
32		

图例说明

序号	符号	名称	安装方式	安装高度	备注
1	MEB	总等电位端子箱	暗装	0.3 m	参见图集"02D501-2"
2	LEB	局部等电位端子箱	暗装	0.3 m	参见图集"02D501-2"
3	ТТ	电缆π接柜	明装	0.1 m	型号规格见系统图
4	AA*	配电柜	明装	0.1 m	型号规格见系统图
5	ALB3	楼层户电表箱	明装	1.2 m	型号规格见系统图
6	AL-*	户照明配电箱	暗装	1.8 m	型号规格见系统图
7	AL-	照明配电箱	明装	1.2 m	型号规格见系统图
8	AT-*	双电源切换箱	明装	1.2 m	型号规格见系统图
9	AL-T*	电梯照明配电箱	明装	1.5 m	型号规格见系统图
10	AP-T*	电梯主电源配电箱	明装	1.5 m	型号规格见系统图
11	AC-T*	电梯电控柜	明装	0.1 m	设备厂商提供
12	AC-**B	水泵电控柜	明装	0.1 m	设备厂商提供
13		电话组线箱	明装	0.5 m	型号规格见系统图
14	VH	电视前端箱	明装	1.0 m	型号规格见系统图
15	VP	电视楼层分支箱	明装	0.5 m	型号规格见系统图
16	DD-*	家居智能化系统配线箱	暗装	0.5 m	型号规格见系统图
17	DJ	对讲楼层配线箱	明装	1.6 m	型号规格见系统图
18		数据网络交接配线柜	明装	0.1 m	型号规格见系统图
19		白炽灯	吸顶		40 W
20	S	声光自控灯	吸顶		40 W
21		防水吸顶灯	吸顶		40 W
22		吸顶荧光灯	吸顶		1×36 W（cos ϕ>0.9）
23		吸顶荧光灯	吸顶		2×36 W（cos ϕ>0.9）
24		应急吸顶荧光灯	吸顶		2×36 W（cos ϕ>0.9）
25		安全出口灯	明装	门上 0.1 m	20 W（放电时间不小于30 min）
26		疏散标志灯	暗装	0.5 m	18 W（放电时间不小于30 min）
27		单相二、三孔组合插座	暗装	0.3 m	86系列，10 A
28	R	防溅单相三孔插座（电热水器）	暗装	1.8 m	86系列，16 A
29	P	防溅单相二、三孔组合插座（排气扇）	暗装	2.4 m	86系列，10 A
30		防溅单相二、三孔组合插座	暗装	1.2 m	86系列，10 A
31	Y	防溅单相三孔插座（抽油烟机）	暗装	2.2 m	86系列，10 A
32	X	带开关防溅单相二、三孔组合插座（洗衣机）	暗装	1.5 m	86系列，10 A
33	K	单相三孔插座（空调）	暗装	1.8 m	86系列，16 A
34	K'	单相三孔插座（空调柜机）	暗装	0.3 m	86系列，20 A
35	TV	电视出线板	暗装	0.3 m	86系列
36	TP	电话出线板	暗装	0.3 m	86系列
37	TD	宽带出线板	暗装	0.3 m	RJ45式
38	DJ	对讲出线板	暗装	1.5 m	
39					
40		一位单极开关	暗装	1.4 m	86系列，10 A
41		二位单极开关	暗装	1.4 m	86系列，10 A
42	t	电子触摸延时开关	暗装	1.4 m	86系列，10 A
38		防溅型一位单极开关	暗装	1.4 m	86系列，10 A
39					
40	PVC	硬质PVC管			
41	RC	水煤气钢管			
42	SC	焊接钢管			

注：箱（柜）尺寸标注方式均为（宽×高×深）。

消防电气设计说明

一、火灾报警系统

本建筑物为二类高层建筑，属二级保护对象。消防负荷供电采用双电源末端自投火灾报警采用集中报警保护方式设防。消防控制室设火灾自动报警控制系统主机、消防电话主机等消防设备。火灾自动报警系统及消防联动控制系统分别选用智能化火灾报警设备及总线联动控制设备。

消防控制室具有下列控制及显示功能并接收其反馈信号：

1. 消防泵的手动或自动启动和停止。
2. 显示消防水泵的工作、故障状态。
3. 显示消火栓启泵按钮的部位。

火灾确认后：

1. 发出控制信号，强制电梯全部降至首层，并接收其反馈信号。
2. 切断相关部位的非消防电源。
3. 强制点亮楼梯间应急照明电源。
4. 火灾确认后，启动声光报警讯响器。

二、消火栓系统

在各层的消火栓箱内均设有消火栓启泵按钮，当消火栓按钮动作时，可直接启动消火栓泵，消防控制室可显视并监控其运行状态。

图例

地址编码感烟探测器；控制模块；短路隔离器；监视模块；消火栓报警按钮；固定式消防电话座机；地址编码手动报警按钮；火灾声光警报器；带电话插孔地址编码手动报警按钮

FS: ZR-RVS-2×1.5 SC15 报警总线

FF: ZR-RVVP-2×1.5 SC15 火警电话线

D: ZR-BV-2×2.5 SC15 消防电源线

X: ZR-BV-4×2.5 SC20 消火栓按钮启泵控制线

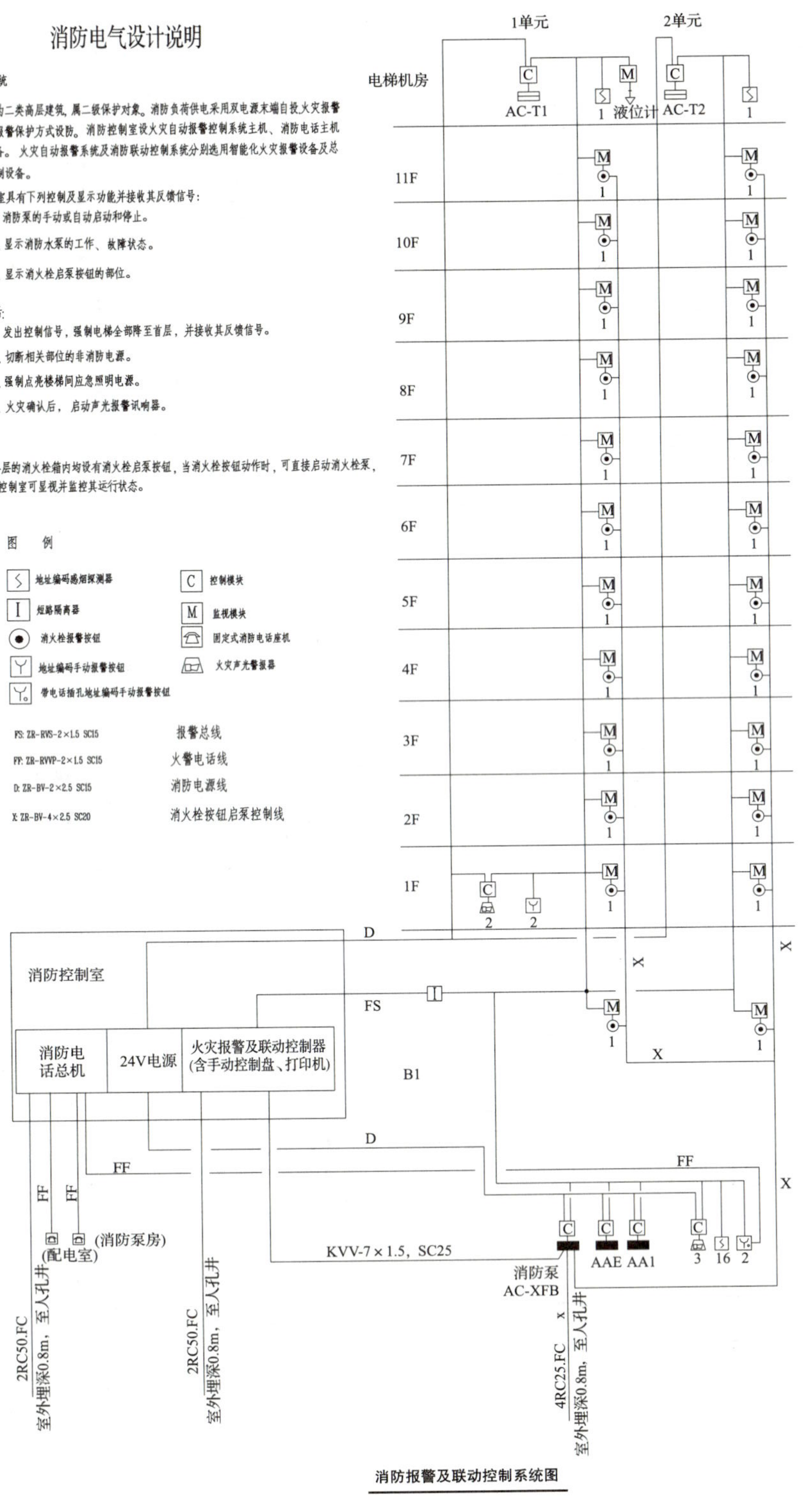

消防报警及联动控制系统图

图纸目录 图例说明 消防报警及联动控制系统图

电施-01

电气施工设计说明

一、工程概况

本工程为剪力墙结构住宅楼，地下一层设备用房和地上十一层的住宅，建筑总长40.1 m，宽15.7 m，层高均为2.9 m，室内外高差0.9 m，建筑面积约为5 700 m^2。

二、设计依据

1. 国家有关的主要设计规范和标准

（1）《民用建筑电气设计标准》(GB 51348—2019)

（2）《全国民用建筑工程设计技术措施—电气》（2009年版）

（3）《供配电系统设计规范》(GB 50052—2009)

（4）《低压配电设计规范》(GB 50054—2011)

（5）《建筑物防雷设计规范》(GB 50057—2010)

（6）《住宅设计规范》(GB 50096—2011)

（7）《建筑设计防火规范》(2018年版)(GB 50016—2014)

2. 建设单位提供的设计要求和资料。
3. 有关专业提供的设计资料。

三、设计范围

1. 照明配电系统。2. 电话系统。3. 有线电视系统。4. 宽带网络系统。5. 对讲系统。
6. 消防报警系统。7. 防雷接地系统。

四、供电系统

1. 用电负荷

	AA1	AA2	AA3
设备安装容量：	286 kW	100 kW	100 kW
需用系数：	0.5	0.9	0.9
计算功率：	143.0 kW	90 kW	90 kW
功率因素：	0.9	0.85	0.85
计算电流：	241.4 A	160.8 A	160.8 A

2. 供电方式

本工程中电梯设备、消防设备和应急照明设备为二级负荷，按二级负荷要求供电，其他按三级负荷要求供电。本工程拟由室外直埋电缆引来 380/220 V 三相四线电源至地下室π接柜，由π接柜至AA柜，再分别引至各用电点；接地系统为 TN-C-S系统，电源在进户处零线做重复接地，设专用PE线。

本工程采用树干式与放射式相结合的供电方式。

3. 计量方式

住宅用户每户设电子预付费单相电能表。

4. 线路敷设

干线见照明系统图；支线为铜塑线 BV-2.5 mm^2，穿硬质阻燃管 PVC，沿墙、地面、顶板内暗敷设。2线穿PVC16，3线穿 PVC20，4线、5线穿 PVC25。

5. 供给消防用电设备的电源线路与非消防电源线路要分开敷设，若同一桥架敷设要加隔板。

若用非防火桥架或穿钢管明敷时，外壁涂防火漆。

6. 电梯电控柜由设备厂家提供并指导安装调试。

五、照明系统

1. 开关及插座选用合格产品，各种插座均选用安全型插座，安装高度见图例说明。
2. 卫生间及厨房内灯具、开关及插座均选用防水防潮型。
3. 照明回路采用BV-2×2.5穿 PVC16管敷设的，图中均不再标注。
4. 插座回路均为单相三线制，采用 BV-3×2.5穿 PVC20管敷设，图中均不再标注。
5. 安装高度低于 2.4 m 的照明灯具应增设一条 PE 接地线。
6. 本工程灯具（居室内）仅预留灯头盒，灯具型号规格由建设单位确定。
7. 楼梯灯采用声、光控制，以利于节能，灯具上加 (S) 的为带声、光控开关底座的灯具。

六、电话系统

1. 电话电缆由室外弱电井穿管埋地引至地下室的电话组线箱，经楼层电话分线箱引至各个用户点；电话干线及次干线电缆选用 HYV 型，穿钢管埋地或沿墙敷设；支线选用 RVS-2×0.5型穿硬质PVC 管于建筑物墙、地面、顶板内暗敷设。分线箱距地高度见图例说明。
2. 每户两部电话，均在起居室、主卧室及次卧室设电话插孔。

七、有线电视系统

1. 有线电视电缆由室外弱电井穿管埋地引至地下室电视前端箱，再由楼层分配箱至各用户。
2. 楼内干线选用 SYKV-75-9 型，分支线选用 SYKV-75-5 型，穿 SC 管于建筑物墙、地面、顶板内暗敷设。
3. 本工程设计仅将保护管预留，线缆设备选型及系统安装调试由专业厂家专业人员完成（确保用户端电平调至64+4 dB)。

八、计算机网络系统

1. 计算机网络线缆由室外弱电井穿管埋地引至地下室交接配线柜。
2. 每户进一根超五类4对对绞电缆，穿SC 管于建筑物墙、地面、顶板内暗敷设。
3. 本工程设计仅将保护管预留，线缆设备选型及系统安装调试由专业厂家专业人员完成。

九、门禁对讲系统

1. 本工程在住宅楼各单元分别设一套对讲系统。在住宅楼各单元门设有对讲主机，在各住户设有对讲分机。
2. 由于对讲系统未确定厂商，所以门口对讲机与各层分线端子箱仅预留保护管，保护管于建筑物墙、地面、顶板内暗敷设（竖井内明敷），保护管管径见对讲系统图。

对讲主机及分线箱距地高度见图例说明。

3. 线缆设备选型及系统设计安装调试由专业厂家专业人员完成。

十、火灾报警及消防控制系统

（一）火灾报警系统

本建筑物为二类高层建筑，属二级保护对象，消防负荷供电采用双电源末端自投，火灾报警采用集中报警保护方式设防。消防控制室设在地下一层，内设火灾自动报警控制系统主机、消防电话主机等消防设备。火灾自动报警系统及消防联动控制系统分别选用智能化火灾报警设备及总线联动控制设备。

消防控制室具有下列控制及显示功能并接收其反馈信号：

1. 消防泵的手动或自动启动和停止。
2. 显示消防水泵的工作、故障状态。
3. 显示消火栓启泵按钮的部位。

火灾确认后：

1. 发出控制信号，强制电梯全部降至首层并接收其反馈信号。
2. 切断相关部位的非消防电源。
3. 强制点亮应急照明电源。
4. 火灾确认后，启动声光警报讯响器。

（二）消火栓系统

在各层的消火栓箱内均设有消火栓启泵按钮，当消火栓按钮动作时，可直接启动消火栓泵，消防控制室可显视并监控其运行状态。

火灾报警主机落地安装，手动报警按钮墙上安装，距地1.5 m，控制模块分散安装于被控设备附近，消防报警线路应尽量穿钢管暗敷，如确有困难时应做好防火处理。火灾报警线路均预埋 SC15，消火栓按钮应选用既能向消防控制室报警又能直接启动消防泵的产品，启动消防泵线路电压应不大于50 V。

十一、防雷接地系统

1. 本工程按照三级防雷建筑物设置防雷保护措施。
2. 本工程采用避雷带（网）作为防雷接闪器，在屋顶női女儿墙、屋檐、檐角等易受雷击的部位设置避雷带，避雷带采用ϕ10的镀锌圆钢；引下线利用柱内二根ϕ16钢筋，间距不大于25，上与避雷网焊接，下与联合接地装置焊接成封闭网。
3. 本工程利用结构基础作为防雷接地装置，将建筑物周边基础钢筋焊接贯通成一体，并利用建筑物的构造柱的对角主筋作为防雷引下线。本工程防雷接地与电气设备及弱电系统采用联合接地装置，要求接地电阻小于1 Ω，当不能满足要求时，应在图中所示位置补打接地板。

电气竖井内设接地干线及端子，做法参见“图集 12D603-P52”。

4. 部分引下线距地 0.5 m 处做接地测试卡。
5. 屋顶所有金属设备，金属围栏及正常运行不带电的金属部分均应和联合接地装置有可靠连接。
6. 建筑物设总等电位联结，凡引入建筑物内的各种金属管道均应与综合接地装置可靠连接。

住宅卫生间设置局部等电位联结，其具体做法可参见“等电位联结安装 15D502”。

十二、其他

1. 配电箱及弱电箱的外形尺寸均为参考尺寸，其箱体定位尺寸见建施结施图。
2. 图中未注明的做法均按“建筑电气通用图集 09BD”及国家有关规范规定执行。
3. 施工单位必须按设计图纸和国家有关施工技术标准施工，不得擅自修改工程设计。

施工单位在施工过程中发现设计文件和图纸有差错的，应及时提出意见和建议。

电施-02
电气施工设计说明

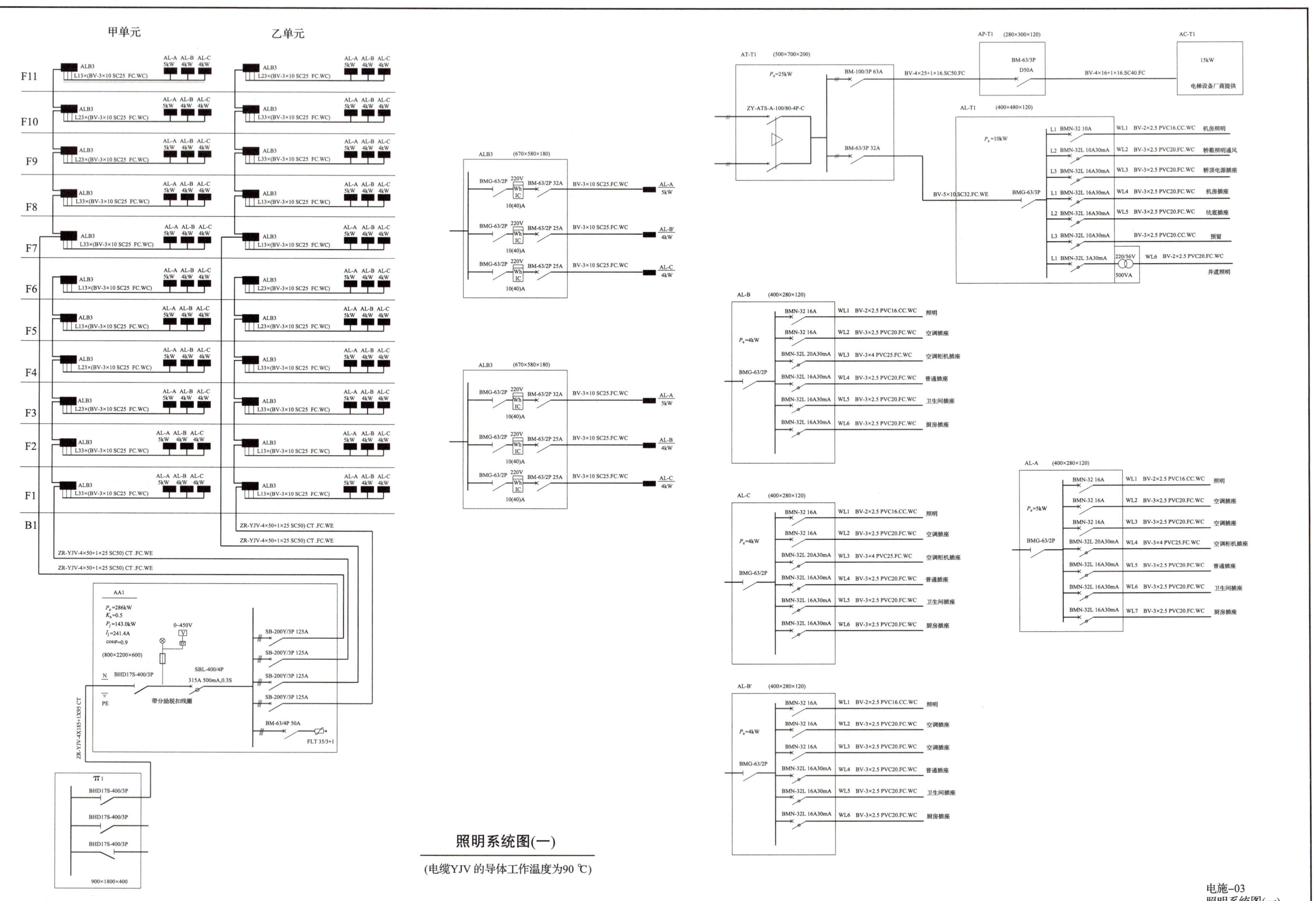
甲单元
乙单元
F11
F10
F9
F8
F7
F6
F5
F4
F3
F2
F1
B1
AA1
ALB3
AT-T1
AP-T1
AC-T1
AL-T1
AL-A
AL-B
AL-C
AL-B'
照明系统图(一)
(电缆YJV的导体工作温度为90 ℃)
电施-03
照明系统图(一)

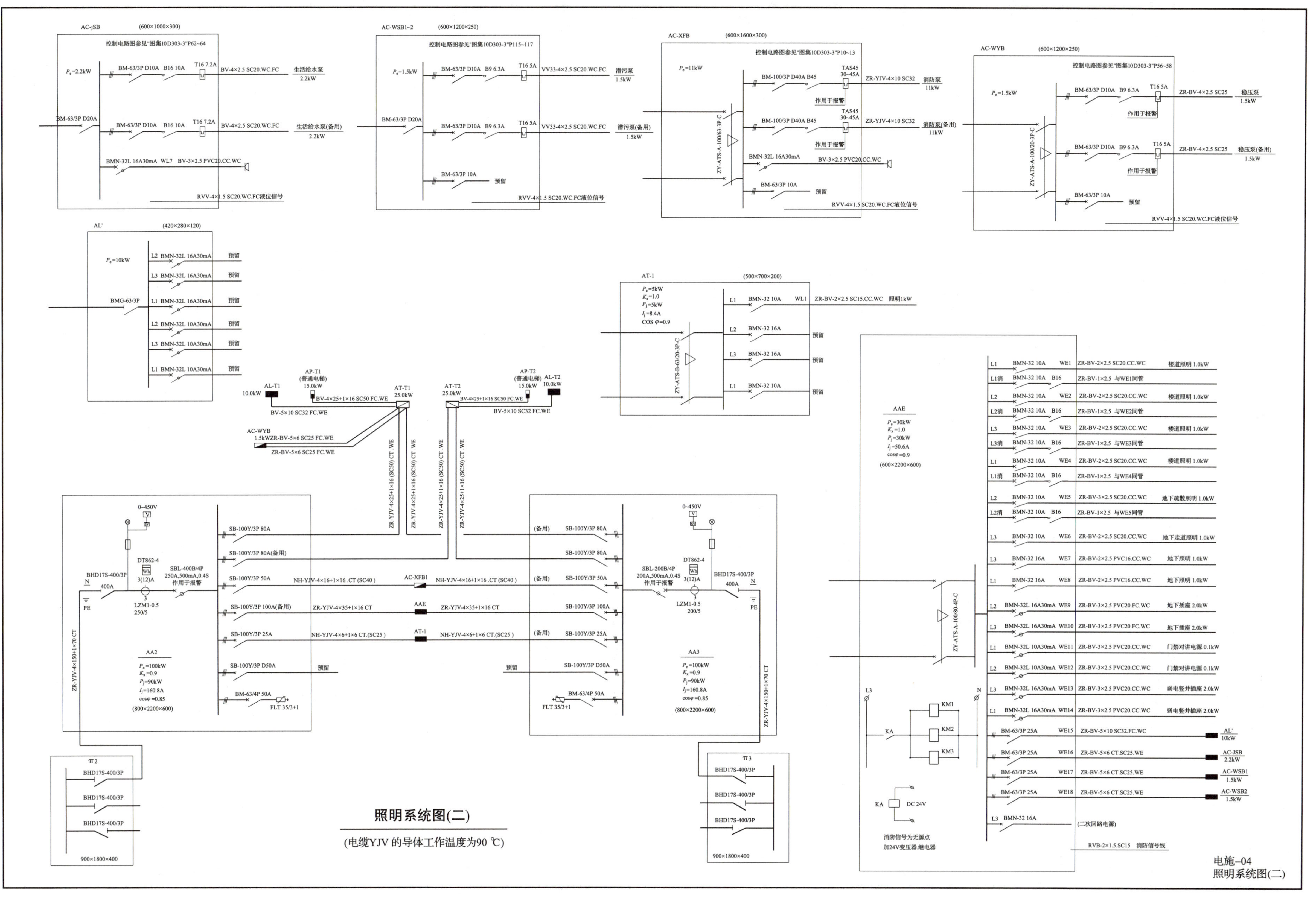
照明系统图(二)
(电缆YJV 的导体工作温度为90 ℃)
电施-04
照明系统图(二)

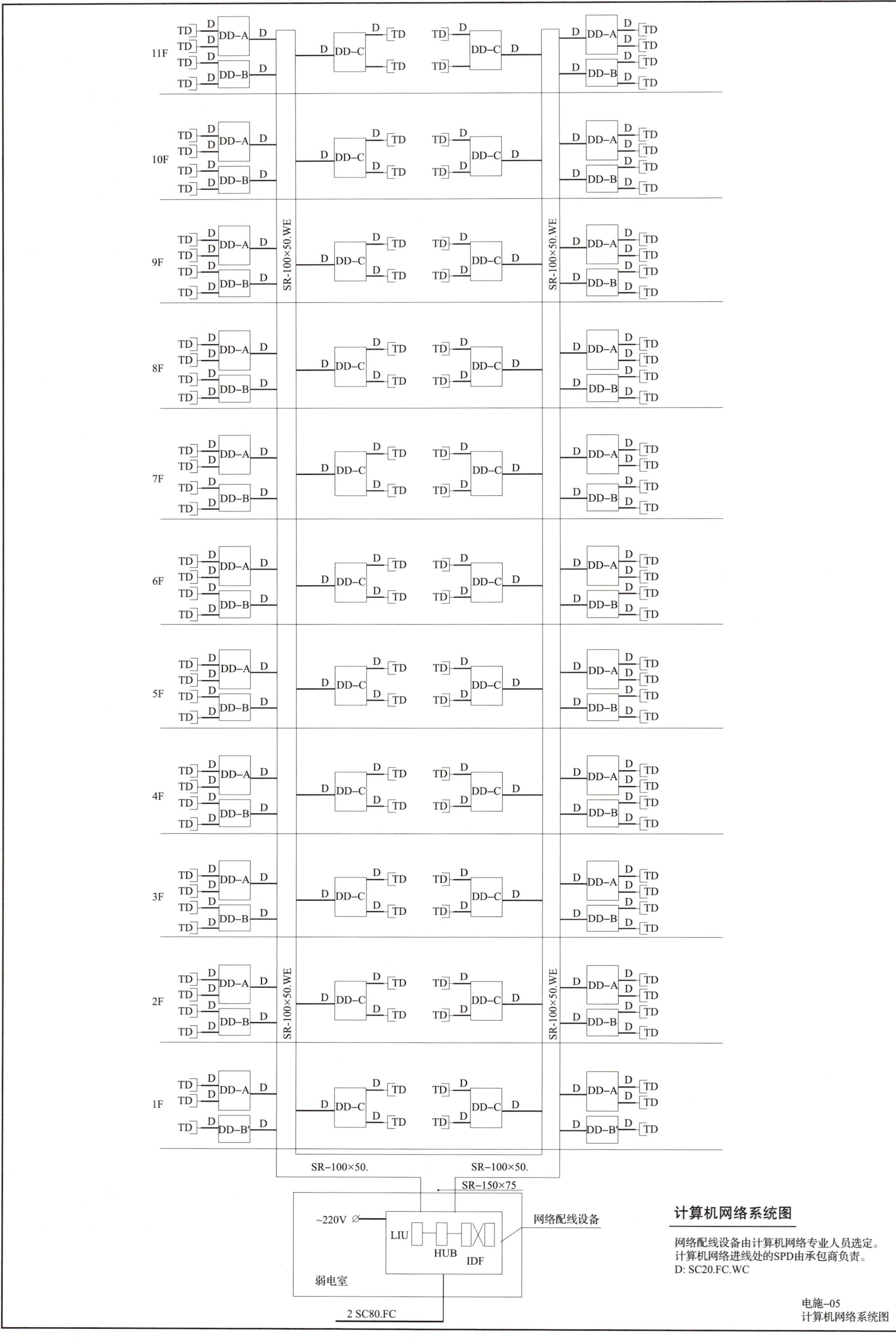
11F
10F
9F
8F
7F
6F
5F
4F
3F
2F
1F
TD
D
DD-A
DD-B
DD-B'
DD-C
SR-100×50.WE
SR-100×50.
SR-150×75
~220V
LIU
HUB
IDF
网络配线设备
弱电室
2 SC80.FC
计算机网络系统图
网络配线设备由计算机网络专业人员选定。
计算机网络进线处的SPD由承包商负责。
D: SC20.FC.WC
电施–05
计算机网络系统图

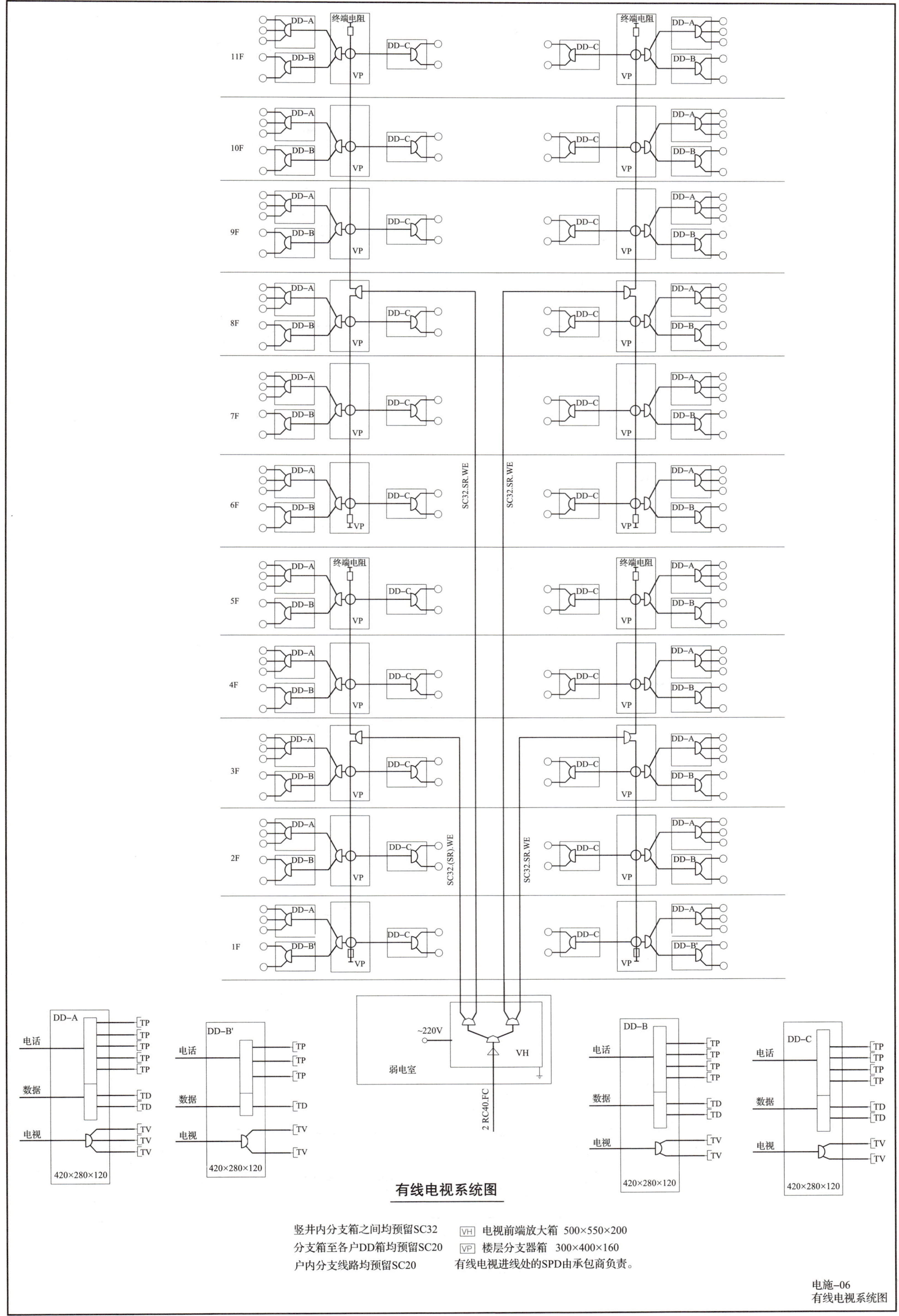
终端电阻
DD-A
DD-B
DD-C
DD-B'
VP
11F
10F
9F
8F
7F
6F
5F
4F
3F
2F
1F
SC32.SR.WE
SC32.(SR).WE
~220V
VH
弱电室
2 RC40.FC
电话
数据
电视
TP
TD
TV
420×280×120
有线电视系统图
竖井内分支箱之间均预留SC32
分支箱至各户DD箱均预留SC20
户内分支线路均预留SC20
VH 电视前端放大箱 500×550×200
VP 楼层分支器箱 300×400×160
有线电视进线处的SPD由承包商负责。
电施-06
有线电视系统图

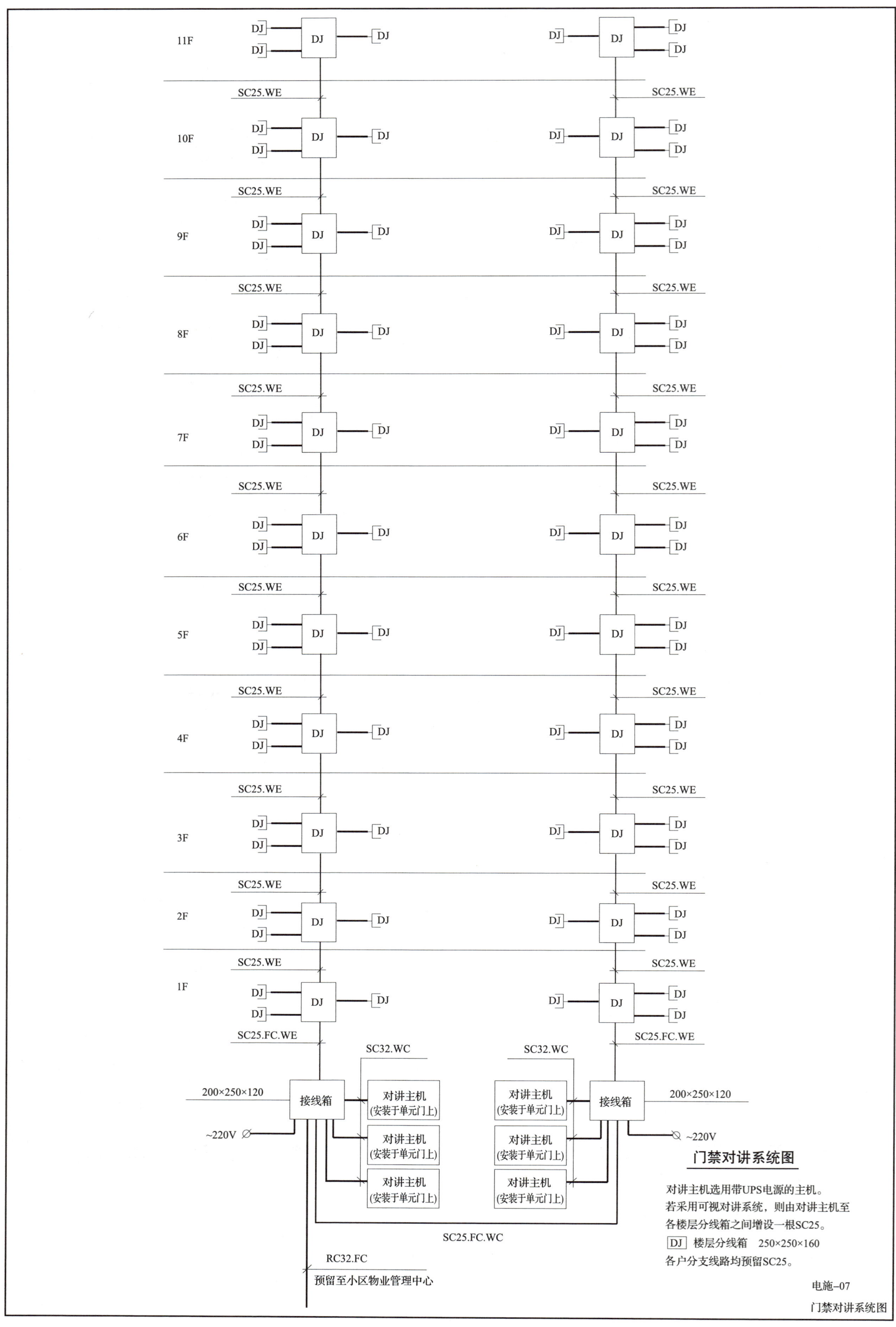

门禁对讲系统图

对讲主机选用带UPS电源的主机。
若采用可视对讲系统，则由对讲主机至各楼层分线箱之间增设一根SC25。
DJ 楼层分线箱 250×250×160
各户分支线路均预留SC25。

电施–07
门禁对讲系统图

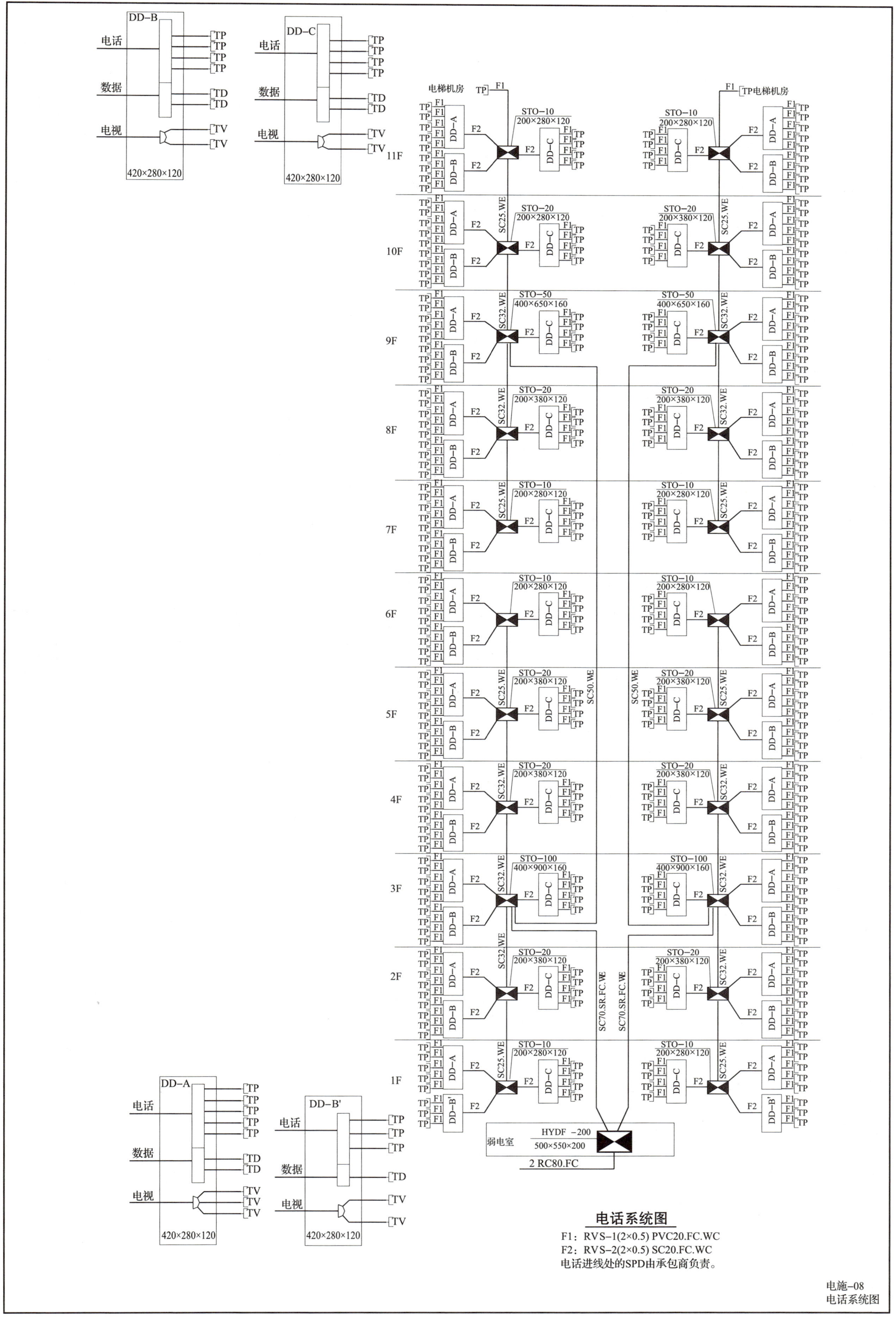
DD-B
电话
数据
电视
TP
TD
TV
420×280×120
DD-C
电梯机房
TP电梯机房
F1
F2
DD-A
DD-B
DD-C
STO-10
200×280×120
STO-20
200×280×120
200×380×120
STO-50
400×650×160
STO-100
400×900×160
SC25.WE
SC32.WE
SC50.WE
SC70.SR.FC.WE
11F
10F
9F
8F
7F
6F
5F
4F
3F
2F
1F
DD-B'
弱电室
HYDF -200
500×550×200
2 RC80.FC
电话系统图
F1：RVS-1(2×0.5) PVC20.FC.WC
F2：RVS-2(2×0.5) SC20.FC.WC
电话进线处的SPD由承包商负责。
电施-08
电话系统图

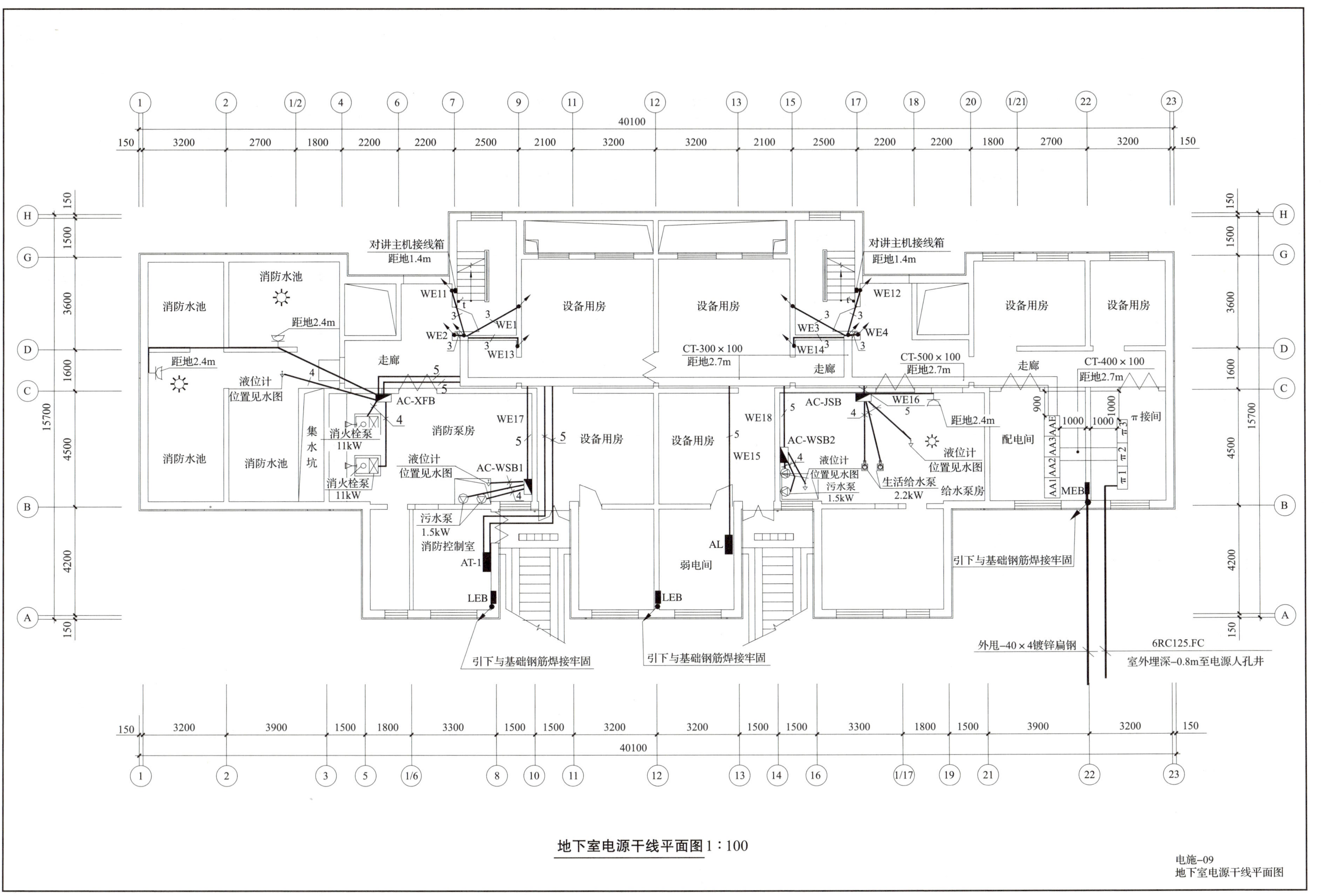

地下室电源干线平面图 1：100

电施-09
地下室电源干线平面图

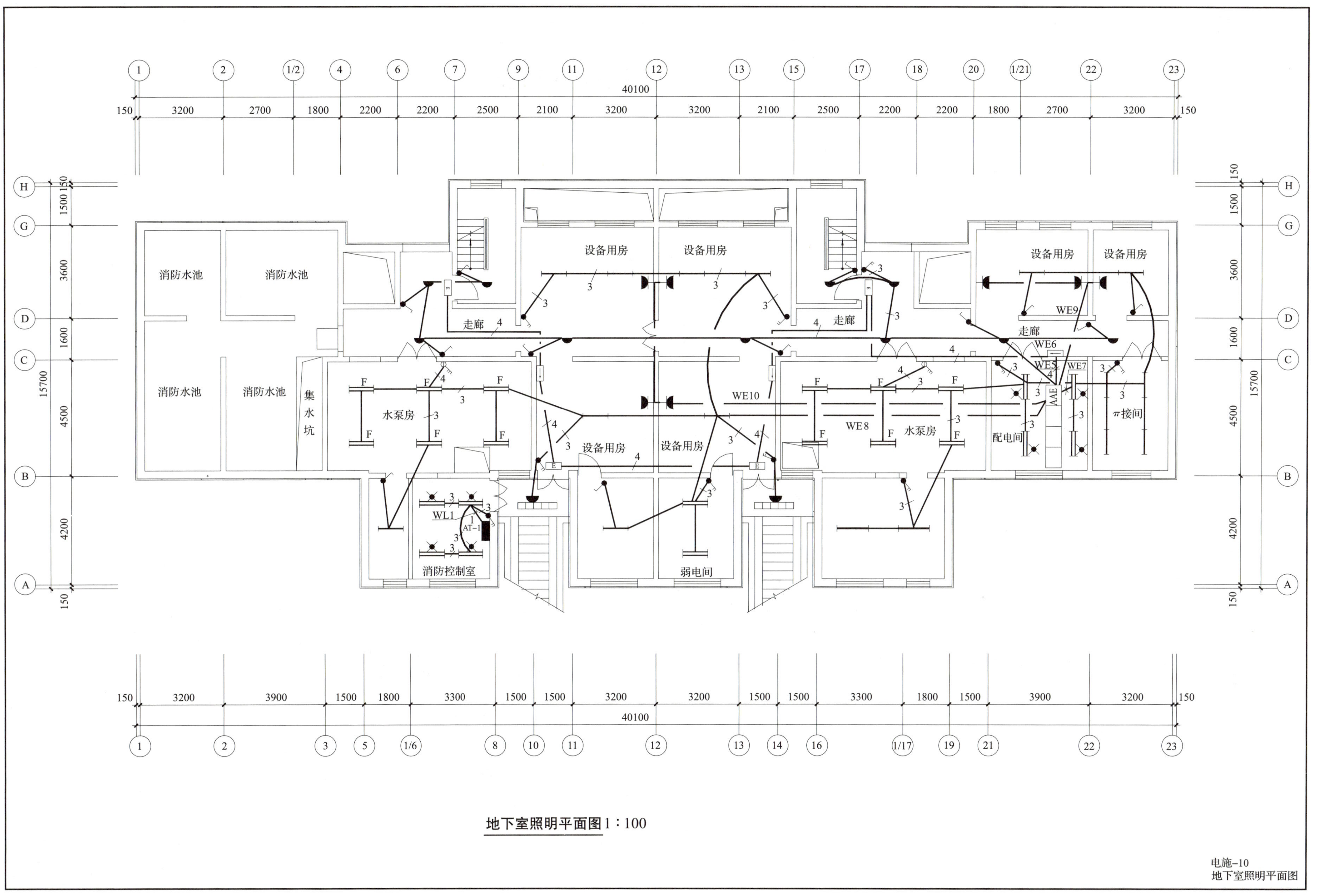

地下室照明平面图 1：100

电施-10
地下室照明平面图

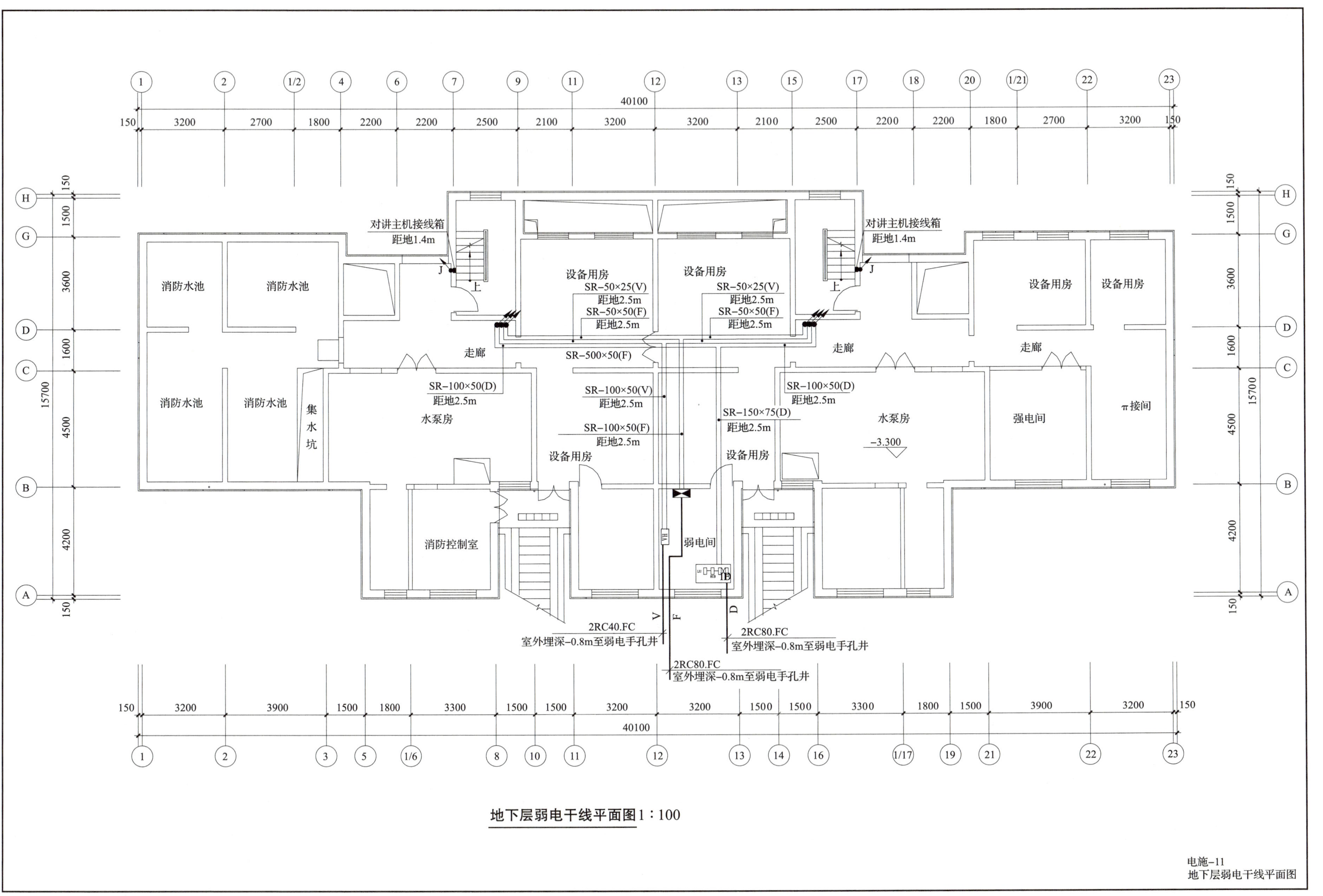

地下层弱电干线平面图1：100

电施−11
地下层弱电干线平面图

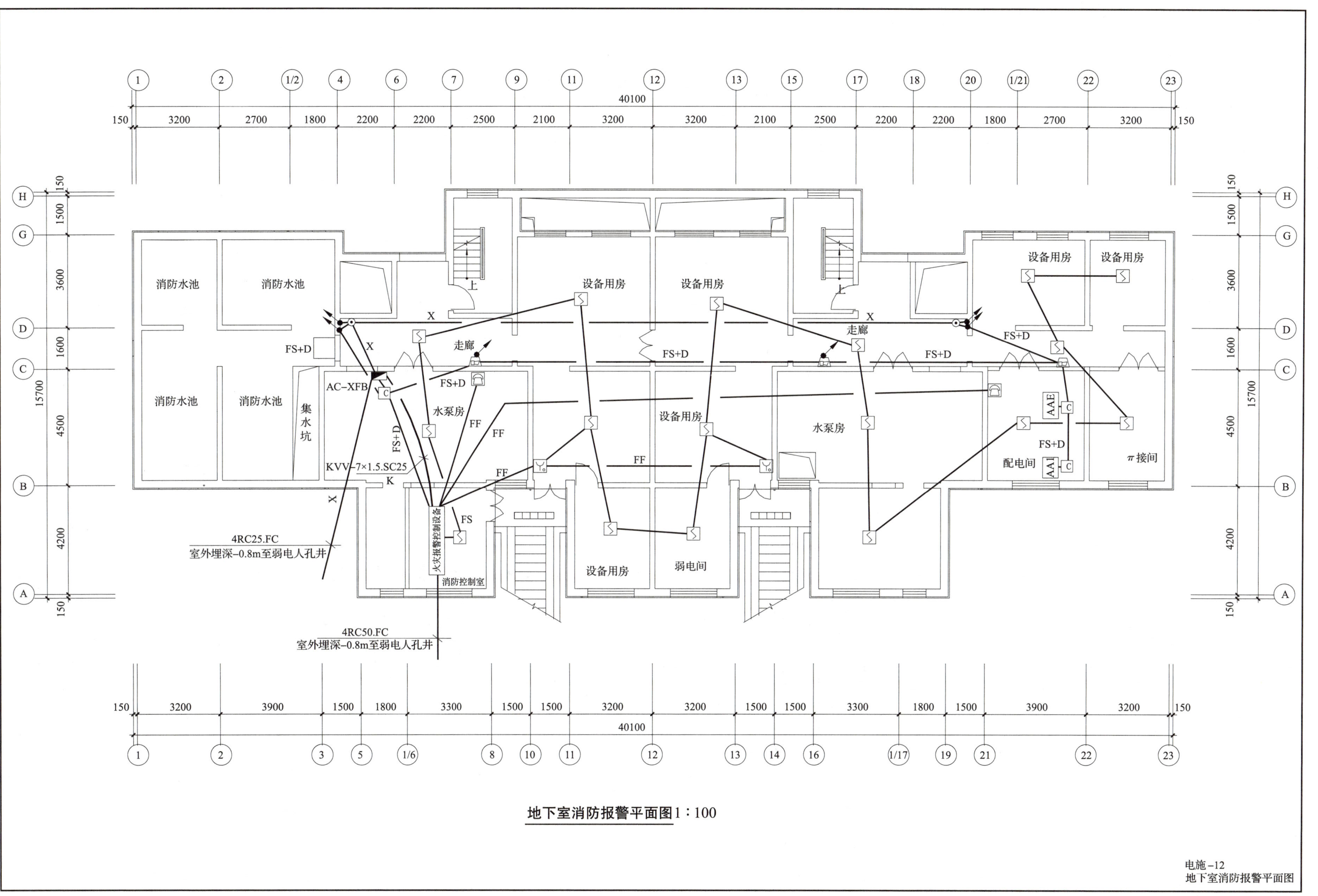

地下室消防报警平面图1：100

电施-12
地下室消防报警平面图

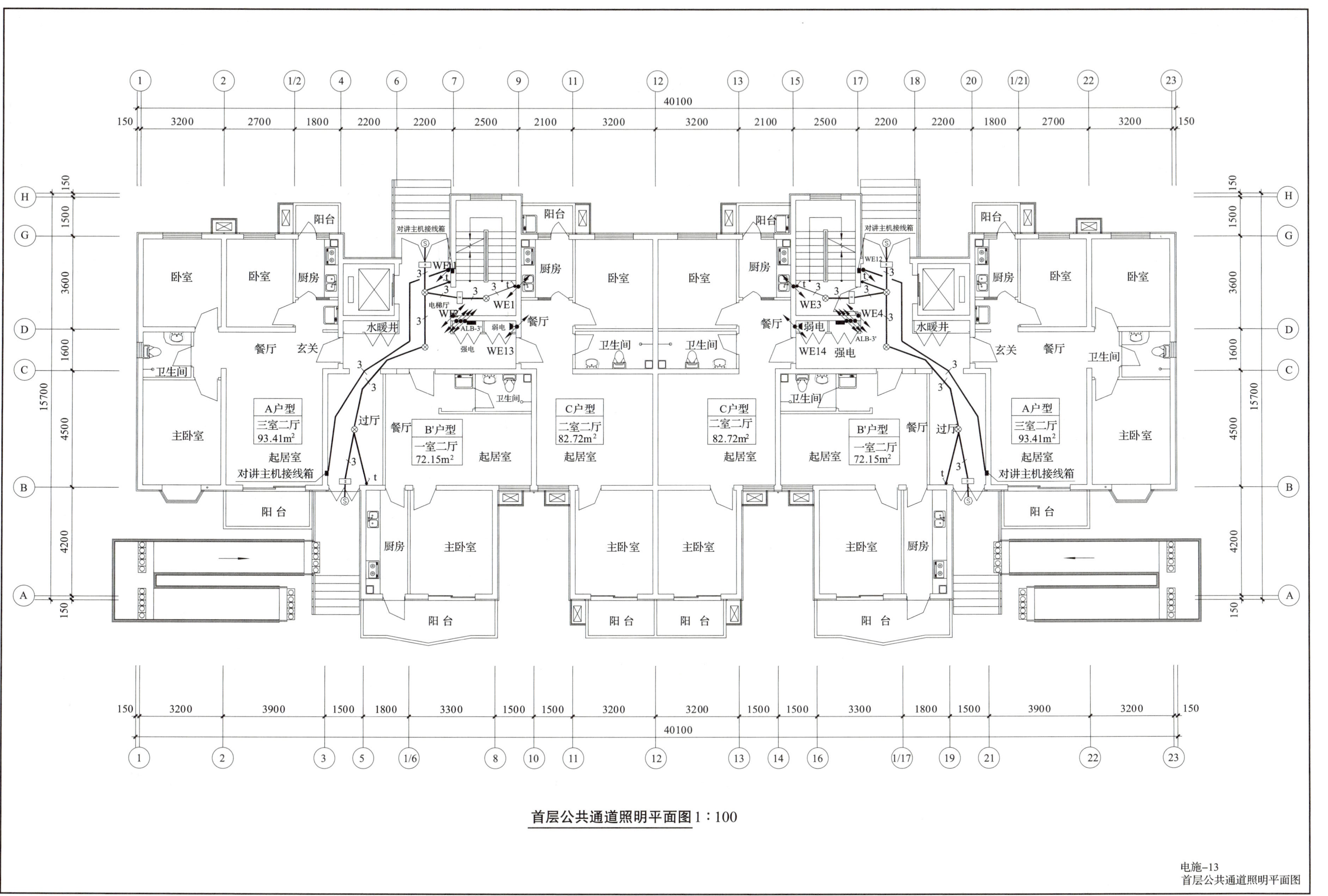

首层公共通道照明平面图 1：100

电施-13
首层公共通道照明平面图

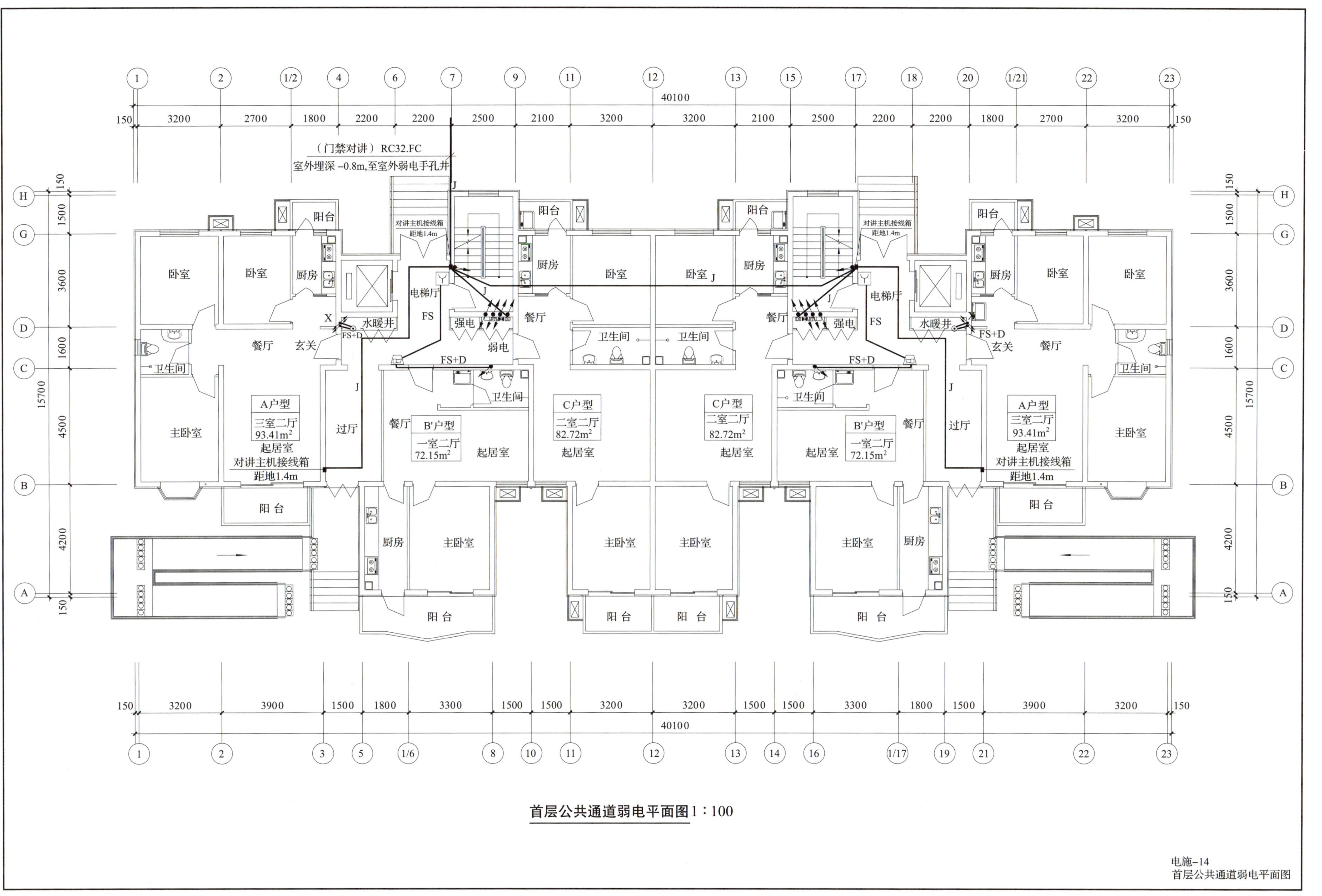

首层公共通道弱电平面图 1∶100

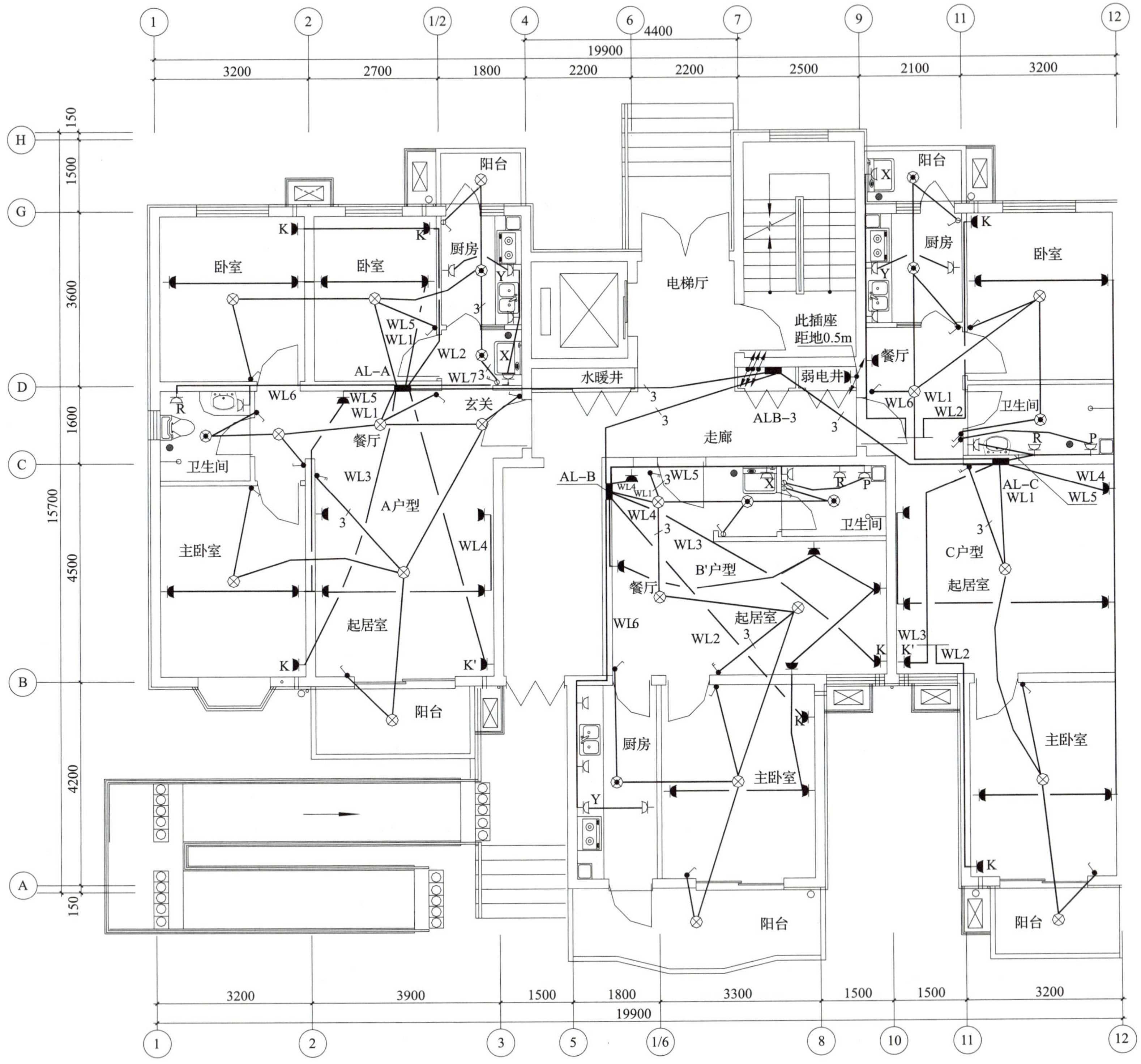

单元首层照明平面图 1：100

电施-15
单元首层照明平面图

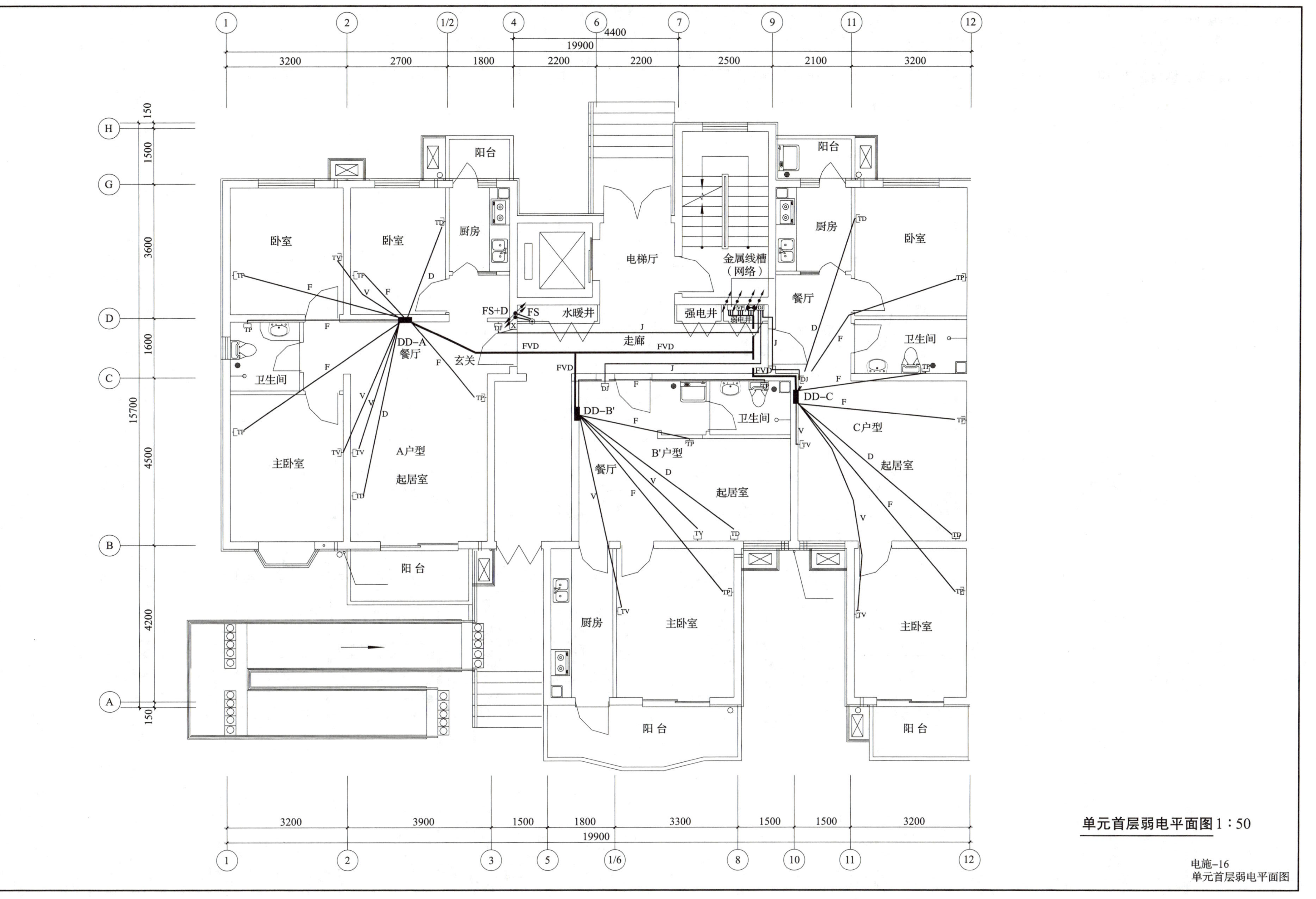

单元首层弱电平面图 1∶50

电施-16
单元首层弱电平面图

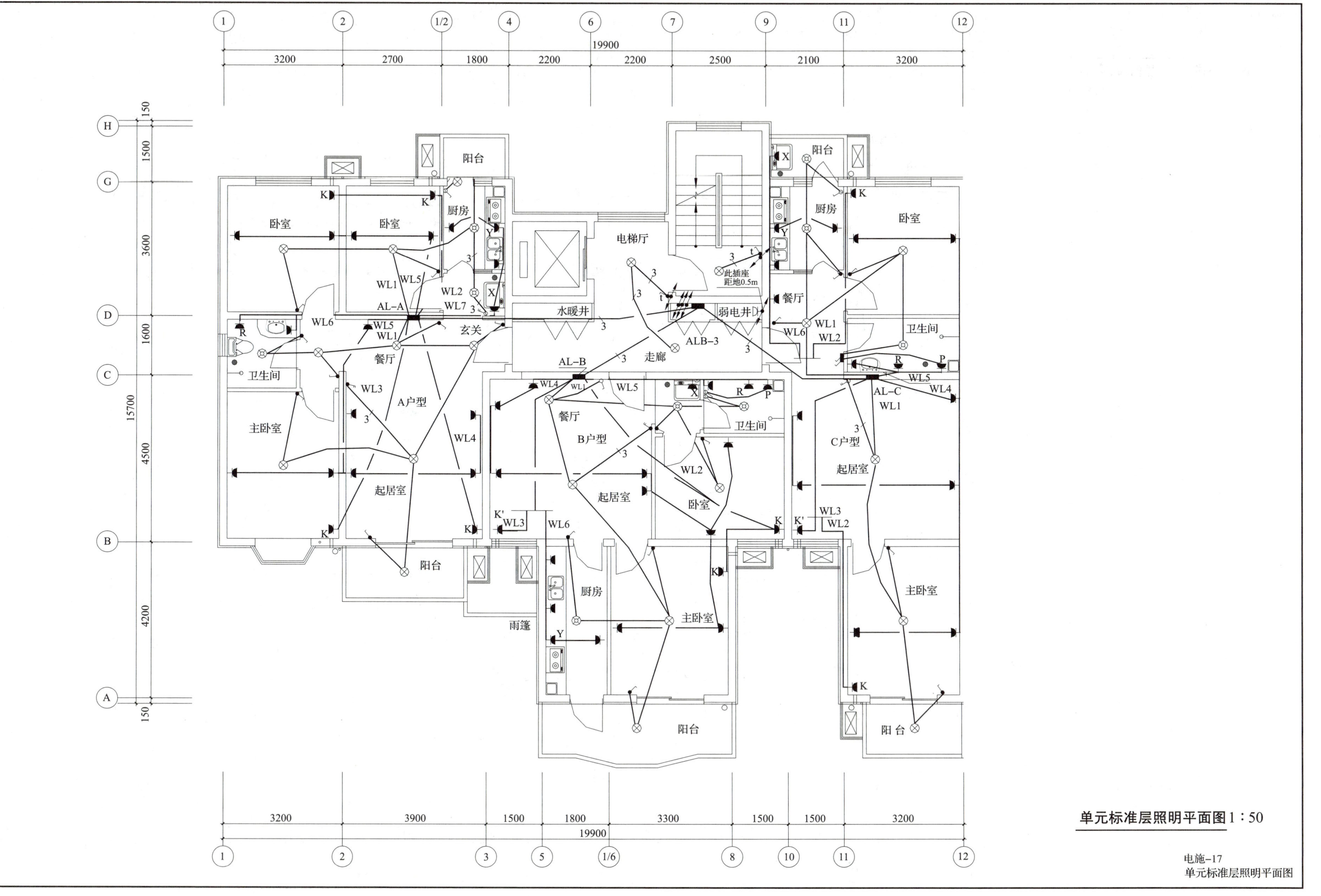

单元标准层照明平面图1:50
电施-17
单元标准层照明平面图
卧室
厨房
阳台
餐厅
玄关
卫生间
主卧室
起居室
A户型
B户型
C户型
电梯厅
走廊
水暖井
弱电井
此插座距地0.5m
雨篷
AL-A
AL-B
AL-C
ALB-3
WL1
WL2
WL3
WL4
WL5
WL6
WL7
19900
15700

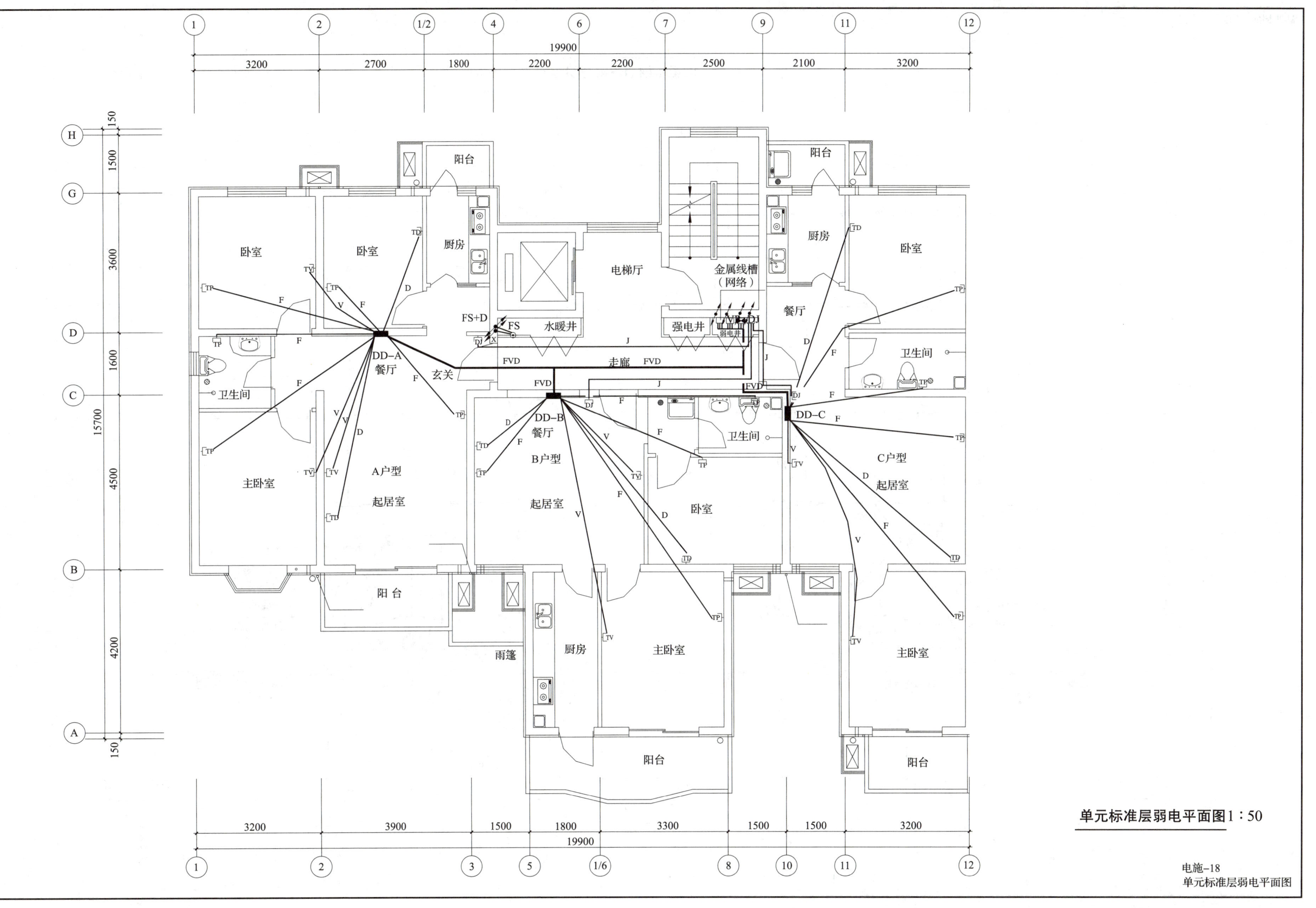

单元标准层弱电平面图1：50

电施-18
单元标准层弱电平面图

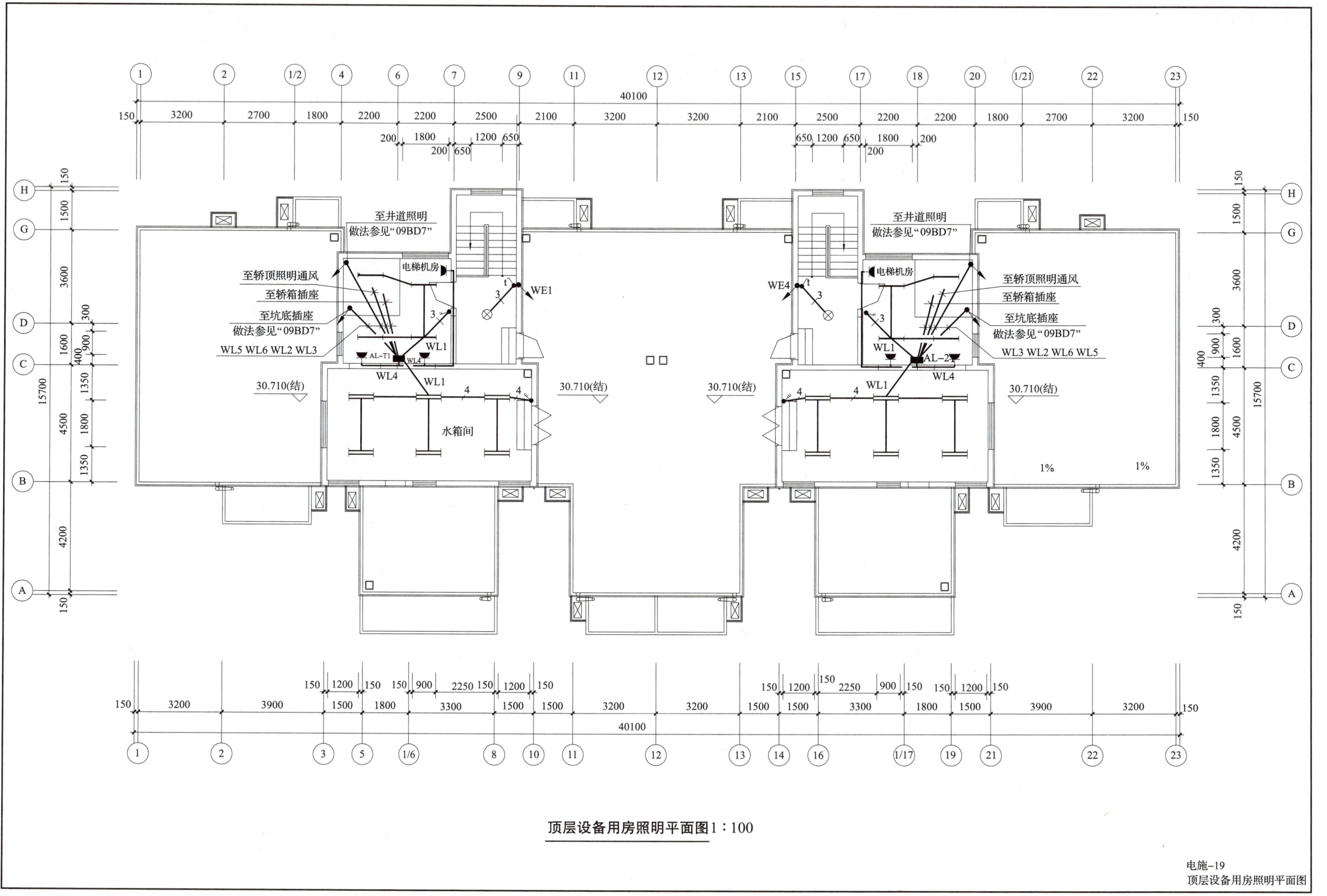

顶层设备用房照明平面图1：100

电施-19
顶层设备用房照明平面图

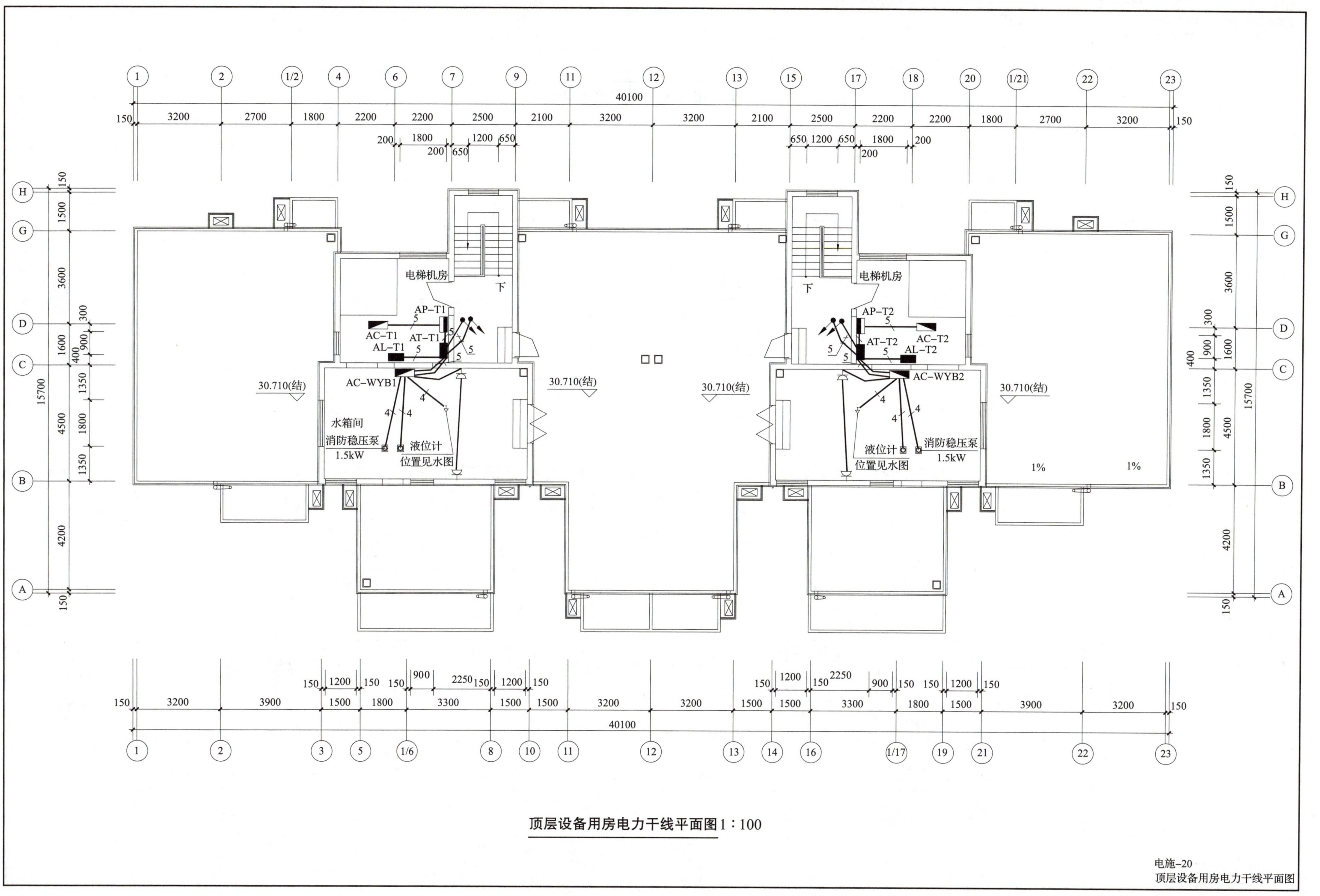

顶层设备用房电力干线平面图 1：100

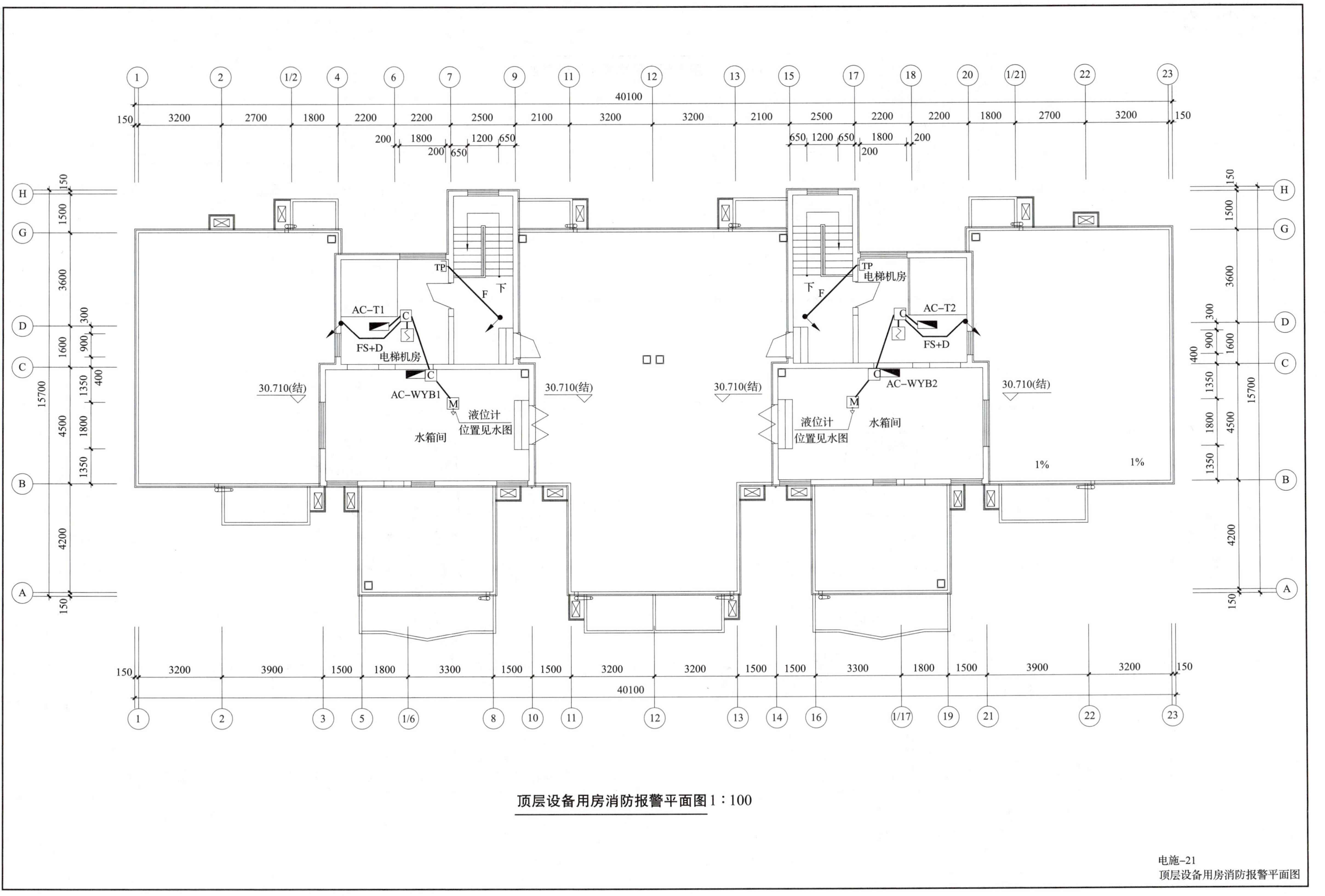

顶层设备用房消防报警平面图 1：100

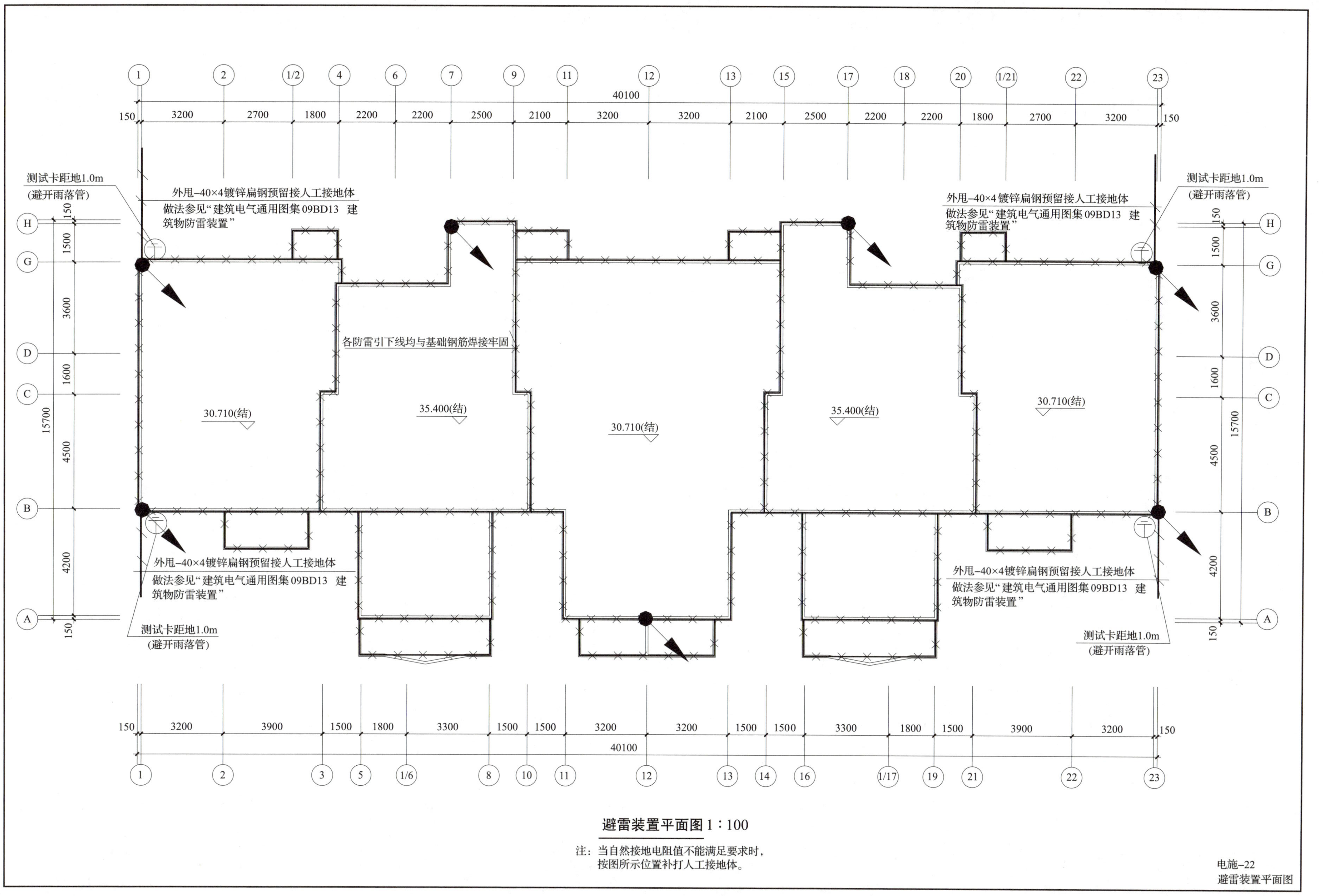

避雷装置平面图 1：100

注：当自然接地电阻值不能满足要求时，按图所示位置补打人工接地体。

电施–22
避雷装置平面图